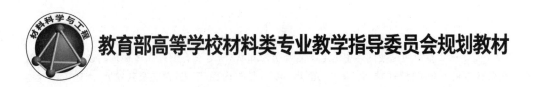

教育部高等学校材料类专业教学指导委员会规划教材

材料物理性能

（第 2 版）

田莳　王敬民　王瑶　吴煜烨　编著

北京航空航天大学出版社

内 容 简 介

本书共分7章。第1章简明论述固体中的电子能量结构和状态,为没有学过固体物理的读者提供一些基础知识。其余各章集中介绍材料的导电、介电、光、热、磁、弹性与内耗(阻尼)性能及其发展,阐述各种性能的重要原理及微观机制、各种材料成分、组织结构与性能关系及主要制约规律。介绍表征物理性能主要参量的重要测试方法及其在材料科学与工程中的应用。列举与各种物理性能相关的重要功能材料。本书每章都有小结和复习题(含计算题)。其特色是把金属材料、陶瓷材料与高聚物材料的物理性能做扼要的对比,以利于读者掌握材料物理性能的一般规律和特殊性。本书最后以附录形式概述了核技术中的材料原子环境的三种研究方法。

本书可供高等院校材料科学与工程专业本科生或低年级硕士生选作教材或参考书,也可作为材料科学与工程领域的大专院校教师和科技工作者的参考资料。

图书在版编目(CIP)数据

材料物理性能 / 田莳等编著. -- 2 版. -- 北京：
北京航空航天大学出版社,2022.3
ISBN 978 - 7 - 5124 - 3766 - 1

Ⅰ.①材… Ⅱ.①田… Ⅲ.①工程材料—物理性能
Ⅳ.①TB303

中国版本图书馆 CIP 数据核字(2022)第 051094 号

材料物理性能(第 2 版)

田莳 王敬民 王瑶 吴煜烨 编著
策划编辑 冯颖 责任编辑 冯颖

*

北京航空航天大学出版社出版发行

北京市海淀区学院路 37 号(邮编 100191) http://www.buaapress.com.cn
发行部电话:010 - 82317024 传真:010 - 82328026
读者信箱:goodtextbook@126.com 邮购电话:(010)82316524
北京时代华都印刷有限公司印装 各地书店经销

*

开本:787×1092 1/16 印张:23.5 字数:617 千字
2022 年 3 月第 2 版 2023 年 5 月第 2 次印刷 印数:2 001～4 000 册
ISBN 978 - 7 - 5124 - 3766 - 1 定价:69.80 元

若本书有倒页、脱页、缺页等印装质量问题,请与本社发行部联系调换。联系电话:(010)82317024

第2版前言

本教材涵盖以下四方面内容：

1. 初步介绍材料的导电、介电、光、热、磁、弹性与内耗性能的物理本质。

2. 描述这些物理性能与材料成分、组织结构、工艺过程的关系和变化规律，同时给出材料在不同环境下的使役性能。

3. 介绍与物理性能相关的特殊材料。按功能分类，这些材料皆属于功能材料，因为人们侧重使用其物理性能，而不是主要利用其力学性能（主要利用力学性能的材料通常称为结构材料）。例如，第2章"材料的导电性能"在讲解离子导电性能之后介绍快离子导体，第4章"材料的光学性能"在讲解激光之后介绍激光晶体。这种安排"材料使物理性能"课程更贴近生活实际，从而加深了读者对材料物理性能规律的认识。

4. 介绍与前述物理性能相关的测试与分析方法。物理性能总是要用参量来表征的，故总有一套测量技术。本教材介绍相关测量技术的基本原理、结果分析及其在材料科学与工程中的应用。介绍的物理性能测试方法与材料研究的电镜、X光分析等一样，都是材料科学和工程研究不可缺少的。原子环境的物理性能分析方法已经把核技术引入材料研究中。这些技术有正电子湮灭、核磁共振、穆斯堡尔效应等，限于篇幅，本书以附录形式给出。

由于物理性能的载体涉及金属、陶瓷、玻璃和晶体等材料，虽然没有直接描述高分子材料的物理性能，但重要物理性能都会指出高分子材料此种物理性能的特点，从而为读者提供此种物理性能规律的全貌。因此，本教材适于材料"大"专业师生选用。

学习和掌握材料物理性能的知识具有显著的实际意义。材料和信息、能源、生物被人们称为现代文明的四大支柱，材料是其他支柱的基础。而物理性能恰恰与正确使用材料密切相关。正在成长中的"材料基因工程"是材料科学技术发展历程中的一次重大飞跃。材料基因工程的发展目标是：融合高通量计算（理论）、高通量实验（制备和表征）和专用数据库三大技术，实现新材料研发周期和研发成本降低一半的目标。这些工作都离不开物理性能的理论基础，同样在机电设备、光电集成、光电器件等产品的可靠性或失效分析等模型的建立，都需要材料物理性能知识；可以说认识、掌握和利用材料物理性能知识，会让社会和个人生活变得更加绚丽多彩！

自本教材第1版出版到现在已经过去近20年了，材料科学和工程在理论研究、新材料研制和性能评价等领域都有了巨大的发展，其中功能材料的发展最为显著。显然，功能材料的应用绝大多数都是以材料特有的导电、介电、热、磁、声、光和辐射等性能为应用基础的。因此，这些新功能材料的成功应用，为本教材提供了新鲜的素材；第1版数万本的发行量以及近20年来自一线教学的使用反馈，为本教材的再版提供了清晰的思路；先进信息技术的应用，为教材的修订创造了新的方式。这一切促使我们下定决心再版原教材，使之继续为师生学习服务。

本次再版保留了第 1 版前言,保留并发扬了第 1 版教材的编写风格和国防特色。编者一直注重功能材料在国防先进武器上的应用,本次再版引入了对航空飞机发动机叶片的热障涂层、相控雷达移相器应用材料以及激光武器中使用的激光介质材料的介绍。根据国家自然科学基金委员会和中国科学院编写、科学出版社 2020 年出版的《中国学科发展战略:材料科学与工程》,本次再版也引入了相关功能材料的新亮点,例如支持信息技术迅猛发展的高记录密度磁记录材料、磁关联耦合效应及新型功能材料等。前瞻性材料,特别是超材料(又称超构材料,metamaterials),是材料设计思想上的重大创新,对新一代信息技术、国防工业、新能源技术、微细加工技术等领域将会产生深远影响。本次修订增加了超材料中成熟的、已被广泛应用的光子晶体等内容,以及有较好应用前景的多铁性材料等;在第 7 章加入了爱国科学家葛庭燧对发展内耗研究的贡献,增加了超材料中的拉胀材料。对于原教材中相对陈旧的内容,进行了删繁就简,新加的内容也是凝练文字,突出重点描述,力争做到增加内容,篇幅基本不增,为读者降低经济负担。在编写形式上,将各种性能的测试技术及相关拓展阅读内容以二维码的形式提供给读者,供其学习参考。

　　本教材出版适逢编者工作所在的北京航空航天大学建校七十周年。因此,封面采用铁磁材料的磁畴结构示意图和厚 0.06 mm 的 9Ni4MoFe 软磁材料在 10 kHz 交流磁场下的磁滞回线,组合起来设计了"70"字样的图片,以为纪念。

　　本次修订工作由田莳、王敬民、王瑶、吴煜烨共同完成,其中吴煜烨负责第 1、5 章,王敬民负责第 2、6 章,王瑶负责第 3、4 章,田莳负责第 7 章并完成全书统稿。

　　限于编者学识水平,书中不妥之处敬请广大读者批评指正。谢谢!

编　者

2022 年 1 月于北航

第1版前言

根据国防科工委关于编写"十五"规划教材的决定,在2002年《材料物理性能》通过了教材编审组的选题评审,现此教材已面世。

本教材具有以下特点:

1. 重视物理基本概念的描述。结合已学过的大学物理内容,进一步强化与材料科学和工程相关的主要物理基础和概念的阐述。例如,关于物质波和波函数、能级和能带、声子、光子、电子有效质量和空穴、费密能级和费密面等概念的讲解。

2. 重视介绍表征材料物理性能的主要参量。例如,系统介绍了材料的电、介电、光、磁、热、弹性和内耗性能基本参量的物理意义和工程应用,以及它随环境变化的规律性。又如,在介绍电性能表征参量电导率的同时,也介绍了工程上应用的相对电导率。

3. 以介绍材料物理性能为主线,把性能、材料(特别是功能材料)和主要测试方法有机地结合起来,为读者理解材料物理性能随环境变化的规律,掌握性能与材料组织结构变化的关系以及产生特殊性能的机制,提供了极为有利的条件。

4. 重视国防科技中相关物理性能和材料的介绍。如在材料的光性能中,着重介绍了红外光的特点和相关的红外透过材料和红外探测材料。又如,在介绍各种物理性能时,凡是材料具有抗辐射性能的都加以说明。

编者把近几年教学中更新的内容和科技发展的成果都编进此教材中,充分体现了内容的先进性。例如,高温超导体线材在强电上的试验应用、半导体灯代替白炽灯的挑战、磁致电阻产生机制等内容都有阐述。对一些陈旧或相对使用较少的内容进行了删减,如删去了陈旧的热分析方法,简化了光学膨胀仪工作原理和测试过程的叙述等,使之更具时代性。

作为教材,每章都有小结和复习题。小结指出本章主要内容和学习时应注意的要点,特别是指出在高聚物材料中相应的物理性能所具有的特殊性,为读者提供对金属、无机非金属和高聚物材料进行比较的空间,以及增加对物理性能规律的普遍性和特殊性的认识。复习题可供学生复习和练习选用。书后的主题词索引方便读者查阅相关内容,同时也为学生复习时,理解全书各章的相关性提供了方便。书中带有 * 号的节次可不讲或学生自学,视教学要求和学时而定。

本教材第6章由西北工业大学刘正堂编写,其余各章及全书统编皆由北京航空航天大学田莳完成。

本书经王润和宫声凯两位教授的认真审阅,提出不少宝贵意见;在编写过程中参考了相关教材、专著和论文。在此,编者向两位评审者和被引用参考文献的作者表示衷心感谢!

由于编者学识所限,加之时间又紧,故内容定有不妥之处,敬请读者批评指正。

编 者

2004.9.6

二维码内容索引

主题词索引

D

E

F

G

H

J

K

L

Q

R

S

X

Y

Z

目　　录

绪　言

材料是人类社会发展的基础,与信息、生物并称 21 世纪社会发展的三大支柱。基于材料各种物理性能形成的功能材料是一大类重要材料。1965 年,美国贝尔实验室的 J. A. Momrton 博士首次提出了"功能材料"的概念,之后其内涵不断得到细化。按使用性能,功能材料可细分为超导材料、微电子材料、光子材料、信息材料、能源材料、生态环境材料、生物医用材料等。

由于功能材料在国民经济发展和国防建设中具有重要作用,各国都很重视功能材料产业的开发和研究,我国在国家攻关、"863""973"、国家自然科学基金等计划中,功能材料都占有很大比例。在"九五"国防计划就已经将特种功能材料列为"国防尖端"材料。在"十四五"期间,我国新材料产业将重点发展高端功能新材料,如高端稀土功能材料、高性能纤维及其复合材料、高性能信息存储材料等。

经过几十年的发展,我国在功能材料领域取得突出成绩。例如,大直径 300 mm 硅材料可满足 45 mm 技术节点的集成电路要求,同时已成功拉制 450 mm 硅单晶;人工晶体材料 BaB_2O_4 等紫外非线性光学晶体研究居国际领先水平,并实现了商品化;激光晶体、太阳能电池等关键技术指标达到国际先进水平;锂离子电池正负极材料、电解液均满足小型电池要求;T300 级碳纤维实现了稳定生产,单线产能提高到 1 200 t,T700 和 T800 级碳纤维实现了批量供货能力,并已开始应用于航空航天装备。功能新材料产能已位居世界前列。例如,稀土功能材料产量约占世界总产量的 80%,基本形成了以稀土功能材料和应用为龙头的稀土产业格局。功能材料在"两弹一星""四大装备"等国防工程中做出了举足轻重的贡献。

功能材料的研发和应用与材料的物理性能密不可分。材料物理性能的研究可以为发展功能材料提供一些理论基础。

材料设计技术正在兴起。材料设计是从原子、分子量级去组建材料,以达到人们要求的使用性能。要实现这一目标,除应具有合金热力学和动力学、界面、缺陷等理论外,还必须具有电子论方面的知识,因为功能材料的性能大部分直接与电子组态和费密能相关。根据对物性参量的分析,可以把它们分为两类:一类是非组织敏感性能,如弹性模量、热膨胀系数、居里点等,它们取决于材料的成分,通常称为内禀(本征的意思)特性;另一类是组织敏感性能,如内耗、电阻率、磁导率等,这些性能不只是与材料成分有关,更取决于材料的组织。我们不仅要掌握材料的内禀特性,同时还要认识组织敏感的物性参量与组织结构的关系,为合理制定生产工艺提供规律性的指导,在研究和实践的基础上建立材料性能数据库。材料设计需要物性,材料物性的研究正是为实现材料设计提供这方面的基础。

国民经济发展和国防建设都需要建造大型机电设备和批量生产机电产品以及电子集成电路和电子产品,这些都需要对系统进行可靠性分析和失效分析,以提高产品质量和经济效益。材料物理性能正是为正确建立产品的可靠性分析模型(或失效分析物理模型)提供足够的物理性能知识。

读懂本书需要有大学普通物理、化学、物理冶金、晶体学等基础知识。材料物理性能的测试技术以及本书所介绍的材料物性的变化规律都可直接应用于大学毕业设计和论文中。由于很多读者没有量子力学、理论物理的基础知识,所以第 1 章所介绍的固体中的电子状态是较难的部分,比较抽象,较难理解。但从材料科学特别是半导体材料和器件的发展来认识固体电子论的正确性,是可以接受电子论对材料宏观物性的解释和预测的。

把物性的变化规律和具体材料结合起来学习,易于认识不同环境条件下物性,特别是使用性能的实际应用。本书介绍一些物性分析方法,但方法的应用是千变万化的,本书的方法只是一种引路,重要的是做好实验,理解其原理,提高自身分析和解决问题的能力,以便处理科研和生产实际中的难题。

本教材设计课时为60～70学时各章均配有复习题。文前的主题索引(含英文注释)在学完全书后阅读,利于复习时掌握重点和各章内容的融汇贯通,达到在比较中掌握教材内容的目的,同时也有利于丰富专业英语词汇。

总之,材料物理性能涉及材料科学和工程两部分内容,性能的物理本质部分告诉我们"为什么",工艺-结构、性能和测试分析技术告诉我们"如何做",其载体和桥梁就是具体的功能材料。在学习过程中把这两部分结合起来,有利于读者掌握材料物理性能这个领域的整体,有利于促进读者的积极思维和创新精神。

第1章　固体中电子能量结构和状态

材料物理性能强烈依赖于材料原子间的键合、晶体结构和电子能量结构与状态。

已知原子间的键合类型有金属键、离子键、共价键、分子键和氢键,它们存在的实体代表、结合能及主要特点列于表1.1中。

晶体结构更是复杂,仅抽象出空间点阵便有14种类型(Bravais点阵)。

原子间键合方式、晶体结构都会影响固体的电子能量结构和状态,从而影响材料物理性能。因此,键合、晶体结构、电子能量结构三方面都是理解和创新一种材料的物理性能的理论基础。

根据课程分工和教学大纲要求,本章仅就固体中电子能量结构和状态进行初步介绍,建立起现代固体电子能量结构的概念,包含德布罗意波,费密-狄拉克分布函数,禁带起因、能带结构及其与原子能级的关系,以及非晶态金属、半导体的电子状态等。

表 1.1　原子键合及特性

类　型	实体代表	结合能/($eV \cdot mol^{-1}$)	主要特点
离子键	LiCl	8.63	高配位数,非方向键,低温不导电,高温离子导电
	NaCl	7.94	
	KCl	7.20	
	RbCl	6.90	
共价键	金刚石	7.37	低配位数,空间方向键,纯晶体在低温下导电率很小
	Si	4.68	
	Ge	3.87	
	Sn	3.14	
金属键	Li	1.63	高配位数,高密度,无方向性键,导电率高,延展性好
	Na	1.11	
	K	0.934	
	Rb	0.852	
分子键	Ne	0.020	低熔点和沸点,压缩系数大,保留了分子的性质
	Ar	0.078	
	Kr	0.116	
	Xe	0.170	
氢键	H_2O(冰)	0.52	结合力高于无氢键的类似分子
	HF	0.30	

1.1　电子的粒子性和波动性

1.1.1　电子粒子性和霍耳效应

电子的粒子性早为 1879 年 G. Hall 发现的金属晶体存在霍耳效应所证实。取一金属导体,放在与它通过的电流方向相垂直的磁场内,则在横跨样品的两面产生一个与电流和磁场都垂直的电场。此现象称为霍耳效应(Hall effect),如图 1.1 所示。图中样品两端面:$abcd$ 面带负电;$efgh$ 面带正电。下面简要介绍该实验证明金属中存在自由电子的原理。

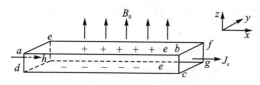

图 1.1　霍耳效应示意图

在横截面为矩形(厚度为 d、宽度为 b)的导体上,沿 x 方向流过电流 I_x,其电流密度为 J_x,沿 z 方向加一磁场 B_0,这时发现导体沿 y 方向,产生电位差 $V_{ab} - V_{ef}$,令其为 E_H。产生这个电场的原因是,垂直于电子运动方向的磁场使电子受到洛伦兹力而偏转并向 $abcd$ 面积聚,结果使该面带负电,而在对面(即 $efgh$ 面)带正电,从而形成电场 E_H,称之为霍耳场。表征霍耳场的物理参数称为霍耳系数,定义为

$$R_H = \frac{E_H}{J_x B_0} \quad (\text{SI})^* \tag{1.1}$$

式中,E_H 为霍耳场强度;J_x 为电流密度;B_0 为外加磁场。经简单计算便可求出 $E_H = \frac{J_x B_0}{ne}$,从而由式(1.1)得到

$$R_H = \frac{1}{ne} \quad (\text{SI}) \tag{1.2}$$

式中,n 为电子密度。由式(1.2)可见,霍耳系数只与金属中的自由电子密度有关。霍耳效应证明了金属中存在自由电子,它是电荷的载体。R_H 值的理论计算与实验测定结果对于典型金属是一致的(见表 1.2)。

表 1.2　一些金属的霍耳系数和载流子迁移率(300 K)

金　属	$R_H \times 10^{10}/(\text{m}^3 \cdot \text{C}^{-1})$	$\mu/(\text{m}^2 \cdot \text{V}^{-1} \cdot \text{s}^{-1})$
银	−0.84	0.005 6
铜	−0.55	0.003 2
金	−0.72	0.003 0
钠	−2.50	0.005 3
锌	+0.30	0.006 0
镉	+0.60	0.008 0

根据金属的原子价和密度,可以算出单位体积中的自由电子数。设金属密度为 ρ,原子价

---

* SI 表示国际单位制。

为 Z,原子摩尔质量为 M,则电子密度为

$$n = Z\frac{\rho N_0}{M} \tag{1.3}$$

式中,N_0 为阿伏加德罗常数。

根据计算,如果金属中只存在自由电子一种载流子,那么只能 $R_H < 0$;但实验测得某些金属 R_H 反常($R_H > 0$,如表 1.2 中的锌金属正是这样)。当时的理论无法解释这些现象,然而正是这些实际问题推动了对金属晶体中电子状态的研究。

1.1.2　电子波性

对电子具有波性的认识是较晚的,这还要从对光的认识谈起。19 世纪末,人们确认光具有波动性,服从麦克斯韦(Maxwell)的电磁波动理论。利用波动学说解释了光在传播中的偏振、干涉、衍射现象,但不能解释光电效应。1905 年爱因斯坦(Einstein)依照普朗克(Planck)的量子假设提出了光子理论,认为光是由一种微粒——光子组成的。频率为 ν 的光,其光子具有的能量为

$$E = h\nu \tag{1.4}$$

式中,$h = 6.6 \times 10^{-34}$ J·s,为普朗克常量。

光子理论成功地解释了光的发射和吸收现象。从对光的本性研究中发现,像光子这种微观粒子表现出双重性质——波动性和粒子性。这种现象叫二象性。在爱因斯坦光子理论和其他人工作的启发下,1924 年法国物理学家德布罗意(de Broglie)提出了一个大胆的假设,即"二象性"并不只限于光,而具有普遍意义,由此他提出了物质波的假说:一个能量为 E、动量为 p 的粒子,同时也具有波性,其波长 λ 由动量 p 确定,频率 ν 则由能量 E 确定:

$$\lambda = \frac{h}{p} = \frac{h}{mv}$$

$$\nu = E/h \tag{1.5}$$

式中,m 为粒子质量;v 为自由粒子运动速度。由式(1.5)求得的波长,称为德布罗意波波长。

德布罗意的假设在 1927 年被美国贝尔电话实验室的戴维孙(Davisson C J)和革末(Germer L H)的电子衍射实验所证实。他们发现电子束在镍单晶表面上反射时有干涉现象产生,提供了电子波性的证据。图 1.2(a)是该实验的电子衍射装置示意图。能量为 54 eV 的电子束垂直射在镍单晶面上,反射出来的电子表现出显著的方向性,在同入射束成 50°角的方向上反射出来的电子数目极大。设入射电子波的波长为 λ,则衍射花样的第一极大角度 θ_m 由下式给出:

$$d\sin\theta_m = \lambda \tag{1.6}$$

式中,d 是晶格常数。

已知,从晶体表面相邻两原子(离子)所散射出来的波,如果在 θ_m 方向上光程差为 λ,就会产生叠加增强,产生极大幅值。从图 1.2(b)中便中可得到式(1.6),图中 $d = 2.15 \times 10^{-10}$ m。由式(1.6)可以算出 54 eV 电子束相应波长:

$$\lambda = 2.15 \times 10^{-10} \text{ m} \times \sin 50° = 1.65 \times 10^{-10} \text{ m}$$

由(1.5)式计算电子的波长:电子质量 $m = 9.1 \times 10^{-31}$ kg,电子能量 $E = 54$ eV,则电子动量

$$p = (2mE)^{\frac{1}{2}} = (2 \times 9.1 \times 10^{-31} \times 54 \times 1.6 \times 10^{-19})^{\frac{1}{2}} \text{ kg·m/s} = 3.97 \times 10^{-24} \text{ kg·m/s}$$

式中,1.6×10^{-19} 为电子伏特向焦耳转换因子。将 p 值代入式(1.5),可得

$$\lambda = \frac{h}{p} = (6.6 \times 10^{-34} / 3.97 \times 10^{-24}) \text{ m} = 1.66 \times 10^{-10} \text{ m}$$

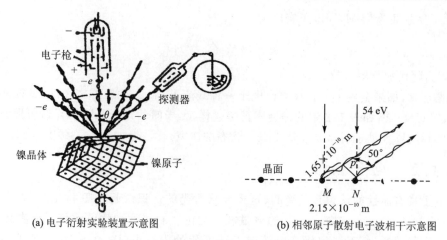

(a) 电子衍射实验装置示意图　　　　(b) 相邻原子散射电子波相干示意图

图 1.2　电子衍射

比较两个结果基本一致,说明德布罗意假设的正确性。

1928 年以后的进一步实验证明,不仅电子具有波性,其他一切微观粒子如原子、分子、质子等都具有波性。其波长与式(1.5)计算出来的完全一致,从而肯定了物质波的假说。波粒二象性是一切物质(包括电磁场)所具有的普遍属性。

1.1.3　波函数

微观粒子具有波性。实验证明,电子的波性就是电子波,是一种具有统计规律的几率波。它决定电子在空间某处出现的几率。既然几率波决定微观粒子在空间不同位置出现的几率,那么,在 t 时刻,几率波应当是空间位置(x,y,z)的函数。此函数写为 $\Phi(x,y,z,t)$ 或 $\Phi(\boldsymbol{r},t)$,并称之为波函数。

在光的电磁波理论中,光波是由电磁场的电场矢量 $\boldsymbol{E}(x,y,z,t)$ 和磁场矢量 $\boldsymbol{H}(x,y,z,t)$ 来描述的。光在某处的强度与该处的 $|E|^2$ 或 $|H|^2$ 成正比。依此类推,几率波强度应该与 $|\Phi(\boldsymbol{r},t)^2|$ 成正比,因此,$|\Phi(\boldsymbol{r},t)^2|$ 正比于 t 时刻粒子出现在空间(x,y,z)这一点的几率。假设 t 时刻空间某一点(x,y,z)小体积元 $d\tau=dxdydz$ 发现粒子的几率为 dW,则

$$dW \propto |\Phi|^2 d\tau$$
$$dW = C|\Phi|^2 d\tau \tag{1.7}$$

由此可见,$|\Phi(\boldsymbol{r},t)|^2$ 为几率密度。

那么,当粒子在一个有限体积内时,找到它的几率为

$$W = \int_V dW = \int_V C|\Phi|^2 d\tau = C\int_V |\Phi|^2 d\tau$$

如果把体积扩大到粒子所在的整个空间,由于粒子总要在该区域出现,故在整个空间内找到粒子的几率为 100%,即

$$W = \int_\infty dW = C\int_\infty |\Phi|^2 d\tau = 1 \tag{1.8}$$

于是

$$C = \frac{1}{\int_\infty |\Phi|^2 d\tau} \tag{1.9}$$

令

$$\Psi = \sqrt{C}\Phi$$

则
$$\int_{\infty} |\Psi|^2 \mathrm{d}\tau = 1 \tag{1.10}$$

式中，$\Psi(x,y,z,t)$ 称为归一化波函数。此过程称为归一化。

波函数 Ψ 本身不能和任何可观察的物理量直接联系，但波函数 $|\Psi|^2$ 可以代表微观粒子在空间出现的几率密度。若用点子的疏密程度来表示粒子在空间各点出现的几率密度，则 $|\Psi|^2$ 大的地方点子较密，$|\Psi|^2$ 小的地方点子较疏，这种图形叫"电子云"。如果我们设想电子是绵延地分布在空间的云状物——"电子云"，则 $\rho = -e|\Psi|^2$ 是电子云的电荷密度。这样，电子在空间的几率密度分布，也就是相应的电子云电荷密度的分布。当然，电子云只是对电子运动波性的一种虚设图像性描绘，实际上电子并非真的像"云"那样弥散在空间各处。但这样的图像对于讨论和处理许多具体问题，特别是对于定性方法很有帮助，所以一直沿用至今。

1.1.4 薛定谔(Schrödinger)方程

几率波的波函数可以描写微观粒子运动的状态。欲得到各种不同情况下描述微观粒子运动的波函数，需要知道此粒子随时间和空间变化的规律。这种规律通常表现为一个或一组偏微分方程。例如，在光波中这种规律表现为麦克斯韦方程组或由它导出的波动方程。那么，描述电子运动的几率波的波动方程是什么呢？电子的波动方程就是薛定谔方程。在德布罗意关于物质波的启发下，奥地利物理学家薛定谔通过对力学和光学的分析对比，率先提出这个方程式。物理学的发展史表明，代表新的规律的方程式，往往总是根据大量的实验事实总结出来的，而不是由旧的公式直接导出的。代表电子波运动规律的薛定谔方程也在此列。我们不介绍薛定谔当时的类比推证，只是以建立满足自由电子运动的平面波波动方程为例，介绍薛定谔方程建立的思路，然后再推广到普遍的波动方程。

由物理学知，频率为 ν，波长为 λ，沿 x 方向(一维)传播的平面波可以表示为
$$Y(x,t) = A\cos\left[2\pi\left(\frac{x}{\lambda} - \nu t\right)\right] \tag{1.11}$$

式(1.11)所表示的平面波初相位角为零。引入波数 K，$K = \dfrac{2\pi}{\lambda}$。考虑方向时，$\boldsymbol{K}$ 为矢量，$|\boldsymbol{K}| = \dfrac{2\pi}{\lambda}$，称 $\boldsymbol{K}$ 为波矢量(简称波矢)。又 $\omega = 2\pi\nu$，则式(1.11)成为
$$Y(x,t) = A\cos(\boldsymbol{K}x - \omega t)$$

写成复数形式
$$Y = A\,\mathrm{e}^{\mathrm{i}(Kx - \omega t)} \tag{1.12}$$

将德布罗意假设(即式(1.5))代入式(1.12)，把 Y 改写成 Ψ，则式(1.12)变为
$$\Psi = A\,\mathrm{e}^{\frac{2\pi\mathrm{i}}{h}(px - Et)} = A\,\mathrm{e}^{\frac{\mathrm{i}}{\hbar}(px - Et)} \tag{1.13}$$

式中，$\hbar = h/2\pi = 1.05 \times 10^{-34}\,\mathrm{J \cdot s}$。

式(1.13)代表一个动量为 p、能量为 E 的自由电子沿 x 方向运动的电子波函数。同理，上述结果很容易推广到三维空间，这时自由电子的波函数可表示为
$$\Psi(\boldsymbol{r},t) = A\,\mathrm{e}^{\frac{\mathrm{i}}{\hbar}(pr - Et)} \tag{1.14}$$

若式(1.13)中的时间变量 t 和位置变量 x 分开，写成
$$\Psi(x,t) = \varphi(x)\,\mathrm{e}^{\frac{\mathrm{i}}{\hbar}Et} \tag{1.15}$$

式中，$\varphi(x) = A\,\mathrm{e}^{\frac{\mathrm{i}}{\hbar}px}$ 称为振幅函数，它是波函数中只与坐标有关，而与时间无关的部分。有时

也把它称为波函数。那么三维情况下,自由电子的振幅函数可写成

$$\varphi(\boldsymbol{r}) = A e^{\frac{i}{\hbar} p r} \qquad (1.16)$$

凡是可以写成式(1.16)形式的波函数叫定态波函数。这种波函数所描述的状态称为定态。如果电子运动所在势场的势能只是坐标的函数 $U = U(x)$,则电子在其中的运动状态总会达到一稳定态。例如,一稳定的自由原子,有一绕核运动的电子,当电子只受到核的静电力作用而没有其他外力作用时的运动状态,就是一种定态。表征电子这种运动状态的定态波函数表明电子在空间出现的几率密度与时间无关,即

$$| \Psi(x,t) |^2 = \Psi \Psi^* = \varphi(x) e^{-\frac{i}{\hbar} E t} \varphi(x) e^{\frac{i}{\hbar} E t} = | \varphi(x) |^2$$

这样,在解定态波函数时,往往先解出 $\varphi(x)$,然后利用式(1.15),便可找到 $\Psi(x,t)$。

下面介绍建立薛定谔方程的主要思路。

将式(1.15)中的振幅函数对 x 取二阶导数,得

$$\frac{\mathrm{d}^2 \varphi(x)}{\mathrm{d}x^2} = \left(\frac{i}{\hbar} p\right)^2 A e^{\frac{i}{\hbar} p x} = -\frac{1}{\hbar^2} p^2 \varphi = -\frac{4\pi^2}{h^2} p^2 \varphi \qquad (1.17)$$

因为 $p^2 = 2mE$,代入式(1.17)整理得

$$\frac{\mathrm{d}^2 \varphi}{\mathrm{d}x^2} + \frac{2mE}{\hbar^2} \varphi = 0 \quad 或 \quad \frac{\mathrm{d}^2 \varphi}{\mathrm{d}x^2} + \frac{8\pi^2 mE}{h^2} \varphi = 0 \qquad (1.18)$$

式(1.18)是一维空间自由电子的振幅函数所遵循的规律,称为一维空间自由粒子的振幅方程,即一维条件下自由电子的薛定谔方程。如果电子不是自由的,而是在确定的势场中运动,振幅函数所适合的方程也可用类似的方法建立起来。考虑到电子的总能量 E 应是势能 $U(x)$ 和动能 $\frac{1}{2}mv^2$ 之和,则式(1.17)中的 p^2 用关系式 $p^2 = 2m(E-U)$ 代入,则得

$$\frac{\mathrm{d}^2 \varphi}{\mathrm{d}x^2} + \frac{2m}{\hbar^2}(E-U)\varphi = 0 \quad 或 \quad \frac{\mathrm{d}^2 \varphi}{\mathrm{d}x^2} + \frac{8\pi^2 m}{h^2}(E-U)\varphi = 0 \qquad (1.19)$$

因 $\varphi(x)$ 只是位置的函数,与时间无关,故 φ 所描述的是电子在空间的稳定态分布。式(1.19)即为一维空间电子运动的定态薛定谔方程。如果电子在三维空间运动,则式(1.19)推广为

$$\frac{\partial^2 \varphi}{\partial x^2} + \frac{\partial^2 \varphi}{\partial y^2} + \frac{\partial^2 \varphi}{\partial z^2} + \frac{8\pi^2 m}{h^2}(E-U)\varphi = 0 \qquad (1.20)$$

式中,φ 为 $\varphi(x,y,z)$,如果采用拉普拉斯(Laplace)算符,$\nabla^2 \equiv \frac{\partial^2}{\partial x^2} + \frac{\partial^2}{\partial y^2} + \frac{\partial^2}{\partial z^2}$,则式(1.20)可表示为

$$\nabla^2 \varphi + \frac{2m}{\hbar^2}(E-U)\varphi = 0 \qquad (1.21)$$

这便是定态薛定谔方程的一般式。

对于薛定谔方程,可以这样理解:质量为 m 并在势能为 $U(x,y,z)$ 的势场中运动的微观粒子,其运动的稳定状态必然与波函数 $\varphi(x,y,z)$ 相联系。这个方程的每一解 $\varphi(x,y,z)$ 表示粒子运动可能有的稳定态,与这个解相对应的常数 E,就是粒子在这种稳态下具有的能量。求解方程时,不仅要根据具体问题写出势函数 U,而且为了使 $\varphi(x,y,z)$ 是合理的,还必须要求 φ 是单值、有限、连续、归一化的函数。由于这些条件的限制,因此只有当薛定谔方程式中能量 E 具有某些特定值时才有解。这些特定的值叫本征值,而相应的波函数叫本征函数。

如果不是研究定态问题,则应运用含时间的薛定谔方程式(非相对论的)

$$i\hbar \frac{\partial \Psi(x,y,z,t)}{\partial t} = \frac{\hbar^2}{2m} \nabla^2 \Psi(x,y,z,t) + U(x,y,z)\Psi(x,y,z,t) \qquad (1.22)$$

式(1.22)为一般性薛定谔方程式。它适用于运动速度小于光速的电子、中子、原子等微观粒子。定态薛定谔方程式只是式(1.22)的一个特例。由于这里只研究电子的定态运动问题,故对式(1.22)不作深入讨论。薛定谔方程在量子力学中占有重要的地位,在后面的讨论中应注意它是如何被运用的。

1.2　金属的费密(Fermi)-索末菲(Sommerfeld)电子理论

对固体电子能量结构和状态的认识,开始于对金属电子状态的认识。人们通常把这种认识大致分为三个阶段:经典自由电子学说、量子自由电子学说、现代能带理论(详见 1.3 节)。

最早的是经典的自由电子学说,主要代表人物是德鲁德(Drude)和洛伦兹(Lorentz)。该学说认为金属原子聚集成晶体时,其价电子脱离相应原子的束缚,在金属晶体中自由运动,故称它们为自由电子,并且认为它们的行为如理想气体一样,服从经典的麦-玻(Maxwell-Boltzmann)统计规律。经典自由电子学说成功地计算出金属电导率以及电导率和热导率的关系(见第 5 章材料热性能),但该理论解释不了霍耳系数的"反常"现象,而且在解释以下问题时也遇到了困难:

(1) 实际测量的电子平均自由程比经典理论估计的大许多。

(2) 金属电子比热容测量值只有经典自由电子理论估计值的百分之一。

(3) 金属导体、绝缘体、半导体导电性的巨大差异。

第二阶段是把量子力学的理论引入对金属电子状态的认识,称为量子自由电子学说,具体讲就是金属的费密-索末菲的自由电子理论。该理论同意经典自由电子学说认为价电子是完全自由的,但量子自由电子学说认为自由电子的状态不服从麦克斯韦-玻耳兹曼统计规律,而是服从费密-狄拉克(Fermi-Dirac)的量子统计规律。故该理论利用薛定谔方程求解自由电子的运动波函数,计算自由电子的能量。下面较具体地介绍该理论应用量子力学观点得到的金属中电子能量结构和状态的结果。

1.2.1　金属中自由电子的能级

先讨论一维的情况。假设在长度为 L 的金属丝中有一个自由电子在运动。自由电子模型认为金属晶体内的电子与离子没有相互作用,其势能不是位置的函数,即电子势能在晶体内到处都一样,可以取 $U(x)=0$;由于电子不能逸出金属丝外,则在边界处,势能无穷大,即 $U(0)=U(L)=\infty$。这种处理方法称为一维势阱模型(见图 1.3)。由于我们讨论的是电子稳态运动情况,所以在势阱中电子运动状态应满足定态薛定谔方程式(1.18),而且由式(1.5)知

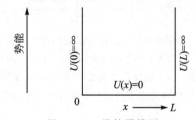

图 1.3　一维势阱模型

$$E = \frac{h^2}{2m\lambda^2} = \frac{\hbar^2}{2m}K^2 \tag{1.23}$$

上式代入式(1.18)得

$$\mathrm{d}^2\varphi/\mathrm{d}x^2 + (2\pi/\lambda)^2\varphi = 0 \tag{1.24}$$

该方程一般解为

$$\varphi = A\cos\frac{2\pi}{\lambda}x + B\sin\frac{2\pi}{\lambda}x \tag{1.25}$$

式中,A、B 为常数。由边界条件知 $x=0$,$\varphi(0)=0$,故由式(1.25)知 A 必须等于零,则

$$\varphi = B\sin\frac{2\pi}{\lambda}x \qquad (1.26)$$

由波函数归一化条件得

$$\int_0^L |\varphi(x)|^2 \mathrm{d}x = 1 \qquad (1.27)$$

将式(1.26)代入式(1.27),得 $B=\sqrt{2/L}$。又由边界条件 $x=L$,$\varphi(L)=0$,且 $B\neq0$,得

$$\sin\frac{2\pi}{\lambda}L = 0$$

故 λ 只能取 $2L,2L/2,2L/3,\cdots,2L/n$。式中 n 为正整数,称为金属中自由电子能级的量子数。它改变着波函数。至此,解出了自由电子的波函数:

$$\varphi(x) = \sqrt{2/L}\sin\frac{2\pi}{\lambda}x = \sqrt{2/L}\sin\frac{\pi n}{L}x$$

把 λ 值代入式(1.23)中,得

$$E = (h^2/8mL^2)n^2 = \frac{\hbar^2}{2mL^2}n^2 \qquad (1.28)$$

由于 n 只能取正整数,所以由式(1.28)可见,金属丝中自由电子的能量不是连续的,而是量子化的。图 1.4 表示了这个结果。

根据类似分析,同样可以算出自由电子在三维空间运动的波函数。设一电子在边长为 L 的立方体内运动(见图 1.5)。应用三维定态薛定谔方程式(1.20),因势阱内 $U(x,y,z)=0$,故该式变为

$$\frac{\partial^2\varphi}{\partial x^2}+\frac{\partial^2\varphi}{\partial y^2}+\frac{\partial^2\varphi}{\partial z^2}+\frac{8\pi^2 m}{h^2}E\varphi = 0 \qquad (1.29)$$

式(1.29)为二阶偏微分方程,采用分离变量法解之。

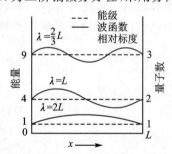

能量依量子数 n 标记,量子数 n 给出波函数中半波长的个数,并在各波形上标明了波长

图 1.4 限制在长为 L 的金属丝内,质量为 m 的自由电子的头三个能级和波函数图形

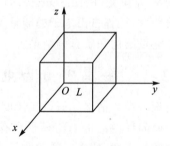

$U(x,y,z)=0$ 在势阱内;
$U(x,y,z)=\infty$ 在势阱外

图 1.5 边长为 L 的立方体三维势阱示意图

令

$$\varphi(x,y,z) = \varphi(x)\varphi(y)\varphi(z) \qquad (1.30)$$

将式(1.30)分别对 x,y,z 取二阶导数

$$\partial^2\varphi/\partial x^2 = \varphi_y(y)\varphi_z(z)\frac{\partial^2\varphi_x}{\partial x^2} \qquad (1.30a)$$

$$\partial\varphi/\partial y^2 = \varphi_x(x)\varphi_z(z)\frac{\partial^2\varphi_y}{\partial y^2} \qquad (1.30b)$$

$$\partial^2 \varphi / \partial z^2 = \varphi_x(x) \varphi_y(y) \frac{\partial^2 \varphi_z}{\partial z^2} \tag{1.30c}$$

将式(1.30a)、式(1.30b)、式(1.30c)代入式(1.29):

$$\varphi_y(y)\varphi_z(z)\frac{\partial^2 \varphi_x}{\partial x^2} + \varphi_x(x)\varphi_z(z)\frac{\partial^2 \varphi_y}{\partial y^2} + \varphi_x(x)\varphi_y(y)\frac{\partial^2 \varphi_z}{\partial z^2} +$$

$$\frac{8\pi^2 m}{h^2}E\varphi_x(x)\varphi_y(y)\varphi_z(z) = 0 \tag{1.30d}$$

式(1.30d)除以 $\varphi_x\varphi_y\varphi_z$ 得

$$\frac{1}{\varphi_x(x)}\frac{\partial^2 \varphi_x}{\partial x^2} + \frac{1}{\varphi_y(y)}\frac{\partial^2 \varphi_y}{\partial y^2} + \frac{1}{\varphi_z(z)}\frac{\partial^2 \varphi_z}{\partial z^2} + \frac{8\pi^2 m}{h^2}E = 0 \tag{1.31}$$

方程式(1.31)中前三项都是单变量函数,且其和为常数。这只有当其中的每一项都是常数时才成立,故

$$\frac{1}{\varphi_x(x)}\frac{\partial^2 \varphi_x}{\partial x^2} = -\frac{8\pi^2 m}{h^2}E_x \tag{1.31a}$$

$$\frac{1}{\varphi_y(y)}\frac{\partial^2 \varphi_y}{\partial y^2} = -\frac{8\pi^2 m}{h^2}E_y \tag{1.31b}$$

$$\frac{1}{\varphi_z(z)}\frac{\partial^2 \varphi_z}{\partial z^2} = -\frac{8\pi^2 m}{h^2}E_z \tag{1.31c}$$

并且

$$E_x + E_y + E_z = E \tag{1.31d}$$

这些方程与一维势阱中自由电子的运动方程相同,因此可分别求解,得

$$\varphi_x(x) = A_x \sin\frac{\pi n_x}{L}x$$

$$\varphi_y(y) = A_y \sin\frac{\pi n_y}{L}y$$

$$\varphi_z(z) = A_z \sin\frac{\pi n_z}{L}z$$

则

$$\varphi(x,y,z) = A\sin\frac{\pi n_x}{L}x \sin\frac{\pi n_y}{L}y \sin\frac{\pi n_z}{L}z \tag{1.32}$$

式中,A 为归一化常数,由归一化条件可求出

$$\int_0^V |\varphi|^2 dV = 1 \tag{1.33}$$

式(1.33)中的 $\varphi = f(x,y,z) = \varphi(\boldsymbol{r})$,是自由电子定态波函数,则应具有式(1.16)的形式:

$$\varphi = Ae^{\frac{i}{\hbar}\boldsymbol{p}\cdot\boldsymbol{r}}$$

将其代入式(1.33)中,解得 $A = \sqrt{1/V} = 1/L^{\frac{3}{2}}$。同样,电子在 x,y,z 方向上的运动能量分别为

$$E_x = \frac{h^2}{8mL^2}n_x^2, \quad E_y = \frac{h^2}{8mL^2}n_y^2, \quad E_z = \frac{h^2}{8mL^2}n_z^2$$

则

$$E_n = \frac{h^2}{8mL^2}(n_x^2 + n_y^2 + n_z^2) \tag{1.34}$$

由式(1.34)知,决定自由电子在三维空间中的运动状态需要三个量子数 n_x, n_y, n_z,其中每个量子数可独立地取 $1,2,3,\cdots$ 中的任何值。

　　由上面的讨论可见,金属晶体中自由电子的能量是量子化的,其各分立能级组成不连续的能谱,而且由于能级间能量差很小,故又称为准连续的能谱。另外值得注意的是,某些三个不同量子数组成的不同波函数,却对应同一能级。例如,设 $n_x = n_y = 1, n_z = 2; n_x = n_z = 1, n_y = 2;$

$n_y = n_z = 1, n_x = 2$。三组量子数对应的波函数分别为

$$\varphi_{112}(x,y,z) = A\sin\frac{\pi x}{L}\sin\frac{\pi y}{L}\sin\frac{2\pi z}{L}$$

$$\varphi_{121}(x,y,z) = A\sin\frac{\pi x}{L}\sin\frac{2\pi y}{L}\sin\frac{\pi z}{L}$$

$$\varphi_{211}(x,y,z) = A\sin\frac{2\pi x}{L}\sin\frac{\pi y}{L}\sin\frac{\pi z}{L}$$

但它们对应同一能级

$$E = \frac{h^2}{8mL^2}(n_x^2 + n_y^2 + n_z^2) = \frac{6h^2}{8mL^2}$$

若几个状态(不同波函数)对应于同一能级,则称它们为简并态。上例中三种状态对应同一能量数值$\frac{6h^2}{8mL^2}$,则称为三重简并态。若考虑自旋,那么金属中自由电子至少是二重简并态。

1.2.2 自由电子的能级密度

为了计算金属中自由电子的能量分布,或者计算某能量范围内的自由电子数,需要了解自由电子的能级密度 $Z(E)$。能级密度亦称状态密度,定义为 $Z(E) = \dfrac{dN}{dE}$,其中 dN 为 $E \sim E+dE$ 能量范围内总的状态数,它所表示的意义是单位能量范围内所能容纳的电子数。

下面讨论如何方便地求出能级密度。

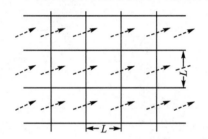

图1.6 玻恩-卡门周期性边界条件示意图

在前面求解薛氏方程时采用的边界条件是 $\varphi(0) = \varphi(L) = 0$,这种解是驻波形式,其物理意义是电子不能逸出金属表面,可视为电子波在其内部来回反射。但这种处理方法有两个缺点:① 很难考虑表面状态对金属内部电子态的影响,使问题复杂化;② 没有充分考虑晶体结构的周期性。因此,拟采用行波方式处理。设想,一个全同的金属大系统,由每边为 L 的子立方体组成(见图1.6),此时电子运动的周期性边界条件为

$$\varphi(x,y,z) = \varphi(x+L,y,z) = \varphi(x,y+L,z) = \varphi(x,y,z+L) \tag{1.35}$$

式(1.35)就是玻恩-卡门(Born-Kármán)周期性边界条件。这样的波函数边界条件可用图像表示如下:电子从一个小立方体的边界进入,然后从另一侧进入另一个小立方体,对应点的情况完全相同,因此可以满足在体积 $V(L^3)$ 内的金属自由电子数 N 不变,且可以证明,方程式(1.29)满足周期性边界条件的解必同时使下式成立:

$$\exp(iK_xL) = \exp(iK_yL) = \exp(iK_zL) = 1 \tag{1.36}$$

为此,K_x, K_y, K_z 必须满足下列条件:

$$K_x = \frac{2\pi}{L}n_x, \quad K_y = \frac{2\pi}{L}n_y, \quad K_z = \frac{2\pi}{L}n_z \tag{1.37}$$

式中,n_x, n_y, n_z 必须是整数。

式(1.37)给出了周期性边界条件下波矢量量子化条件,它与前面用驻波形式处理问题的结果是一致的,但是用波矢量 $\boldsymbol{K}$ 可建立 K_x, K_y, K_z 的直角坐标系,称为 $\boldsymbol{K}$ 空间。在下面可以看到 $\boldsymbol{K}$ 空间成为求解能级密度表达式的"桥梁"。

具有量子数为 n_x,n_y,n_z 的自由电子，便可在 K 空间中找到相应的状态点，这样 K 空间便分割为 $\dfrac{2\pi}{L}$ 的小方格子（每个小方格对应一种电子状态）。由量子力学测不准原理知，在 x 方向

$$\Delta x \cdot \Delta p_x \geqslant h \tag{1.38}$$

由以上分析知，电子在每边为 L 的小立方体 x 方向的位置不确定，$\Delta x=L$，故 $\Delta p_x \geqslant h/L$，但 $\Delta p_x=\Delta K_x\hbar$，所以

$$\Delta K_x = \frac{\Delta p_x}{\hbar} \geqslant \frac{2\pi}{L} \tag{1.39}$$

即 K_x 不能比 $\dfrac{2\pi}{L}$ 更小。同理 K_y,K_z 也是如此。这样，每个电子态占有 K 空间的小体积即为 $(2\pi/L)^3$。

电子状态（即轨道）占据 K 空间相应的点。因此，在 K 空间中求状态密度是容易的。每个点就是一种状态，每个点所占的体积为 $(2\pi/L)^3$，其倒数即为单位体积所含点子数：

$$\left(\frac{2\pi}{L}\right)^{-3} = \frac{V}{8\pi^3} \tag{1.40}$$

电子运动状态必须标明其自旋状态，自旋的 z 方向分为 $1/2$ 和 $-1/2$ 两种。根据泡利不相容原理，K 空间每个小格子可以填充 2 个自旋不同的电子态。现在以 K 空间状态密度为基础，说明单位能量所具有的能级，即能级密度。设能量为 E 及其以下能级的状态总数为 $N(E)$，且考虑自旋，则

$$N(E) = 2\frac{V}{8\pi^3}\frac{4\pi}{3}K^3 = \frac{V}{3\pi^2}\left(\frac{2m}{\hbar^2}E\right)^{3/2} \tag{1.41}$$

式中，$\dfrac{4\pi}{3}K^3$ 为电子态所占 K 空间体积，对 E 微分，得

$$Z(E) = \frac{dN}{dE} = \frac{V}{2\pi^2}\left(\frac{2m}{\hbar^2}\right)^{3/2}E^{1/2} = C\sqrt{E} \tag{1.42}$$

按式（1.42）作图得到图 1.7(a)，说明 $Z(E)$ 与能量成 $Z(E)\propto E^{1/2}$ 关系。如果是单位体积能级密度，则式（1.42）中的 $C=4\pi(2m)^{3/2}h^{-3}$。对于半导体界面，特种晶体自由电子二维运动情况和特殊条件下的自由电子一维运动情况的状态密度，分别表示在图 1.7 的(b)和(c)中。其中二维空间自由电子 $Z(E)=$ 常数，而在一维空间 $Z(E)\propto E^{-\frac{1}{2}}$。这些结果请读者自己证明。以上讨论都是在自由电子体系中进行的，在真实晶体中的情况就变得更复杂了。

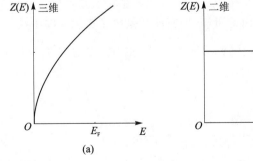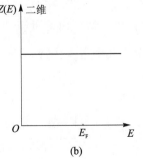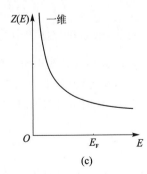

图 1.7　状态密度随能量变化曲线

1.2.3 自由电子按能级分布

金属中自由电子的能量是量子化的,构成准连续谱。金属中大量的自由电子是怎样占据这些能级的呢?理论和实验证实,电子的分布服从费密-狄拉克统计规律。具有能量为 E 的状态被电子占有的几率 $f(E)$ 由费密-狄拉克分配律决定,即

$$f(E) = \frac{1}{\exp\left(\dfrac{E-E_\mathrm{F}}{kT}\right)+1} \tag{1.43}$$

式中,E_F 为费密能;k 为玻耳兹曼常数;T 为热力学温度(K);$f(E)$ 为费密分布函数。

已知能量 E 的能级密度为 $Z(E)$,则可利用费密分布函数,求出在能量 $E+\mathrm{d}E$ 和 E 之间分布的电子数

$$\mathrm{d}N = Z(E)f(E)\mathrm{d}E = \frac{C\sqrt{E}\,\mathrm{d}E}{\exp[(E-E_\mathrm{F})/kT]+1} \tag{1.44}$$

下面讨论温度对电子分布的影响。当 $T=0\,\mathrm{K}$ 时,由式(1.43)得

若 $E > E_\mathrm{F}$,   则 $f(E) = 0$
若 $E \leqslant E_\mathrm{F}$,   则 $f(E) = 1$

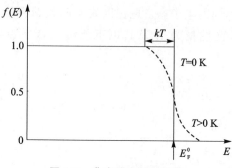

图1.8 费密分布函数图像

图1.8是费密分布函数图像。该图像说明,在0 K时,能量等于和小于 E_F^0 的能级全部被电子占满,能量大于 E_F^0 的能级全部空着。因此费密能表示0 K时金属基态系统电子所占有的能级最高的能量。

下面计算0 K时费密能 E_F^0。当0 K时,$f(E)=1$,则由式(1.44)得 $\mathrm{d}N=C\sqrt{E}\,\mathrm{d}E$,令系统自由电子数为 N,则

$$N = \int_0^{E_\mathrm{F}} C\sqrt{E}\,\mathrm{d}E = \frac{2}{3}C(E_\mathrm{F}^0)^{\frac{3}{2}}$$

$$E_\mathrm{F}^0 = \left(\frac{3}{2}\frac{N}{C}\right)^{\frac{2}{3}}$$

代入 C 值,得

$$E_\mathrm{F}^0 = \frac{h^2}{2m}(3n/8\pi)^{\frac{2}{3}} \tag{1.45}$$

式中,$n=\dfrac{N}{V}$,表示单位体积中的自由电子数。由此可知,费密能只是电子密度 n 的函数。一般金属费密能大约为几个电子伏特至十几个电子伏特,多数为5 eV左右。如金属钠为3.1 eV,铝11.7 eV,银和金都为5.5 eV。

0 K时,自由电子具有的平均能量为

$$\overline{E}_0 = \frac{\text{总能量}}{N} = \frac{\int_0^{E_\mathrm{F}^0} CE\sqrt{E}\,\mathrm{d}E}{N} = \frac{3}{5}E_\mathrm{F}^0 \tag{1.46}$$

式(1.46)说明,0 K时自由电子的平均能量不为零,而且具有与 E_F^0 数量级相同的能量。这与经典结果完全不同。之所以产生这种情况,是由于在0 K时电子不能都集中到最低能级中去,否则违反泡利不相容原理。

下面分析温度高于 0 K 的情况。此时 $T>0$ K 且 $E_F \gg kT$（室温时 kT 大致为 0.025 eV，金属在熔点以下都满足此条件）。

当 $E=E_F$ 时，$f(E)=\dfrac{1}{2}$。同理，分析式(1.43)可得

$$E<E_F \begin{cases} E \ll E_F, & f(E)=1 \\ E_F-E \leqslant kT, & f(E)<1 \end{cases}$$

$$E>E_F \begin{cases} E \gg E_F, & f(E)=0 \\ E-E_F \leqslant kT, & f(E)<\dfrac{1}{2} \end{cases}$$

从而获得温度高于 0 K，但又不是特别高时费密分布函数的图像（图 1.8 中的 $T>0$ K 曲线）。此图像具有重要意义，说明金属在熔点以下，虽然自由电子都受到热激发，但只有能量在 E_F 附近 kT 范围内的电子吸收能量，从 E_F 以下能级跳到 E_F 以上能级，即温度变化时，只有一小部分的电子受到温度的影响。由此，量子自由电子学说正确解释了金属电子比热容较小的原因，其值只有德鲁德理论值的百分之一。

在温度高于 0 K 的条件下，对电子平均能量和 E_F 的近似计算表明，此时平均能量略有提高：

$$\bar{E}=\frac{3}{5}E_F^0\Big[1+\frac{5}{12}\pi^2\Big(\frac{kT}{E_F^0}\Big)^2\Big] \tag{1.47}$$

而 E_F 值略有下降，减小值数量级为 10^{-5}，即

$$E_F=E_F^0\Big[1-\frac{\pi^2}{12}\Big(\frac{kT}{E_F^0}\Big)^2\Big]$$

故可以认为金属费密能不随温度变化。

1.3　晶体能带理论基本知识概述

量子自由电子学说较经典电子理论有巨大的进步，但模型与实际情况相比仍过于简化，解释和预测实际问题仍遇到不少困难。例如，镁是二价金属，为什么导电性比一价金属铜还差？量子力学认为，即使电子的动能小于势能位垒高度，电子也有一定几率穿过位垒，这称为隧道效应。产生该效应的原因是由于电子波到达位垒时，波函数并不立即降为零，据此可以认为固体中一切价电子都可发生位移。那么，为什么固体导电性差别巨大：银的电阻率只有 $10^{-8}\,\Omega \cdot m$，而熔融硅的电阻率却高达 $10^{14}\,\Omega \cdot m$？诸如此类问题，都是在能带理论建立起来以后才得以解决的。

实际上，一个电子是在晶体中所有格点上离子和其他所有电子共同产生的势场中运动的。它的势能不能视为常数，而是位置的函数。严格说来，要了解固体中的电子状态，必须首先写出晶体中所有相互作用着的离子和电子系统的薛定谔方程，并求解。然而这是一个极其复杂的多体问题，很难得到精确解，所以只能采用近似处理方法来研究电子状态。假定固体中的原子核不动，并设想每个电子是在固定的原子核的势场及其他电子的平均势场中运动。这样就简化为单电子问题，这种方法称为单电子近似。用这种方法求出的电子在晶体中的能量状态，将在能级的准连续谱上出现能隙，即分为禁带和允带。因此，用单电子近似法处理晶体中电子能谱的理论称为能带理论。这是目前较好的近似理论，是半导体材料和器件发展的理论基础，

在金属领域中可以半定量地解决问题。能带理论历经近 100 年的发展,内容十分丰富。要深入理解和掌握它需要固体物理、量子力学和群论知识。本书只介绍一些能带理论的基本知识,以便为理解材料物理性能和解决材料科学和工程中的问题打下初步基础。

1.3.1　周期势场中的传导电子

能带理论和量子自由电子学说一样,把电子的运动看作基本独立的,它们的运动遵守量子力学统计规律——费密-狄拉克统计规律;但是二者的根本区别就是能带理论考虑了晶体原子的周期势场对电子运动的影响。

1. 晶体中电子波的传播

自由电子模型忽略了离子(即去掉价电子后的原子核和外围的电子)势场的作用,而且假定金属晶体势场是均匀的,到处都一样,显然这不完全符合实际情况。实际上,电子经受的势场应该随着晶体中重复的原子排列而呈周期性的变化,图 1.9 所示为一维晶体场势能变化曲线。晶体场势能周期性变化可表征为一周期性函数:

$$U(x + Na) = U(x) \tag{1.48}$$

式中,a 为点阵常数。

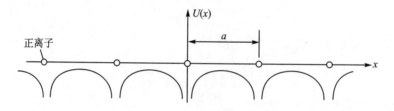

图 1.9　一维晶体场热能变化曲线

求解电子在周期势场中的运动波函数,原则上要找出 $U(x)$ 的表达式,并把 $U(x)$ 代入薛定谔方程中求解。为了尽量使问题简化,假设:① 点阵是完整的;② 晶体无穷大,不考虑表面效应;③ 不考虑离子热运动对电子运动的影响;④ 每个电子独立地在离子势场中运动(若考虑电子间的相互作用,则其结果有显著差别)。采用以上假设后,便可以认为价电子是准自由电子,其一维运动状态可由方程式(1.19)解出,且 $U(x)$ 满足式(1.48)的周期性。

准自由电子受到晶体周期势场作用之后,其 E-K 关系变为图 1.10(b)所示的情况。由

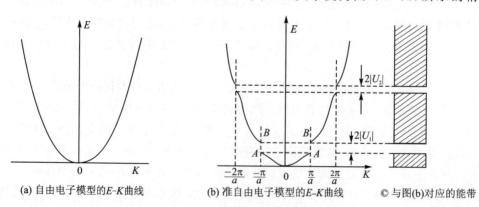

(a) 自由电子模型的 E-K 曲线　　(b) 准自由电子模型的 E-K 曲线　　ⓒ 与图(b)对应的能带

图 1.10　晶体中电子能量 E 与波矢量 K 的关系

图 1.10(a)可见,对于大多数 K 值,式(1.23)仍成立。但对于某些 K 值,即使 $U(x)$ 变化很小,这种与自由电子的类似性也完全消失。此时准自由电子的能量不同于自由电子的能量。金属和其他固体性质的许多差别,正是起源于这种效应。应用量子力学数学解法,按准自由电子近似条件对式(1.19)求解,可以得出结论:当 $K=\pm\dfrac{n\pi}{a}$ 时,在准连续的能谱上出现能隙,即出现了图 1.10(b)所示的情况——允带和禁带。这里不讨论数学解法,只用物理方法即布喇格定律(Bragg's law),对这种结果给以推证。

考虑图 1.11 的情况,假设 $A_0\mathrm{e}^{iKx}$ 是一电子波,并沿着 $+x$ 方向且垂直于一组晶面传播,这样 $A_0\mathrm{e}^{iKx}$ 便可看作是一入射波。当这个电子波通过每列原子时,就发射子波,且由每个原子相同地向外传播(如图中的中列原子)。这些子波相当于光学中由衍射光栅的线条传播出去的惠更斯子波。由同一列原子传播出去的所有子波是同相位的,因为它们都同时由入射波的同一波峰或波谷所形

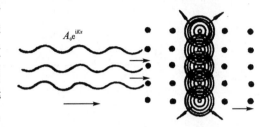

图 1.11　点阵对电子波的散射

成,结果它们因干涉而形成两个与入射波同类型的波(平面波)。这两个合成波中有一个是向前传播的,与入射波不能区分;另一个合成波向后传播,相当于反射波。一般来说,对于任意 K 值,不同列原子的反射波相位不同,由于干涉而相抵消,即反射波为零。这个结果表明,具有这样波矢 K 值的电子波,在晶体中传播没有受到影响,好像整齐排列的点阵,对电子完全是"透明"的,这种状态的电子在点阵中完全是自由的。但是,是否对任意波矢 K 的电子都是这样呢?

2. 禁带起因

当入射电子波 $A_0\mathrm{e}^{iKx}$ 的波矢 K 满足布喇格反射公式时,则得到另一加强的反射波 $A_1\mathrm{e}^{iKx}$。由布喇格反射定律 $2d\sin\theta=n\lambda$ 得

$$K=\frac{n\pi}{d\sin\theta} \tag{1.49}$$

若式中的原子面间距 $d=a,\theta=90°$,则 $K=\pm\dfrac{n\pi}{a}$,其中 $n=1,2,3,\cdots$ 显然,$K=\pm\dfrac{\pi}{a},\pm\dfrac{2\pi}{a}$,… 都是 K 的临界值。虽然当 $U(x)$ 接近常数时,个别反射波是弱的,但是很多这样的波叠加起来,总的反射波强度接近于入射波,即 $A_1\approx A_0$,以致最后无论入射波进入点阵多远,基本上都被反射掉。这表明,当 K 值满足其临界值时,仅用代表电子沿一固定方向运动的波函数 e^{iKx} 已不能表示这时的电子运动状态(即使是近似值)。此时电子的波函数应是入射波和反射波的组合,即

$$\varphi_1(x)=\mathrm{e}^{iKx}+\mathrm{e}^{-iKx}=2\cos Kx \tag{1.50}$$

$$\varphi_2(x)=\mathrm{e}^{iKx}-\mathrm{e}^{-iKx}=2i\sin Kx \tag{1.51}$$

这两个函数表示驻波。对于 K 的临界值来说,它表明:① 具有临界值波矢 K 的电子总的速度为零,因为它不断地反射过来,又反射过去;② 点阵中电子密度确定有周期性变化。第②点对电子能量是很重要的。对式(1.50)和式(1.51)分别平方,给出点阵中电子密度周期性变化的两种形式,见图 1.12。如图所示,正弦函数的节点位置恰是余弦函数的最大值,反之亦然。结果驻波函数中 $\varphi_1(x)$ 在势能谷处(离子实处)电子密度最大,相应于这种情况的电子能量低于

自由电子能量；而 $\varphi_2(x)$ 在势能峰处电子密度最大，相应于这种情况的电子能量高于自由电子的能量。可见周期场的效应是，在每一个 K 值的临界值处，自由电子的能级分裂成两个不同的能级，如图 1.10(b) 中的 A 和 B，这意味着出现了能隙。在这两个能级之间的能量范围是不允许的。或者说电子不能取这种运动状态（此能量区间薛定谔方程不存在类波解）。不允许的能量区间称为禁带。可以证明，禁带宽度，即 A、B 之间的能量间隔大小，即 $2|U_1|$、$2|U_2|$ 等与周期场 $U(x)$ 变化幅度有关。

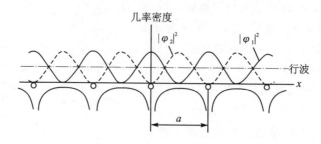

图 1.12　$\varphi_1(x)$，$\varphi_2(x)$ 及行波在周期势场中的几率分布

在图 1.10(b) 中，K 值从 $-\dfrac{\pi}{a}$ 到 $+\dfrac{\pi}{a}$ 的区间称为第一布里渊（Brillouin）区（简称第一布氏区）。在第一布氏区内能级分布是准连续谱。K 值在 $-\dfrac{\pi}{a} \sim -\dfrac{2\pi}{a}$ 和 $+\dfrac{\pi}{a} \sim +\dfrac{2\pi}{a}$ 范围内称为第二布氏区，包含第一间断点和第二间断点间的所有能级，余下以此类推第三布氏区、第四布氏区等。布氏区是个重要概念，下面对它的性质做进一步讨论。

1.3.2　K 空间的等能线和等能面

前面讨论电子能级密度时曾引入了 K 空间的概念，为理解方便，我们从一维 K 空间谈起。

1. 一维 K 空间

图 1.10(b) 准自由电子 E-K 关系的横坐标就代表一维 K 空间。当 $K = \pm \dfrac{n\pi}{a}$ 时，出现能隙，导致将 K 空间划分为布氏区的概念。出现能隙时，K 满足的条件和 X 射线衍射的布喇格条件一致，因此能够把 K 空间和晶体的倒易空间联系起来。设一维晶格点阵常数为 a，该晶格的倒易点阵的基矢为 $\dfrac{2\pi}{a}$。由倒易点阵原点 O（恰是 K 空间的原点）连接倒易点阵第一阵点，作其垂直平分线，其中点就是第一布氏区的边界点 $K = \pm \dfrac{\pi}{a}$。

利用 K 空间研究电子状态，首先必须解决每个布氏区可以充填多少电子的问题。也就是说，每个布氏区可以有多少 K 值。设想一维金属晶格由 N 个原子组成，点阵常数为 a，全长为 $Na = L$。根据周期性边界条件，可以算出一维金属晶体中电子从一个状态（即一个 K 值）变为另一个状态，其 K 值变化量为 $\dfrac{2\pi}{L}$。而第一布氏区全长为 $\dfrac{2\pi}{a}$，则共可容纳的电子态为 $\dfrac{2\pi}{a} \Big/ \dfrac{2\pi}{Na} = N$，即第一布氏区所容纳的 K 的点数正好等于晶格点阵原子数。考虑到电子自旋，那么第一布氏区可容纳 $2N$ 个电子。可以证明，这个结论推广到三维空间，对于体心立方晶体、面心立方晶体也是正确的（对于密排六方结构，布氏区可充填的电子数少些）。

2. 二维 K 空间与等能线

二维 **K** 空间布氏区的求法与一维的情况类似。设二维正方晶格的点阵常数为 a，先做出它的倒易点阵，然后引出倒易矢，作最短倒易矢的垂直平分线，其围成的封闭区，就是二维正方晶格的第一布氏区，见图 1.13（本章复习题 7 可以证明，满足布喇格反射的临界波矢量 K 值的轨迹就是倒易矢量的垂直平分线）。

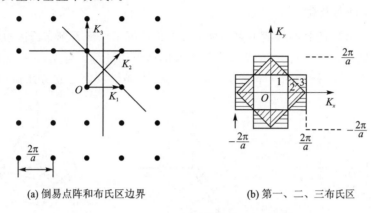

(a) 倒易点阵和布氏区边界　　　　　　(b) 第一、二、三布氏区

图 1.13　二维正方晶格倒易点阵及布里渊区

如果设想向 **K** 空间逐步加入"准自由"电子，那么电子将按系统能量最小原理，由能量低的向能量高的能级填充。如果把能量相同的 **K** 值连结起来，则会形成一条线，这就是等能线，如图 1.14(a) 所示。由图可见，其低能量的等能线，如图中标志的 1 和 2，都是以 **K** 空间原点为中心的圆，因为波矢 **K** 离布氏区边界较远，这些电子与自由电子行为相同，周期势场对它们的运动没有影响，所以在不同方向的运动都有同样的 E-K 关系。当 K 值继续增大，等能线开始偏离圆形（图 1.14(a) 中等能线 3），在接近布氏区边界部分等能线向外突出。这是因为接近边界时周期势场影响显著。dE/dK 比自由电子小，因而在这个方向从一条等能线到另一条等能线 K 的增量比自由电子的大。能量更高的等能线与布氏区边界相交；位于布氏区角顶的能级，在该区中能量最高（图 1.14(a) 中的 Q 能级），因为在边界上能量出现能隙，故等能线不能穿过布氏区边界。

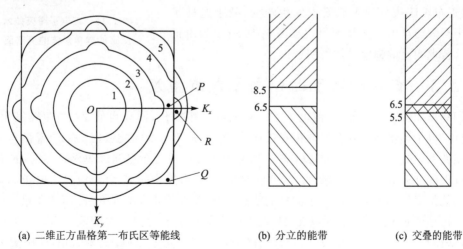

(a) 二维正方晶格第一布氏区等能线　　(b) 分立的能带　　(c) 交叠的能带

图 1.14　二维晶体布氏区的 E-K 关系

布氏区边界出现能隙,其大小表示禁带的宽度,但并不是说二维晶体所有方向上都一定存在能隙。若图 1.14(a)所示第一区[10]方向最高能级 P 为 4.5 eV,该方向的能隙为 4 eV,则第二区最低能级 R 为 8.5 eV,[11]方向最高能级 Q 为 6.5 eV。在这种情况下,二维晶体存在能隙,如图 1.14(b)所示的第一区和第二区能带分立。如果[10]方向的能隙只有 1 eV,则 R 能级为 5.5 eV,在这种情况下,二维晶体没有能隙,第一区和第二区能带交叠,如图 1.14(c)所示,无禁带。

3. 三维 K 空间与等能面

三维晶体的布氏区的界面构成一多面体。在二维情况下已经看到布氏区边界和产生它的衍射晶面平行。同样,三维布氏区的界面和产生它的衍射面平行。可见,布氏区的形状是由晶体结构决定的。图 1.15 所示为简单立方晶格、体心立方晶格及面心立方晶格的第一布氏区。

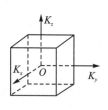 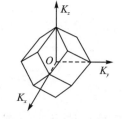 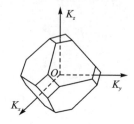

(a) 简单立方晶格第一布氏区　　　(b) 体心立方晶格第一布氏区　　　ⓒ 面心立方晶格第一布氏区

图 1.15　不同晶体结构布氏区的构成

可以证明,每个布氏区的体积都是相等的。在三维 K 空间中,把能量相同的 K 值连接起来形成等能面。研究表明,当 K 值较小时,等能面是个球,能量为费密能的等能面,即为费密球。导电性对于金属费密面的形状、性质是很敏感的。由于温度对它的影响不大,因此费密面具有独立的、永久的本性,可以看作是金属的真实物理性能,因此研究金属电子理论,很重要的工作是研究费密面的几何形状。正电子湮灭技术是测量金属费密面形状的有效手段,具体方法见附录 1。由二维情况可以推断,接近布氏区边界的等能面也发生畸变,处于这种状态的电子行为与自由电子差别很大。图 1.16 所示为由正电子湮灭技术测定的铜单晶体的费密面。

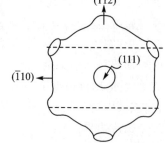

图 1.16　正电子湮灭技术测定的铜单晶体的费密面

1.3.3　准自由电子近似电子能级密度

周期势场的影响导致能隙,使电子 E-K 曲线发生变化,同样也使 $Z(E)$ 曲线发生变化。当"准自由"电子逐步填充到金属晶体布氏区中,在填充低能量的能级时,$Z(E)$ 遵循自由电子的抛物线关系,如图 1.17(a)中的 OA 段。当电子波矢 K 接近布里渊区边界时,$\mathrm{d}E/\mathrm{d}K$ 值比自由电子近似的 $\mathrm{d}E/\mathrm{d}K$ 值小(比较图 1.10(b)中的 A 点附近相同 K 值对应自由电子和近似自由电子的能量变化的差异),即对于同样的能量变化,准自由电子近似的 K 值变化量 ΔK 大于自由电子近似的 K 值变化值,所以在 ΔE 范围内准自由电子近似包含的能级数多,即 $Z(E)$ 曲线提高,如图 1.17(a)中的 AB 段;当费密面接触布氏区边界时,$Z(E)$ 达最大值(图中 B 点);其后只有布氏区角落部分的能级可以充填,$Z(E)$ 下降(图 1.17(a)中 BC 段);当布氏区完全填满时，$Z(E)$ 为零，如图中 C 点。如果能带交叠，总的 $Z(E)$ 曲线是各区 $Z(E)$ 曲线的叠加，见图 1.17(b)。其中虚线是第一、二布氏区的状态密度；实线是叠加的状态密度；影线部分是已填充的能级。测定长波长（$100 \times 10^{-10}\,\text{m}$ 左右）的软 X 射线谱可以确定费密面以下的状态密度曲线。

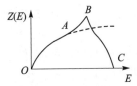

(a) 准自由电子近似的能级密度曲线
（虚线为自由电子近似的能级密度）

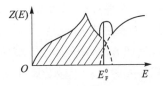

(b) 交叠能带的能级密度曲线

图 1.17　能级密度曲线

1.3.4　能带和原子能级的关系

前面导出的能带概念是从假设电子是自由的观点出发，然后把传导电子视为准自由电子，即采用了布氏区理论。如果用相反的思维过程，即先考虑电子完全被原子核束缚，然后再考虑近似束缚的电子，是否也可以得到能带概念呢？结论是肯定的。这种方法称为紧束缚近似。该方法便于了解原子能级与固体能带间的联系。

设想一晶体，它的原子排列是规则的，原子间距较大，甚至可以认为原子间无相互作用。此时，每个原子的电子都处在其相应原子能级上。现在把原子间距继续缩小到晶体正常原子间距并研究其能级的变化。相邻原子间同一能级的电子云开始重叠时，该能级就要分裂。分裂的能级数与原子数相等。图 1.18 为两个钠原子接近时能级变化示意图。图中横向虚线表示孤立原子能级位置，实线表示晶体能级位置。两个钠原子相互接近时，其外层 $3s$ 电子轨道首先开始分裂。如果这两个原子的 $3s$ 电子自旋方向相反，则结合成一个电子对，进入 $3s$ 分裂后的能量较低的轨道，并使系统能量下降。当很多原子聚集成固体时，原子能级分裂成很多亚能级，并导致系统能量降低。由于这些亚能级彼此非常接近，故称它们为能带。当原子间距进一步缩小时，以致电子云的重叠范围更加扩大，能带的宽度也随之增加。能级的分裂和展宽总是从价电子开始。因为价电子位于原子的最外层，最先发生相互作用。内层电子的能级只是在原子非常接近时，才开始分裂。图 1.19 是原子构成晶体时，原子能级分裂示意图。

原子基态价电子能级分裂而成的能带称为价带，对应于自由原子内部壳层电子能级分裂

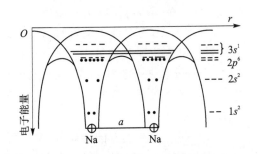

图 1.18　两个钠原子接近时，能级变化示意图

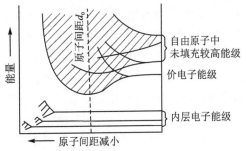

图 1.19　原子构成晶体时，原子能级的分裂

成的能带分别以相应的光谱学符号命名,一般称 s 带、p 带、d 带等。通常原子内部电子能级分裂成能带的往往不标出,因为它们对固体性能几乎没有什么影响。相应于价带以上的能带(即第一激发态)称为导带。我们讨论固体性质往往分析的是价带和导带被电子占有的情况。这里应指出的是,能带和原子能级并不永远有简单的对应关系。某些晶体原子处于平衡点阵时,价电子能级和其他能级分裂的能带展宽的程度足以使它们相互交叠,这时能带结构将发生新变化,简单对应关系便消失了。

采用紧束缚近似方法,用解薛定谔方程的数学方法可以得出和布里渊区理论一致的结果。两种方法是互相补充的。对于碱金属和铜、银、金,由于其价电子更接近自由电子的情况,则用准自由电子近似方法处理较为合适。当元素的电子比较紧密地束缚于原来所属的原子时,如过渡族金属的 d 电子或其他晶体,应用紧束缚近似方法更合适。

1.4 晶体能带结构的实验表征方法

通过学习前面的知识可知,对晶体的能带结构,特别是对费米能级的了解,就能够理解为什么晶体会具有不同的物理性质。材料的导电性质、光学性质、光电性能、导热性质、磁性甚至力学性能等,均与其能带结构有着密切的关系。通过对晶体能带结构的表征,可以有效预测材料的性质,从而大幅缩短新材料的研发周期。随着科技手段的发展,采用第一性原理计算等方法,已经可以对绝大部分晶体材料的能带结构进行理论计算。然而,计算结果需要通过实验的验证才能变得可信。因此,发展测定晶体能带结构的试验方法是探知晶体能带结构、理解晶体性质的重要手段,具有重要的价值。材料能带结构的实验测定方法主要包括角分辨光电子能谱、软 X 射线发射谱、回旋共振法、紫外-可见漫反射光谱法等。本书重点介绍角分辨光电子能谱和软 X 射线发射谱。前者可得到能态密度曲线和动量密度曲线,并直接给出固体的费米面;后者可表征导带和价带中的电子分布情况。

1.4.1 角分辨光电子能谱

角分辨光电子能谱(Angle resolved photoemission spectroscopy, ARPES)是研究电子能带结构最直接、有效的工具之一,其测试原理如图 1.20 所示。角分辨光电子能谱仪一般以气体放电灯、同步辐射或者激光作为光源,发射出光子,然后光子入射到样品上,样品内的电子吸收光子发生跃迁。图中 E_{kin} 为光电子动能,E_B 为材料内部结合能,E_F 为费米能级,E_{vac} 为真空能级,$N(E)$ 为能级密度。当电子所吸收的能量大于样品表面势垒(即样品阻止价电子逃逸的表面势垒,是材料功函数,用 Φ 表示。通常金属 Φ 值约为 4～5 eV)时,电子将会被激发,存在一定的几率逃逸出样品表面,逃逸能量的最大值为 $h\nu - \Phi$(其中 $h\nu$ 为入射光子能量)。逃逸出来的电子被一个具有有限接收角的能量分析仪收集,利用动能守恒定律和动量守恒定律,可以直接得到描述固体电子态的两个基本量:电子在固体内部的能量和平行于样品表面的动量分量。将得到的能量和动量对应起来,便可以得到材料中电子的色散关系。同时,角分辨光电子谱也可以得到能态密度曲线和动量密度曲线,直接给出固体的费米面。

一般而言,ARPES 设备需要具备以下几个基本组件:① 带有 2D 探测器的半球分析器,可以直接探测电子的能量和动量;② 分析腔,负责提供光电子能谱实验所需要的超高真空环境,同时屏蔽地磁场对实验中低能电子的干扰;③ 紫外光源,用于激发电子逃逸,目前主要采用氦

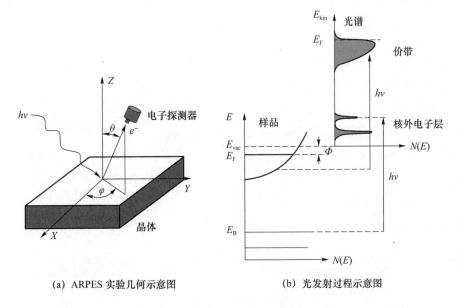

(a)　ARPES 实验几何示意图　　　　　　(b)　光发射过程示意图

图 1. 20　角分辨光电子能谱测试原理

灯、实验室激光器、同步辐射等作为激发光源;④ 样品操纵台,负责提供测试时样品所需的低温环境和样品运动自由度。

1.4.2　软 X 射线发射谱

当晶体被一束高能电子轰击时,低能带的一些电子被激发,会留下一些空能级。如果电子从价带或导带落入这些空能级,就会发射出一个处于软 X 射线范围内的光子,如图 1.21 所示。记录下这些光子的能量范围和强度变化,即可探知价带或导带电子分布情况。产生软 X 射线发射谱需要先有内层的空能级,故该过程实际上包括两个步骤:① 内层能态的电子被激发,产生空能态;② 高能态的电子跃迁到这一空能态,同时辐射出软 X 射线。

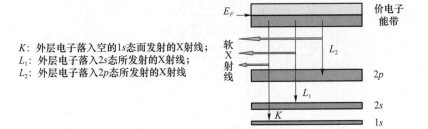

K: 外层电子落入空的1s态而发射的X射线;
L_1: 外层电子落入2s态所发射的X射线;
L_2: 外层电子落入2p态所发射的X射线

图 1. 21　软 X 射线发射谱测试原理

由于与导带(或价带)相比,低能带非常窄,几乎可以看作分立能级,电子从能级准连续分布的价带上的不同能级跃迁到内层时,将会发射不同能量的光子,因此测得的能量范围应该和价带中电子占据的范围(即费米能级)相当。而发射谱强度表达式为:$I \propto N(E) \times$跃迁几率。所以,测得的 X 射线发射谱强度可以直接反映出价电子能带的能态密度情况。

金属的软 X 射线发射谱的特征如下:在高能端出现突然的强度降低,发射边和费密能的位置相对应,$E > E_F$后,态密度 $N(E)$ 迅速降为 0;在低能端,强度的下降相当于 $N(E)$ 逐渐下降至 0 的情形。而非金属的软 X 射线发射谱在高能端和低能端下降均较为缓慢。典型的金属和非金属的软 X 射线发射谱如图 1.22 所示。

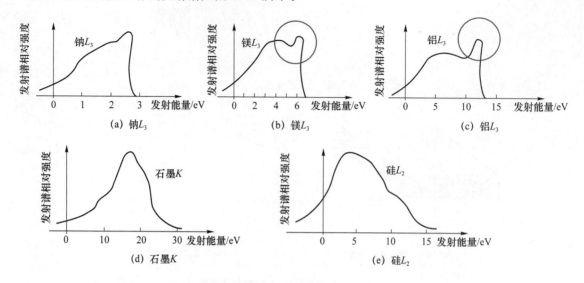

图 1.22　典型的金属(钠、镁、铝)和非金属(石墨、硅)的软 X 射线发射谱

测定软 X 射线发射谱要求采用强度大、可调谐的单色 X 射线源,因而通常以同步辐射作为辐射源。由于同步辐射源具有可调谐特性,能够选择单色 X 射线,因而能够使得特定的内层能态被激发,同时电子被激发到未填满能带的能量最低能态。同时,需要使用具有高能量分辨率的探测器对软 X 射线信号进行探测。典型的软 X 射线发射光谱仪的结构如图 1.23 所示。该仪器主要由一个电子枪、一个光子探测器、一个光栅衍射分光器和一个晶体分光器组成。

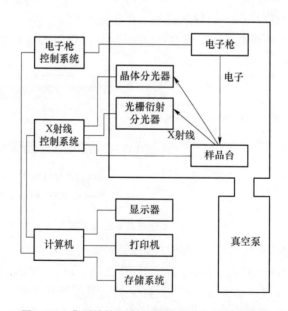

图 1.23　典型的软 X 射线发射光谱仪结构示意图

1.5　晶体能带理论应用举例

利用晶体能带理论解释导体、绝缘体、半导体导电性的巨大差别是能带理论初期发展的重大成就。根据下面的分析，便可以认识到晶体导电性与它们的能带结构及其被电子充填情况是密切相关的，从而建立了导体、半导体、绝缘体的能带结构。

1.5.1　导体、绝缘体、半导体的能带结构

为了理解能带结构和电子充填情况对晶体导电性的影响，先介绍两个重要概念。

（1）满带电子不导电　假设在一个为电子充填的一维能带中（见图 1.24），横轴上的黑点表示均匀分布的量子态都为电子所充填，这是一满带。当外电场 ε 加上之后，各电子均受到相同的电场力 F，由于 K 和 $-K$ 态电子具有大小相同但方向相反的速度，因此，尽管每个电子携带电荷运动，但相应的 K 和 $-K$ 态电子彼此完全抵消了。也就是说，在电场作用下只要电子没有逸出这个布里渊区，就改变不了均匀填充各 K 态的情况，也就不可能形成净电荷的迁移，也就没有电流，即满带中的电子对导电没有贡献。

（2）费密球在部分充填的布氏区中的运动　假设三维布氏区中能量较低的能级被电子充填，能量较高的能级是空的。此时布氏区的费密面基本上可以视为球面，如图 1.25 中实线圆所示。如同（1）中所分析的，在同一能带中波矢 $\boldsymbol{K}$ 和 $-\boldsymbol{K}$ 电子具有相同的能量，但它们运动方向相反、速度大小相等。在没有外加电场的平衡态时，电子填充情况是相对于 $\boldsymbol{K}$ 空间原点对称的，因此尽管电子自由运动但相互抵消，故没有宏观电流。如果在 x 方向施加一个外电场 ε 之后，每个电子都受到一个电场力 $e\varepsilon$ 的作用，该力使处于不同状态的电子都获得与电场方向相反的加速度，相当于费密球向 $+K_x$ 方向平移了 ΔK_x（见图 1.25 虚线圆所示）。此时波矢接近 $+K_F$ 的电子沿 $+K_F$ 方向运动就能产生电流。这是因为虚线圆不再对原点对称了，这些电子没有其相应反向运动的电子相抵消。利用费密球在布氏区中位移的分析方法，可以推算出典型金属的电导率

$$\sigma = \frac{ne^2 l_F}{m v_F} \tag{1.52}$$

式中：n 为金属电子密度；e 为电子电荷；m 为电子质量；l_F 和 v_F 分别为费密面附近电子的平均自由程和运动速度。式（1.52）与经典自由电子论推导的金属电导率形式相似，但物理意义却不同。式（1.52）突出了费密面附近电子对导电的贡献，这正是能带理论的成功之处。接下来，便可以对周期表中元素固体的能带结构及其导电性进行分析。

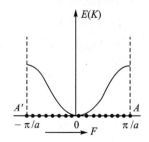

图 1.24　充满能带中的电子运动

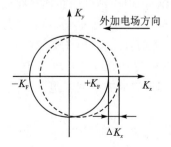

图 1.25　费密球在部分充填的布化区中的运动

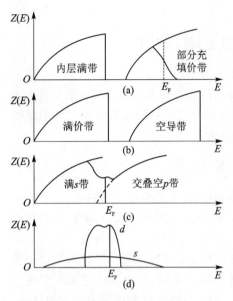

图 1.26　元素分类能带结构示意图

可以说,具有部分充填能带结构的晶体大都是导体。那么,元素周期表中 I_A 族碱金属 Li、Na、K、Rb、Cs,I_B 族的 Cu、Ag、Au,形成晶体时最外层的 s 电子成为传导电子,由于每个原子只能给出一个价电子,所以其价带只能填充至半满。因此,它们都是良导体。电阻率只有 $10^{-6} \sim 10^{-2} \Omega \cdot cm$。如果以电子能级密度 $Z(E)$ 为纵坐标来表示每个布氏区的能带,则该类晶体的能带结构如图 1.26(a)所示。

二价元素,如周期表中 II_A 族土族 Be、Mg、Ca、Sr、Ba,II_B 族为 Zn、Cd、Hg,按上面的讨论,每个原子给出 2 个价电子,则得到填满的能带结构应该是绝缘体。对一维情况的确是这样,但在三维晶体情况下,由于能带之间发生重叠,造成在费密能级以上不存在禁带,因此二价元素也是金属。它们的能带结构如图 1.26(c)所示。三价元素 Al、Ga、In、Tl 每个单胞含有一个原子,每个原子给出三个价电子,因此,可填满一个带和一个半满的带,故也是金属。As、Sb、Bi 每个原子外围有 5 个电子,其原胞具有 2 个原子,这种晶体结构使 5 个带填 10 个电子已几乎全满,带中电子突出地少,因此称为半金属,传导电子浓度只有 $10^{24}/m^3$,比通常金属少 4 个数量级。

四价元素具有特殊性。导带是空的,价带完全填满,中间有能隙 E_g 较小,Ge 和 Si 分别为 0.67 eV 和 1.14 eV。室温下,价带电子受热激发进入导带,成为传导电子,且随着温度增加,导电性增加。因此,它们在低温下是绝缘体,室温下成为半导体。

离子晶体一般为绝缘体。例如,NaCl 晶体中 Na^+ 的 $3s$ 电子移到 Cl^- 中,则它的 $3s$ 轨道是空的,Cl^- 的 $3p$ 轨道是满带,从满带到 $3s$ 空带是 10 eV 的禁带,热激发不能使电子进入导带,因此是绝缘体(一般情况下绝缘体 $E_g \geq 3$ eV)。四价元素晶体和离子晶体的电子能带结构如图 1.26(b)所示,只不过半导体晶体能带结构的能隙(禁带宽度)窄一些。正是这样,晶体的周期势场使不同结构的晶体具有不同带结构,这也是导体、半导体、绝缘体导电性差别巨大的原因。

1.5.2　能带理论对金属性质一些差异的解释

前面已经分析,碱金属电子带结构是半满的,因此具有良好的导电性。理论计算和实验结果符合得较好。费密面几乎是球面,畸变很小。贵金属最外层电子结构为 ns^1,有与碱金属类似的电子能带结构,但与碱金属相比存在充满电子的 d 带,而典型的碱金属 K、Na 等 d 带是空的。贵金属 d 壳层已充满了电子,不容许外来电子再填充进去,故 2 个充满的 $3d$ 壳层相互靠近时,要产生很大的排斥力,因此 K、Na 等金属的压缩系数是 Cu、Ag、Au 的压缩系数的 $50 \sim 100$ 倍。贵金属的费密面也接近球形,但畸变比较严重(见图 1.16)。

过渡族金属元素共有下列三组:

Sc	Ti	V	Cr	Mn	Fe	Co	Ni
Y	Zr	Nb	Mo	Tc	Ru	Rh	Pd
La	Hf	Ta	W	Re	Os	Ir	Pt

它们的电子结构分别具有未满的 $3d$、$4d$、$5d$ 壳层。它们与贵金属电子结构的主要差别是,前

者的原子具有未满的 d 壳层,后者具有满的 d 壳层。图 1.26(d)是过渡族元素 s 带和 d 带重叠的电子结构。过渡族金属的结合能特别高。表 1.3 中列出了过渡族金属 Ni、Pd 和 Pt 与相邻贵金属 Cu、Ag、Au 各自的结合能及其原子外层电子结构。由表 1.3 可见,过渡族金属 Ni、Pd、Pt 的结合能比其相邻的贵金属 Cu、Ag、Au 的结合能大得多。

表 1.3　过渡金属及贵金属的结合能

元　素	外层电子结构	结合能/$(J \cdot mol^{-1})$	元　素	外层电子结构	结合能/$(J \cdot mol^{-1})$
Ni	$3d^3 4s^2$	3.56×10^5	Cu	$3d^{10} 4s^1$	3.39×10^5
Pd	$4d^{10}$	4.16×10^5	Ag	$4d^{10} 5s^2$	2.85×10^5
Pt	$5d^3 6s^1$	5.32×10^5	Au	$5d^{10} 6s^1$	3.86×10^5

　　上述特点可定性地由晶体的能带理论加以解释。可以假定过渡族金属与相邻贵金属的能带形状大致相同,其结合能的差别可由电子在能带中的填充情况来解释。d 壳层的半径比外面 s 价电子所处壳层半径小很多。当金属原子互相靠近形成晶体时,d 壳层的电子云相互重叠较少,而 s 价电子壳层重叠特别多。因此,s 带的特点是很宽,能量上限高,可容纳的电子少(共可容纳 $2N$ 个);相比之下,d 带又低又窄,可以容纳的电子数多(共可容纳 $10N$ 个电子,N 为组成晶体的原子数),能级密度大(s 带比 d 带能级密度小许多)。图 1.27 为 Fe、Ni、Co 的 $3d$、$4s$ 能带的 $Z(E)$ 曲线。图中虚线表示电子填充情况。因为 $3d$ 和 $4s$ 带有交叠,故研究电子在能带中的填充情况时,要同时考虑到 $3d$ 电子和 $4s$ 电子的数目。图中虚线上的数字表示一个原子填充 $3d$ 电子和 $4s$ 电子的数目。

　　下面以 Cu 和 Ni 为例说明。Ni 每个原子的 $3d$ 和 $4s$ 电子数共 10 个,$3d$ 带没填满,$4s$ 带和 $3d$ 带的交叠部分填充到同样程度;Cu 每个原子的 $3d$ 和 $4s$ 电子数共 11 个,$3d$ 带填满后,又填 $4s$ 带至半满,能量高出 $3d$ 带很多。这是因为 $4s$ 带很宽,能带密度很小,每多填一个电子,电子能量增加很多。这样,虽然 Cu 比 Ni 只多一个电子,但其电子费密能级却比 Ni 高许多,故 Ni 的结合能比 Cu 大。综上,过渡族金属的 d 带不满,且能级低而密,可容纳较多的电子,夺取较高的 s 带中的电子,降低费密能级。据测 Ni 的 s 壳层只有 0.54 个电子,而 1.46 个电子被夺到 $3d$ 壳层中去。它们所具有的特殊物性(如结合能大、高热容、高电阻率、铁磁性及磁性反常等)都与其电子能带结构有关。

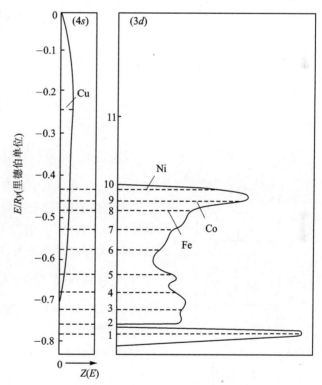

图 1.27　$3d$、$4s$ 带的能级密度

1.5.3 理解正霍耳系数的意义

自由电子是有确定的质量的。把电子视为准经典粒子，当它被电场加速时，服从牛顿力学定律。那么，电子在晶体中被电场加速时将会怎样呢？它对电场的反应如何？晶体中电子质量一般不同于自由电子的质量，通常称为有效质量，以 m^* 表示。

我们使用半经典图像来描述它。量子力学描述电子在晶格周期势场中运动的速度为群速度，即所谓合成波的速度，以 v_g 表示：

$$v_g = \frac{1}{\hbar}\frac{dE}{dK} \tag{1.53}$$

设电子受到电场强度 ε 的作用，作用力为 $e\varepsilon$，在 dt 时间内，电子运动的距离为 $v_g dt$，电场力做的功为

$$dE = e\varepsilon \cdot v_g dt$$

将式(1.53)代入上式，得

$$dE = e\varepsilon \cdot \frac{1}{\hbar}\frac{dE}{dK}dt \tag{1.54}$$

将 v_g 对时间微分，得加速度：

$$\frac{dv_g}{dt} = \frac{1}{\hbar}\frac{d^2E}{dK^2}\frac{dK}{dt} \tag{1.55}$$

由式(1.54)得 $\frac{dK}{dt}$，然后代入式(1.55)，得

$$\frac{dv_g}{dt} = \frac{1}{\hbar^2}\frac{d^2E}{dK^2}e\varepsilon \tag{1.56}$$

将式(1.56)与牛顿第二定律 $F=ma$ 比较得

$$m^* = \hbar^2\left(\frac{d^2E}{dK^2}\right)^{-1} \tag{1.57}$$

可以证明，在自由电子情况下，$m^* = m$。

为了便于比较，根据电子能量、群速度、有效质量与波矢量 K 的各自关系，将其绘于图 1.28 中。由图可见，m^* 很特殊，既可以是负值，又可以为无限大。设电子处于 $K=0$ 的状态，当被电场加速时，它将移动到较高的 K 值，并变得愈来愈重，在 $K=\frac{\pi}{2a}$ 时达到无限；对于更高的 K 值，有效质量成为负值。

如果把方程式(1.57)推广到三维，则在 x、y、z 方向上电子有效质量的表达式分别为

$$\left. \begin{aligned} m_x^* &= \hbar^2\left(\frac{\partial^2E}{\partial K_x^2}\right)^{-1} \\ m_y^* &= \hbar^2\left(\frac{\partial^2E}{\partial K_y^2}\right)^{-1} \\ m_z^* &= \hbar^2\left(\frac{\partial^2E}{\partial K_z^2}\right)^{-1} \end{aligned} \right\} \tag{1.58}$$

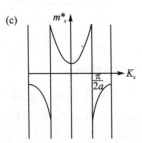

图 1.28 电子能量、群速度和有效质量随 K 值的变化

式(1.58)说明有效质量在不同方向上可以完全不同。从物理上来看，有效质量表明同一电场在不同方向上将引起不同的加速度。

28

可见有效质量为张量。由图1.28(c)可看出，当电子接近一能带顶部时，$\dfrac{d^2E}{dK^2}$ 为负，故 m^* 为负值。电子在外电场 ε 和外磁场 H 作用下，所受力为

$$F = -e\left(\varepsilon + \frac{1}{c}v \times H\right) = m^* \frac{dv}{dt} \tag{1.59}$$

故具有负有效质量的电子相当于一个带正电荷的质点。因此，满带的顶部缺了一个电子而形成的空穴就相当于一个带正电荷的质点，其有效质量为 $|m^*|$。正是空穴概念帮助我们理解为什么有的金属和半导体的霍耳系数是正值，而且在第 2 章半导体部分经常会使用电子有效质量 m_e^* 和空穴有效质量 m_h^* 的概念。

此外，晶体能带理论还可以解释合金的某些特性，如电子化合物的形成、有序合金的稳定性。特别是在半导体领域，晶体能带理论可以作为精确概括电子运动规律的基础。现代能带理论的不断发展使得利用能带理论设计新型功能材料成为可能。高温超导、导电聚合物、量子阱、超晶格结构以及 C_{60} 分子的电子态都有能带理论解决其电子结构的贡献。

※ "非晶态金属、半导体的电子状态"的内容请扫描二维码阅读。

非晶态金属、半
导体的电子状态

本章小结

本章进一步巩固大学普通物理的量子物理基础：微观粒子的波粒二象性、德布罗意波、波函数等概念，以及描述微观粒子运动规律的薛定谔方程，并以这些为基础介绍了晶体中电子运动状态的三个阶段。金属费密-索末菲自由电子理论与经典自由电子理论的根本区别是前者认识了固体中的电子运动规律，即服从费密-狄拉克分布函数；而能带理论是在量子自由电子学说的基础上充分考虑了晶体周期势场的结果。采用准自由电子近似，利用 **K** 空间和晶体倒易点阵，建立了布氏区理论。利用紧束缚近似简单地阐明了能带与原子能级的关系。应当从物理本质上理解晶体中电子能量结构的导带、价带和禁带（能隙）产生的原因，初步了解角分辨光电子能谱和软 X 射线发射谱两种晶体能带结构实验测试方法的基本原理，并利用能带理论的初步知识说明材料的一些物理性质（聚合物能带的计算经常采用键轨道模型和分子轨道理论）。非晶态金属和半导体的电子理论只需了解即可。

受课程目标定位所限，能带理论的单电子问题中更严格、更精确的描述——电子密度泛函理论，以及使用的能带计算方法——赝势方法皆略去。

复 习 题

1. 一电子通过 5 400 V 电位差的电场，试求：
① 它的德布罗意波波长（1.67×10^{-11} m）；
② 它的波数；

③ 它对 Ni 晶体(111)面(面间距 $d = 2.04 \times 10^{-10}$ m)的布喇格衍射角($2°18'$)。

2. 有两种原子,基态电子壳层是这样填充的:① $1s^2$、$2s^2 2p^6$、$3s^2 3p^3$;② $1s^2$、$2s^2 2p^6$、$3s^2 3p^6$ $3d^{10}$、$4s^2 4p^6 4d^{10}$。请分别写出 $n=3$ 的所有电子的四个量子数的可能组态。

3. 假设电子占据某一能级的几率为 1/4,另一能级被占据的几率为 3/4,试求:

① 两个能级的能量分别比费密能高出多少 kT?

② 应用你的计算结果说明费密分布函数的特点。

4. 计算 Cu 的 E_F^0($n = 8.5 \times 10^3$ kg/m^3)。

5. 计算 Na 在 0 K 时自由电子的平均动能(Na 的摩尔质量 $M=22.99$,$\rho=1.013 \times 10^3$ kg/m^3)。

6. 若自由电子波矢 K 满足一维晶格周期性边界条件 $\Psi(x)=\Psi(x+L)$ 和定态薛定谔方程,试证明下式成立:

$$e^{iKL} = 1$$

7. 已知晶面间距为 d,晶面指数为 $(h k l)$ 的平行晶面的倒易矢量为 r_{hkl}^*,一电子波与该晶面系成 θ 角入射(见图 1.29),试证明产生布喇格反射的临界波矢 K 的轨迹满足方程 $|K| \cos\varphi = |r_{hkl}^*| / 2$。

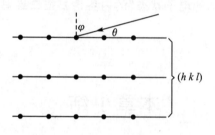

图 1.29　一束入射的电子波

8. 试利用布喇格反射定律说明晶体电子能谱中禁带产生的原因。

9. 试利用晶体能带理论说明元素的导体、半导体、绝缘体的导电性质。

10. 过渡族金属物理性能的特殊性与电子能带结构有何联系?

第 2 章　材料的导电性能

2.1　引　言

电流是电荷的定向运动,因此有电流必须有电荷输运过程。电荷的载体称为载流子,载流子可以是电子、空穴,也可以是正离子、负离子。表征材料导电载流子种类对导电贡献的参数是迁移数 t_x,也称为输运数(Transference Number),定义为

$$t_x = \frac{\sigma_x}{\sigma_T} \tag{2.1}$$

式中:σ_T 为各种载流子输运电荷形成的总电导率;σ_x 表示某种载流子输运电荷的电导率。由式(2.1)可知,t_x 表示某一种载流子输运电荷占全部电导率的分数。通常以 t_i^+、t_i^-、t_e^-、t_h^+ 分别表示正离子、负离子、电子和空穴的迁移数,并把离子迁移数 $t_i > 0.99$ 的导体称为离子(电)导体,把 $t_i < 0.99$ 的导体称为混合(电)导体。表 2.1 列出了一些化合物载流子的迁移数。

表 2.1　一些化合物载流子的迁移数

化合物	温度/℃	t_i^+	t_i^-	$t_{e,h}$
NaCl	400	1.00	0.00	
	600	0.95	0.05	
KCl	435	0.96	0.04	
	600	0.88	0.12	
KCl+0.02%CaCl$_2$	430	0.99	0.01	
	600	0.99	0.01	
AgCl	20~350	1.00		
AgBr	20~300	1.00		
BaF$_2$	500		1.00	
PbF$_2$	200		1.00	
CuCl	20	0.00		1.00
	366	1.00		0.00
ZrO$_2$+7%CaO	>700	0	1.00	10^{-4}
Na$_2$O・11Al$_2$O$_3$	<800	1.00(Na$^+$)		10^{-6}
FeO	800	10^{-4}		1.00
ZrO$_2$+18%CeO$_2$	1 500		0.52	0.48
+50%CeO$_2$	1 500		0.15	0.85
Na$_2$O・CaO・SiO$_2$		1.00(Na$^+$)		
15%(FeO・Fe$_2$O$_3$)・CaO・SiO$_2$・Al$_2$O$_3$	1 500	0.1(Ca^{2+})		0.9

表征材料电性能的主要参量是电导率。电导率的定义可以由欧姆定律给出:当施加的电场产生电流时,电流密度 J 正比于电场强度 E,其比例常数 σ 即为电导率:

$$J = \sigma E \tag{2.2}$$

又知

$$R = \rho \frac{L}{S} \tag{2.3}$$

式中:L、S 分别为导体的长度和截面积;R、ρ 分别为导体的电阻与电阻率,后者与材料本质有关,是表征材料导电性能的重要参数。电阻率的单位是 $\Omega \cdot m$(欧姆·米),有时也用 $\Omega \cdot cm$ 或用 $\mu\Omega \cdot cm$,工程技术上也常用 $\Omega \cdot mm^2/m$(欧姆·毫米²/米)。它们之间的换算关系为

$$1 \, \mu\Omega \cdot mm = 10^{-9} \, \Omega \cdot m = 10^{-6} \, \Omega \cdot mm = 10^{-2} \, \Omega \cdot mm^2/m$$

电阻率与电导率的关系为 $\sigma = \dfrac{1}{\rho}$。σ 的单位为 S/m(西门子每米)。

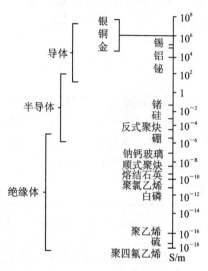

图 2.1　材料电导率排序

工程中也用相对电导率 $\left(IACS = \dfrac{\sigma}{\sigma_{Cu}} \% \right)$ 表征导体材料的导电性能,即把国际标准软纯铜(在 20 ℃的电阻率 $\rho = 0.017\,24 \, \Omega \cdot mm^2/m$)的电导率作为 100%,其他导体材料的电导率与该软纯铜电导率之比的百分数即为该导体材料的相对电导率。例如,Fe 的 IACS 为 17%,Al 为 65%。

所有元素在固态按其电性能及温度对它的影响可分为三个类别——金属导体、半导体和绝缘体。金属具有很宽的电阻范围,比如银的电阻率为 $1.5 \times 10^{-6} \, \Omega \cdot cm$,锰的电阻率为 $260 \times 10^{-6} \, \Omega \cdot cm$,而绝缘体的电阻率可达到 $10^{22} \, \Omega \cdot cm$。图 2.1 所示为材料电导率排序图。

材料导电性能是材料的重要物理性能之一。由于工程技术领域对材料电性能的不同要求,相应研制出具有特殊电学性能的合金材料,如导体合金、精密电阻合金、电热合金、触点材料等。本章将介绍电子类载流子导电、离子类载流子的导电机制、影响因素,半导体、超导体的导电行为,相关的功能材料应用,并在最后介绍电性能的测试方法及其应用。

2.2　电子类载流子导电

主要以电子、空穴作为载流子导电的材料可以是金属或半导体。金属主要以自由电子导电,因此本节主要介绍金属的导电性能。

2.2.1　金属导电机制

对金属导电的认识是不断深入的。最初,利用经典自由电子理论导出类似式(1.52)的金属电导率表达式,即

$$\sigma = \frac{ne^2 l}{m\bar{v}} \tag{2.4}$$

式中:m 为电子质量;$\bar{v}$ 为电子运动平均速度;n 为电子密度;e 为电子电量;l 为平均自由程。公式是以所有自由电子都对金属电导率做出贡献为假设而推出的。其后利用量子自由电子理

论才导出式(1.52),说明只有在费密面附近能级的电子才能对导电做出贡献。最后利用能带理论才严格导出电导率表达式:

$$\sigma = \frac{n_{\text{ef}} e^2 l_{\text{F}}}{m^* v_{\text{F}}} \qquad (2.5)$$

式中的变化有二点:① $n \rightarrow n_{\text{ef}}$,表示单位体积内实际参加传导过程的电子数;② $m \rightarrow m^*$,称 m^* 为电子的有效质量,它是考虑晶体点阵对电场作用的结果。式(2.5)不仅适用于金属,也适用于非金属,它能完整反映晶体导电的物理本质。

当电子波通过一个理想晶体点阵时(0 K),它将不受到散射;只有在晶体点阵完整性遭到破坏的地方,电子波才受到散射(不相干散射),这就是金属产生电阻的根本原因。由于温度引起的离子运动(热振动)振幅的变化(通常用振幅的均方值表示),以及晶体中异类原子、位错、点缺陷等都会使理想晶体点阵的周期性遭到破坏。这样,电子波在这些地方发生散射而产生电阻,降低导电性。

令 $1/l$ 为散射系数,并以 μ 表示,则式(2.5)可写成

$$\rho = \frac{m^* v_{\text{F}}}{n_{\text{ef}} e^2} \mu \qquad (2.6)$$

温度升高,离子振幅愈大,电子愈容易受到散射,故可认为散射系数 μ 与温度成正比,这是因为电子速度和数目基本上与温度无关。

若金属中含有少量杂质,则其杂质原子使金属正常的结构发生畸变,它对电子波的作用如同空气中的尘埃对光的传播影响一样,引起额外的散射。此时,散射系数由两部分组成:

$$\mu = \mu_{\text{T}} + \Delta\mu \qquad (2.7)$$

其中,散射系数 μ_{T} 与温度成正比,$\Delta\mu$ 与杂质浓度成正比,与温度无关。这样,总的电阻包括金属的基本电阻和溶质(杂质)浓度引起的电阻(与温度无关)。这就是有名的马西森定律(Matthiessen Rule),表示如下:

$$\rho = \rho' + \rho(T) \qquad (2.8)$$

式中:$\rho(T)$ 是与温度有关的电阻率;ρ' 是与杂质浓度、点缺陷、位错有关的电阻率。

由式(2.8)不难看出,当处于高温时,金属的电阻主要由 $\rho(T)$ 项起主导作用;当处于低温时,ρ' 是主要的。在极低温度(一般为 4.2 K)下测得的金属电阻率称为金属剩余电阻率。用它或用相对电阻率 $\rho_{300\,\text{K}}/\rho_{4.2\,\text{K}}$ 可作为衡量金属纯度的重要指标。目前,生产的金属单晶体的相对电阻率($\rho_{300\,\text{K}}/\rho_{4.2\,\text{K}}$)值很高,大于 2×10^4。

2.2.2　电阻率与温度的关系

金属的温度愈高,电阻也愈大。若以 ρ_0 和 ρ_T 表示金属在 0 ℃和 T(单位为℃)温度下的电阻率,则电阻*与温度的关系可表示为

$$\rho_T = \rho_0 (1 + \alpha T) \qquad (2.9)$$

一般来说,在温度高于室温的情况下,式(2.9)对大多数金属是适用的。

由式(2.9)可得出电阻温度系数的表达式:

$$\bar{\alpha} = \frac{\rho_T - \rho_0}{\rho_0 T} \quad (℃^{-1}) \qquad (2.10)$$

---

* 习惯上,经常把电阻率也称为电阻。但当涉及材料电性能时,应将此电阻理解为电阻率。

式(2.10)给出了 0～T 温度区间的平均电阻温度系数。当温度区间趋向于 0 时,可得 T 温度下金属的真电阻温度系数:

$$\alpha_T = \frac{d\rho}{dT} \frac{1}{\rho_T} \quad (\text{℃}^{-1}) \tag{2.11}$$

除过渡族金属外,所有纯金属的电阻温度系数 α 近似等于 $4\times10^{-3}\text{℃}^{-1}$。过渡族金属(特别是铁磁性金属)具有较高的 $\bar{\alpha}(\text{℃}^{-1})$ 值:铁为 $6\times10^{-3}\text{℃}^{-1}$,钴为 $6.6\times10^{-3}\text{℃}^{-1}$,镍为 $6.2\times10^{-3}\text{℃}^{-1}$。

理论证明,理想金属在 0 K 时电阻为零。粗略地讲,当温度升高时,电阻与温度成一次方关系增加(见图 2.2)。对于含有杂质和晶体缺陷的金属的电阻,不仅有受温度影响的 $\rho(T)$ 项,而且有 ρ_0' 剩余电阻率项,如钨单晶体相对电阻率($\rho_{300\,K}/\rho_{4.2\,K}$)值为 3×10^5,由 4.2 K 到熔点电阻率变化 5×10^6 倍。

严格来说,金属电阻率在不同温度范围与温度变化的关系是不同的,其特征曲线见图 2.3。

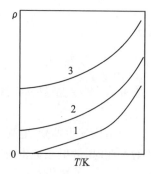

1—理想金属晶体 $\rho=\rho(T)$;
2—含有杂质金属 $\rho=\rho_0+\rho(T)$;
3—含有晶体缺陷 $\rho=\rho_0'+\rho(T)$

图 2.2 低温下杂质、晶体缺陷对金属电阻的影响

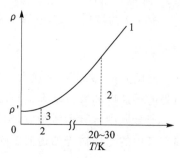

1—$\rho_{电-声}\propto T(T>(2/3)\Theta_D)$;
2—$\rho_{电-声}\propto T^5(T\ll\Theta_D)$;
3—$\rho_{电-电}\propto T^2(T\approx 2\,K)$

图 2.3 金属电阻温度曲线

当 $T>(2/3)\Theta_D$ 时,电阻率正比于温度,即 $\rho(T)=\alpha T$。当 $T\ll\Theta_D$ 时,电阻率与温度成五次方关系,即 $\rho\propto T^5$。一般认为纯金属在整个温度区间电阻产生的机制是电子-声子(离子)散射(此处 Θ_D 为德拜温度,Θ_D 和声子概念详见第 5 章),只是在极低温度(2 K)时,电阻率与温度成 2 次方关系,即 $\rho\propto T^2$,这时电子与电子之间的散射构成了电阻产生的主要机制。

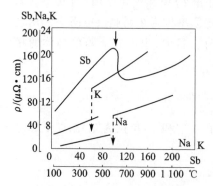

图 2.4 锑、钾、钠熔化时电阻率变化曲线

通常金属熔化时电阻增高 1.5～2 倍。因为熔化时金属原子规则排列遭到破坏,从而增强了对电子的散射,电阻增加,参见图 2.4 中所示的钾、钠金属电阻率温度曲线。但也有反常,如锑随温度升高,电阻也增加;熔化时电阻反常地下降了。其原因是锑在熔化时,由共价结合变化为金属键合,故电阻率下降。

最后应该指出的是,过渡族金属的电阻与温度的关系经常出现反常;特别是具有铁磁性的金属在发生磁性转变时,电阻率出现反常(见图 2.5(a))。一般金属的电阻率与温度是一次方关系,对铁磁性金属在居里点(磁性转变温度,见第 6 章)以下的温度不适用。如图 2.5(b)所示,镍的电阻随温度

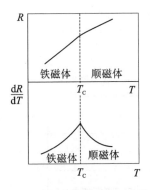

(a) 磁性转变对铁磁性金属电阻的影响示意图

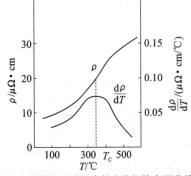

(b) 金属镍电阻随温度的变化规律实测曲线

图 2.5　金属磁性转变对电阻的影响

变化,在居里点以下温度偏离线性。研究表明,在接近居里点时,铁磁金属或合金的电阻率反常降低量 $\Delta\rho$ 与其自发磁化强度 M_s 平方成正比,即

$$\Delta\rho = \alpha M_s^2 \tag{2.12}$$

铁磁性金属电阻率随温度变化的特殊性是由于铁磁性金属内 d 及 s 壳层电子云相互作用的特点决定的。

2.2.3　电阻率与压力的关系

在流体静压压缩时(高达 1.2 GPa),大多数金属的电阻率下降(见图 2.6)。这是因为在巨大的流体静压条件下,金属原子间距缩小,内部缺陷形态、电子结构、费密能和能带结构都将发生变化,显然会影响金属的导电性能。

在流体静压下金属的电阻率可用下式计算:

$$\rho_p = \rho_0(1 + \varphi p) \tag{2.13}$$

式中:ρ_0 表示在真空条件下的电阻率;p 表示压力;φ 是压力系数(负值 $10^{-5} \sim 10^{-6}$)。

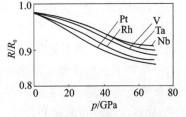

图 2.6　压力对金属导电性影响

按压力对金属导电性的影响特性,把金属分为两种,即正常金属和反常金属。正常金属是指随压力增大,金属的电阻率下降;反之为反常金属。例如,铁、钴、镍、钯、铂、铱、铜、银、金、锆、铪等均为正常金属(见表 2.2)。

表 2.2　一些金属在 0 ℃时的电阻压力系数 $\dfrac{1}{\rho}\dfrac{d\rho}{dp}$

金　属	$\dfrac{1}{\rho}\dfrac{d\rho}{dp} \times 10^6/(cm^2 \cdot kg^{-1})$	金　属	$\dfrac{1}{\rho}\dfrac{d\rho}{dp} \times 10^6/(cm^2 \cdot kg^{-1})$
Pb	-12.99	Fe	-2.34
Mg	-4.39	Pd	-2.13
Al	-4.28	Pt	-1.93
Ag	-3.45	Rh	-1.64
Cu	-2.88	Mo	-1.30
Au	-2.94	Ta	-1.45
Ni	-1.85	W	-1.37

反常的情况大部分属于碱金属和稀土金属,还有像元素钙、锶、锑、铋等,也属于反常金属。

很大的压力可使许多物质由半导体和绝缘体变为导体,甚至为超导体。表2.3给出了一些元素在一定压力极限下变为金属导体的数据。

表2.3 一些半导体和绝缘体转变为导体的压力极限

元 素	$p_{极限}/\mathrm{GPa}$	$\rho/(\mu\Omega\cdot\mathrm{m})$
S	40	
Se	12.5	
Si	16	
Ge	12	
I	22	500
H	200	
金刚石	60	
P	20	60 ± 20
AgO	20	70 ± 20

2.2.4 冷加工和缺陷对电阻率的影响

1. 冷加工对电阻率的影响

室温下测得,经相当大的冷加工变形后,纯金属(如铁、铜、银、铝)的电阻率比未经变形的增加2%～6%(见图2.7)。只有金属钨、钼例外,当冷变形量很大时,钨电阻的电阻率可增加30%～50%,钼增加15%～20%。一般单相固溶体经冷加工后,电阻率可增加10%～20%。而有序固溶体电阻率增加100%,甚至更高。也有相反的情况,如镍-铬、镍-铜-锌、铁-铬-铝等中形成K状态,则冷加工变形将使合金电阻率降低。关于这方面内容在2.2.7小节中有详细介绍。

冷加工引起金属电阻率增加(见图2.7),同晶格畸变(空位、位错)有关。冷加工引起金属晶格畸变也像原子热振动一样,增加电子散射几率,同时也会引起金属晶体原子间键合的改变,导致原子间距的改变。

当温度降到0K时,未经冷加工变形的纯金属电阻率将趋向于零,而冷加工的金属在任何温度下都保留有高于退火态金属的电阻率。在0K,冷加工金属仍保留某一极限电阻率,称之为剩余电阻率。

根据马西森定律,冷加工金属的电阻率可写成

$$\rho = \rho' + \rho_{M} \tag{2.14}$$

式中:ρ_{M}表示与温度有关的退火金属电阻率;ρ'是剩余电阻率。实验证明,ρ'与温度无关,换言之,$\mathrm{d}\rho/\mathrm{d}T$与冷加工程度无关。总电阻率$\rho$愈小,$\rho'/\rho$比值愈大,因此$\rho'/\rho$的比值随温度降低而增高。显然,低温时用电阻法研究金属冷加工更为合适。

冷加工金属的退火可使电阻恢复到冷加工前金属的电阻值,见图2.8。

如果认为范性变形所引起的电阻率增加是由于晶格畸变、晶体缺陷所致,则电阻率增加值$\Delta\rho$等于

$$\Delta\rho = \Delta\rho_{空位} + \Delta\rho_{位错} \tag{2.15}$$

式中,$\Delta\rho_{空位}$表示电子在空位处散射所引起的电阻率,当退火温度足以使空位扩散时,这部分电阻将消失;$\Delta\rho_{位错}$是电子在位错处的散射所引起的电阻率的增加值,这部分电阻保留到再结晶温度。

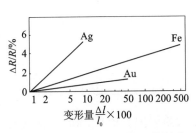

图 2.7　变形量对金属电阻的影响

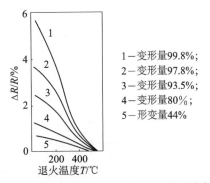

1—变形量99.8%；
2—变形量97.8%；
3—变形量93.5%；
4—变形量80%；
5—形变量44%

图 2.8　冷加工变形铁的电阻在退火时的变化

范比伦(Van Beuren)给出了电阻率随变形 ε 变化的表达式：

$$\Delta\rho = C\varepsilon^n \tag{2.16}$$

式中：C 是比例常数，与金属纯度有关；n 在 $0\sim2$ 范围内变化。考虑到空位、位错的影响，将式(2.15)和式(2.16)写成

$$\Delta\rho = A\varepsilon^n + B\varepsilon^m \tag{2.17}$$

式中：A、B 是常数；n 和 m 在 $0\sim2$ 范围内变化。式(2.17)对许多面心立方金属和体心立方的过渡族金属是成立的。如金属铂 $n=1.9$，$m=1.3$；金属钨 $n=1.73$，$m=1.2$。

2. 缺陷对电阻率的影响

空位、间隙原子以及它们的组合、位错等晶体缺陷使金属电阻率增加。根据马西森定律，在极低温度下，纯金属电阻率主要由其内部缺陷(包括杂质原子)决定，即剩余电阻率 ρ' 决定。因此，研究晶体缺陷对电阻率的影响，对于估价单晶体结构完整性有重要意义。掌握了这些缺陷对电阻的影响，就可以研制具有一定电阻值的金属。半导体单晶体的电阻值就是根据这个原则进行人为控制的。

不同类型的晶体缺陷对金属电阻率影响程度不同。通常，分别用1%原子空位浓度或1%原子间隙原子、单位体积中位错线的单位长度、单位体积中晶界的单位面积所引起的电阻率变化来表征点缺陷、线缺陷、面缺陷对金属电阻率的影响，它们相应的符号分别为 $\Omega\cdot cm/$原子百分数、$\Omega\cdot cm/cm^3$、$\Omega\cdot cm/cm^2/cm^3$。表 2.4 列出了一些金属的空位、位错对电阻的影响。

表 2.4　空位、位错对一些金属电阻率的影响

金属	$(\Delta\rho_{位错}/\Delta N_{位错})\times10^{19}/$ $(\Omega\cdot cm\cdot cm^{-3})$	$(\Delta\rho_{空位}/C_{空位})\times10^6/$ $(\Omega\cdot cm/$原子百分数$)$	金属	$(\Delta\rho_{位错}/\Delta N_{位错})\times10^{19}/$ $(\Omega\cdot cm\cdot cm^{-3})$	$(\Delta\rho_{空位}/C_{空位})\times10^6/$ $(\Omega\cdot cm/$原子百分数$)$
Cu	1.3	2.3；1.7	Pt	1.0	9.0
Ag	1.5	1.9	Fe		2.0
Au	1.5	2.6	W		29
Al	3.4	3.3	Zr		100
Ni		9.4	Mo	11	

空位和间隙原子对剩余电阻率的影响和金属中杂质原子的影响相似，其影响大小是同一数量级，见表 2.5。

表 2.5　低浓度碱金属的剩余电阻率

金属基	杂质 1%(原子百分数)	$\rho/(\mu\Omega \cdot cm)$		金属基	杂质 1%(原子百分数)	$\rho/(\mu\Omega \cdot cm)$	
		实验	计算			实验	计算
K	空位		0.975	Rb	Na		2.166
	Na	0.56	1.272		K	0.04, 0.13	0.134
	Li		2.914				1.050

在范性形变和高能粒子辐射过程中,金属内部将产生大量缺陷。此外,高温淬火和急冷也会使金属内部形成远远超过平衡状态浓度的缺陷。当温度接近熔点时,由于急速淬火而"冻结"下来的空位引起的附加电阻率为

$$\Delta\rho = Ae^{-E/kT} \tag{2.18}$$

式中:E 为空位形成能,T 为淬火温度,A 为常数。大量的实验结果表明,点缺陷所引起的剩余电阻率变化远比线缺陷的影响大(参见表 2.4)。

对于多数金属,当形变量不大时,位错引起的电阻率变化 $\Delta\rho_{位错}$ 与位错密度 $\Delta N_{位错}$ 之间呈线性关系,如图 2.9 所示。实验表明,在 4.2 K 时,对铁有 $\Delta\rho_{位错} \approx 10^{-18}\Delta N_{位错}$,对钼有 $\Delta\rho_{位错} \approx 5.0\times10^{-16}\Delta N_{位错}$,而对钨有 $\Delta\rho_{位错} \approx 6.7\times10^{-17}\Delta N_{位错}$。

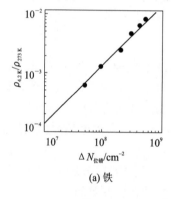
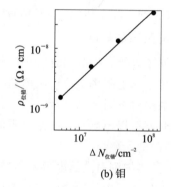

(a) 铁　　　　　　　　　　(b) 钼

图 2.9　4.2 K 时位错密度对电阻的影响

一般金属在变形量为 8% 时,位错密度 $\Delta N \approx 10^5 \sim 10^8$ cm^{-2},位错影响电阻率增加值 $\rho_{位错}$ 很小($10^{-11} \sim 10^{-8}$ $\Omega \cdot$ cm)。当退火温度接近再结晶温度时,位错对电阻率的影响可忽略不计。

2.2.5　电阻率的尺寸效应

在某些情况下,导电性同试样几何尺寸有关。从金属导电的机制可知,当导电电子的自由程同试样尺寸是同一数量级时,这种影响就显得十分突出。这一现象对研究和测试金属薄膜和细丝材料(厚度约 10~1 000 nm)的电阻很重要。

不难看出,在低温下,随金属纯度的提高,样品几何尺寸对电阻的影响也更加明显,因为此时导电电子自由程超过原子间距(在 4.2 K 时,纯金属电子自由程长达几个毫米)。这样,电子在试样表面的散射构成了新的附加电阻,其试样的有效散射系数可写为

$$1/l_{ef} = 1/l + 1/l_d \tag{2.19}$$

式中,l 和 l_d 分别表示电子在试样中和表面的散射自由程。将式(2.19)代入式(2.6)中,并令 $l_d = d$(薄膜厚度),则薄膜试样的电阻率为

$$\rho_d = \rho_\infty(1 + l/d) \tag{2.20}$$

式中, ρ_∞ 为大尺寸试样的电阻率。

电阻率的尺寸效应在超纯单晶体和多晶体中发现最多。图 2.10 给出钨和钼单晶体厚薄度对电阻率的影响。由图可见, 随着钼、钨单晶体厚度变薄, 4.2 K 的晶体电阻 ($R_{4.2\,K}$) 增高。

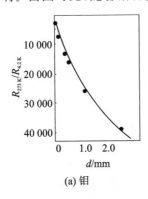

(a) 钼

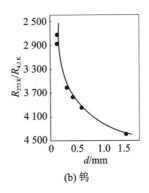

(b) 钨

图 2.10 单晶体厚薄度对电阻的影响

2.2.6 电阻率的各向异性

一般在立方系晶体中金属的电阻表现为各向同性。但在对称性较差的六方晶系、四方晶系、斜方晶系和菱面体中, 导电性表现为各向异性。

电阻各向异性系数 $\rho_\perp / \rho_{/\!/}$ ($\rho_\perp$ 为垂直六方晶轴方向测得的电阻率, $\rho_{/\!/}$ 为平行六方晶轴方向, 即 [0001] 方向测得的电阻率), 不同金属和不同温度下是不相等的。常温下某些金属各向异性系数见表 2.6。温度对各向异性系数的影响规律尚不清楚。

表 2.6 常温下某些金属电阻的各向异性系数

金 属	晶格类型	$\rho/(\mu\Omega\cdot cm)$		$\rho_\perp/\rho_{/\!/}$	金 属	晶格类型	$\rho/(\mu\Omega\cdot cm)$		$\rho_\perp/\rho_{/\!/}$
		$\rho_\perp$	$\rho_{/\!/}$				$\rho_\perp$	$\rho_{/\!/}$	
Be	六方密排	4.22	3.83	1.1	Cd	六方密排	6.54	7.79	0.84
Y	六方密排	72	35	2.1	Bi	菱面体	100	127	0.74
Mg	六方密排	4.48	3.74	1.2	Hg	菱面体	2.35	1.78	1.32
Zn	六方密排	5.83	6.15	0.95	Ga	斜方	54 轴 c	8 轴 b	6.75
Sc	六方密排	68	30	2.2	Sn	四方晶系	9.05	13.3	0.69

多晶试样的电阻可通过晶体不同方向的电阻率表达为

$$\rho_{多晶} = \frac{1}{3}(2\rho_\perp + \rho_{/\!/}) \tag{2.21}$$

2.2.7 固溶体的电阻率

1. 形成固溶体时电阻率的变化

当形成固溶体时, 合金导电性能降低。即使是在导电性好的金属溶剂中溶入导电性很高的溶质金属时, 也是如此。这是因为在溶剂晶格中溶入溶质原子时, 溶剂的晶格发生扭曲畸变, 破坏了晶格势场的周期性, 从而增加了电子散射几率, 电阻率增高。但晶格畸变不是电阻率改变的唯一因素, 固溶体电性能尚取决于固溶体组元的化学相互作用 (能带、电子云分布等)。

库尔纳科夫 (Курнаков) 指出, 在连续固溶体中合金成分距组元越远, 电阻率越高, 在二元合金中最大电阻率常在 50% 原子浓度处, 而且可能比组元电阻率高出几倍。铁磁性及强顺磁性金属组成的固溶体情况有异常,它的电阻率一般不在 50％原子处,参见图 2.11 和图 2.12。

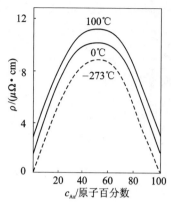

图 2.11　银-金合金电阻率
同成分的关系

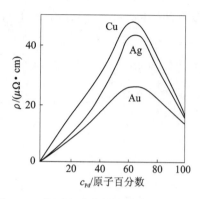

图 2.12　铜、银、金与钯组成合金的电阻率
同成分的关系

根据马西森定律,低浓度固溶体电阻率表达式为

$$\rho = \rho_0 + \rho'$$

式中:ρ_0 为固溶体溶剂组元电阻率;ρ' 为剩余电阻率,$\rho' = C\Delta\rho$,此处 C 为杂质原子含量,$\Delta\rho$ 为杂质原子为 1％(原子百分数)时引起的附加电阻率。

应该指出,马西森定律早在 1860 年就已被提出,但目前已发现不少低浓度固溶体(非铁磁性)偏离这一定律。考虑到这种情况,现把固溶体电阻率写成三部分:

$$\rho = \rho_0 + \rho' + \Delta \tag{2.22}$$

式中,Δ 为偏离马西森定律的值,它与温度和溶质浓度有关。随溶质浓度增加,偏离愈严重。目前,对这一现象还没有圆满的解释。

实验证明,除过渡族金属外,在同一溶剂中溶入 1％(原子百分数)溶质金属所引起的电阻率增加,由溶剂和溶质金属的价数而定,它们的价数差愈大,增加的电阻率愈大,其数学表达式为

$$\Delta\rho = a + b(\Delta Z)^2 \tag{2.23}$$

式中:a,b 是常数;ΔZ 表示低浓度合金溶剂和溶质间价数差。此式称为诺伯里-林德(Norbury-Lide)法则。

图 2.13(a) 表示杂质的原子百分数为 1％时对铜剩余电阻率 ρ' 的影响。图 2.13(b) 表示过渡族溶质金属对铝剩余电阻率 ρ' 的影响。由图可见,诺伯里-林德法则在这种情况下是可以运用的。表 2.7 给出溶质原子对某些金属电阻率的影响。

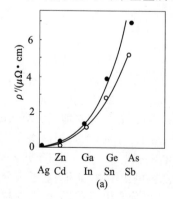

(a)

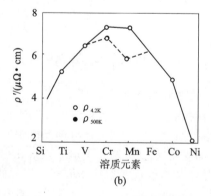

(b)

图 2.13　杂质原子为 1％(原子百分数)时,对铜剩余电阻率(a)和对铝剩余电阻率(b)的影响

表 2.7　杂质(原子百分数为 1%)对某些金属电阻率的影响(μΩ·cm)

金属基 (溶剂)	金属杂质(溶质)																
	Zn	Cd	Hg	In	Tl	Sn	Pb	Bi	Co	V	Fe	Ti	Mn	Cr	Al	Cu	Au
Al	0.35	0.6				0.9	1.0	1.3									
Cu	0.30	0.30	1.0	1.1		3.1	3.3										
Cd	0.08		0.24	0.54	1.3	1.99	4.17										
Ni	·								0.22	4.3	0.47	3.4	0.72	4.8	2.1	0.98	0.39

2. 有序合金的电阻率

在固溶体有序化后,其合金组元化学作用加强,因此,电子的结合比在无序状态更强,这使导电电子数减少而合金的剩余电阻率增加。然而晶体离子势场在有序化时更为对称有序,这就使电子散射几率大大降低,因而有序合金的剩余电阻率减小。通常,在上述两种相反影响中,第二个因素的作用占优势,故当合金有序化时,电阻率降低。

图 2.14、图 2.15 给出了铜-金合金在有序化和无序化时电阻率变化特征。图中,曲线 1 表明,无序合金(淬火态)与一般合金电阻率变化规律相似;曲线 2 表明,有序合金 Cu_3Au、CuAu(退火态)的电阻率比无序合金低得多。当温升高于转变点(有序-无序转变温度)时,合金的有序态被破坏,合金为无序态,则电阻率明显升高。

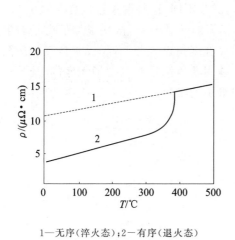

1—无序(淬火态);2—有序(退火态)

图 2.14　Cu_3Au 合金有序化对电阻率影响

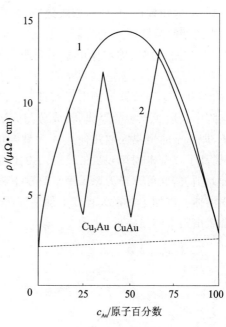

1—淬火;2—退火

图 2.15　Cu-Au 合金电阻率曲线

斯米尔诺夫(Смирнов)根据合金成分及远程有序度,从理论上计算了有序合金剩余电阻率,并假定:完全有序合金在 0 K 和纯金属一样,不具有电阻,只有当原子有序排列被破坏时才有电阻率。这样,有序合金的剩余电阻率可写成

$$\rho' = A\left[c(1-c) - \frac{\nu}{1-\nu}(q-c)^2\eta^2\right] \qquad (2.24)$$

式中:ρ'为在0 K时合金电阻率;c为合金中第一组元的相对原子浓度;ν是第一类结点(第一组元占据的)的相对浓度;q为第一类结点被相应原子占据的可能性;A为与组元性质有关的参数;η为远程有序度。

图2.16给出了远程有序度对剩余电阻率的影响。

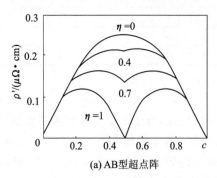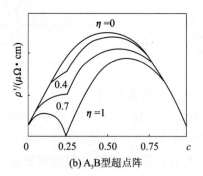

(a) AB型超点阵　　　　　　　　(b) A₃B型超点阵

图2.16　远程有序度对剩余电阻率的影响

3.不均匀固溶体(K 状态)的电阻率

在合金元素中含有过渡族金属的(如镍-铬、镍-铜-锌、铁-铬-铝、铁-镍-钼、银-锰等合金),根据 X 射线和电子显微镜分析可以认为是单相的,但在回火过程中发现合金的电阻有反常升高(其他物理性能,如热膨胀效应、比热容、弹性、内耗等也有明显变化)。冷加工时发现合金的电阻率明显降低。托马斯(Thomas)最早发现这一现象,并把这一组织状态称为 K 状态。由 X 射线分析可见,固溶体中原子间距大小显著地波动,其波动正是组元原子在晶体中不均匀分布的结果,所以也把 K 状态称为"不均匀固溶体"。看来,固溶体的不均匀组织是"相内分解"的结果。这种分解不析出任何具有自己固有点阵的晶体。当形成不均匀固溶体时,在固溶体点阵中只形成原子的聚集,其成分与固溶体的平均成分不同,这些聚集包含有大约1 000个原子,即原子的聚集区域几何尺寸大致与电子自由程为同一数量级,故明显增加电子散射几率,提高了合金电阻率,见图2.17。由图可见,当回火温度超过550 ℃时,反常升高的电阻率又开始消失,这可解释为原子聚集高温下将消散,于是固溶体渐渐成为普通无序的、统计均匀的固溶体。冷加工在很大程度上促使固溶体不均匀组织的破坏并获得普通无序的固溶体,因此合金电阻率明显降低,见图2.18。

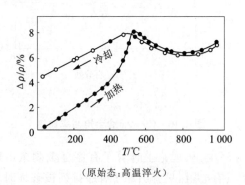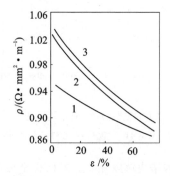

(原始态:高温淬火)　　　　　　　　1—800 ℃水淬+400 ℃回火;

2、3—形变+400 ℃回火

图2.17　80Ni20Cr合金加热、冷却　　　**图2.18　80Ni20Cr合金电阻率与冷加工**
**　　　　电阻变化曲线**　　　　　　　**　　　　变形的关系**

2.2.8 化合物、中间相、多相合金电阻

1. 化合物和中间相的电阻率

当两种金属原子形成化合物时,其电阻率要比纯组元的电阻率高很多。原因是原子键合方式发生了质的变化,至少其中一部分由金属键变成共价键或是离子键,因此电阻率增高。在一些情况下,金属化合物是半导体,也说明键合性质的改变。

一般来讲,中间相的导电性介于固溶体与化合物之间。电子化合物的电阻率都是比较高的,而且在温度升高时,电阻率增大,但在熔点,电阻率反而下降。中间相的导电性与金属相似,部分中间相还是良导体。

2. 多相合金的电阻率

由两个以上的相组成的多相合金的电阻率应当是组成相电阻率的组合,然而计算多相合金的电阻率十分困难,因为电阻率对于组织是敏感的。例如,两个相的晶粒度大小对合金电阻率就有很大影响。尤其是当一种相(夹杂物)的大小与电子波长为同一数量级时,电阻率升高可达 $10\% \sim 15\%$。

如果合金是等轴晶粒组成的两相混合物,并且两相的导电率相近(比值为 $0.75 \sim 0.95$),那么当合金处于平衡状态时,其电导率 σ_c 可以认为与组元的体积分数成直线关系:

$$\sigma_c = \sigma_\alpha \varphi_\alpha + \sigma_\beta (1 - \varphi_\alpha) \tag{2.25}$$

式中:σ_α、σ_β 和 σ_c 分别为各相和多相合金的电导率;φ_α、φ_β 为各相的体积分数,并且 $\varphi_\alpha + \varphi_\beta = 1$。图 2.19 为合金电阻率与状态图关系的示意图。图中标有 ρ 的曲线表示状态图相应的相的电阻率变化。其中图 2.19(a) 表示连续固溶体电阻率随成分的变化为非线性的;而在图 2.19(b) 的 $\alpha + \beta$ 相区中,电阻率变化呈线性关系,但在相图二端固溶体区域电阻率变化不是线性的;图 2.19(c) 表示具有 AB 化合物的电阻率变化。显然,电阻率达到最高点;而图 2.19(d) 表示具有某种中间相的电阻率变化,由图可见,电阻率较形成它的组元下降。应当说,对于金属间化合物以及中间相电性能的研究并不深入,还有许多现象值得研究。

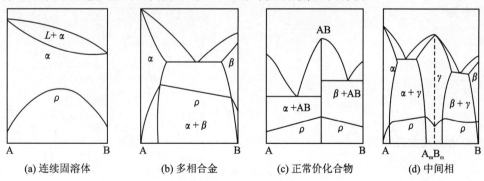

图 2.19 电阻率与状态图关系示意图

2.3 离子类载流子导电

离子电导是带电荷的离子载流子在电场作用下的定向运动。从离子型晶体看可以分为两

种情况:

第一类是晶体点阵的基本离子,由于热振动而离开晶格,形成热缺陷,这种热缺陷无论是离子还是空位都可以在电场作用下成为导电的载流子,参加导电。这种导电称为本征导电。

第二类是参加导电的载流子主要是杂质,因而称为杂质导电。一般情况下,由于杂质离子与晶格联系弱,所以在较低温度下杂质导电表现显著,而本征导电在高温下才成为导电的主要表现。

下面首先介绍离子导电的一般理论。

2.3.1 离子电导理论

离子导电性可以认为是离子电荷载流子在电场作用下,通过材料的长距离迁移。电荷载流子一定是材料中最易移动的离子。例如,对于硅化物玻璃,可移动的载流子一般是 SiO_2 基体中的一价阳离子。在多晶陶瓷材料中,晶界碱金属离子的迁移是离子导电机制的主体。同样,它也是快离子导体(见 2.3.4 小节)的主要导电机制。离子迁移的能量变化可用图 2.20 来描述。位垒 V 代表陶瓷或玻璃阻力最小路径上的最大位垒。

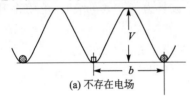

(a) 不存在电场

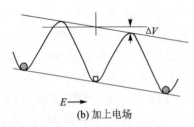

(b) 加上电场

图 2.20　离子迁移的位垒

如果考虑离子在一维平行于 x 方向上迁移,那么越过位垒 V 的几率为

$$P = \alpha \frac{kT}{h} \exp\left(-\frac{V}{kT}\right) \tag{2.26}$$

式中:α 为与不可逆跳跃相关的适应系数(Accommodation Coefficient);kT/h 为离子在势阱中振动频率;h 为普朗克常量;k 为玻耳兹曼常量;T 为温度(K)。当加上电场后,沿电场方向位垒降低,而反电场方向位垒将提高,见图 2.20(b)。如果势阱之间的距离为 b,那么向右的势能将降低 $\frac{1}{2}zeEb = \frac{1}{2}Fb$,$F$ 是作用在离子价为 z 的离子上的电场力,因此向右运动的几率为

$$P^+ = \frac{1}{2}\alpha \frac{kT}{h} \exp\left(-\frac{V - \frac{1}{2}Fb}{kT}\right) \tag{2.27}$$

考虑式(2.26),则式(2.27)可简化为

$$P^+ = \frac{1}{2}P \exp\left(\frac{Fb}{2kT}\right) \tag{2.28a}$$

同理向左边运动的几率为

$$P^- = \frac{1}{2}P \exp\left(\frac{-Fb}{2kT}\right) \tag{2.29b}$$

结果正的迁移次数多于负的,因此,在电场方向上存在一个平均漂移速度 $\bar{v}$,即

$$\bar{v} = a(P^+ - P^-) = \frac{1}{2}aP\left[\exp\left(\frac{Fb}{2kT}\right) - \exp\left(\frac{-Fb}{2kT}\right)\right] = aP\sinh\frac{Fb}{2kT} \tag{2.29}$$

这个结果是在电场和温度场(使离子任意扩散)共同作用下获得的。

只要电场强度足够低 $\left(\frac{Fb}{2} \ll kT\right)$,那么

$$\bar{v} \approx \frac{b^2 PF}{2kT} \tag{2.30}$$

在存在足够强大的电场时,式(2.29)中的第一项占主要地位,故

$$\bar{v} = 常数 \cdot \exp\left(\frac{bF}{2kT}\right) \tag{2.31}$$

在室温下,只有当电场强度在 10 V/cm 以上时,bF 才可与 kT 相比较。因此,电流将与电场强度成正比,与欧姆定律一致。由于电流密度 j 为

$$j = nze\bar{v} \tag{2.32}$$

式中:j 为电流密度;n 为每立方厘米的离子数。电量 $q = ze$,故有

$$j = \frac{nzea^2 PF}{2kT} = \frac{nz^2 e^2 b^2 PE}{2kT} \tag{2.33}$$

将几率 P 代入式(2.33),并令

$$V = \frac{\Delta G_{dc}}{N_0} \tag{2.34}$$

式中,ΔG_{dc} 为直流条件下的自由能变化,单位是 J/mol;N_0 为阿伏伽德罗常数,则

$$j = \frac{naz^2 e^2 b^2 E}{2h} \exp\left(-\frac{\Delta G_{dc}}{RT}\right) \tag{2.35}$$

式中 R 为气体常数,则电阻率为

$$\rho = \frac{E}{j} = \frac{2h}{naz^2 e^2 b^2} \exp\left(\frac{\Delta G_{dc}}{RT}\right) \tag{2.36}$$

取自然对数得

$$\ln \rho = \ln \frac{2h}{naz^2 e^2 b^2} + \frac{\Delta G_{dc}}{RT} \tag{2.37}$$

电导率的自然对数为

$$\ln \sigma = \ln \frac{naz^2 e^2 b^2}{2h} - \frac{\Delta G_{dc}}{RT} \tag{2.38}$$

这些理论推导公式与玻璃经验电阻率式(2.39)和式(2.40)是一致的。

$$\lg \rho = A + \frac{B}{T} \tag{2.39}$$

或以电导率 σ 表示,则为

$$\lg \sigma = A - \frac{B}{T} \tag{2.40}$$

图 2.21 和图 2.22 所示分别为实测的玻璃和氧化物陶瓷的 $\lg \rho - \frac{1}{T}$ 和 $\lg \sigma - T$ 的关系曲线。它们的电阻率或电导率温度的变化与上述计算公式是一致的。

进一步分析 ΔG_{dc},由热力学第二定律得

$$\Delta G_{dc} = \Delta H_{dc} - T\Delta S_{dc} \tag{2.41}$$

将式(2.41)代入电导率表达式(2.38),得

$$\ln \sigma = \ln \left(\frac{naz^2 e^2 a^2}{2h} \exp \frac{\Delta S_{dc}}{R}\right) - \frac{\Delta H_{dc}}{RT} \tag{2.42}$$

这样,由 $\ln \sigma - \frac{1}{T}$ 关系作图,通过斜率和截距便可以计算出焓变和熵变。总之,可以由实验测定直流电导率得到的自由能变化来研究过程的焓变和熵变。

若材料中存在多种载流子,其总电导率可表示为

$$\sigma = \sum_i A_i \exp\left(-\frac{B_i}{T}\right) \tag{2.43}$$

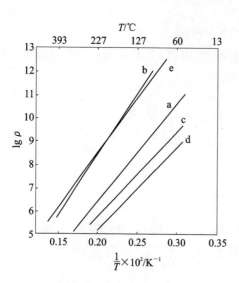

图中横轴上方 $T/^\circ C$：393　227　127　60　13

a—18Na$_2$O・10CaO・72SiO$_2$;b—10Na$_2$O・20CaO・70SiO$_2$;
c—12Na$_2$O・88SiO$_2$;d—24Na$_2$O・76SiO$_2$;e—硼硅酸玻璃(Pyrex)

图 2.21　离子玻璃的电阻率

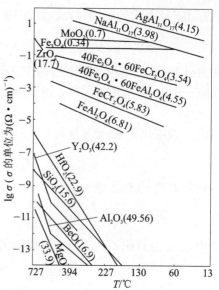

注:括号内数值为激活能,单位为 4.18 kJ/mol.

**图 2.22　几种氧化物电导率
和温度的关系**

2.3.2　离子电导与扩散

离子的尺寸和质量都比电子要大得多,其运动方式是从一个平衡位置跳跃到另一平衡位置。因此,也可以从另一个角度讲,离子导电是离子在电场作用下的扩散现象。其扩散路径畅通,离子扩散系数就高,因此导电率也就高。表征这一现象的就是能斯脱-爱因斯坦(Nernst-Einstein)方程。其推导过程如下:

设由于载流子离子浓度梯度$\left(\dfrac{\partial n}{\partial x}\right)$所形成的电流密度为 J_1,则

$$J_1 = -Dq\frac{\partial n}{\partial x} \tag{2.44}$$

式中:n 为载流子单位体积浓度;x 为扩散方向;q 为离子荷电量;D 为扩散系数。

当存在电场 E 时,其产生的电流密度 J_2 可用欧姆定律的微分形式表示,即

$$J_2 = \sigma E = \sigma\frac{\partial V}{\partial x} \tag{2.45}$$

式中,V 为电位。浓度梯度热扩散和电场同时存在时,总电流密度应为

$$J_i = -Dq\frac{\partial n}{\partial x} - \sigma\frac{\partial V}{\partial x} \tag{2.46}$$

根据玻耳兹曼分布,在存在电场时,浓度表示为

$$n = n_0 \exp(-qV/kT) \tag{2.47}$$

式中,n_0 为常数。因此,浓度梯度为

$$\frac{\partial n}{\partial x} = -\frac{qn}{kT}\times\frac{\partial V}{\partial x} \tag{2.48}$$

将式(2.48)代入式(2.46),并且在热平衡条件下,可以认为

$$J_i = 0 = \frac{nDq^2}{kT} \cdot \frac{\partial V}{\partial x} - \sigma \cdot \frac{\partial V}{\partial x} \tag{2.49}$$

$$\sigma = D \times \frac{nq^2}{kT} \tag{2.50}$$

式(2.50)在离子电导率和离子扩散系数之间建立了联系,称为能斯脱-爱因斯坦方程。根据电导率 $\sigma = nq\mu$ 和式(2.50)可以得到

$$D = \frac{\mu}{q}kT = BkT \tag{2.51}$$

式中:μ 为离子迁移率;B 为离子绝对迁移率,即 $B = \frac{\mu}{q}$。

2.3.3　离子导电的影响因素

1. 温度的影响

由式(2.38)可以看出,温度以指数形式影响其电导率。随着温度从低温向高温增加,其电阻率的对数的斜率会发生变化,即出现拐点,显著地把 $\ln\sigma\text{-}T^{-1}$ 曲线分为两部分,也就是高温区的本征导电,低温区的杂质导电,如图 2.23 所示。但要注意,在分析 $\ln\sigma\text{-}T^{-1}$ 曲线时,拐点并不一定是离子导电机制发生变化,也可能是导电载流子种类发生变化。例如,刚玉在低温下是杂质离子导电,而高温时则是电子导电。

2. 离子性质、晶体结构的影响

离子性质、晶体结构对离子导电的影响是通过改变导电激活能实现的。那些熔点高的晶体,其结合力大,相应的导电激活能也高,电导率就低。研究碱卤化合物的导电激活能发现,负离子半径增大,其正离子激活能显著降低。例如 NaF 的激活能为 216 kJ/mol、NaCl 只有 169 kJ/mol,而 NaI 却只有 118 kJ/mol,这样,电导率便依次提高。一价正离子尺寸小,荷电少,活化能低;相反,高价正离子,价键强,激活能高,故迁移率就低,电导率也低。

晶体结构的影响是提供利于离子移动的"通路",也就是说如果晶体结构有较大间隙,离子易于移动,则其激活能就低。这在固体电解质中看得更清楚,图 2.24 给出了不同尺寸的二价离子在 $20Na_2O \cdot 20MO \cdot 60SiO_2$ 玻璃中对其电阻率的影响(分子式 MO 代表不同半径的二价离子氧化物)。

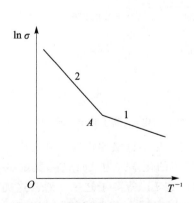

图 2.23　温度对离子导电的影响

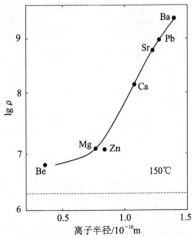

注:图中虚线为 $20NaO_2 \cdot 80SiO_2$ 玻璃的电阻率。

图 2.24　不同半径的二价离子对玻璃电阻率的影响

3. 点缺陷的影响

理想晶体不存在点缺陷,正是由于热激活,使晶体产生肖特基(Shottky)缺陷(V''_M 和 $V^{\cdot\cdot}_x$)或弗仑克尔(Frenkel)缺陷(M''_i 和 V_M)。同样,不等价固溶掺杂形成晶格缺陷,例如 AgBr 中掺杂 $CdBr_2$,从而生成 Cd_{Ag} 和 V_{Ag}。缺陷也可能是由于晶体所处环境气氛发生变化,使离子型晶体的正负离子的化学计量比发生改变,而生成晶格缺陷。例如稳定型 ZrO_2,由于氧的脱离而生成氧空位 V_O。

根据电中性原则,产生点缺陷(离子型缺陷)的同时,也会发生电子型缺陷,它们都会显著影响电导率。

2.3.4 快离子导体

1. 快离子导体的一般特征

具有离子导电的固体物质称为固体电解质。有些固体电解质的电导率比正常离子化合物的电导率高出几个数量级,故通常称它们为快离子导体(FIC)、最佳离子导体(Optimized Ionic Conductor)或者超离子导体(Superionic Conductor)。一般可以把它们分成以下三组:

(1) 银和铜的卤族和硫族化合物。金属原子在这些化合物中键合位置相对随意。

(2) 具有 β-氧化铝(β-alumina)结构的高迁移率的单价阳离子氧化物。

(3) 具有氟化钙(CaF_2)结构的高浓度缺陷氧化物,如 $CaO \cdot ZrO_2$ 和 $Y_2O_3 \cdot ZrO_2$。

图 2.25 给出了快离子导体电导率的范围及其应用。

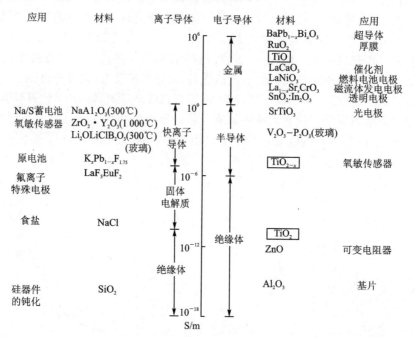

图 2.25　快离子导体的电导率(中间为电导率对数标尺,两边为电子、离子导电材料)

某些快离子导体以纯阳离子导电,例如 β-氧化铝。它是非化学计量比铝酸盐家庭中最重要的成员,其他成员为 β'-氧化铝和 β''-氧化铝。β-氧化铝代表的化学式为 $AM_{11}O_7$,其中 A 为 1 价阳离子,可移动性最大,它们可以是 Na^+、K^+、Ag^+、Tl^+ 或 Li^+ 等离子之一。通常这类快离子导体导电的载流子就是这些正离子。对 β-氧化铝,$t_i = 1$,应用于 300 ℃的 Na-S 电池。

同样具有 β-氧化铝结构的亚铁磁性材料 $KF_{11}O_7$ 具有离子和电子的混合导电,因为含有 Fe^{2+} 和 Fe^{3+} 混合离子,故可用作电池的电极;而用 CaO 稳定的 ZrO_2 则几乎完全是阴离子 O^{2-} 导电。表 2.8 列出了几种快离子导体导电的数量级和激活能。晶体结构的特征决定其导电的离子类型和电导率的大小。一般来说,结构上亚晶格是无序的并且具有空位。例如,在化合物 $Na_3Zr_2PSi_2O_{12}$ 中,三维无序并具有离子迁移。对于 β-氧化铝($Na_2O \cdot 11Al_2O_3$),Na^+ 传导是由二维缺陷进行的,而 $LiAlSiO_4$ 的迁移路径是一维的。总之,它们的结构都具有以下四个特征:

(1) 晶体结构的主体是由一类占有特定位置的离子构成的。

(2) 具有大量的空位,这些空位数量远高于可移动的离子数。因此,在无序的晶格里总是存在可供迁移离子占据的空位。

(3) 亚晶格点阵之间具有近乎相等的能量和相对低的激活能。

(4) 在点阵间总是存在通路,以至于沿着有利的路径可以平移。

表 2.8　几种快离子导体电导率和激活能

材　料	电导率 $\sigma/(\Omega^{-1} \cdot cm^{-1})$	激活能 $\Delta G_{dc}/eV$	焓/(4.18×10^3 J/mol)
α - AgI(146~555 ℃)	1(150 ℃)	0.05	1.15
Ag_2S(>170 ℃)	3.8(200 ℃)	0.05	1.15
CuS(>91 ℃)	0.2(400 ℃)	0.25	5.75
$AgAl_{11}O_{17}$	0.1(500 ℃)	0.18	4.14
β-氧化铝	0.35(300 ℃)	0.17	3.91
$ZrO_2 \cdot 10\%Sc_2O_3$	0.25(1 000 ℃)	0.65	14.95
$Bi_2O_3 \cdot 25\%Y_2O_3$	0.16(700 ℃)	0.60	13.80

对于某些快离子导体,特别是满足化学计量比的化合物,在低温下存在传导离子有序结构;在较高温度下,亚晶格结构变为无序,如同液态下离子的运动那样容易。缺陷化合物甚至可在低温下发生无序。

2. 立方稳定的氧化锆(CSZ)

纯的氧化锆是从 $ZrSiO_4$ 锆矿中以化学方法提取的,具有三种晶体结构:单斜结构、四方结构和立方结构。1 170 ℃ 以下单斜晶体结构是稳定的;1 170~2 370 ℃ 内为四方晶体结构;2 370~2 680 ℃(熔点)内,立方晶体结构是稳定的。通过加入低价离子代替部分锆可以把立方晶体结构稳定到室温。

立方 ZrO_2 具有萤石的结构,O^{2-} 离子排成简单立方。在点阵的 1/2 处占据着 Zr^{4+} 间隙原子。具体结构如图 2.26 所示。低价阳离子置换 Zr^{4+} 导致 O^{2-} 离子空位的形成。空位稳定了结构,同样导致在氧的亚晶格中具有高的迁移率。CSZ 的电导-温度特征如图 2.27 所示。

稳定氧化锆立方结构的元素有 La、Sc、Ir、Mg、Ca、Mn、In。其主要条件是离子半径接近 Zr^{4+} 的离子半径($r_s = 84$ pm)。Ca^{2+}($r_s = 112$ pm)是最常用的掺杂物质,加入量约为 0.15 mol。当加入 0.13~0.68 mol Ir($r_s = 101$ pm)时,可以得到稳定立方相,但最大的导电性却是加入 0.07~0.08 mol Ir 时,得到的是部分稳定立方相。这种混合相的氧化锆抵抗热冲击性比全立方相的好。Sc 使材料具有最高的电导率,特别是在较低温度时更有价值。

立方稳定氧化锆的重要应用是用于测量气体中或熔融金属中的氧含量。用于测量气体氧含量电压型的固体电解质氧探头结构如图 2.28(a)所示。由图可见,Pt 丝电极烧结在稳定立

方氧化锆管的表面。两根 Pt 导线外接高阻伏特计。这是一个固体电池,Pt 可以加速氧离子的产生,又可以使之复合成氧分子,这一过程产生的电动势 E 为

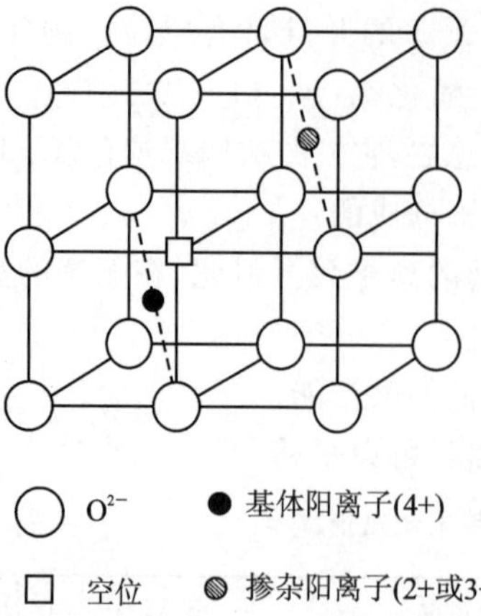

图 2.26 理想的萤石结构和掺杂的阳离子补偿电荷的氧空位(半个晶胞)

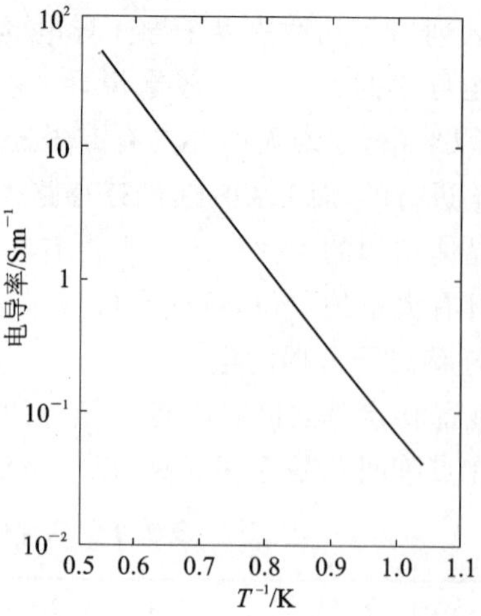

图 2.27 $Zr_{0.85}Ca_{0.15}O_{1.85}$ 的电导率

$$E=\frac{RT}{4F}\ln\left(\frac{p_1}{p_2}\right) \tag{2.52}$$

式中:R 为气体常数;F 为法拉第常数;T 为热力学温度(K);p_1 为外电极所处的待测氧分压;p_2 为内电极所处的参考氧分压。通常取 p_2 为空气中的氧分压,即 $p_2=21.2$ kPa。

稳定化立方氧化锆氧敏元件常用于监控汽车的排气成分,以保持燃料和空气比在最佳值,这有利于防止污染和提高发动机效率。图 2.28(b)是一种车用氧探测器结构图。

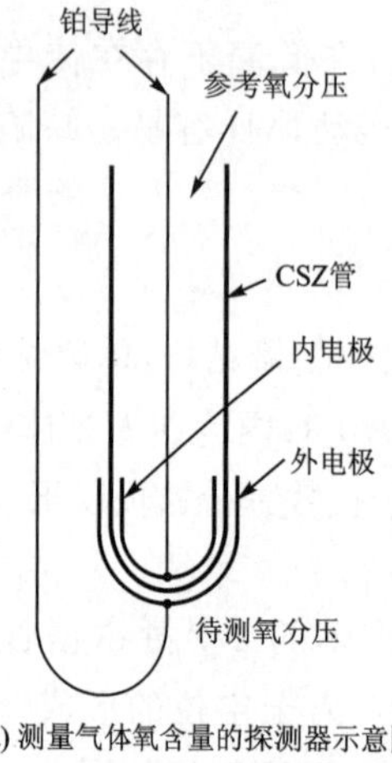

(a) 测量气体氧含量的探测器示意图

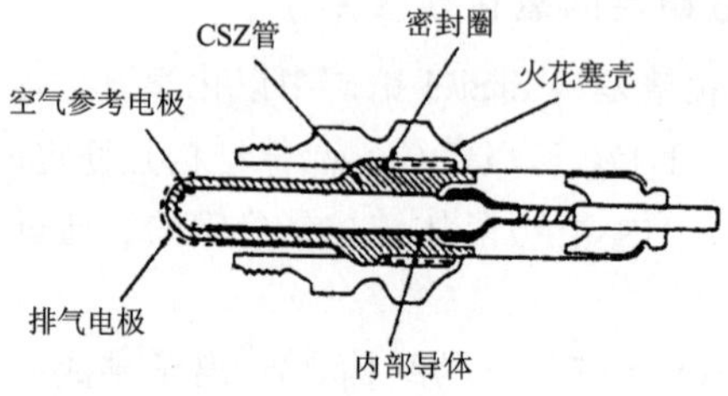

(b) 内燃机用ZrO_2氧敏元件剖面图

图 2.28 固体电解质氧探测器

2.4 半导体

金属和非金属的使用时间和人类进入文明社会一样长,而半导体的应用开始于 20 世纪,直到 20 世纪 50 年代才备受欢迎。正是晶体管的发明和微电子线路的出现,才使电子工业发生了革命。

本节主要介绍元素半导体(含本征半导体、杂质半导体和 p-n 结)以及表征它们电性能的主要参量(有效质量、迁移率、少子载流子寿命)及其物理意义,载流子浓度、费密能级随温度等的变化规律以及相关的电子器件等,并简要介绍化合物半导体和非晶态半导体。

2.4.1　元素半导体

1. 本征半导体

半导体制备工艺的目的之一是制备尽可能纯的材料(纯度可高达 10^{-10}),然后可控制地引入杂质(称为掺杂)。我们把纯的半导体称为本征半导体,因为它们的行为仅仅由它的固有性质决定。把由于外部作用而改变半导体固有性质的半导体称为非本征(杂质)半导体。半导体器件主要使用的是非本征半导体。为便于理解,首先讨论本征半导体。

以半导体硅为例进行讨论。硅具有金刚石结构,四共价键对称排列。每个原子的四个价电子都参与形成共价键。根据能带理论可知,在 0 K 时所有电子都处于价带。导带和价带之间有 1.1 eV 的能隙。为了使电子由电场获得动能并对电流做出贡献,必须给电子至少 1.1 eV 的能量,这可以来自热激发或者来自与温度无关的光子激发。图 2.29 为硅本征半导体的结构示意图。半导体和绝缘体有相似的能带结构,只是半导体的禁带宽度较小,大约在 3 eV 以下,而绝缘体禁带宽度大约在 6 eV 以上。表 2.9 给出了本征半导体(元素或化合物)室温下的禁带宽度供比较。

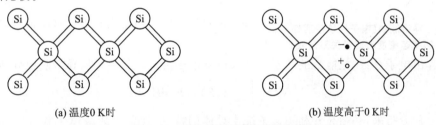

(a) 温度 0 K 时　　　　　　　　　　(b) 温度高于 0 K 时

图 2.29　硅本征半导体结构示意图

表 2.9　本征半导体室温下的禁带宽度 E_g

晶　体	E_g/eV	晶　体	E_g/eV
$BaTiO_3$	2.5~3.2	TiO_2	3.05~3.8
C(金钢石)	5.2~5.6	PN	4.8
Si	1.1	CdO	2.1
α-SiO_2	2.8~3	Ga_2O_3	4.6
PbS	0.35	CoO	4
PbSe	0.27~0.5	GaP	2.25
PbTe	0.25~0.30	CdS	2.42
Cu_2O	2.1	GaAs	1.4
Fe_2O_3	3.1	ZnSe	2.6
AgI	2.8	Te	1.45
α-Al_2O_3	>8	γ-Al_2O_3	2.5

(1) 半导体中载流子数量的计算

量子力学已经证明,半导体中电子能量(E_e)或空穴能量(E_h)表达式与金属中自由电子能量表达式,形式上完全相同,只是其中自由电子的质量用有效质量代替,即

$$E_e = \frac{\hbar^2}{2m_e^*}(K_x^2 + K_y^2 + K_z^2) \quad \text{和} \quad E_h = \frac{\hbar^2}{2m_h^*}(K_x^2 + K_y^2 + K_z^2) \tag{2.53}$$

式中：K_x、K_y、K_z分别为波矢量在 x、y、z 方向的分量；m_e^* 和 m_h^* 分别为电子和空穴的有效质量；$\hbar = \dfrac{h}{2\pi}$，h 为普朗克常量。

可以这样认为，导带中的电子有不同质量，其行为与自由电子一样。这样，自由电子近似导出的状态密度对于半导体同样有效，因此，可以用前面讨论的费密分布函数计算方法算出参加导电的电子数目。但在半导体中应注意不要忘了空穴。空穴除了带正电荷外，其他与电子类似。例如，对于导带里电子的行为，价带中的空穴也是存在的，唯一的区别是：空穴随着能量减小，状态密度增加。

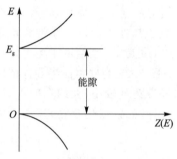

图 2.30 导带底部(电子)、价带顶部
(空穴)的状态密度与能量关系曲线

假如取价带顶部的能量为零，我们可以把能量为 E 的电子状态密度(单位体积)写成

$$Z(E) = C_e(E - E_g)^{\frac{1}{2}}, \qquad C_e = 4\pi(2m_e^*)^{\frac{3}{2}}/h^3 \tag{2.54}$$

而对空穴的状态密度

$$Z(E) = C_h(-E)^{\frac{1}{2}}, \qquad C_h = 4\pi(2m_h^*)^{\frac{3}{2}}/h^3 \tag{2.55}$$

由式(2.54)和式(2.55)可给出其 E-$Z(E)$曲线，如图 2.30 所示。

为了算出电子总数，把能带的状态密度乘以被电子占有的几率并从导带底积分到顶部，即

$$N_e = \int_{\text{底部}}^{\text{顶部}} Z(E)f(E)\mathrm{d}E \tag{2.56}$$

若得到这个积分结果，必须充分利用硅本征半导体的特点，即费密能级位于禁带中，而且它与导带底部的距离远大于 kT(室温下 $kT = 0.025$ eV)，故

$$E - E_F \gg kT \tag{2.57}$$

因此

$$f(E) \approx exp\left(-\frac{E - E_F}{kT}\right) \tag{2.58}$$

通过绘图(见图 2.31)分析式(2.56)中的各项，有助于认识 $f(E)$ 的衰减特征，致使很快在某一能量以上实际积分为零。因此，在不确定能带宽度的条件下取积分上限为无限，这样便可得到一已知积分。

将式(2.54)和式(2.58)代入式(2.56)，得

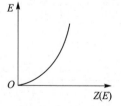

(a) 导带底部的状态密度

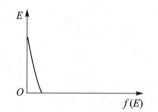

(b) 同一能量范围内的费密分布函数

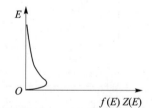

(c) 填满电子的状态聚在接近导带的底部

图 2.31 半导体能级密度分布特点

$$N_e = C_e \int_{E_g}^{\infty} (E - E_g)^{1/2} \exp\left(-\frac{E - E_F}{kT}\right) dE \tag{2.59}$$

引进新的变量

$$x = (E - E_g)/kT \tag{2.60}$$

则积分式变为

$$N_e = C_e (kT)^{3/2} \exp\left(-\frac{E_g - E_F}{kT}\right) \int_0^{\infty} x^{1/2} e^{-x} dx \tag{2.61}$$

因为

$$\int_0^{\infty} x^{\frac{1}{2}} e^{-x} dx = \frac{1}{2} \sqrt{\pi} \tag{2.62a}$$

故得到导带中的电子数

$$N_e = N_c \exp\left(-\frac{E_g - E_F}{kT}\right) \tag{2.62b}$$

式中，$N_c = 2(2\pi m_e^* kT/h^2)^{\frac{3}{2}}$。

由式(2.62b)可以得到结论:导带里电子数是温度和电子有效质量的函数。

(2) 费密能级的位置

用与处理导带电子数的相同的方法可以处理空穴。空穴占据状态的几率由函数 $1 - f(E)$ 给出。它沿能量 E 轴负方向呈指数衰减,选择积分限为 $-\infty$,得到价带的空穴数为

$$N_h = N_v \exp(-E_F/kT) \tag{2.63}$$

式中:

$$N_v = 2(2\pi m_h^* kT/h^2)^{\frac{3}{2}} \tag{2.64}$$

对于本征半导体,每个被激发到导带的电子在价带留下空穴,因此,电子数应等于空穴的数目,即

$$N_e = N_h \tag{2.65}$$

将式(2.62)和式(2.63)代入式(2.65),则

$$N_c \exp\left(-\frac{E_g - E_F}{kT}\right) = N_v \exp\left(-\frac{E_F}{kT}\right) \tag{2.66}$$

上式稍加运算,便可解出 E_F 的值:

$$E_F = \frac{E_g}{2} + \frac{3}{4} kT \ln(m_h^*/m_e^*) \tag{2.67}$$

由于 kT 很小,而且电子和空穴的有效质量差别也不大,所以可以粗略地认为费密能级位于本征半导体的价带和导带中间一半的位置(即位于禁带中央)。

2. 杂质半导体

(1) n 型半导体

现以硅为例,人为地加入Ⅴ族内的元素(如 Sb、As 和 P 等)作为杂质,其加入量浓度低于 10^{-6},那么晶体结构几乎与纯硅没有什么不同。但Ⅴ族元素的原子可能取代点阵上的硅原子,并用 4 个价电子与硅原子形成共价键(见图 2.32)。多余的电子不再与核紧密束缚,因为最外层的电子壳层已有 8 个电子(惰性气体电子层结构数目),于是多余的电子与核不紧密结合。我们知道,使半导体硅的电子从价带进入导带,要克服能隙的能垒,相当于使硅原子的价电子游离。显然,使杂质原子的电子成为导电的电子所需能量远小于硅原子的电子成为导电的电子时所需的能量,因此,可以预料这个杂质的电子的能级如图 2.32 所示。$E_g - E_d$ 的典型值是 10^{-2} eV(见表 2.10)。0 K 时杂质能级被电子占据,并不能用于导电。但在有限温度下,需要

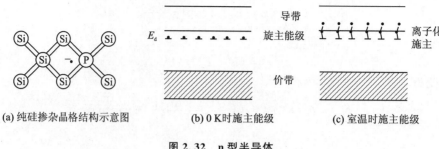

(a) 纯硅掺杂晶格结构示意图　　(b) 0 K时施主能级　　(c) 室温时施主能级

图 2.32　n 型半导体

表 2.10　硅和锗中的施主（Ⅴ族）能级和受主（Ⅲ族）能级

杂　质		Ge	Si
施主	Sb	0.009 6	0.039
	P	0.012 0	0.045
	As	0.012 7	0.049
受主	In	0.011 2	0.160
	Ga	0.010 8	0.065
	B	0.010 4	0.045
	Al	0.010 2	0.057

注：表中的能量是电离能，也就是从带边到杂质能级的距离，单位为 eV。

不高于 10^{-2} eV 的能量，便可以把它激发至导带，从而导电。这种现象称为杂质原子捐赠电子，因此称 E_d 为施主能级，杂质被称为施主。下面利用氢原子基态电子估计一下电离杂质所需的能量。

已知氢基态原子的电子能量为

$$E = \frac{me^4}{8\varepsilon_0^2 h^2} = 13.6 \text{ eV} \tag{2.68}$$

考虑到杂质原子的过剩电子是由杂质原子核的正电荷所控制的，那么用式（2.68）计算杂质电子的能量与计算氢原子中电子能量的差别只有两点：① 自由空间的介电常数应换成材料的介电常数；② 自由电子的质量换成导带底部电子的有效质量。这样，粗糙的模型给出了施主能级的定量估计，即

$$E_d = \frac{m^* e^4}{8\varepsilon_r^2 h^2} \tag{2.69}$$

对于硅，其相对介电常数 ε_r 为 12，电子有效质量只有电子质量的一半，计算可得 $E_g - E_d$ 值约为 0.05 eV，与实测值差不多。

（2）p 型半导体

若在硅本征半导体中加入Ⅲ族元素 In、Al、B，那么其中一个价键缺少一个电子，如图 2.33所示。如果失去电子，则必定有空穴存在。我们讨论空穴时经常使用三种等效的表示方法，不要因此而发生混淆。这三种表示方法分别如下：① 把空穴想像为可在晶体中运动的带正电荷的粒子；② 价带顶部失去电子；③ 本应有电子的位置但实际上缺少了电子。Ⅲ族元素的原子有三个价电子。当它代替硅原子时，无法满足四个价键的要求。那么，任何一个在附近游走的电子都被"欢迎"帮助结合，或者杂质原子核从邻近结点"偷"来电子。

从上面的分析可知，被杂质原子接受的电子能量应高于价带顶部的能量，但十分接近价带

（见图 2.33(b)）。由图可见，E_a 是电子从价带跳到杂质原子能级所需能量。E_a 称为受主能级，其杂质原子称为受主。

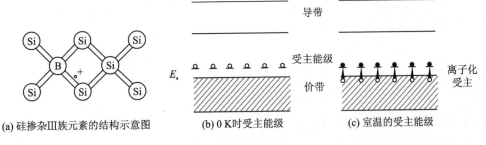

(a) 硅掺杂Ⅲ族元素的结构示意图　　(b) 0 K时受主能级　　(c) 室温的受主能级

图 2.33　p 型半导体

真实材料中通常既有施主存在，又有受主存在（不一定必须是Ⅲ族或Ⅴ族元素，这里选作例子讨论，是因为它们最常用）。通常当一种杂质类型超过另外一类杂质时，就可以说它是 n 型半导体（以电子载流子为主）或 p 型半导体（以空穴载流子为主）。如果每立方米里含有 10^{20} 个三价铟离子，那么它将是 p 型半导体。如果每立方米含有 10^{21} 个五价的磷离子，磷的多余电子不仅到达导带，而且同样填充受主能级，磷特性淹没了铟，使它成为 n 型半导体。

(3) 非本征半导体电子和空穴数

式(2.62)和式(2.63)分别为计算本征半导体电子和空穴数的公式。在推导时并没有特殊规定，只是电子处于导带底部，而且在能量上费密能级到导带底部是 kT 的许多倍。这些同样适用于非本征半导体。问题的复杂性在于如何确定费密能级，并同时考虑施主和受主能级。条件是晶体必然是电中性，净电荷密度必然是零。非本征半导体中存在杂质原子捐赠一个电子到导带，并留下一个正电荷，最终有一个受主原子，接受从价带来的电子，那么便有一个负电荷，从而使其电中性公式为

$$N_e + N_a^- \longleftrightarrow N_h + N_d^+ \tag{2.70}$$

式中：N_a^- 为游离的受主原子的数目（原子接受一个从价带来的电子）；N_d^+ 为游离的施主原子的数目（原子捐赠一个电子到导带）。

从实际杂质原子 N_a 和 N_d 中找到游离杂质的数目 N_a^- 和 N_d^+，请参考图 2.32 和图 2.33。例如，图 2.32(b)中，0 K 时所有施主能级皆被电子所占有，并且只要得到 $E_g - E_d$ 的能量，即可成为导电的电子，因此可由这个数值来测出 N_d^+ 的数目。换句话说，以没有占据 E_d 能级的电子的几率乘以 N_d，便可得到 N_d^+，即

$$N_d^+ = N_d[1 - f(E_d)] \tag{2.71}$$

受主的情况类似。电子占据 E_a 能级的几率是 $f(E_a)$，则

$$N_a^- = N_a f(E_a) \tag{2.72}$$

已知半导体，即已知 N_a 和 N_d，能隙 E_g 以及电子和空穴的有效质量，将式(2.62b)、式(2.63)、式(2.71)、式(2.72)表示的 N_e、N_h、N_d^+、N_a^- 代入式(2.70)，便可以算出 E_F。

首先来看一种特殊情况。例如，n 型半导体通常是 $N_e \gg N_h$，$N_d^+ \gg N_a^-$，则式(2.70)简化为

$$N_e \cong N_d^+ \tag{2.73}$$

这说明，所有导电电子来自施主能级，而不是基体的晶格键合，把 N_e 及 N_d^+ 表达式代入式(2.73)，得

$$N_d\left(1 + \exp\frac{E_F - E_d}{kT}\right)^{-1} = N_c \exp\frac{E_F - E_g}{kT} \tag{2.74}$$

解之，得

$$E_F = E_d + kT\ln\left\{-\frac{1}{2} + \frac{1}{2}\left[1 + 4\frac{N_d}{N_c}\exp\left(\frac{E_g - E_d}{kT}\right)\right]^{\frac{1}{2}}\right\} \tag{2.75}$$

从式(2.75)可见,E_F是温度的函数。现分三个温度区域讨论式(2.75)的物理意义:

① 在低温条件下,即 $\exp[(E_g - E_d)/kT] \gg 1$ 成立,则

$$E_F = (E_g + E_d)/2 + (kT/2)\ln(N_d/N_c) \tag{2.76}$$

导电电子密度

$$n = \sqrt{N_c N_d}\exp\frac{-(E_g - E_d)}{2kT} \tag{2.77}$$

说明费密能级位于导带底和施主能级之间。

② 当温度上升至 $\exp\dfrac{E_g - E_d}{kT} \cong 1$ 时,则

$$E_F = E_d - kT\ln(N_c/N_d) \tag{2.78a}$$
$$n \approx N_d \tag{2.78b}$$

该式说明费密能级随温度升高,不断向本征半导体费密能级接近,因为在这个区域施主能级的电子全部跃迁至导带。

③ 在更高的温度区域,半导体成为本征半导体,此区域即为本征区域。费密能级位于禁带中央。

图 2.34(a)表示上述分析结果的物理图像。

对 p 型半导体也可以作类似讨论,结果表示在图 2.34(b)中。图 2.34(c)说明杂质含量对非本征半导体费密能级位置的影响。对于如图 2.34(c)所示 n 型半导体,当施主浓度为 $10^{26}\,\mathrm{m}^{-3}$ 时,费密能级在 600 ℃ 以下靠近导带的底部。随着施主浓度的减小,费密能级向比导带更低的能量方向移动;对于 p 型半导体,当受主浓度为 $10^{25}\,\mathrm{m}^{-3}$ 时,费密能级在 400 ℃ 以下位于接近价带的顶部,随着受主浓度减小,费密能级向价带顶部更高能量方向移动。

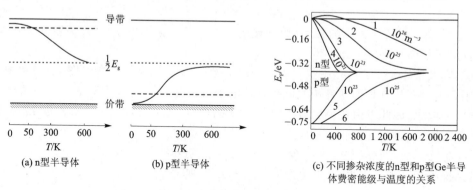

(a) n型半导体 (b) p型半导体 (c) 不同掺杂浓度的n型和p型Ge半导体费密能级与温度的关系

图 2.34　费密能随温度的变化

3. 导电性和载流子迁移率

根据能带理论,电子在理想的完整晶体中可以自由运动,其电子运动的平均自由程是整个晶体长度。但晶体是不完整的,即使是理想晶体结构,由于原子热运动和杂质存在而成为不完整的。这种不规则性引起对电子的散射。加上一电场,例如沿 x 方向,那么当电场与热运动相平衡时,电子得到平均运动速度$<v_x>$。电场作用下电子的运动称为漂移运动。要精确地论证这些问题必须使用量子力学,这里只是以简化的方法加以讨论。

(1) 导电率和迁移率

电子在电场作用下,沿 x 方向做漂移运动,获得动量$<P_x> = m<v_x>$;当电子之间或与

其他粒子碰撞时又会失去动量。当二者相平衡时,则电场力 eE_x 和碰撞作用力相平衡,即

$$-eE_x - m < v_x > /\tau = 0 \tag{2.79}$$

式中,τ 为二次碰撞之间的时间(称为弛豫时间),则式(2.79)成为

$$-<v_x> = \frac{e\tau}{m}E_x \equiv \mu E_x \tag{2.80}$$

式中,μ 称为这种物质中电子的迁移率(mobility)。若已知电子密度 n,那么便可以计算电流密度 J_x,即

$$J_x = ne < v_x > = ne\mu E_x = \left(\frac{ne^2\tau}{m}\right)E_x \tag{2.81}$$

那么,电导率 σ 可以表达为

$$\sigma = \frac{1}{\rho} = \frac{J_x}{E_x} = \frac{ne^2\tau}{m} = ne\mu \tag{2.82}$$

采用类似的方法可以得到空穴与导电率的关系。半导体中的载流子为电子和空穴,故本征导电率 σ_i 为

$$\sigma_i = n_i e(\mu_e + \mu_h) \tag{2.83}$$

式中,μ_e、μ_h 分别为电子和空穴的迁移率。

(2) 迁移率和温度的关系

图 2.35(a)所示为测得的 Ge 电阻率与温度的关系曲线。已知其各温度下的霍耳常数,那么便可绘出 Ge 的迁移率与温度的关系,如图 2.35(b)所示。图中的表格说明样品的掺杂情况。

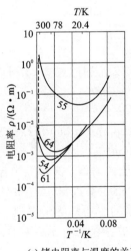

(a) 锗电阻率与温度的关系

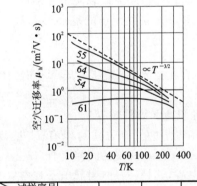

试样序号 杂质密度	55	64	54	61
$(N_d - N_a)/cm^3$	1.0×10^{13}	1.7×10^{15}	7.5×10^{15}	5.5×10^{16}

(b) 锗的迁移率与温度的关系

图 2.35　锗电性能与温度的关系

载流子由于晶格的热振动而被散射,迁移率 μ 与温度 T 具有 $T^{-\frac{3}{2}}$ 的关系。离子化的杂质同样散射载流子,杂质含量愈高,迁移率愈低。图 2.35(b)说明在高温或者低杂质密度时晶格散射起主要作用;当杂质密度高时,杂质散射起主要作用。

4. 少数载流子的行为

在热平衡条件下,给定半导体中的电子和空穴共存。例如,在 n 型半导体中起支配作用的载流子是电子,根据质量作用定律一定有少量的空穴存在。在这种条件下,电子称为多数载流子(简称多子),而空穴称为少数载流子(简称少子)。

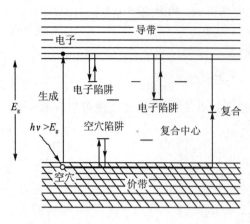

图 2.36　载流子的产生、捕获和复合过程

（1）少数载流子的寿命

如图 2.36 所示，当能量大于带隙 E_g 的光子照射半导体时，价带的电子将吸收光子能量跃迁至导带，而在价带中产生空穴。这样在导带中有数量多于热平衡状态下的电子，而在价带中有数量多于热平衡条件下的空穴。多余的载流子称为过剩的载流子。在通常条件下，由于电中性要求，过剩电子和过剩空穴的浓度相等。但是它们对多数载流子和少数载流子的影响是不同的。例如，在 n 型半导体 Si 中若引入 $10^{10}/cm^3$ 过剩载流子，那么尽管对多数载流子来说微不足道，但对于少子空穴可是增加几个数量级，因为正常情况下，空穴只有 $10^5/cm^3$。因此，少数载流子的寿命是十分重要的。设 n 型半导体在热平衡时的空穴密度为 p_0，在 t 时刻晶体内的空穴密度为 p，则过剩少数载流子为 $p-p_0$，但这是不平衡状态，当产生过剩载流子的因素消除之后，过剩载流子将逐渐消失，导带中过剩载流子逐渐回到价带中，这就是复合。在简单的情况下，过剩载流子浓度随时间按指数规律衰减，即

$$\Delta n = (\Delta n)_0 e^{-\frac{t}{\tau}} \tag{2.84}$$

式中，$(\Delta n_0)=p-p_0$ 为 $t=0$ 时的过剩载流子浓度，τ 为衰减的时间常数，可以证明 τ 就是过剩载流子的平均存在时间，即少数载流子的寿命。

τ 的倒数代表非平衡载流子的复合几率 P：

$$P = \frac{1}{\tau} \tag{2.85}$$

它可以理解为每存在一个过剩载流子，在单位时间内发生复合的次数。这样，式（2.84）可以表示为

$$\Delta n = (\Delta n)_0 e^{-Pt} \tag{2.86}$$

（2）少子的复合和陷阱效应

晶体内过剩少子的复合方式可以有：直接复合（Direct Recombination）和经过复合中心（Recombination Center）实现的间接复合（Indirect Recombination）。

所谓复合中心，就是一些能引起电子和空穴复合过程的杂质或缺陷。大多数半导体中，这种通过杂质和缺陷（即复合中心）的复合过程实际上是支配复合的主要过程。

通过复合中心的复合过程可以分为两步：①一个未被占据的中心从导带俘获一个电子；②一个已经被占据的中心由价带俘获一个空穴（相当于一个已被俘获的电子由复合中心落入价带）。这两步的结果是一对电子和空穴实现了复合。

杂质和缺陷不仅起复合中心的作用，还可起陷阱作用。陷阱中心能显著地俘获并收容其中一种过剩载流子。根据杂质或缺陷能级的相对位置，分为浅能级陷阱（Shallow Trap）和深能级陷阱（Deep Trap）。这在图 2.36 中都有说明。

（3）扩　散

如果半导体内部载流子浓度分布不同，那么密度大的载流子将向密度小的方向做布朗（Brown）运动的扩散。沿 x 方向中载流子浓度变化为 dn/dx，则在单位时间内在垂直于 x 方向的单位面积上通过的扩散载流子密度为 $-D(dn/dx)$。D 称为扩散系数（Diffusion Constant），负号表示扩散流指向浓度降低的方向。扩散系数和迁移率 μ 之间的关系为

$$D = (kT/e)\mu = 25.85\left(\frac{T}{300}\right)\left(\frac{\mu}{1\,000}\right) \quad (cm^2/s) \tag{2.87}$$

上式称为爱因斯坦关系(Einstein relation),式中 T 为热力学温度(K),μ 为迁移率($\text{cm}^2/\text{V}\cdot\text{s}$)。

(4) 过剩少数载流子连续方程

取晶体的一个微区来研究载流子浓度随时间的变化。引起这个变化的原因可以是扩散、电场作用的载流子漂移以及电子、空穴的复合。表示这种定量变化的方程称为连续方程。下面以一维的 n 型半导体在 x 方向的变化为例加以讨论。

设少数载流子在 t 时间的密度为 p,热平衡时的密度为 p_0,平均寿命为 τ_h,电流密度为 J,那么,下式成立

$$\frac{\mathrm{d}p}{\mathrm{d}t} = -\frac{1}{e}\cdot\frac{\partial J}{\partial x} - \frac{p - p_0}{\tau_h} \tag{2.88}$$

式(2.88)等号右边第一项由于电流引起的载流子变化,第二项表示复合引起的载流子减少。另外,电流 J 可由电场强度 E 引起的漂移运动和密度不同引起的扩散来表示,其关系式为

$$J = ep\mu_h E - eD_h\left(\frac{\mathrm{d}p}{\mathrm{d}x}\right) \tag{2.89}$$

式中,μ_h 和 D_h 分别为空穴的迁移率和扩散系数。将 J 代入式(2.88)得

$$\frac{\mathrm{d}p}{\mathrm{d}t} = D_h\frac{\mathrm{d}^2 p}{\mathrm{d}x^2} - \mu_h E\frac{\mathrm{d}p}{\mathrm{d}x} - \frac{p - p_0}{\tau_h} \tag{2.90}$$

现在假设电场 E 为零,电流仅由扩散引起。当状态稳定时,$\frac{\mathrm{d}p}{\mathrm{d}t}=0$,则式(2.90)成为

$$\tau_h D_h\left(\frac{\mathrm{d}^2 p}{\mathrm{d}x^2}\right) - (p - p_0) = 0 \tag{2.91}$$

解之,

$$\text{得} \quad p - p_0 = A\exp(-x/\sqrt{D_h\tau_h}) \tag{2.92}$$

式中,$\sqrt{D_h\tau_h}=L_h$ 称为扩散长度。

5. 半导体接触

p-n 结具有单向导电性,是许多半导体器件的核心。金属-半导体接触器件具有频率优势。晶体管和场效应管是集成电路的基本器件。

※ **"金属-半导体结、结晶体管和场效应管"内容请扫描二维码阅读。**

金属-半导体结、结
晶体管和场效应管

下面在前面介绍的 p 型半导体和 n 型半导体的基础上,主要介绍 p-n 结。

将 n 型半导体和 p 型半导体通过某种工艺结合到一起,在二者界面处形成一个特殊的半导体结构,称之为 p-n 结,其显著特点是具有单向导电性,也就是具有整流特性。利用 p-n 结的这一特性,可以制造整流二极管、检波二极管、开关二极管、发光二极管等多种功能的晶体二极管。p-n 结是晶体管、微处理器、内存等几乎所有半导体功率器件的基础,在大规模集成电路中不可或缺,有人把 p-n 结称为集成电路的心脏。p-n 结的重要性不言而喻。此外,利用 p-n 结的光生伏特效应,还可以制成太阳电池,在能源领域有重要应用。

• p-n 结的制备和杂质分布

在一块 p 型或 n 型半导体单晶上,采用合金法、扩散法、离子注入法、外延生长法等多种工艺方法,都可以制备 p-n 结。

① 合金法。例如,把一小粒铝放在一块 n 型半导体单晶硅片上,加热到一定温度,形成铝硅的融熔体,然后降低温度,融熔体开始凝固,在 n 型硅片上形成一含有高浓度铝的 p 型硅薄

层,它和 n 型硅衬底的交界面处即为 p-n 结,这时即为铝硅合金结。该方法掺杂浓度高,但工艺条件难精确控制。

②　扩散法。自从硅平面技术出现以后,扩散法逐渐取代合金法,成为制备 p-n 结的主流工艺方法。特别是随着集成电路技术的发展,扩散技术已经日臻完善。在单晶硅上,通过氧化、光刻、扩散等工艺,可制得 p-n 结。由于是通过元素扩散,该方法需要在较高的温度下操作。

③　离子注入法。该方法采用气相杂质源,在高强度的电磁场中令其离化并静电加速至较高能量后注入半导体适当区域的适当深度,通过补偿其中的异型杂质形成 p-n 结。这种方法的最大特点是掺杂区域和浓度能够精确控制。

④　外延生长法。在 n 型或 p 型半导体衬底上直接生长一层导电类型相反的半导体薄层,无须通过杂质补偿即可直接形成 p-n 结。用这种方法形成 p-n 结时,只须在生长源中加入与衬底杂质导电类型相反的杂质,在薄层生长的同时实现实时的原位掺杂。

按照杂质分布特征,采用上述方法制备的 p-n 结可以分为两类:

①　采用合金法、离子注入法和外延生长法制备的 p-n 结,在两端的 p 型和 n 型半导体中,载流子分别为空穴和电子,且分布均匀;而在界面处,载流子分布发生突变,称为突变结。

②　采用扩散法制备的 p-n 结,杂质浓度从 p 区到 n 区是逐渐变化的,称为缓变结。两种 p-n 结中的杂质分布如图 2.37 所示。

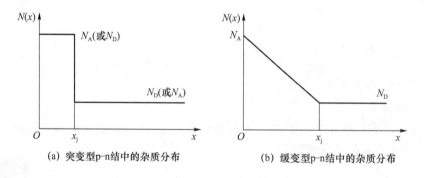

(a) 突变型p-n结中的杂质分布　　　(b) 缓变型p-n结中的杂质分布

图 2.37　两种 p-n 结中的杂质分布

- 热平衡态 p-n 结的形成过程

p 型半导体中,空穴是多数载流子,电子是少数载流子,但电离受主与少量电子的负电荷严格平衡空穴的正电荷。n 型半导体中,电子是多数载流子,空穴是少数载流子,但电离施主与少量空穴的正电荷严格平衡电子的负电荷。因此,单独的 p 型和 n 型半导体是电中性的。把这两块半导体结合到一起形成 p-n 结时,由于交界面两侧载流子浓度的差异,必然发生载流子的扩散运动,电子从 n 型半导体扩散到 p 型半导体,空穴从 p 型半导体扩散到 n 型半导体,在交界面处电子与空穴发生复合,如图 2.38(a)所示。这导致 p 区不能移动的电离受主没有正电荷与之保持电中性,n 区不能移动的电离施主没有负电荷与之保持电中性,从而在交界面附近的 p 区和 n 区分别形成了负电荷区和正电荷区,如图 2.38(b)所示。把 p-n 结附近的电离施主和电离受主所带的电荷称为空间电荷,它们所在的区域称为空间电荷区,又称为势垒区、耗尽层、阻挡层等。

空间电荷区的电荷产生了从 n 区指向 p 区的电场,称为内建电场。在内建电场的作用下,p 区的少数载流子电子向 n 区运动,n 区的少数载流子空穴向 p 区运动,称为漂移运动。很显然,载流子的漂移运动与扩散运动方向相反。因此,内建电场抑制多数载流子的扩散运动。

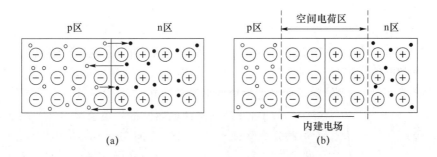

图 2.38　平衡态 p - n 结的形成过程示意图

随着载流子扩散运动的进行,空间电荷增多,空间电荷区扩大,内建电场增强,载流子的漂移运动也逐渐加强。在没有外电场的情况下,载流子的扩散运动和漂移运动同时存在,二者最终会达到动态平衡。此时,扩散电流和漂移电流相等,但方向相反。因此,没有净电流通过 p - n 结,空间电荷的数量、空间电荷区的宽度和内建电场的强度不再变化,称之为热平衡状态下的 p - n 结。

• 热平衡态 p - n 结的能带结构

处于热平衡态的 p - n 结能带结构如图 2.39 所示。当两个半导体结合形成 p - n 结时,按费米能级的意义,电子将从费米能级高的 n 区流向费米能级低的 p 区,空穴将从 p 区流向 n 区。p 型中电子扩散至体内形成上升的受主能级 E_{Fp}、n 型中空穴扩散形成下降的施主能级 E_{Fn}。p - n 结处于平衡时,费米能级完全相同,由于内建电场的存在,n 型中的电子和 p 型中的空穴能量变化,导到导带和价带发生弯曲。即 n 型半导体中的电子流到 p 区,使 p 区的能级上升,p 型区的空穴流到 n 区,使能级下降。平衡 p - n 结中费米能级处处相当,没有净电流通过。能带弯曲的原因是 p - n 结空间电荷区中存在内建电场,改变了不同位置的载流子的能量。p - n 结中费米能级处处相等也反映了载流子的扩散电流和漂移电流互相抵消,没有净电流通过 p - n 结。

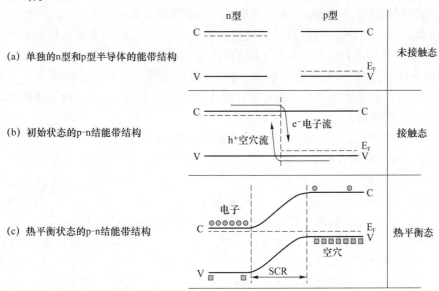

图 2.39　p - n 结形成过程中的能带结构变化

• p-n结的整流特性

p-n结具有单向导电性,若外加电压使电流从p区流到n区,p-n结呈低阻性,所以电流大;反之是高阻性,电流小,如图2.40所示。如果外加电压使p-n结p区的电位高于n区的电位称为加正向电压,简称正向偏压;p-n结p区的电位低于n区的电位称为加反向电压,简称反向偏压。下面对p-n结的单向导电性原因做简要分析。

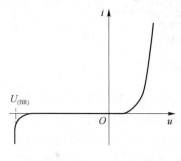

图2.40 p-n结的整流曲线

① p-n结加正向电压时的导电情况。外加的正向电压有一部分降落在p-n结区,方向与p-n结内电场方向相反,削弱了内电场。于是,内电场对多子扩散运动的阻碍减弱,扩散电流加大。扩散电流远大于漂移电流,可忽略漂移电流的影响,p-n结呈现低阻性。

② p-n结加反向电压时的导电情况。外加的反向电压有一部分降落在p-n结区,方向与p-n结内电场方向相同,加强了内电场。内电场对多子扩散运动的阻碍增强,扩散电流大大减小。此时p-n结区的少子在内电场作用下形成的漂移电流大于扩散电流,可忽略扩散电流,p-n结呈现高阻性。

2.4.2 化合物半导体和非晶态半导体

1. 化合物半导体

晶态半导体已经经历了三代。第一代是以Si、Ge为代表的元素半导体,在低压、低频、中等功率器件中得到广泛应用;第二代以GaAs和InP为代表,在微波和毫米波器件中发挥了重要作用;第三代以GaN、SiC等宽禁带半导体为代表,在高温、高频、大功率器件中有重要应用。其中,第二代和第三代半导体都属于化合物半导体。

化合物半导体主要是由元素周期表中间部分的两种或两种以上的元素化合而成。其中,在Ⅳ族两侧、相互对称的Ⅲ、Ⅴ族和Ⅱ、Ⅵ族组成的化合物半导体是主流。在原子结合力方面,大多数化合物半导体与元素半导体一样,靠共价键把相邻原子结合起来,但含有不同程度的离子键成分,而且离子键的比例随其组成元素在周期表中距离的拉开而增大。化合物半导体由于具有不同程度的离子性,还常被称为极性半导体。例如,重要的Ⅲ~Ⅴ族化合物半导体材料GaAs,相邻原子共有的价电子实际上并不是对等分配在砷和镓的附近。正、负电荷之间的库伦作用对结合能有一定的贡献。

化合物半导体种类繁多,按组元所在的主族来分,主要有Ⅲ~Ⅴ族、Ⅱ~Ⅵ族、Ⅳ~Ⅵ族、Ⅳ~Ⅵ族、Ⅴ~Ⅵ族等化合物半导体。Ⅳ~Ⅳ族化合物SiC是半导体中目前已知唯一的一种同族元素化合物,也是同族化合物中唯一的一种按正四面体结构结晶的化合物。除SiC外,Si和C原子还可能按构成原子数大于2的其他分子形式形成Si—C化合物,例如SiC_2、Si_2C、SiC_3、Si_2C_2等。这些化合物,原子排列的基元不是正四面体,都不是半导体。

SiC在不同的物理化学环境下,能够形成200多种同素异构体。其中,禁带最宽的是2H-SiC(纤锌矿)型,其禁带宽度为3.33 eV;禁带最窄的是3C-SiC(闪锌矿)型,宽度也达到了2.39 eV。这种禁带宽而且变化范围也宽的特征,加上其他一些突出的理化特性,使SiC可在某些方面弥补Si的不足,因此被称为第三代半导体。表2.11对比了Si和两种构型的SiC的四个特性参数,SiC的禁带宽度和热导率几乎是Si的2~3倍,临界击穿电场强度比Si高出一个数量级,电子饱和速度是 Si 的 2 倍。这些优势使 SiC 能有效弥补 Si 在制造大功率器件方面功率与频率难以兼顾的不足。

表 2.11　SiC 与 Si 的基本特性

项　目	Si	3C – SiC	6H – SiC
禁带宽度/eV	1.12	2.39	3.02
临界击穿电场×10^6/(V·cm^{-1})	0.25	2.12	2.5
电子饱和速度×10^6/(cm·s^{-1})	9.9	20	20
热导率/(W·(cm·℃)$^{-1}$)	1.5	3.2	4.9

　　SiC 的硬度很高,仅低于金刚石和碳化硼,且耐高温,化学性能十分稳定,可在高温、高压、高腐蚀性环境中稳定工作。但是,SiC 的熔点很高,晶体制备比 Si 困难。目前,包括我国在内,少数几个国家已经掌握了 SiC 的晶体制备技术,已经能制备器件级的 SiC 单晶。

2. 非晶态半导体

　　非晶态材料的特点是原子排列长程无序但短程有序。例如,在非晶硅中,每一个硅原子周围仍是 4 个最近邻硅原子,而且它们的排列仍大体上保持单晶硅中的四面体结构配位形式,只是键角和键长发生了一些畸变。任意两个共价键之间的夹角不像单晶硅那样都是 109°28′,而是随机地分布在 109°28′±10°的范围内。这种特征称为短程有序。

　　在第 1 章中,考虑晶态材料中周期性势场对电子运动的影响,利用自由电子近似模型得出了电子准连续能级分裂成能带的结论。由于同一物质的晶态和非晶态具有类似的短程序,其能带结构的基本特征必有一定程度的相似性。但是,既然非晶态中长程有序已经消失,其能带结构中必然存在有别于晶态能带结构的某些特征。安德森于 1958 年提出了在无序体系中由于无序产生了电子定域态的概念。对非晶态保半导体来说,原子排列的无序导致某些最近邻原子间能量差值大于晶态,导致相邻原子间电子态难以转移,即电子定域态。这是不同于晶态的特征。在此基础上,形成了关于非晶态半导体的能带模型,即莫特-CFO 模型。该模型认为,由于非晶态的无序使得导带底和价带顶部分分别产生由定域态组成的带尾。这些带尾一直延伸到禁带中部并互相交叠,如图 2.41(a)所示。后来发现莫特-CFO 模型对于多数非晶态半导体不适合,因为这些材料对红外光甚至部分可见光都是透明的,表明仍应有明确的带隙存在。现在一般认为图 2.41(b)所示的模型更为合理。这个模型认为,对于没有缺陷的无规网格,定域态只存在于导带底和价带顶附近,分别延伸至图中 E_A 和 E_B 两点,在 E_C 和 E_A 间为倒带定域态,在 E_V 和 E_B 之间为价带定域态,统称为带尾定域态。实际非晶态材料中总是存在杂质、点缺陷处的悬空键、微空洞等各种缺陷。这些缺陷可在

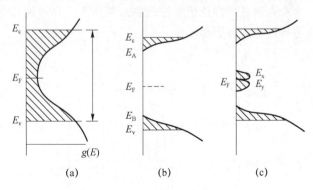

图 2.41　非晶态半导体的能带模型

带隙中引入其他能级。因此,考虑到缺陷的实际存在,非晶态半导体的能带模型应包含缺陷能级。图 2.41(c)所示为戴维斯-莫特提出的能带模型,其中 E_x 和 E_y 分别表示由悬空键引入的

受主能级和施主能级,它们互相交叠,而 E_F 被钉扎在二者中间。实际上,非晶态半导体的能带结构很复杂,需具体情况具体讨论。

2.5　超导体

2.5.1　概　述

1908 年在荷兰 Leiden 大学,开默林–昂内斯(Kamerlingh-Onnes)获得液氦,并得到了 1 K 的低温。1911 年他们发现在 4.2 K 附近,水银的电阻突然降到无法检测的程度(见图 2.42)。这种在一定的低温条件下,金属突然失去电阻的现象叫作超导电性。发生这种现象的温度称为临界转变温度,并以 T_c 表示。金属失去电阻的状态称为超导态。超导态的电阻率小于目前所能检测的最小电阻率 $10^{-25}\,\Omega\cdot cm$,可以认为是零电阻。金属具有电阻的状态称为正常态。

多年来超导体的研究都限于金属及金属化合物范围。这期间在超导理论方面有重大进展。1957 年,J Bardecen、L N Cooper 和 J R Schriefler 描述了大量电子的相互作用,并形成了"库柏电子对"的理论,这就是著名的 BCS 理论。他们预言在金属和金属间化合物中的超导体的 T_c 不超过 30 K,并在 20 世纪 60 年代开始在氧化物中寻找超导体。1966 年在氧缺陷钙钛矿结构的 $SrTiO_{3-\delta}$ 氧化物中发现超导电性。虽然 T_c 只有 0.55 K,但是陶瓷材料具有超导性,意义重大。1979 年得到 $T_c = 13$ K 的 $BaPb_{0.75}Bi_{0.25}O_3$ 超导体。1986 年,J G Bedorz 和 K A Müller 发现了具有较宽转变温度范围的超导体(见图 2.43),进入超导态的开始转变温度为 35 K,为此他们得到了诺贝尔奖。这种氧化物属于 Ba - La - Cu 氧化物系统。1987 年 2 月,我国科学家赵忠贤等得到在液氮以上温度的 Y - Ba - Cu - O 系超导体。这种氧化物计量化学式为 $YBa_2Cu_3O_7$,即所谓的 Y - 123 相。一般情况下,材料具有氧空位,故化学式写为 $YBa_2Cu_3O_{7-\delta}$。其后人们一直在寻找转变温度更高的超导体。例如,Ba - Al - Ca - Sr - Cu - O 和 Tl - Ca/Ba - Cu - O 系统的 T_c 分别为 114 K 和 120 K,以及 Hg - Ba - Cu - O 系的 T_c 接近 140 K。图 2.44 记录了人们寻找超导体奋斗的历程。高温氧化物超导体一般采用陶瓷方法制备,现已制成百米长的线材。目前不少人提出高温超导理论,试图解释高温超导转变机制,但为众人满意的理论仍在探索中。现在人们把早期传统的超导体称为低温超导体,而把氧化物超导体称为高温超导体。

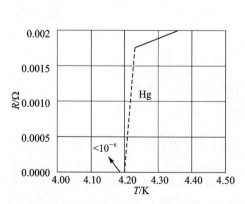

图 2.42　汞的电阻-温度曲线

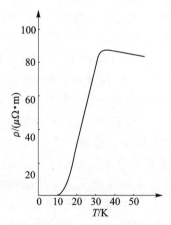

图 2.43　$(LaBa)_2CuO_4$ 超导体超导转变曲线

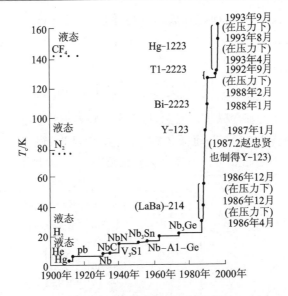

图 2.44　超导转变温度进展图

2.5.2　超导态特性和超导体的三个性能指标

进入超导态的超导体没有电阻,超导电流将持续流动。有报道说,用 $Nb_{0.75}Zr_{0.25}$ 合金超导线制成的超导螺管磁体,估计其超导电流衰减时间不小于 10 万年。进入超导态的超导体中有电流而没电阻,说明超导体是等电位的,超导体内没有电场。因此,超导体进入超导态的一个特性是它的完全导电性。例如,在室温下把超导体放到磁场中,冷却到低温并使之进入超导态,这时把原磁场移开,则在超导体中的感生电流由于没有电阻而将长久存在,成为不衰减的电流。

超导态的另一个属性是它的完全抗磁性。处于超导态的材料不管其经历如何,磁感应强度 B 始终为零。这就是所谓的迈斯纳(Meissner)效应,说明超导态的超导体是一个抗磁体,此时超导体具有屏蔽磁场和排除磁通的功能。当用超导体做成圆球并使之处于正常态时,磁通通过超导体(见图 2.45(a))。当球处于超导态时,磁通被排斥到球外,内部磁场为零(见图 2.45(b))。

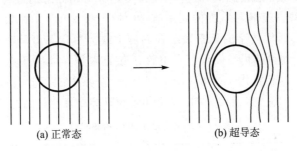

(a) 正常态　　　　　(b) 超导态

图 2.45　超导态对磁通排斥

超导态的第三个属性是它的通量(flux)量子化。

评价实用超导材料有三个性能指标。

第一个指标是超导体的临界转变温度 T_c,人们总是希望它转变温度愈接近室温愈好,以便于利用。目前超导转变温度最高的金属氧化物高温超导体其 T_c 也只有 140 K 左右,至于金属间化合物最高的 T_c 只有 Nb_3Ge 的 23.3 K。

第二个性能指标是临界磁场强度 B_c。温度 $T < T_c$ 时,将磁场作用于超导体,当磁场强度

材料物理性能(第 2 版)

大于 B_c 时,磁力线将穿入超导体,即磁场破坏了超导态,使超导体回到了正常态,此时的磁场强度称为临界磁场强度。很明显,B_c 大小和温度是有关系的。低温超导体随着温度 T 下降,B_c 线性增加,即满足如下关系:

$$B_c = B_{c0}\left[1 - \left(\frac{T}{T_c}\right)^2\right] \tag{2.93}$$

式中:B_{c0} 是 0 K 时超导体的临界磁场。因此,可以定义临界磁场就是破坏超导态的最小磁场。B_c 与材料性质有关,例如 $Mo_{0.7}Zr_{0.3}$ 超导体的 $B_c = 0.27$ Wb/m²,而 $Nb_3Al_{0.75}Ge_{0.25}$ 的 B_c 为 42 Wb/m²。可以发现,不同超导材料临界磁场变化范围很大(参见图 2.46、图 2.47)。

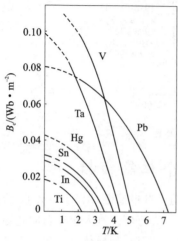

图 2.46 元素超导体的临界磁场

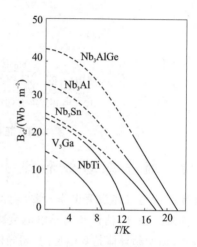

图 2.47 化合物和合金超导体的临界磁场

第三个性能指标是临界电流密度。除磁场影响超导转变温度外,通过的电流密度也会对超导态产生影响。它们是相互依存和相互影响的。若温度 T 从超导转变温度下降,则超导体的临界磁场也随之增加。如果输入电流所产生的磁场与外加磁场之和超过超导体的临界磁场 B_c,则超导态被破坏。此时通过的电流密度称为临界电流密度 J_c。随着外磁场的增加,J_c 必须相应减小,从而保持超导态。因此,临界电流密度是保持超导态的最大输入电流。

目前在常压下发现具有超导电性的元素有 28 种(见表 2.12)。在表中元素名称下边已标注了超导转变温度(K)。黑体字的元素表示在高压下或薄膜状态可具有超导电性。但是周期表中仍有一些元素,直到目前仍没发现超导电性。除元素超导体外还有合金超导体和化合物超导体,例如二元合金 NbTi,其 $T_c = 8 \sim 10$ K,三元合金系 Nb - Ti - Zr,$T_c \approx 10$ K,超导化合物 Nb_3Sn 其 $T_c \approx 18.1 \sim 18.5$ K,而 Nb_3Ge 在金属类超导体中具有最高的超导转变温度 23.2 K。

表 2.12 元素周期表中的超导体

H												B	C	N	O	F	He
Li	Be 0.03											B	C	N	O	F	Ne
Na	Mg											Al 1.18	Si	P	S	Cl	A
K	Ca	Sc	Ti 0.4	V 5.4	Cr	Mn	Fe	Co	Ni	Cu	Zn 0.85	Ga 1.08	Ge	As	Se	Br	Kr

续表 2.12

Rb	Sr	**Y**	Zr 0.81	Nb 9.25	Mo 0.92	Tc 7.8	Ru 0.49	Rh	Pd	Ag	Cd 0.52	In 3.4	Sn 3.72	**Sb**	**Te**	I	Xe
Cs	**Ba**	La 6.0	Hf 0.13	Ta 4.47	W 0.02	Re 1.70	Os 0.66	Ir 0.14	Pt	Au	Hg 4.15	Tl 2.38	Pb 7.19	**Bi**	Po	At	Rn
Fr	Ra	Ac	Th 1.38	Pa 1.4	U 0.25	**Ce**	Lu 0.1										

超导电体分为两类。元素超导体除 V、Nb、Ta 以外都属于Ⅰ类超导体,其磁化行为如图 2.48 所示。图中 M 代表磁化强度(负号表示为抗磁性),B_a 代表磁场,B_c 为临界磁场强度,T_c 为超导转变温度。V、Nb、Ta 以及合金和化合物超导体都是Ⅱ类超导体,其磁化行为如图 2.49 所示(图中符号意义与图 2.48 的相同)。由图可见,它们有两个临界磁场,即下临界磁场 B_{c1} 和上临界磁场 B_{c2}。在温度低于 T_c 条件下,当外磁场 $B_a < B_{c1}$ 时,Ⅱ类超导体像Ⅰ类超导体那样,都处于迈斯纳状态($B=0$);当外磁场 B_a 介于 B_{c1} 和 B_{c2} 之间时,Ⅱ类超导体处于混合态(也称涡旋态),其中部分区域有磁感应线穿过,属于正常态,它的周围却是超导态,但超导体仍具有零电阻特性;当外磁场 B_a 达到 B_{c2} 时,正常态数目增多到彼此相接触,整体超导体都变成了正常态。

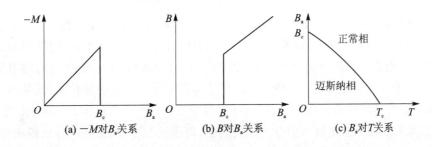

(a) $-M$ 对 B_a 关系   (b) B 对 B_a 关系   (c) B_a 对 T 关系

图 2.48 Ⅰ类超导体的磁化行为和几个状态(相)界线

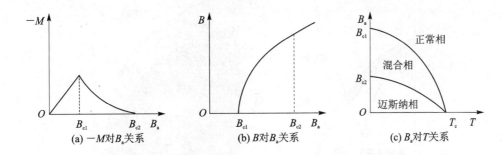

(a) $-M$ 对 B_a 关系   (b) B 对 B_a 关系   (c) B_a 对 T 关系

图 2.49 Ⅱ类超导体的磁化行为和几个状态(相)界线

目前发现的氧化物超导体属Ⅱ类超导体[*]。比较成熟的高温超导体有 Y 系的 123 相(即 $YBa_2Cu_3O_7$)、Bi 系的低温 2212 相(即 $Bi_2Sr_2CaCu_2O_y$,$T_c = 80$ K)和高温 Bi - 2223 相(即 $Bi_2Sr_2Ca_2Cu_3O_y$,$T_c = 110$ K)。本书只介绍 Y - 123 相。$YBa_2Cu_3O_7$ 的零电阻温度为 83.5 K,超导转变中点温度为 91 K,转变宽度为 3 K。在整个转变过程中电阻下降了 4 个量级。图 2.50

---

[*] 虽属于Ⅱ类超导体,但与传统低温Ⅱ类超导体有显著区别。限于篇幅,本书略去这方面的具体介绍。

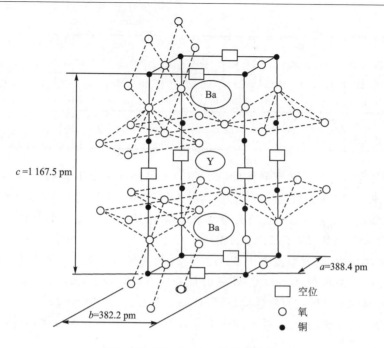

图 2.50 YBa$_2$Cu$_3$O$_{7-\delta}$的晶胞结构

是它的晶胞结构示意图。由图可见,它属于钙钛矿型,具有层状结构。图 2.51 是它的磁场(H)-温度(T)相图。图 2.51(a)为理论的 H-T 相图,图 2.51(b)是由磁性法、电阻法测量得到的实际 H-T 相图。由图可见 YBaCuO 超导体 H-T 相图是比较复杂的[*],临界磁场大于 10 T(特斯拉),超导转变温度迅速下降,以至于变成正常态。正是这种状况,使块材 YBaCuO 超导体的临界电流密度很低。在 77 K 零磁场工况下,J_c 为 10^2 A/cm^2 量级,当外磁场升至 1 T 时,J_c 迅速下降为 1 A/cm^2 量级。但令人欣慰的是,薄膜情况稍好,致密的外延膜在77 K、零磁场工况下,J_c 可达 10^6 A/cm^2 量级。

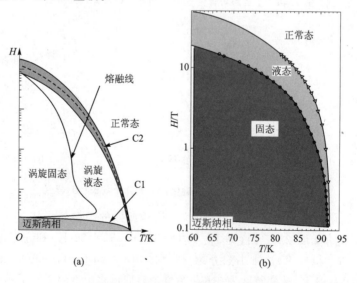

图 2.51 YBa$_2$Cu$_3$O$_{7-\delta}$的 H-T 相图

---

[*] 由于涉及超导体转变动力学、热力学,十分复杂,故略去相图中熔融线和涡旋固态、液态的解释。

2.5.3　超导体的应用

人们不仅制造块材超导体,而且采用化学气相沉积和物理气相沉积方法制作薄膜超导材料。这对于超导材料在电子器件中的应用是特别重要的。人们一直都非常重视超导材料的应用开发。

液氦冷却的超导体 Nb – Ti 系统和金属间化合物 Nb_3Sn 已具有中等工业规模的开发,它们主要用于制造高磁场超导磁体。这些磁体可用于医用核磁共振(NMR)成像系统、实验物理用粒子加速器、舰船用推进发动机、电站发电机、磁悬浮列车、核聚变和磁流体发电系统、电能存储系统、电源变压器。液态氮温度用超导体的发现,使超导体的应用成本降低,应用前景更加光明。

超导体的另一个实际应用是制作高灵敏度的电子器件。1962 年剑桥大学的博士后约瑟夫森(B D Josephson)预言,超导体中的"库珀电子对"可以以隧道效应穿过两个弱联结(薄的绝缘位垒)的超导体(见图 2.52)。后来实验证实了这个预言,并把这个量子现象称为 Josephson 效应。它是很多超导器件的理论基础,

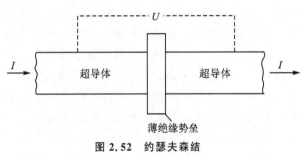

图 2.52　约瑟夫森结

并为超导的技术开发提供了新天地。目前应用这一效应开发成功的电子仪器是超导量子干涉仪(SQUID),可用于地球物理勘探、航空探潜等,其磁场灵敏度极高,理论上可以探测磁通量 10^{-15} T 的变化。

高温超导体在强电上应用的重要条件是把超导体做成线材或带材等体材,2000 年 11 月北京有色研究总院已制成长度达百米的铋系高温超导带材。2004 年 7 月,我国第一组实用型的高温超导电缆并网,是世界第三组实用的高温超导电缆。据报道,液氮冷却无阻输电,其电流密度是铜线的 350 倍,临界电流密度达 3.5×10^4 A/cm^2。虽然有冷却要求,但由于其具有较高的电流密度和只有铜电缆损耗的 1/3,使用高温超导电缆仍可节约 10%～20%的成本。在超导薄膜制备器件方面,2002 年美国研制的二硼化镁成为令人关注的超导膜材。它的超导转变温度为 37 K,但临界电流密度可达 $1\,000 \times 10^7$ A/cm^2,且膜面平整,质量好,是制造新型微波器件的好膜材。

超导体还有许多应用,如电子计算机、红外成像等。但在实现应用之前仍需要解决一些重大问题。

※"电导功能材料"内容请扫描二维码阅读。

※"电性能测量及其应用举例"内容请扫描二维码阅读。

电导功能材料

电性能测量及其应用举例

本章小结

根据导电载流子种类的不同,介绍了金属、半导体、离子晶体的导电机制以及影响电导率

的主要因素。注意:不同导电机制间,同一影响因素有不同的影响结果。例如,同是温度升高,金属电导机制是使电导下降,半导体则电导率上升;而对于离子晶体则可能使电导率与温度倒数的关系发生改变,而且离子电导对温度的依赖性更强。离子电导与离子扩散的能斯脱-爱因斯坦方程便是明证。运用费密-狄拉克分布函数和半导体的特点介绍了载流子数量的计算方法、电子与空穴的运动规律及复合过程等。半导体间及与金属间的接触导致能带结构变化,使费密能级达到一致,是理解界面效应的关键。

超导体的超导转变机制十分复杂,人们并没完全掌握。本章只是简单提及了 BCS 理论,介绍了超导研究的进展,并集中描述了超导态的量子特性以及评价超导体三个指标的关系。

介绍了金属、离子晶体、半导体、超导体表现的特殊物理性能的应用,如:高温和常温导电体材料;快离子导体;超导及半导体器件:SQUID、晶体管及 MOSFET。之后又介绍了小电阻的测试方法及其在材料科学和工程中的应用,要注意方法准确及方便的原因。注意电阻法的特点。

导电聚合物可以分为自由电子的电子导电聚合物(如聚乙炔)、正负离子在分子间迁移的离子导电聚合物(如 PEO)、以氧化还原反应为电子转移的氧化还原型导电聚合物(如四氮杂轮烯(tetraazaannulene))3 类。其中以电子导电聚合物种类最多。它的载流子虽然是电子,但产生自由电子的机制却与金属晶体不同。当有机化合物中具有共轭结构时,π 电子体系增大,电子的离域性增强。当共轭结构达到足够大时,化合物即可提供自由电子。电子导电高分子的共同结构特征为分子具有大的共轭 π 电子体系,具有跨键移动能力的 π 价电子是这类材料的唯一载流子。导电聚合物的电导率介于石墨和锗之间。经掺杂,导电聚合物可达到铜的导电能力。

复 习 题

1. 铂线 300 K 时电阻率为 $1 \times 10^{-7} \Omega \cdot m$,假设铂线成分为理想纯,试求 1 000 K 时的电阻率。

2. 镍铬丝电阻率(300 K)为 $1 \times 10^{-6} \Omega \cdot m$,加热至 4 000 K 时电阻率增加 5%,假定在 400 ℃温度下马西森法则成立,试计算由晶格缺陷和杂质引起的电阻率。

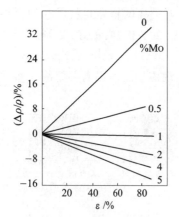

图 2.53 相对电阻同形
变量关系曲线

3. 为什么金属的电阻温度系数为正的?

4. 试说明接触电阻发生的原因和减小这个电阻的措施。

5. 镍铬薄膜电阻沉积在玻璃基片上其形状为矩形 1 mm × 5 mm,镍铬薄膜电阻率为 $1.07 \times 10^{-6} \Omega \cdot m$,两电极间的电阻为 1 kΩ。计算表面电阻和估算膜厚。

6. 表 2.1 中哪些化合物具有混合导电方式?为什么?

7. 说明温度对过渡族金属氧化物混合导电的影响。

8. 表征超导体性能的三个主要指标是什么?目前氧化物超导体应用的主要弱点是什么?

9. 已知镍-铁合金中加入一定含量的钼,可以使合金由统计均匀状态转变为不均匀固溶体(K 状态)。试问,从合金相对电阻变化同形变量关系曲线图(见图 2.53)中能否确定镍-铁-钼合金由均匀状态变为 K 状态的钼含量极限?为什么?

10. 试评述下列建议:因为银有良好的导电性而且能够在铝中固溶一定的数量,为何不用

银使其固溶强化,以供高压输电线使用? 并分析:

　　① 这个意见是否基本正确;

　　② 能否提供另一种方法达到上述目的;

　　③ 阐述你所提供方案的优越性。

　　11. 试说明用电阻法研究金属的晶体缺陷(冷加工或高温淬火)时为什么电阻测量要在低温下进行?

　　12. 实验测出离子型电导体的电导率与温度的相关数据,经数学回归分析得出的关系为

$$\lg \sigma = A + B\frac{1}{T}$$

　　① 试求在测量温度范围内的电导激活能表达式;

　　② 若已知 $T_1 = 500$ K 时,$\sigma_1 = 10^{-9}(\Omega \cdot cm)^{-1}$,$T_2 = 1\,000$ K 时,$\sigma_2 = 10^{-6}(\Omega \cdot cm)^{-1}$,计算电导激活能的值。

　　13. 本征半导体中,从价带激发至导带的电子和价带产生的空穴共同电导。激发的电子数 n 可近似表示为

$$n = N \cdot \exp[-E_g/(2kT)]$$

式中:N 为状态密度,k 为玻耳兹曼常数,T 为热力学温度(K)。试回答:

　　① 设 $N = 10^{23}$ cm^{-3},$k = 8.6 \times 10^{-5}$ eV $\cdot$ k^{-1},Si($E_g = 1.1$ eV)和 TiO_2($E_g = 3.0$ eV)在 20 ℃ 和 500 ℃ 时所激发的电子数(cm^{-3})各是多少?

　　② 半导体的电导率 $\sigma(\Omega \cdot cm)^{-1}$ 可表示为

$$\sigma = ne\mu$$

式中:n 为载流子浓度(cm^{-3});e 为载流子电荷(电子电荷 1.6×10^{-19} C);μ 为迁移率($cm^2 \cdot V^{-1} \cdot s^{-1}$)。当电子(e)和空穴(h)同时为载流子时,有

$$\sigma = n_e e\mu_e + n_h e\mu_h$$

假设 Si 的迁移率 $\mu_e = 1\,450$ $cm^2 \cdot V^{-1} \cdot s^{-1}$,$\mu_h = 500$ $cm^2 \cdot V^{-1} \cdot s^{-1}$,且不随温度变化,试求 Si 在 20 ℃ 和 500 ℃ 时的电导率。

　　14. 根据费密-狄拉克分布函数,半导体中电子占有某一能级 E 的允许状态几率 $f(E)$ 为

$$f(E) = \left(1 + \exp\frac{E - E_F}{kT}\right)^{-1}$$

式中 E_F 为费密能级,它是电子存在几率为 0.5 的能级。

　　如图 2.71 所示的能带结构,本征半导体导带中的电子浓度 n、价带中的空穴浓度为 p 分别为

$$n = 2\left(\frac{2\pi m_e^* kT}{h^2}\right)^{\frac{3}{2}} \exp\left(-\frac{E_C - E_F}{kT}\right)$$

$$p = 2\left(\frac{2\pi m_h^* kT}{h^2}\right)^{\frac{3}{2}} \exp\left(-\frac{E_F - E_V}{kT}\right)$$

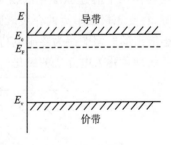

图 2.71　能带结构

式中:m_e^*、m_h^* 分别为电子和空穴的有效质量;h 为普朗克常量。

请回答:

　　① 当 $m_e^* = m_h^*$ 时,E_F 位于能带结构什么位置? 通常 $m_e^* < m_h^*$,E_F 的位置随温度如何变化?

　　② 令 $n = p = \sqrt{np}$,$E_g = E_c - E_v$,试求 n 随温度变化的函数(含 E_g)。

第3章 材料的介电性能

介电材料和绝缘材料是电子和电气工程中不可缺少的功能材料,因为它们具有好的介电性能和电绝缘性能。这两类材料都属于电介质。本章主要介绍电介质的介电性能,包括介电常数、介电损耗、介电强度、绝缘电阻及其随环境(温度、湿度、辐射等)的变化规律,并介绍铁电性、热释电性、压电性及其应用等。

3.1 电介质及其极化

3.1.1 平板电容器及其电介质

在普通物理和电工学相关课程中已经介绍了电容的意义。电容是两个临近导体加上电压后具有存储电荷能力的量度,即

$$C(\mathrm{F}) = \frac{Q(\mathrm{C})}{V(\mathrm{V})} \tag{3.1}$$

真空电容器的电容主要由两个导体的几何尺寸决定,已经证明真空平板电容器的电容 C_0 为

$$C_0 = \frac{Q}{V} = \frac{\varepsilon_0 (V/d) A}{V} = \varepsilon_0 A/d \tag{3.2}$$

$$Q = qA = \pm \varepsilon_0 EA = \varepsilon_0 (V/d) A \tag{3.3}$$

式中:q 为单位面积电荷($\mathrm{C/m^2}$);d 为平板间距(m);A 为面积($\mathrm{m^2}$);V 为平板上电压(V)。

法拉第(M. Faraday)发现,将一种材料插入两平板之间后,平板电容器的电容增加。现在已经掌握增加的电容 C 应为

$$C = \varepsilon_r C_0 = \varepsilon_r \varepsilon_0 A/d \tag{3.4}$$

式中:ε_r 为相对介电常数;$\varepsilon(\varepsilon_0 \varepsilon_r)$ 为介电材料的电容率,或称介电常数(单位为 F/m)。

放在平板电容器中增加电容的材料称为介电材料,显然它属于电介质。电介质就是指在电场作用下能建立极化的物质。如上所述,真空平板电容间嵌入一块电介质,当加上外电场时,将在正极板附近的介质表面上感应出负电荷,负极板附近的介质表面感应出正电荷。这种感应出的表面电荷为感应电荷,亦称束缚电荷(见图3.1)。电介质在电场作用下产生束缚电荷的现象称为电介质的极化。正是这种极化,使电容器增加电荷的存储能力。

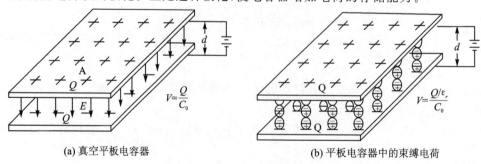

(a) 真空平板电容器　　　　　　　　(b) 平板电容器中的束缚电荷

图3.1 平板电容器中介电材料的极化

陶瓷、玻璃、聚合物都是常用的电介质。表 3.1 所列为一些玻璃、陶瓷和聚合物在室温下的相对介电常数。请注意,使用电场的频率对一些电介质的介电常数是有影响的,特别是陶瓷类电介质。

表 3.1　陶瓷、玻璃、聚合物的相对介电常数

材　　料	频率范围/Hz	相对介电常数
二氧化硅玻璃	$10^2 \sim 10^{10}$	3.78
金刚石	直流	6.6
α - SiC	直流	9.70
多晶 ZnS	直流	8.7
聚乙烯	$60(10^6, 10^8)$	2.28(2.28)
聚氯乙烯	60	3.0
聚甲基丙烯酸甲酯	60	3.5
钛酸钡	10^6	3 000
刚　玉	$60(10^6)$	9(6.5)

3.1.2　极化相关物理量

根据分子的电结构,电介质可分为两大类:极性分子电介质,如 H_2O、CO 等;非极性分子电介质,如 CH_4、He 等。二者结构的主要差别是分子的正、负电荷统计重心是否重合,即是否有电偶极子。极性分子存在电偶极矩,其电偶极矩为

$$\mu = q\boldsymbol{l} \tag{3.5}$$

式中:q 为所含的电量;$\boldsymbol{l}$ 为正负电荷重心距离。

电介质在外电场作用下,无极性分子的正、负电荷重心重合将产生分离,产生电偶极矩。所谓极化电荷,是指和外电场强度相垂直的电介质表面分别出现的正、负电荷。这些电荷不能自由移动,也不能离开,总值保持中性。平板电容器中电介质表面电荷就是这种状态。为了定量描述电介质的这种性质,人们引入电极化强度、介电常数等参数。

电极化强度 $\boldsymbol{P}$ 是电介质极化程度的量度,其定义式为

$$\boldsymbol{P} = \frac{\sum \boldsymbol{\mu}}{\Delta V} \tag{3.6}$$

式中:$\sum \boldsymbol{\mu}$ 为电介质中所有电偶极矩的矢量和;ΔV 为 $\sum \boldsymbol{\mu}$ 电偶极矩所在空间的体积;P 的单位为 C/m^2。

已经证明,电极化强度就等于分子表面电荷密度 σ。证明如下:

假设每个分子电荷的表面积为 A,则电荷占有的体积为 lA,且单位体积内有 N_m 个分子,单位体积有电量为 $N_m q$,那么在 lA 的体积中的电量为 $N_m q lA$,则表面电荷密度为

$$\sigma = \frac{N_m q lA}{A} = N_m \mu = P \tag{3.7}$$

实验证明,电极化强度不仅与所加外电场有关,而且与极化电荷所产生的电场有关。即电极化强度和电介质所处的实际有效电场成正比,在国际单位制中,对于各向同性电介质这种关系可以表示为

$$P = \chi_e \varepsilon_0 E \tag{3.8}$$

式中:E 为电场强度;ε_0 为真空介电常数;χ_e 为电极化率。

不同电介质有不同的电极化率 χ_e,它的单位为 1。可以证明电极化率 χ_e 和相对介电常数 ε_r 有如下关系:

$$\chi_e = \varepsilon_r - 1 \tag{3.9}$$

由式(3.8)和式(3.9)可得

$$P = E(\varepsilon_r - \varepsilon_0) \tag{3.10}$$

电位移 D 是为了描述电介质的高斯定理所引入的物理量,其定义如下:

$$D = \varepsilon_0 E + P \tag{3.11}$$

式中:D 为电位移;E 为电场强度;P 为电极化强度。

式(3.11)描述了 D、E、P 三矢量之间的关系,适用于各向同性电介质和各向异性电介质。

联立式(3.8)和式(3.11),得

$$D = \varepsilon_0 E + P = \varepsilon_0 E + \chi_e \varepsilon_0 E = \varepsilon_0 \varepsilon_r E = \varepsilon E \tag{3.12}$$

式(3.12)说明,在各向同性的电介质中,电位移等于场强的 ε 倍。如果是各向异性介质(如石英单晶体等),则 P 与 E、D 的方向一般并不相同,电极化率 χ_e 也不能只用数值来表示,但式(3.11)仍适用。

3.1.3　电介质极化的机制

电介质在外加电场作用下产生宏观的电极化强度,实际是电介质在微观尺度的各种极化机制贡献的结果,包括电子的极化、离子的极化(又可分为位移极化和弛豫极化)、电偶极子取向极化和空间电荷极化。

1. 电子、离子位移极化

(1) 电子位移极化

在外电场作用下,原子外围的电子轨道相对于原子核发生位移,原子中的正、负电荷重心产生相对位移。这种极化称为电子位移极化(也称电子形变极化)。图 3.2(a)形象地表示了正、负电荷重心分离的物理过程。因为电子很轻,所以它们对电场的反应很快,可以光频跟随外电场变化。根据玻尔原子模型,经典理论可以计算出电子的平均极化率 α_e:

$$\alpha_e = \frac{4}{3}\pi\varepsilon_0 R^3 \tag{3.13}$$

式中:ε_0 为真空介电常数;R 为原子(离子)的半径。

由式(3.13)可见,电子极化率的大小与原子(离子)的半径有关。

(2) 离子位移极化

离子在电场作用下偏移平衡位置的移动,相当于形成一个感生偶极矩,也可以理解为离子晶体在电场作用下离子间的键合被拉长,例如碱卤化物晶体就是如此。图 3.2(b)所示为离子位移极化的简化模型。根据经典弹性振动理论,可以估算出离子位移极化率

$$\alpha_a = \frac{a^3}{n-1}4\pi\varepsilon_0 \tag{3.14}$$

式中:a 为晶格常数;n 为电子层斥力指数,对于离子晶体 n 为 7～11。

由于离子质量远高于电子质量,因此极化建立的时间也较电子慢,大约为 $10^{-12} \sim 10^{-13}$ s。

2. 弛豫(松弛)极化

弛豫(松弛)极化机制也是由外加电场造成的,但与带电质点的热运动状态密切相关。例

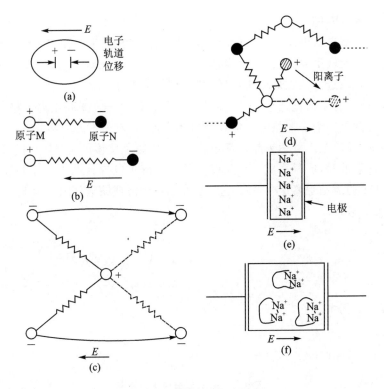

图 3.2　电介质的极化机制

如,当材料中存在着弱联系的电子、离子和偶极子等弛豫质点时,温度造成的热运动使这些质点分布混乱,而电场使它们有序分布,平衡时建立了极化状态。这种极化具有统计性质,称为热弛豫(松弛)极化。极化造成带电质点的运动距离可与分子大小相比拟,甚至更大。

由于是一种弛豫过程,建立平衡极化的时间为 $10^{-2} \sim 10^{-3}$ s,并且创建平衡要克服一定的位垒而吸收一定的能量,因此,与位移极化不同,弛豫极化是一种非可逆过程。

弛豫极化包括电子弛豫极化、离子弛豫极化、偶极子弛豫极化。多发生在聚合物分子、晶体缺陷区或玻璃体内。

(1) 电子弛豫极化 α_T^e

晶格的热振动、晶格缺陷、杂质引入、化学成分局部改变等因素使电子能态发生改变,出现位于禁带中的局部能级形成所谓的弱束缚电子。例如,色心点缺陷之一的"F-心"就是由一个负离子空位俘获了一个电子所形成的。"F-心"的弱束缚电子为周围结点上的阳离子所共有,在晶格热振动下可以吸收一定能量由较低的局部能级跃迁到较高能级而处于激发态,连续地由一个阳离子结点转移到另一个阳离子结点,与弱联系离子的迁移类似。外加电场使弱束缚电子的运动具有方向性,这就形成了极化状态,称为电子弛豫极化。它与电子位移极化不同,是一种不可逆过程。

由于这些电子是弱束缚状态,因此电子可做短距离运动。由此可知,具有电子弛豫极化的介质往往具有电子电导特性。这种极化建立的时间为 $10^{-2} \sim 10^{-9}$ s,在电场频率高于 10^9 Hz 时,这种极化就不存在了。

电子弛豫极化多出现在以铌、铋、钛氧化物为基的陶瓷介质中。

(2) 离子弛豫极化 α_T^a

与晶体中存在弱束缚电子类似,在晶体中也存在弱联系离子。在完整离子晶体中,离子处于正常结点,能量最低、最稳定,称为强联系离子。它们在极化状态时,只能产生弹性位移,离子仍处于平衡位置附近。而在玻璃态物质、结构松散的离子晶体或晶体中的杂质、缺陷区域,离子自身能量较高,易于活化迁移,这些离子称为弱联系离子。弱联系离子极化时,可以从一个平衡位置移动到另一个平衡位置。但在外电场去掉后,离子不能回到原来的平衡位置,这种迁移是不可逆的,迁移距离可达到晶格常数数量级,比离子位移极化时产生的弹性位移要大得多。然而需要注意的是,弱联系离子弛豫极化不同于离子电导。离子电导的迁移属于远程运动,而弱联系离子的运动距离是有限的,它只能在结构松散或缺陷区附近运动,越过势垒到新的平衡位置(见图3.3)。

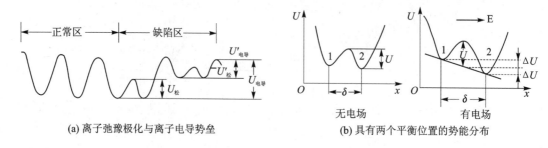

(a) 离子弛豫极化与离子电导势垒   (b) 具有两个平衡位置的势能分布

图 3.3　离子弛豫极化示意图

根据弱联系离子在有效电场作用下的运动,以及对弱离子运动位垒计算,可以得到离子热弛豫极化率 α_T^a 的大小:

$$\alpha_T^a = \frac{q^2\delta^2}{12kT} \tag{3.15}$$

式中:q 为离子荷电量;δ 为弱离子在电场作用下的迁移;T 为热力学温度(K);k 为玻耳兹曼常数。

由式(3.14)可见,温度升高,热运动对弱离子规则运动的阻碍增大,因此 α_T^a 下降。离子弛豫极化率比位移极化率大一个数量级,因此电介质的介电常数较大。应注意的是温度升高将缩短极化建立所需要的时间,因此在一定温度下,热弛豫极化的电极化强度 P 达到最大值。

离子弛豫极化的时间在 $10^{-2}\sim10^{-5}$ s 范围内,故当频率在无线电频率 10^6 Hz 以上时,则离子弛豫极化对电极化强度没有贡献。

3. 取向极化

沿外电场方向取向的偶极子数大于与外电场反向的偶极子数,因此电介质整体出现宏观偶极矩,这种极化称为取向极化。

这是极性电介质的一种极化方式。组成电介质的极性分子在电场作用下,除贡献电子极化和离子极化外,其固有的电偶极矩沿外电场方向有序化(见图3.2 (c)、(d))。在这种状态下,极性分子的相互作用是一种长程作用。尽管固体中极性分子不能像液态和气态电介质中的极性分子那样自由转动,但取向极化在固态电介质中的贡献是不能忽略的。对于离子晶体,空位的存在使得电场可导致离子位置的跃迁,如玻璃中的 Na$^+$ 可能以跳跃方式使偶极子趋向有序化。

取向极化过程中,热运动(温度作用)和外电场是使偶极子运动的两个矛盾方面。偶极子沿外电场方向有序化将降低系统能量,但热运动破坏这种有序化。在二者平衡条件下,可以计

算出温度不是很低(如室温)且外电场不是很高时材料取向极化率:

$$\alpha_d = \frac{<\mu_0^2>}{3kT} \tag{3.16}$$

式中: $<\mu_0^2>$ 为无外电场时的均方偶极矩; k 为玻耳兹曼常数; T 为热力学温度(K)。

取向极化需要较长时间($10^{-2}\sim10^{-10}$ s)。取向极化率比电子极化率一般要高二个数量级。

4. 空间电荷极化

众所周知,离子多晶体的晶界存在空间电荷,实际上不仅晶界处存在空间电荷,其他二维、三维缺陷皆可引入空间电荷,可以说空间电荷极化常常发生在不均匀介质中。这些混乱分布的空间电荷在外电场作用下趋向于有序化,即带有空间电荷的正、负电荷质点分别向外电场的负、正极方向移动,从而表现为极化(见图 3.2(e)、(f))。

宏观不均匀性(如夹层、气泡等)也可形成空间电荷极化,因此这种极化又称界面极化。由于空间电荷的积聚可形成很高的与外场方向相反的电场,故有时又称这种极化为高压式极化。

空间电荷极化随温度升高而下降。随温度升高,离子运动加剧,离子容易扩散,因而空间电荷减少。空间电荷极化需要较长时间,大约几秒到数十分钟,甚至数十小时,因此空间电荷极化只对直流和低频下的极化强度有贡献。

以上介绍的极化都是由于加外电场作用的结果,而有一种极性晶体在无外电场作用时自身已经存在极化,这种极化称自发极化,将在 3.4 节中介绍。表 3.2 总结了电介质可能发生的极化形式、可能发生的频率范围、与温度的关系等。

表 3.2 晶体电介质极化机制小结

极化形式		极化机制存在的电介质	极化存在的频率范围	温度的作用
电子极化	弹性位移极化	发生在一切电介质中	直流到光频	不起作用
	弛豫极化	钛质瓷,以高价金属氧化物为基的陶瓷	直流到超高频	随温度变化有极大值
离子极化	弹性位移极化	离子结构电介质	直流到红外	温度升高,极化增强
	弛豫极化	存在弱束缚离子的玻璃、晶体陶瓷	直流到超高频	随温度变化有极大值
取向极化		存在固有电偶极矩的高分子电介质,以及极性晶体陶瓷	直流到高频	随温度变化有极大值
空间电荷极化		结构不均匀的陶瓷电介质	直流到 10^3 Hz	随温度升高而减弱
自发极化		温度低于 T_c 的铁电材料	与频率无关	随温度变化有最大值

3.1.4 宏观极化强度与微观极化率的关系

当寻找宏观的电极化强度与微观极化率的关系时,要明确的问题是外加电场强度是否完全作用到每个分子或原子,也就是说作用在分子、原子的局部电场 E_{loc}(或者称为实际有效的电场强度)到底是多少？现已证明,其与作用在分子、原子上的有效电场 E_{loc} 与外加电场 E_0,电介质极化形成的退极化场 E_d,还有分子或原子与周围的带电质点的相互作用有关。克劳修斯-莫索堤方程表述了宏观电极化强度与微观分子(原子)极化率的关系。

1. 退极化场 E_d 和局部电场 E_{loc}

电介质极化后,在其表面形成了束缚电荷。这些束缚电荷形成一个新的电场,由于与极化电场方向相反,故称为退极化场 E_d。根据静电学原理,由均匀极化所产生的电场等于分布在物体表面上的束缚电荷在真空中产生的电场,一个椭圆形样品可形成均匀极化并产生一个退极化场(见图 3.4)。因此,外加电场 E_0 和退极化场 E_d 共同作用才是宏观电场 $E_宏$,即

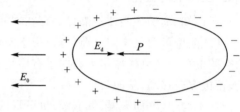

图 3.4　退极化场 E_d

$$E_宏 = E_0 + E_d \qquad (3.17)$$

莫索堤(Mosotti)导出了极化的球形腔内局部电场 E_{loc} 的表达式:

$$E_{loc} = E_宏 + P/3\varepsilon_0 \qquad (3.18)$$

2. 克劳修斯-莫索堤方程(Clausius-Mosotti Equation)

电极化强度 P 可以表示为电介质在实际电场作用下所有偶极矩的总和,即

$$P = \sum N_i \bar{\mu}_i \qquad (3.19)$$

式中:N_i 为第 i 种偶极子数目,$\bar{\mu}_i$ 为第 i 种偶极子平均偶极矩。

带电质点的平均偶极矩正比于作用在质点上的局部电场 E_{loc},即

$$\bar{\mu}_i = \alpha_i E_{loc} \qquad (3.20)$$

式中:α_i 是第 i 种偶极子电极化率。总的电极化强度为

$$P = \sum N_i \alpha_i E_{loc} \qquad (3.21)$$

将式(3.18)代入式(3.19)中,得

$$\sum N_i \alpha_i = \frac{P}{E_宏 + P/3\varepsilon_0} \qquad (3.22)$$

考虑式(3.10)和式(3.12),则得

$$\sum N_i \alpha_i = \frac{1}{\dfrac{1}{(\varepsilon_r - 1)\varepsilon_0} + \dfrac{1}{3\varepsilon_0}} \qquad (3.23)$$

整理可得

$$\sum N_i \alpha_i = \frac{3\varepsilon_0^2 (\varepsilon_r - 1)}{\varepsilon_0 (\varepsilon_r + 2)} \qquad (3.24)$$

则

$$\frac{\varepsilon_r - 1}{\varepsilon_r + 2} = \frac{1}{3\varepsilon_0} \sum_i N_i \alpha_i \qquad (3.25)$$

式(3.25)描述了电介质的相对介电常数 ε_r 与偶极子种类、数目、极化率之间的关系。它提示了研制高介电常数的介电材料的方向。如果引入前面介绍的微观极化机制的极化率,并假设几种微观极化机制都起作用,则式(3.25)成为

$$\frac{\varepsilon_r - 1}{\varepsilon_r + 2} = \frac{1}{3\varepsilon_0} \sum N_i (\alpha_1 + \alpha_2 + \alpha_d + \alpha_s) \qquad (3.26)$$

式中:$\alpha_1 = \alpha_e + \alpha_T^e$;$\alpha_2 = \alpha_a + \alpha_T^a$;$\alpha_1 + \alpha_2 + \alpha_d + \alpha_s = \alpha_i$。

式(3.25)和式(3.26)只适用于分子间作用很弱的气体、非极性液体和非极性固体以及一些 NaCl 型离子晶体或立方对称的晶体。由式(3.26)可以看出,为获得高介电常数,除选择大的极化率的离子外,还应选择单位体积内极化质点多的电介质。

3.2　交变电场下的电介质

电介质除承受直流电场作用外,更多的是承受交流电场作用,因此应考核电介质的动态特性,如交变电场下的电介质损耗及强度特性。

3.2.1　复介电常数和介质损耗

现有一平板理想真空电容器,其电容量 $C_0 = \varepsilon_0 \dfrac{A}{d}$(符号意义同 3.1 节所述),如在该电容器加上角频率 $\omega = 2\pi f$ 的交流电压(见图 3.5):

$$U = U_0 e^{i\omega t} \tag{3.27}$$

则在电极上出现电荷 $Q = C_0 U$,其回路电流为

$$I_c = \frac{dQ}{dt} = i\omega C_0 U e^{i\omega t} = i\omega C_0 U \tag{3.28}$$

由式(3.28)可见,电容电流 I_c 超前电压 U 相位 $90°$。

如果在极板间充填相对介电常数为 ε_r 的理想介电材料,则其电容量 $C = \varepsilon_r C_0$,其电流 $I' = \varepsilon_r I_c$ 的相位仍超前电压 U 相位 $90°$。但实际介电材料不是这样,因为它们总有漏电,或者是极性电介质,或者兼而有之,这时除了有容性电流 I_c 外,还有与电压同相位的电导分量 GU,总电流应为这两部分的矢量和(见图 3.6):

$$I = I_{ac} + I_{dc} = i\omega CU + GU = (i\omega C + G)U \tag{3.29}$$

且

$$G = \sigma \frac{A}{d}, \quad C = \varepsilon_0 \varepsilon_r \frac{A}{d}$$

式中:σ 为电导率;A 为极板面积;d 为电介质厚度。

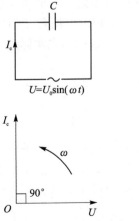

图 3.5　正弦电压下的理想平板电容器

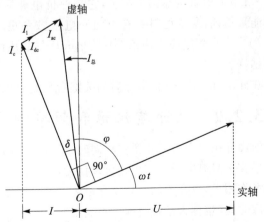

图 3.6　非理想电介质充电、损耗和总电流矢量图

将 G 和 C 代入式(3.29)中,经化简得

$$I = \left(i\omega \frac{\varepsilon_0 \varepsilon_r}{d}\right)A + \sigma \frac{A}{d}U = (i\omega\varepsilon_0\varepsilon_r + \sigma)\frac{A}{d}U$$

令 $\sigma^* = i\omega\varepsilon + \sigma$,则电流密度为

$$J = \sigma^* E \tag{3.30}$$

式中,σ^* 为复电导率。

由前面的讨论知,真实的电介质平板电容器的总电流包括了三部分:① 由理想的电容充电所造成的电流 I_c;② 电容器真实电介质极化建立的电流 I_{ac};③ 电容器真实电介质漏电流 I_{dc}。以上三部分电流(见图 3.6)都对材料的复电导率做出了贡献。总电流超前电压($90° - \delta$),其中 δ 称为损耗角。

类似于复电导率,对于电容率(绝对介电常量)ε,也可以定义复介电常数 ε^* 或复相对介电常数 ε_r^*,即

$$\varepsilon^* = \varepsilon' - i\varepsilon'' \tag{3.31a}$$

$$\varepsilon_r^* = \varepsilon'_r - i\varepsilon''_r \tag{3.31b}$$

可以借助 ε_r^* 来描述前面分析的总电流:

$$C = \varepsilon_r^* C_0, \quad Q = CU = \varepsilon_r^* C_0 U \tag{3.32}$$

并且

$$i = \frac{dQ}{dt} = C\frac{dU}{dt} = \varepsilon_r^* C_0 i\omega U = (\varepsilon'_r - i\varepsilon''_r)C_0 i\omega U e^{i\omega t} \tag{3.33}$$

则

$$I_T = i\omega \varepsilon'_r C_0 U + \omega \varepsilon''_r C_0 U \tag{3.34}$$

分析式(3.34)知,总电流可以分为两项:其中第一项是电容充放电过程的电流,没有能量损耗,它就是经常讲的相对介电常数 ε'_r(对应于复电容率的实数部分);第二项的电流与电压同相位,对应于能量损耗部分,由复介电常数的虚部 ε''_r 描述,称为介质相对损耗因子,因 $\varepsilon'' = \varepsilon_0\varepsilon''_r$,故 ε'' 称为介质损耗因子。

现定义损耗角正切如下:

$$\tan\delta = \frac{\varepsilon''_r}{\varepsilon'_r} = \frac{\sigma}{\omega\varepsilon'} \tag{3.35}$$

损耗角正切 $\tan\delta$ 表示为获得给定的存储电荷要消耗的能量的大小,称为"利率"。ε''_r 或者 $\varepsilon'_r\tan\delta$ 有时称为总损失因子,它是评价电介质材料绝缘性的参数。为了减少使用绝缘材料的能量损耗,希望材料具有小的介电常数和更小的损耗角正切。损耗角正切的倒数 $Q = (\tan\delta)^{-1}$ 在高频绝缘应用条件称为电介质的品质因数(figure of merit),在实际应用中要求它越高越好。

在介电加热应用时,电介质的关键参数是介电常数 ε' 和介质电导率 $\sigma_T = \omega\varepsilon''$。

3.2.2　电介质弛豫和频率响应

前面介绍电介质极化微观机制时,曾分别指出不同极化方式建立并达到平衡时所需的时间。事实上只有电子位移极化可以认为是瞬时立即完成的,其他都需要一定的时间,这样在交流电场作用下,电介质的极化就存在频率响应问题。通常把电介质完成极化所需要的时间称为弛豫时间(也称为松弛时间),一般用 τ 表示。

因此,在交变电场作用下,电介质的电容率是与电场频率相关的,也与电介质的极化弛豫时间有关。描述这种关系的方程称为德拜方程,其表示式如下:

$$\varepsilon_{\rm r}' = \varepsilon_{\rm r\infty} + \frac{\varepsilon_{\rm rs} - \varepsilon_{\rm r\infty}}{1 + \omega^2 \tau^2}$$

$$\varepsilon_{\rm r}'' = (\varepsilon_{\rm rs} - \varepsilon_{\rm r\infty}) \left(\frac{\omega\tau}{I + \omega^2 \tau^2} \right) \qquad (3.36)$$

$$\tan\delta = \frac{(\varepsilon_{\rm rs} - \varepsilon_{\rm r\infty})\omega\tau}{\varepsilon_{\rm rs} + \varepsilon_{\rm r\infty}\omega^2\tau^2}$$

式中：$\varepsilon_{\rm rs}$为静态或低频下的相对介电常数；$\varepsilon_{\rm r\infty}$为光频下的相对介电常数。

由式(3.36)可以分析描述电介质极化和频率、弛豫时间关系的德拜方程的物理意义：

(1) 电介质的相对介电常数(实部和虚部)随所加电场的频率而变化。在低频时,相对介电常数大小与频率无关。

(2) 当$\omega\tau = 1$时,损耗因子$\varepsilon_{\rm r}''$极大,同样$\tan\delta$也有极大值,但其$\omega = (\varepsilon_{\rm rs}/\varepsilon_{\rm r\infty})^{\frac{1}{2}}/\tau$。根据方程式(3.36)作图,得到图3.7所示的三组曲线,充分表现了$\varepsilon_{\rm r}'$、$\varepsilon_{\rm r}''$、$\tan\delta$值随频率ω的变化。

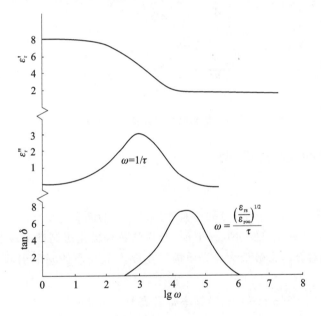

图 3.7 $\varepsilon_{\rm r}'$, $\varepsilon_{\rm r}''$, $\tan\delta$ 分别与 ω 的关系曲线

由于不同极化机制的弛豫时间不同,因此在交变电场频率极高时,弛豫时间长的极化机制来不及响应所受电场的变化,故对总的极化强度没有贡献。图3.8(a)表示了电介质的极化机制与频率的关系。由图可见,电子极化可发生在任何频率。在极高的频率条件下($>10^{15}$ Hz,属于紫外光频范围),只有电子位移极化,并引起了吸收峰(见图3.8(b))。在红外光频范围($10^{12}\sim10^{13}$ Hz)内,主要是离子(或原子)极化机制引起的吸收峰,如硅氧键强度变化。如果材料(如玻璃)中有几种离子形式,则吸收范围的宽度增大,在$10^2\sim10^{11}$ Hz 范围内三种极化机制都可对介电常数做出贡献。室温下,在陶瓷或玻璃材料中,电偶极子取向极化是最重要的极化机制。空间电荷极化只发生在低频范围,频率低至10^{-3} Hz 时可产生很大的介电常数(见图3.8(b))。如果积聚的空间电荷密度足够大,则其作用范围可高至10^3 Hz,在这种情况下难以从频率响应上区别是取向极化还是空间电荷极化。

研究介电常数与频率的关系主要是为了研究电介质材料的极化机制,从而了解引起材料损耗的原因。

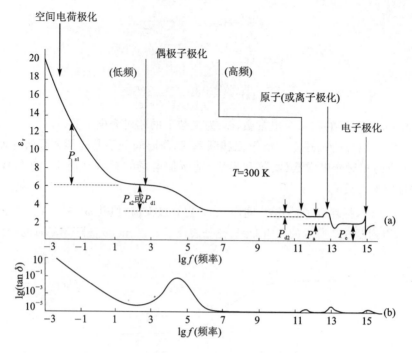

图 3.8　电介质极化机制和介电损耗与频率的关系

3.2.3　介电损耗分析

1. 频率的影响

频率与介质损耗的关系在德拜方程中有所体现。现分析如下：

（1）当外加电场频率 ω 很低，即 $\omega \to 0$ 时，介质的各种极化机制都能跟上电场的变化，此时不存在极化损耗，相对介电常数最大。介质损耗主要由电介质的漏电引起，故损耗功率 P_w 与频率无关。

由 $\tan \delta$ 的定义式 $\tan \delta = \dfrac{\sigma}{\omega \varepsilon}$ 知，当频率 ω 升高时，$\tan \delta$ 减小。

（2）当外加电场频率增加至某一值时，松弛极化跟不上电场变化，则 ε_r 减小。在这一频率范围内由于 $\omega \tau \ll 1$，故 ω 升高，$\tan \delta$ 增大且 P_w 也增大。

（3）当频率 ω 很高，即 $\varepsilon_r \to \varepsilon_\infty$ 时，ε_r 趋于最小值。由于此时 $\omega \tau \gg 1$，故当 $\omega \to \infty$ 时，$\tan \delta \to 0$。

由图 3.8 可知，在 ω_m 下 $\tan \delta$ 达到最大值，此时有

$$\omega_{\mathrm{m}} = \frac{1}{\tau}\sqrt{\frac{\varepsilon_{\mathrm{rs}}}{\varepsilon_{\mathrm{r}\infty}}} \tag{3.37}$$

$\tan \delta$ 的最大值主要由弛豫过程决定。如果介质电导显著增大，则 $\tan \delta$ 峰值变平坦，甚至没有最大值。

2. 温度的影响

温度对弛豫极化有影响，因此也影响到 P_w、ε_r、$\tan \delta$ 值的变化。温度升高，弛豫极化增加，而且离子间易发生移动，所以极化的弛豫时间 τ 减小，具体情况可结合德拜方程进行分析。

① 当温度很低时，τ 较大，由德拜方程可知：ε_r 较小，$\tan \delta$ 较小，且 $\omega^2 \tau^2 \gg 1$。由式（3.36）

知：$\tan\delta\propto\dfrac{1}{\omega\tau}$，$\varepsilon_r\propto\dfrac{1}{\omega^2\tau^2}$，在低温范围内随温度上升，$\tau$ 减小，则 ε_r 和 $\tan\delta$ 上升，P_w 也上升。

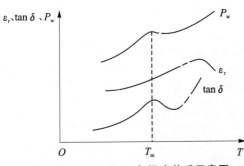

图 3.9　ε_r，$\tan\delta$，P_w 与温度关系示意图

② 当温度较高时，τ 较小，此时 $\omega^2\tau^2\ll1$，因此随温度升高，τ 减小，$\tan\delta$ 减小。由于此时电导上升不明显，所以 P_w 也减小。联系低温部分可见，在 T_m 温度下，ε_r、P_w 和 $\tan\delta$ 可出现极大值，如图 3.9 所示。

③ 温度持续升高至很高值时，离子热振动能很高，离子迁移受热振动阻碍增大，极化减弱，则 ε_r 下降，电导急剧上升，故 $\tan\delta$ 也增大（见图 3.9）。

从前面②和③的分析可知，若电介质的电导很小，则弛豫极化损耗特征是在 ε_r 和 $\tan\delta$ 与频率、温度的关系曲线上出现极大值。

3. 陶瓷材料的损耗

陶瓷材料的损耗主要来源于以下三部分：① 电导损耗；② 取向极化和弛豫极化损耗；③ 电介质结构损耗。

此外，无机材料表面气孔吸附水分、油污及灰尘等造成表面电导也会引起较大的损耗。

概括地讲，极化损耗是指在极化过程中，带电质点（弱束缚电子和弱联系离子以及偶极子，或者空位等）移动时，由于与外电场作用不同步，而吸收了电场能量并把它传给周围的"分子"，使电磁能转变为"分子"的热振动能，把能量消耗在使电介质发热上。很明显，电导损耗是电流引起的材料电阻发热损耗。

以结构紧密的离子晶体为主晶相的陶瓷材料损耗主要来源于玻璃相。为了改善陶瓷材料的工艺性能，在配方中加入易熔物质而形成玻璃相，从而增加了损耗。因此，高频瓷（如氧化铝瓷、金红石瓷等）很少有玻璃相。

而电工陶瓷由于结构松散会有缺陷固溶体或多晶形转变，从而导致离子弛豫极化损耗较高；会有可变价离子（如钛陶瓷等），往往具有显著的电子松弛极化损耗。

表 3.3 和表 3.4 分别给出了一些陶瓷的损耗角正切值。表 3.5 汇总了电工陶瓷介质损耗的分类，供读者参考。

表 3.3　常用装置瓷的 $\tan\delta$ 值

瓷　料		莫来石（$\times10^{-4}$）	刚玉瓷（$\times10^{-4}$）	纯刚玉瓷（$\times10^{-4}$）	钡长石瓷（$\times10^{-4}$）	滑石瓷（$\times10^{-4}$）	镁橄榄石瓷（$\times10^{-4}$）
$\tan\delta$	293±5 K	30～40	3～5	1.0～1.5	2～4	7～8	3～4
	353±5 K	50～60	4～8	1.0～1.5	4～6	8～10	5

表 3.4　电容器瓷的 $\tan\delta$ 值（$f=10^6$ Hz，$T=293\pm5$ K）

瓷　料	金红石瓷	钛酸钙瓷	钛酸锶瓷	钛酸镁瓷	钛酸锆瓷	锡酸钙瓷
$\tan\delta$（$\times10^{-4}$）	4～5	3～4	3	1.7～2.7	3～4	3～4

表3.5　电工陶瓷介质损耗分类

损耗的主要机构	损耗的种类	引起损耗的条件
极化介质损耗	离子松弛损耗	① 具有松散晶格的单体化合物晶体,如堇青石、绿宝石; ② 缺陷固溶体; ③ 玻璃相中,特别是存在碱性氧化物
	电子松弛损耗	破坏了化学组成的电子半导体晶格
	共振损耗	频率接近离子(或电子)固有振动频率
	自发极化损耗	温度低于居里点的铁电晶体
漏导介质损耗	表面电导损耗	制品表面污秽,空气湿度高
	体积电导损耗	材料受热温度高,毛细管吸湿
不均匀结构介质损耗	电离损耗	存在闭口孔隙和高电场强度
	由杂质引起的极化和漏导损耗	存在吸附水分、开口孔隙吸潮以及半导体杂质等

※"电介质在电场中的破坏"内容请扫描二维码阅读。

电介质在电
场中的破坏

3.3　压电性和热释电性

　　前面介绍了电介质的一般性质。电介质作为材料,主要用作电子工程中的绝缘材料、电容器材料和封装材料。但是某些电介质不仅具有电介质的共性,还可能有三种特殊性质:压电性、热释电性和铁电性。具有这些特殊性质的电介质不仅在电子工程中作为传感器、驱动器材料,还可以在光学、声学、红外探测等领域中发挥独特的作用。

　　之所以具有这些特殊性质,完全是由电介质自身的结构决定的。下面按具有这些特殊性质对结构的要求,由简单到复杂予以介绍。

3.3.1　压电性

　　1880年,Piere-Curie和Jacques-Curie兄弟发现,对α-石英单晶体(以下称晶体)在一些特定方向上加力,将在力的垂直方向的平面上出现正、负束缚电荷,后来称这种现象为压电效应(Piezoelectricity)。具有压电效应的物体称为压电体。目前已知压电体超千种,它们可以是晶体、多晶体(如压电陶瓷)、聚合物、生物体(如骨骼)。在发明了电荷放大器之后,压电效应获得了广泛应用。

1. 实验揭示的正压电效应

　　当晶体受到机械力作用时,一定方向的表面产生束缚电荷,其电荷密度大小与所加应力的大小成线性关系。这种由机械能转换成电能的过程,称为正压电效应。正压电效应很早已经用于测力的传感器中。

逆压电效应就是晶体在外电场激励下,晶体的某些方向上产生形变(或谐振)的现象。采用热力学理论分析,可以导出压电效应相关力学量和电学量之间的定量关系。本书不进行推导,而是以 α-石英晶体为例,以实验方法给出应力与电位移的关系,以便理解正压电效应在晶体上的具体体现。

假设有 α-石英晶体,在其上进行正压电效应实验。首先在不同方向上涂上电极,接上冲击检流计,测量其荷电量(见图 3.10)。

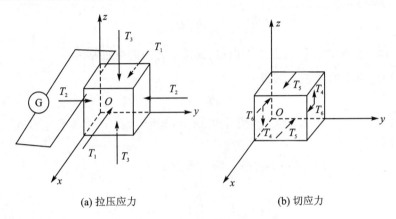

(a) 拉压应力　　　　　　　　　(b) 切应力

图 3.10　正压电效应实验示意图

(1) 在 x 方向上的二个晶体面涂上电极,测定电荷密度

当 α-石英晶体在 x 方向上受到正应力 $T_1(\mathrm{N/m^2})$ 作用时(假设向内表示这个面的法线方向,取为正),由冲击检流计可测得 x 方向电极面上所产生的束缚电荷 Q,并发现其表面电荷密度 $\sigma(\mathrm{C/m^2})$ 与作用应力成正比,即 $\sigma_1 \propto T_1$,写成等式即 $\sigma_1 = d_{11}T_1$,其中 T_1 为沿法线方向的正应力,d_{11} 称为压电应变常量,下标左、右分别代表电学量和力学量,所以 d_{11} 代表 1 方向加的应力和 1 方向产生的束缚电荷。在国际单位制(SI)系统中,表面电荷密度等于电位移,即 $D_1 = \sigma_1$,故

$$D_1 = d_{11}T_1 \tag{3.38}$$

在 y 方向作用正应力 T_2,测 x 方向上的电荷密度,得

$$D_1 = d_{12}T_2 \tag{3.39}$$

式中,d_{12} 为 y 方向(2 方向)受到作用力,在 x 方向(1 方向)具有的压电应变常量。

在晶体的 z 方向加应力 T_3,测 x 方向面上的束缚电荷密度,结果冲击检流计无反应,故

$$D_1 = d_{13}T_3 = 0 \tag{3.40}$$

因 $T_3 \neq 0$,故 $d_{13} = 0$,说明对于 α-石英晶体 d_{13} 压电应变常量为零。

利用同样的方法,分别可以测得在剪切应力 T_4 作用下,x 方向上的电位移和压电应变常量的关系:

$$D_1 = d_{14}T_4 \tag{3.41}$$

式中,d_{14} 为切应力 T_4 作用下 1 方向的压电应变常量。

此处请注意,T_4 是剪切应力的一种简化表示方法,实际上它表示的是 yz 或 zy 应力平面上的切应力。同样,T_5 代表的是 zx 或 xz 应力平面的剪切应力;T_6 代表的是 xy 或 yx 应力平面的剪切应力(见图 3.10(b))。

采用类似的方法,写出电位移和其他剪切应力的关系式,由冲击检流计测得是否有电位移产生,从而得到

$$d_{15} = d_{16} = 0 \tag{3.42}$$

将式(3.38)~式(3.42)综合考虑,可得在 x 方向总位移

$$D_1 = d_{11}T_1 + d_{12}T_2 + d_{14}T_4 \tag{3.43}$$

(2) 在晶体 y 方向的平面上涂上电极,测试 y 方向的电位移 D_2

采用与(1)中同样的步骤可测得

$$D_2 = d_{25}T_5 + d_{26}T_6 \tag{3.44}$$

(3) 在晶体 z 方向二个平面上涂上电极,测试 z 方向的电位移 D_3

采用与(1)中类似的步骤可测得

$$D_3 = 0 \tag{3.45}$$

结论是对于 α-石英晶体,无论在哪个方向上施加力,在 z 方向的电极面上无压电效应产生。

以上正压电效应可以写成一般代数式的求和方式,即

$$D_m = \sum_{j=1}^{6} d_{mj}T_j \tag{3.46}$$

式中:下标 m 为电学量;j 为力学量。

α-石英晶体正压电效应采用矩阵方式可表示为

$$\begin{bmatrix} D_1 \\ D_2 \\ D_3 \end{bmatrix} = \begin{bmatrix} d_{11} & d_{12} & 0 & d_{14} & 0 & 0 \\ 0 & 0 & 0 & 0 & d_{25} & d_{26} \\ 0 & 0 & 0 & 0 & 0 & 0 \end{bmatrix} \begin{bmatrix} T_1 \\ T_2 \\ T_3 \\ T_4 \\ T_5 \\ T_6 \end{bmatrix} \tag{3.47}$$

许多文献中采用爱因斯坦求和表示法,以略去求和符号,即下脚标重复出现者,就表示该下脚标对 1、2、3、4、5、6 求和,这样式(3.46)可改写为

$$D_m = d_{mj}T_j \qquad m = 1,2,3; \quad j = 1,2,3,4,5,6 \tag{3.48}$$

式中,j 为哑脚标,表示对 j 求和。

式(3.48)就是正压电效应的简化压电方程式。分析以上实验结果,压电应变常量是有方向的,而且具有张量性质,属于三阶张量即有 3^3 个分量。由于采用简化的脚标,所以从 27 个分量变为 18 个分量。且因晶体结构对称原因,对于 α-石英晶体,只有 d_{11},d_{12},d_{14},d_{25},d_{26} 压电应变常量不为零,其他皆为零。

前面的讨论是以应力为自变量,如果在式(3.48)中把自变量应力 T 改为应变 S_i,则式(3.48)变为

$$D_m = e_{mi}S_i \qquad m = 1,2,3; \quad i = 1,2,3,4,5,6 \tag{3.49}$$

式中:D_m 为电位移;S_i 为应变;e_{mi} 为压电应力常量。

其矩阵的一般式分别为

$$\begin{bmatrix} D_1 \\ D_2 \\ D_3 \end{bmatrix} = \begin{bmatrix} d_{11} & d_{12} & d_{13} & d_{14} & d_{15} & d_{16} \\ d_{21} & d_{22} & d_{23} & d_{24} & d_{25} & d_{26} \\ d_{31} & d_{32} & d_{33} & d_{34} & d_{35} & d_{36} \end{bmatrix} \begin{bmatrix} T_1 \\ T_2 \\ T_3 \\ T_4 \\ T_5 \end{bmatrix} \tag{3.50a}$$

$$\begin{bmatrix} D_1 \\ D_2 \\ D_3 \end{bmatrix} = \begin{bmatrix} e_{11} & e_{12} & e_{13} & e_{14} & e_{15} & e_{16} \\ e_{21} & e_{22} & e_{23} & e_{24} & e_{25} & e_{26} \\ e_{31} & e_{32} & e_{33} & e_{34} & e_{35} & e_{36} \end{bmatrix} \begin{bmatrix} S_1 \\ S_2 \\ S_3 \\ S_4 \\ S_5 \\ S_6 \end{bmatrix} \tag{3.50b}$$

以上矩阵式等式右边第一项分别称为压电应变常量和压电应力常量矩阵。

2. 逆压电效应与电致伸缩

以应力作用 α-石英晶体而产生束缚电荷,如果以电场作用在 α-石英晶体上,则在相关方向上产生应变,而且应变大小与所加电场在一定范围内有线性关系。这种由电能转变为机械能的过程称为逆压电效应。

定量表示逆压电效应,其一般式为

$$S_i = d_{mi}E_n \qquad n = 1, 2, 3; \quad i = 1, 2, 3, 4, 5, 6 \tag{3.51}$$

或者

$$T_j = e_{nj}E_n \qquad n = 1, 2, 3; \quad j = 1, 2, 3, 4, 5, 6 \tag{3.52}$$

它们的矩阵式分别为

$$\begin{bmatrix} S_1 \\ S_2 \\ S_3 \\ S_4 \\ S_5 \\ S_6 \end{bmatrix} = \begin{bmatrix} d_{11} & d_{12} & d_{13} \\ d_{12} & d_{22} & d_{32} \\ d_{13} & d_{23} & d_{33} \\ d_{14} & d_{24} & d_{34} \\ d_{15} & d_{25} & d_{35} \\ d_{16} & d_{26} & d_{36} \end{bmatrix} \begin{bmatrix} E_1 \\ E_2 \\ E_3 \end{bmatrix} \tag{3.53}$$

$$\begin{bmatrix} T_1 \\ T_2 \\ T_3 \\ T_4 \\ T_5 \\ T_6 \end{bmatrix} = \begin{bmatrix} e_{11} & e_{12} & e_{13} \\ e_{12} & e_{22} & e_{32} \\ e_{13} & e_{23} & e_{33} \\ e_{14} & e_{24} & e_{34} \\ e_{15} & e_{25} & e_{35} \\ e_{16} & e_{26} & e_{36} \end{bmatrix} \begin{bmatrix} E_1 \\ E_2 \\ E_3 \end{bmatrix} \tag{3.54}$$

可以证明,逆压电效应的压电常量矩阵是正压效应压电常量矩阵的转置矩阵,分别表示为 $\boldsymbol{d}^{\mathrm{T}}$ 和 $\boldsymbol{e}^{\mathrm{T}}$,则逆压电效应矩阵式可简化为

$$S = \boldsymbol{d}^{\mathrm{T}}E$$
$$T = \boldsymbol{e}^{\mathrm{T}}E \tag{3.55}$$

上面比较细致地介绍了压电效应的数学表达式,形式比较简单,但是当我们具体应用压电体时,由于使用条件不同,经常会需要处理应力、应变、电场或电位移关系,此时就需要压电方

程，请读者自行查阅、参考有关文献。

此处应重点指出，对压电体施加电场，压电体相关方向上会产生应变，那么，其他电介质受电场作用是否也有应变？

实际上，任何电介质在外场作用下都会发生尺寸变化，即产生应变。这种现象称为电致伸缩，其应变大小是与所加电压的平方成正比。对于一般电介质而言，电致伸缩效应所产生的应变实在太小，可以忽略。只有个别材料，其电致伸缩应变较大，在工程上有使用价值，这就是电致伸缩材料。例如，电致伸缩陶瓷 PZN（锌铌酸铅陶瓷）其应变水平与压电陶瓷应变水平相当。

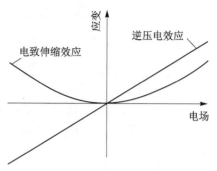

图 3.11　逆压电效应与电致伸缩

图 3.11 形象地表示电致伸缩效应与逆压电效应在应变与电场关系上的区别。

3. 晶体压电性产生原因

α-石英晶体属于离子晶体三方晶系、无中心对称的 32 点群。石英晶体的化学组成是二氧化硅，3 个硅离子和 6 个氧离子配置在晶胞的格点上。在应力作用下，其两端能产生最强束缚电荷的方向称为电轴，α-石英的电轴就是 x 轴，z 轴为光轴（光沿此轴进入不产生双折射）。当石英在没有受力的正常态时，从 z 轴方向看，晶胞原子排列如图 3.12(a)所示。图中大圆为硅离子，小圆为氧离子。由图可见，图中硅离子按左螺旋线方向排列，3♯硅离子比 5♯硅离子较深（向纸内），而 1♯硅离子比 3♯硅离子更深。每个氧离子带 2 个负电荷，每个硅离子带 4 个正电荷，但每个硅离子的上、下二边有 2 个氧离子，所以整个晶格正、负电荷平衡，不显电性。为了理解正压电效应产生的原因，现把图 3.12(a)绘成投影图，把硅离子上、下的氧离子以一个氧离子符号代替并也编成号，如图 3.12(b)所示。利用该图可定性解释 α-石英晶体产生正压电效应的原因。

① 如果晶片受到沿 x 方向的压缩力作用，如图 3.12(c)所示，这时 1♯硅离子挤入 2♯和 6♯氧离子之间，而 4♯氧离子挤入 3♯和 5♯硅离子之间，结果在表面 A 出现负电荷，而在表面 B 呈现正电荷，这就是纵向压电效应。

② 当晶片受到沿 y 方向的压缩力作用时（如图 3.12(d)所示），这时 3♯硅离子和 2♯氧离子，以及 5♯硅离子和 6♯氧离子都向内移动同样数值，故在作用面 C 和 D 上不出现电荷，而在表面 A 和 B 上呈现电荷，但符号与图 3.12(c)中正好相反，因为 1♯硅离子和 4♯氧离子向外移动。这称之为横向压电效应。

③ 当沿 z 方向压缩或拉伸时，带电粒子总是保持初始状态的正、负电荷中心重合，故表面不出现束缚电荷。

一般情况下正压电效应的表现是晶体受力后在特定平面上产生束缚电荷。但其直接作用是力使晶体产生应变，即改变了原子相对位置。产生束缚电荷的现象，表明出现了净电偶极矩。如果晶体结构具有对称中心，那么只要作用力没有破坏其对称中心结构，正、负电荷的对称排列也不会改变，即使应力作用产生应变，也不会产生净电偶极矩，这是因为具有对称中心的晶体总电矩为零。如果取一无对称中心的晶体结构，此时正、负电荷重心重合，加上外力后，正负电荷重心不再重合，结果产生净电偶极矩。因此，从晶体结构上分析，只

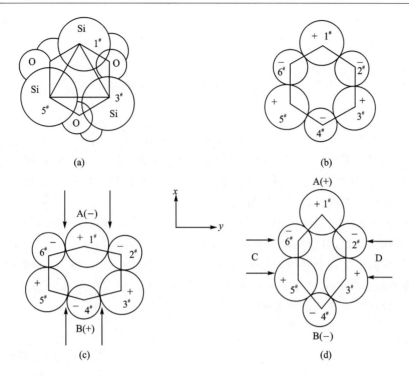

图 3.12　α-石英产生正压电效应的示意图

要结构没有对称中心,就有可能产生压电效应,然而并不是没有对称中心的晶体一定是有压电性,因为压电体首先必须是电介质(或至少具有半导体性质),同时其结构必须有带正、负电荷的质点——离子或离子团存在。也就是说压电体必须是离子晶体或者由离子团组成的分子晶体。

4. 压电材料主要的表征参数

压电材料性能的表征参数,除了描述电介质的一般参数如电容率、介质损耗角正切(电学品质因数 Q_e)、介质击穿强度、压电常量外,还有描述压电材料弹性谐振时力学性能的机械品质因数 Q_m 以及描述谐振时机械能与电能相互转换的机电耦合系数 K。现简单介绍如下。

(1) 机械品质因数　通常测压电参量用的样品,或工程中应用的压电器件(如谐振换能器和标准频率振子)主要是利用压电晶片的谐振效应,即当向一个具有一定取向和形状的有电极的压电晶片(或极化了的压电陶瓷片)输入电场,其频率与晶片的机械谐振频率 f_r 一致时,就会使晶片因逆压电效应而产生机械谐振,这种晶片称为压电振子。压电振子谐振时,仍存在内耗,造成机械损耗,使材料发热,降低性能。反映这种损耗程度的参数称为机械品质因数 Q_m,其定义式为

$$Q_m = 2\pi \frac{W_m}{\Delta W_m} \tag{3.56}$$

式中: W_m 为振动一周单位体积存储的机械能; ΔW_m 为振动一周单位体积内消耗的机械能。

不同压电材料的机械品质因数 Q_m 的大小不同,而且还与振动模式有关。若不做特殊说明,则 Q_m 一般是指压电材料做成薄圆片径向振动模的机械品质因数。

(2) 机电耦合系数　机电耦合系数综合反映了压电材料的性能。由于晶体结构具有的对称性,加之机电耦合系数与其他电性常量、弹性常量之间存在简单的关系,因此通过测量机电

耦合系数可以确定弹性、介电、压电等参量,而且即使是介电常数和弹性常数有很大差异的压电材料,它们的机电耦合系数也可以直接进行比较。

机电耦合系数常用 K 表示,其定义如下:

$$K^2 = \frac{通过逆压电效应转换的机械能}{输入的电能}$$

$$K^2 = \frac{通过正压电效应转换的机械能}{输入的机械能} \tag{3.57}$$

由式(3.65)可以看出,K 是压电材料机械能和电能相互转换能力的量度。它本身为正,也可为负。但 K 并不代表转换效率,因为它没有考虑能量损失。K 是在理想情况下,以弹性能或介电能的存储方式进行转换的能量大小。

由于压电振子储入的机械能与振子形状、尺寸和振动模式有关,所以不同模式有不同的机电耦合系数名称。例如,对于压电陶瓷振子形如薄圆片,其径向伸缩振动模式的机电耦合系数用 K_P 表示(称平面机电耦合系数),长方片厚度切变振动模式用 K_{15} 表示(称厚度切变机电耦合系数)。各种振动模式的尺寸条件及其机电耦合系数名称示意在图 3.13 上。各种振动模式的机电耦合系数都可根据其条件推算出具体的表达式。

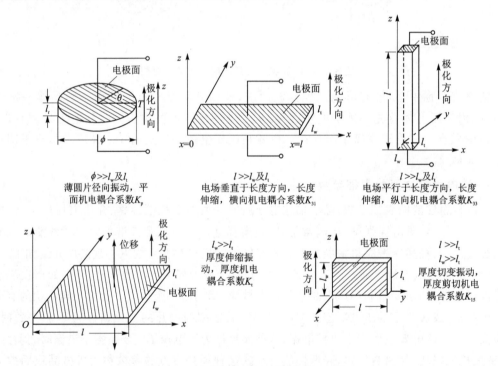

图 3.13 陶瓷压电振子振动模式示意图

在工程应用中还要了解压电材料其他参数诸如频率常数、经时稳定性(老化)及温度稳定性等参数。

3.3.2 热释电性[*]

一些晶体除了由机械应力作用引起压电效应外,还可以由于温度作用而使其电极化强度

---

[*] pyroelectricity 中文翻译为热电性,没有"释"字的意思。20 世纪 60 年代,我国开展热电偶方面的热电技术应用研究,而把 pyroelectricity 中译文的热电性改为热释电性,以区别热电偶原理的热电性。目前有的文献恢复用热电性的译法。

变化,这就是热释电性(pyroelectricity),亦称热电性。

1. 热释电现象

取一块电气石[化学组成为$(Na,Ca)(Mg,Fe)_3B_3Al_6Si_6(O,OH,F)_{31}$],在均匀加热它的同时,让一束硫磺粉和铅丹粉经过筛孔喷向这个晶体。结果发现,晶体一端出现黄色,另一端变为红色(见图3.14)。这就是坤特法显示的天然矿物晶体电气石的热释电性实验。实验表明,如果电气石不是在加热过程中,喷粉实验不会出两种颜色的。现在已经认识到,电气石是三方晶系3m点群。结构上只有唯一的三次(旋)转轴,具有自发极化。没有加热时,它们的自发极化电偶极矩完全被吸附的空气中的电荷屏蔽掉了。但在加热时,由于温度变化,使自发极化改变,则屏蔽电荷失去平衡。因此,晶体一端的正电荷吸引硫磺粉显黄色,另一端吸引铅丹粉显红色。这种由于温度变化而使极化改变的现象称热释电效应,其性质称为热释电性。

2. 热释电效应产生的条件

热释电效应研究表明,具有热释电效应的晶体一定是具有自发极化(固有极化)的晶体,在结构上应具有极性轴,简称极轴。所谓极轴(polar),顾名思义是晶体唯一的轴,在该轴二端往往具有不同性质,且采用对称操作不能与其他晶向重合的方向。因此,具有对称中心的晶体是不可能有热释电性的,这一点与压电体的结构要求是一样的。但具有压电性的晶体不一定有热释电性。原因可以从二者产生的条件来分析:当压电效应发生时,机械应力引起正、负电荷的中心产生相对位移,而且一般来说,不同方向上位移大小是不相等的,因而出现净电偶极矩。而当温度变化时,晶体受热的膨胀却在各方向同时发生,并且在对称方向上必定有相等的膨胀系数,也就是说在这些方向上所引起的正、负电荷中心的相对位移也是相等的,也就正、负电荷中心重合的现状并没有因为温度变化而改变,所以没有热释电现象。

具体以α-石英晶体受热情况加以说明。图3.15所示为α-石英晶体(0001)面上质点的排列情况。(a)为受热前情况;(b)为受热后情况。由图可见,在三个轴(x_1,x_2,x_3)的方向上,正负电荷中心位移情况是相等的,从每个轴向看,电偶极矩是有变化的,然而总的正、负电荷中心没有变化,正是由于总电矩没变化,故不能显示热释电性。

图 3.14　坤特法显示电气石的热释电性

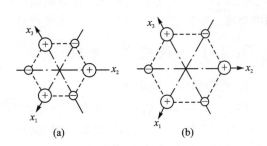

图 3.15　α-石英不产生热释电性的示意图

3. 材料热释电性的表征

表征材料热释电性的主要参量是热释电常量p,其定义来源如下:

当电场强度为E的电场沿晶体的极轴方向加到晶体上时,总电位移为

$$D = \varepsilon E + P = \varepsilon E + (P_s + P_{诱}) \tag{3.58}$$

式中:P_s为自发极化强度,$P_{诱}$为电场作用产生的,且$P_{诱} = \chi_e \varepsilon_0 E$。因此,式(3.58)写为

$$D = \varepsilon_0 E + \chi_e \varepsilon_0 E + P_s \tag{3.59}$$

$$D = P_s + \varepsilon E \tag{3.60}$$

令 E＝常数,并将式(3.60)对 T 微分,则

$$\frac{\partial D}{\partial T} = \frac{\partial P_s}{\partial T} + E \frac{\partial \varepsilon}{\partial T} \tag{3.61}$$

令

$$\frac{\partial P_s}{\partial T} = p, \quad \frac{\partial D}{\partial T} = P_g \tag{3.62}$$

则

$$P_g = p + E \frac{\partial \varepsilon}{\partial E} \tag{3.63}$$

式中:P_g 为综合热释电系数,p 为热释电常量。

若 $\boldsymbol{P}_g$ 是矢量,则 $\boldsymbol{p}$ 也为矢量,但一般情况下视为标量。具有热释电性的晶体在工程中有广泛应用,其中作红外探测传感器就是一例。

压电性和热释电性是电介质中两个重要特性,一些无对称中心晶体结构电介质可具有压电性,而有极轴和自发极化的晶体电介质可具有热释电性。它们在工程上具有广泛的应用。直到 1969 年才发现具有压电性的聚合物,主要代表是聚偏二氟乙烯 PVDF(或 PVF_2)。它的压电性来源于光学活性物质的内应变、极性固体的自发极化以及嵌入电荷与薄膜不均匀性的耦合。热释电性在聚合物的有关文献中也称为焦电性,其定义式与无机晶体材料是一致的,都是 $p = \frac{1}{A}\left(\frac{\partial AP_s}{\partial T}\right)_{X,E}$,脚标 E、X 表明是在电场 E 和应力 X 恒定条件下。A 是材料电极的面积,P_s 是自发极化强度。PVDF 也有铁电性。3.4 节介绍铁电性之后,读者对铁电性、压电性、热释电性的关系将会更加明确。

3.4　铁电性(ferroelectricity)

前面介绍了电介质的极化强度与外加电场的关系,大都是随着电场增加而呈线性变化,而本节介绍 $BaTiO_3$ 等电介质的极化强度则随外加电场增加呈现非线性变化,因此,有人称前面的电介质为线性电介质,而把后者称为非线性电介质。

3.4.1　铁电体、电畴

1. 电滞回线和铁电体

1920 年,法国人 Valasek 发现罗息盐(酒石酸钾钠——$NaKC_4H_4O_6 \cdot 4H_2O$)具有特异的介电性,其极化强度随外加电场的变化有如图 3.16 所示的形状,称为电滞回线,并把具有这种性质的晶体为铁电体。事实上这种晶体并不一定含"铁",而是由于电滞回线与铁磁体的磁滞回线的相似性所为。由图 3.16 可见,构成电滞回线的几个重要参量:饱和极化强度 P_s、剩余极化强度 P_r 和矫顽电场 E_c。从电滞回线可以清楚地看到铁电体具有自发极化,而且这种自发极

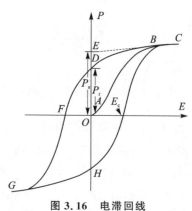

图 3.16　电滞回线

化的电偶极矩在外电场作用下可以改变其取向,甚至反转。在同一外电场作用下,极化强度可以有双值,表现为电场 E 的双值函数,这正是铁电体的重要物理特性。但是为什么会有电滞回线呢?原因就是存在电畴。

当把罗息盐加热到 24 ℃以上时,电滞回线便消失了,此温度称为居里温度 T_c 或称居里点 T_c。由此可知,铁电性存在是有一定条件的,包括外界的压力变化。

2. 电　畴

假设一铁电体整体上呈现自发极化,其结果是晶体正、负端分别有一层正、负束缚电荷。束缚电荷产生的电场——电退极化场与极化方向反向,使静电能升高。在受机械约束时,伴随着自发极化的应变还将使应变能增加,所以整体均匀极化的状态不稳定,晶体趋向于分成多个小区域。每个区域内部的电偶极子沿同一方向,但不同小区域的电偶极子不同,将每个小区域称为电畴(简称畴)。电畴之间边界地区称之为畴壁(domain wall)。现代材料研究技术有许多观察电畴的方法(如透射电镜、偏光显微镜等)。

图 3.17 为 $BaTiO_3$ 晶体室温电畴结构示意图,小方格表示晶胞,箭头表示电矩方向。图中 AA 分界线两侧的电矩取反平行方向,称为 180°畴壁,BB 分界线为 90°畴壁。决定畴壁厚度的因素是各种能量平衡的结果,180°畴型较薄,为 $(5\sim20)\times10^{-10}$ m,而 90°畴壁较厚,为 $(50\sim100)\times10^{-10}$ m(具体计算略)。图 3.18 为 180°畴壁的过渡电矩排列变化示意图。

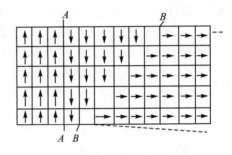

图 3.17　$BaTiO_3$ 晶体电畴结构示意图

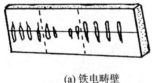

(a) 铁电畴壁

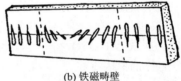

(b) 铁磁畴壁

图 3.18　180°畴壁示意图

电畴结构与晶体结构有关。例如 $BaTiO_3$ 在斜方晶系中还有 60°和 120°畴壁,在菱形晶系中还有 71°和 109°畴壁。

铁电畴在外电场作用下,总是趋向与外电场方向一致,称为畴转向。电畴运动是通过新畴出现、发展和畴壁移动来实现的。180°畴转向是通过许多尖劈形新畴出现而发展,90°畴转向主要是畴壁侧向移动来实现。180°畴转向比较完全,而且由于转向时引起较大内应力,所以这种转向不稳定,外加电场撤去后,小部分电畴偏离极化方向,恢复原位,大部分电畴则停留在新转向的极化方向上,称为剩余极化。

电滞回线是铁电体的铁电畴在外电场作用下运动的宏观描述。下面以单晶铁电体为例对前面介绍的电滞回线几个特征参量予以说明。设一单晶体的极化强度方向只有沿某轴的正向或负向两种可能。在没有外电场时,晶体总电矩为零(能量最低);加上外电场后,沿电场方向的电畴扩展、变大,而与电场方向反向的电畴变小。这样极化强度随外电场增加而增加,即图 3.16 中的 OA 段。电场强度继续增大,最后晶体电畴都趋于电场方向,类似形成一个单畴,极化强度达到饱和,相应于图中的 C 处。若再增加电场,则极化强度 P 与电场 E 呈线性增加(形如单个弹性电偶极子),沿这线性外推至 $E=0$ 处,相应的 P_s 值称为饱和极化强度,也就是自发极化强度。若电场强度自 C 处下降,则晶体极化强度亦随之减小,在 $E=0$ 时仍存在极化强度,就是剩余极化强度 P_r。当反向电场强度为 $-E_c$ 时(图中 F 点处),剩余极化强度 P_r 全部消失;反向电场继续增大,极化强度才开始反向。直到反向极化到饱和,达到图中 G 处。图中 E_c 称为矫顽电场强度。

由于极化的非线性,铁电体的介电常数不是恒定值,一般以 OA 在原点的斜率来代表介电常数,因此在测定介电常数时,外电场应很小。

3.4.2 铁电体的起源与晶体结构

1. 铁电体的起源

对铁电体的初步认识是它具有自发极化。铁电体有上千种,不可能都具体描述其自发极化的机制,但可以说自发极化的产生机制是与铁电体的晶体结构密切相关。其自发极化的出现主要是晶体中原子(离子)位置变化的结果。已经查明,自发极化机制有以下几种:氧八面体中离子偏离中心的运动;氢键中质子运动有序化;氢氧根集团择优分布;含其他离子集团的极性分布等。下面以钙钛矿结构的 $BaTiO_3$ 为例对自发极化的起源予以说明。

钛酸钡在温度高于 120 ℃时具有立方结构;高于 5 ℃,小于 120 ℃为四方结构;温度在 5 ~ -90 ℃范围内为斜方结构;温度低于 -90 ℃为菱方结构。研究表明,$BaTiO_3$ 在 120 ℃以下都是铁电相或者说具有自发极化,而且其电偶极矩方向受外电场控制。为什么在 120 ℃以下就能够自发极化?

$BaTiO_3$ 的钛离子被 6 个氧离子围绕形成氧八面体结构(见图 3.19)。钛离子和氧离子的半径比为 0.468,可知其配位数为 6,形成 TiO_6 结构,规则的 TiO_6 结构八面体有对称中心,6 个 Ti—O 电偶极矩,由于方向相互为反平行,故电矩都抵消了,但是当正离子 Ti^{4+} 单向偏离围绕它的负离子 O^{2-} 时,则出现净偶极矩。这就是 $BaTiO_3$ 在一定温度下出现自发极化并导致成为铁电体的原因所在。

由于在 $BaTiO_3$ 结构中每个氧离子只能与 2 个钛离子耦合,并且在 $Ba^{2+}TiO_3$ 晶体中,TiO_6 一定是位于 Ba^{2+} 离子所确定的方向上,因此,提供了每个晶胞具有净偶极矩的条件。这样在 Ba^{2+} 和 O^{2-} 形成面心立方结构时,Ti^{4+} 进入其八面体间

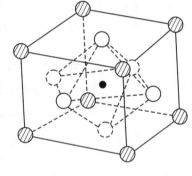

Ba²⁺; ◯ O²⁻; ● Ti⁴⁺

图 3.19 $BaTiO_3$ 的钙钛矿结构

隙(见图 3.19),但是诸如 Ba、Pb、Sr 等原子尺寸比较大,所以 Ti^{4+} 在钡-氧原子形成的面心立方中的八面体间隙中的稳定性较差,只要外界稍有能量作用便可以使 Ti^{4+} 偏移其中心位置,而产生净电偶极矩。

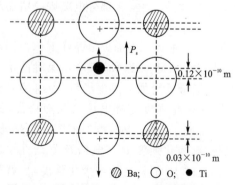

图 3.20 铁电转变时,TiO_6 八面体原子的位移

当温度 $T > T_c$ 时,热能足以使 Ti^{4+} 在中心位置附近任意移动。这种运动的结果造成无反对称可言。虽然当外加电场时可以造成 Ti^{4+} 产生较大的电偶极矩,但不能产生自发极化。当温度 $T \leqslant T_c$ 时,此时 Ti^{4+} 和氧离子作用强于热振动,晶体结构从立方改为四方结构,而且 Ti^{4+} 偏离了对称中心,产生永久偶极矩,并形成电畴。

研究表明,当温度变化引起 $BaTiO_3$ 相结构变化时,钛和氧原子位置的变化如图 3.20 所示。根据这些数据可对离子位移引起的极化强度进

行估计。

一般情况下,自发极化包括两部分,一部分来源于离子直接位移,另一部分是由于电子云的形变,其中离子位移极化占总极化的39%。

以上分析的是从钛离子和氧离子强耦合理论分析其自发极化产生的根源。目前关于铁电相起源,特别是对位移式铁电体的理解已经发展到从晶格振动频率变化来理解其铁电相产生的原理,这就是所谓"软模理论",具体分析请参见有关文献。

2. 铁电性、压电性、热释电性之间的关系

至此,已经介绍了一般电介质、具有压电性的电介质(压电体)、具体热释电性的电介质(热释电体或热电体)、具有铁电性的电介质(铁电体)它们存在的宏观条件如表3.6所列。

表3.6 一般电介质、压电体、热释电体、铁电体存在的宏观条件

电介质	压电体	热释电体	铁电体
电场极化	电场极化	电场极化	电场极化
	无对称中心	无对称中心	无对中心
		自发极化	自发极化
		极轴	极轴
			电滞回线

一般电介质、压电体、热释电体、铁电体之间的关系如图3.21所示。由图可见,铁电体一定是压电体和热释电体。在居里温度以上,有些铁电体已无铁电性,但其顺电体仍无对称中心,故仍有压电性,如磷酸二氢钾。有些顺电相如钛酸钡是有对称中心的,故在居里温度以上即无铁电性也无压电性,总之,与它们的晶体结构密切相关。现把具有铁电性的晶体结构列于表3.7。从表中可见,无中心对称的点群中只有10种具有极轴,这种晶体称为极性晶体,它们都有自发极化,但是具有自发极化的晶体,只有其电偶极矩可在外电场作用下改变到相反方向的,才能称为铁电体。

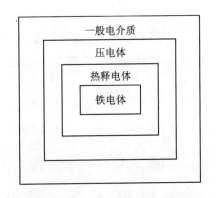

图3.21 一般电介质、压电体、热释电体、铁电体之间的关系

表3.7 晶体的点群

光 轴	晶 系	中心对称点群		无中心对称点群			
				极 轴		无极轴	
双轴晶体	三斜	$\bar{1}$		1		无	
	单斜	2/m		2	m	无	
	正交	mmm		mm2		222	
单轴晶体	四方	4/m	4/mmm	4	4mm	$\bar{4}$ $\bar{4}2m$	422
	三方	$\bar{3}$	$\bar{3}m$	3	3m	32	
	六方	6/m	6/mmm	6	6mm	$\bar{6}$ $\bar{6}m2$	622

续表 3.7

光　轴	晶系	中心对称点群		无中心对称点群			
				极　轴	无极轴		
光各向同性	立方	m3	m3m	无	432	$\overline{4}3m$	23
总　数		11		10	11		

3.4.3　铁电体中的相变

1. 铁电-铁电相变

有些铁电体有两种或多个铁电相,它们各存在于一定的温度范围内。

以 $BaTiO_3$ 为例,如图 3.22(a)所示,不同温度下具有不同的晶体结构,温度从高降低过程中对称性逐渐降低,由立方的顺电相演变为四方、正交和菱方的铁电相,对应的自发极化方向分别为[001]、[011]和[111]。

晶胞参数及介电常数随温度变化,在相变温度处表现出明显的结构和物理性能突变,如图 3.22(b)所示。

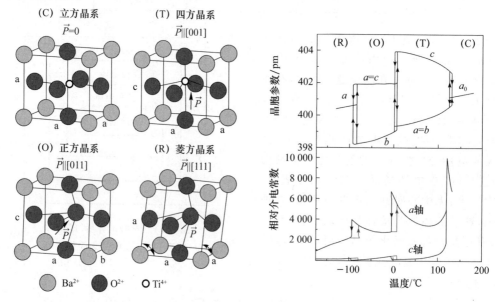

(a) $BaTiO_3$ 在不同晶体结构对应的自发极化方向　　(b) 晶胞参数、介电常数随温度变化

图 3.22　铁电相变与晶体对称性的关系以及相变点处晶胞参数与介电性能突变

2. 反铁电-铁电相变

反铁电晶体含有反平行排列的偶极子,$PbZrO_3$ 的反铁电相结构如图 3.23 所示。图中箭头方向代表了铅离子相对于氧晶格的位移方向,结果在一个正交的晶胞中(图中实线框部分)形成了两个方向相反而偶极矩相等的偶极子亚结构,也就是 $P_2 = -P_1$。那么,晶体净极化强度为零。在每个亚晶格结构中,当温度高于 T_c 时,极化强度 $P \to 0$。由于其特殊的偶极子排列,故其电滞回线也较特殊,如图 3.24 所示。

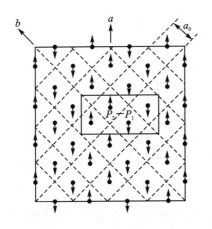

图 3.23　PbZrO₃ 的反铁电结构

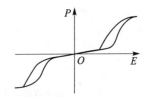

图 3.24　PbZrO₃ 的双电滞回线

反铁电相的偶极子结构很接近铁电相的结构,能量上的差别很小,仅是每摩尔十几焦耳。因此,只要在成分上稍有改变,或者加上强的外电场或者压力,则反铁电相就转变为铁电相结构。具体实例就是 PbZrO₃ 中的 Zr 以 7% 的 Ti 所取代,形成 Pb(Zr,Ti)O₃ 系统,相结构就从反铁电相变成铁电相(见图 3.25)。

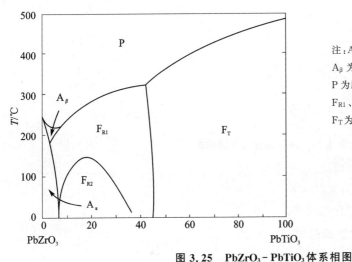

注:A$_\alpha$ 为正交系反铁电相;

A$_\beta$ 为四方系反铁电相;

P 为顺电相;

F$_{R1}$、F$_{R2}$ 为不同尺寸三方系晶胞铁电相;

F$_T$ 为四方系铁电相

图 3.25　PbZrO₃ - PbTiO₃ 体系相图

3.4.4　影响铁电性的因素

1. 环境因素的影响

外部条件(电场、应力、温度、压力)的变化,可以引起铁电体极化强度 P 的变化。例如,图 3.26 为铁电体罗息盐的平衡状态图。由图可见,在常压下,它有 2 个居里点,一个是 24 ℃ 称上居里点,另一个是 −18 ℃(或 −20 ℃)称为下居里点,在两者中间的温度范围内属于铁电体。铁电体相变按自由能变化来分,可分为两类,即一级相变和二级相变。一级相变时,比热容会发生突变,随之伴有潜热产生,自发极化在居里点处突然下降为零。钛酸钡、PZT 等铁电体即属于这一类。二级相变只呈现比热容大的改变,无潜热发生,自发极化逐渐变为零,硫酸三甘肽(TGS)、LiTaO₃ 铁电体属于这一类。图 3.27(a)、(b)分别为它们的自发极化强度和温度的关系曲线。

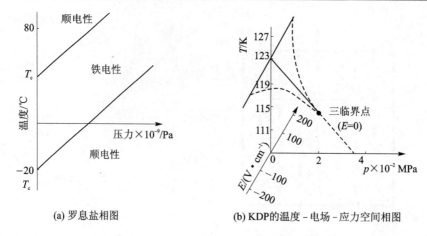

(a) 罗息盐相图　　　　　　　　(b) KDP的温度 – 电场 – 应力空间相图

图 3.26　温度、压力、电场对铁电相的影响

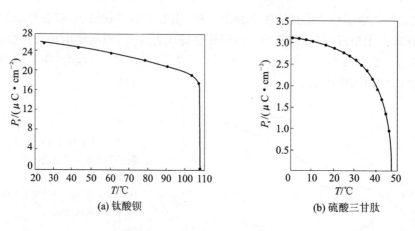

(a) 钛酸钡　　　　　　　　　　(b) 硫酸三甘肽

图 3.27　自发极化与温度的关系

实测铁电体的各种性能时发现,在居里点附近都有很大变化。图 3.28 所示为钛酸钡铁电单晶体在居里点 120 ℃附近出现的介电反常。

2. 成分、晶粒大小、尺寸因素的影响

铁电体居里温度是由材料成分决定的,例如 $PbTiO_3$ 在 $BaTiO_3$ 中固溶,其居里温度变化如图 3.29 所示。

不同元素在同一铁电体中对 T_c 的影响是不同的,Pb^{2+}、Sr^{2+}、Ca^{2+}、Cd^{2+} 皆可取代 Ba^{2+} 形成钙钛矿型固溶体,其 T_c 是不同的(见表 3.9)。同样 Sr^{4+}、Hf^{4+}、Zr^{4+}、Ce^{4+}、Th^{4+} 可置换 Ti。$XZrO_3$、$XNbO_3$、$XTaO_3$、XWO_3 和 XMO_3 同样可得到铁电体。

晶粒大小也会影响铁电体的行为。一般情况下晶粒愈大,其压电性(如 d_{33})值愈高。

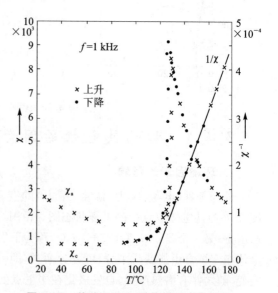

图 3.28　单畴 $BaTiO_3$ 晶体相对介电常数与温度关系(弱场下)

图 3.30 表示了极细小的晶粒的 $BaTiO_3$ 在 120 ℃的相变。与 3.28 图比较可见,单晶体相变十分尖锐,而图 3.30 中 1～2 μm 晶粒的铁电体相变随温度变化是逐渐加强的;在极细粉末情况下(0.2 μm),晶粒结构尺寸和钛离子平衡位置间没有或很少有固定的取向关系。因此,在极细粉末中畴取向是随意的,这种随意性趋于增宽铁电相变的温度范围。

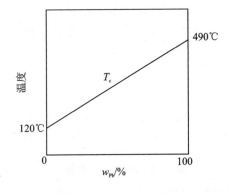

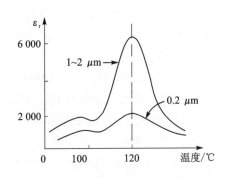

图 3.29　$BaTiO_3$ 中 $PbTiO_3$ 含量对居里点的影响　　图 3.30　极细粒子 $BaTiO_3$ 的铁电行为

3.4.5　压电、铁电材料及其应用

1. 压电、铁电材料

压电、铁电材料基本上可以分成四大类:单晶体、多晶体陶瓷、聚合物和复合材料;从形态上分可以分为体材和膜材。

晶体类的压电材料主是石英晶体,俗称水晶。其 α 和 β 相石英都具有压电性,β 石英可用于高温下的剪切模换能器。石英晶体经时稳定性和温度稳定性都很好。在液态空气温度下(−190 ℃),其压电常量仅比室温下降 1.3%。特点是机械品质因数 Q_m 高达 $10^5\sim10^6$,所以常用于标准频率振子和高选择性滤波器。玻璃陶瓷如($Ba_2TiSi_2O_3$)不是铁电体,而且 d_{31} 是正值,g_h 很大,没有铁电体的去极化、老化问题,可用于高温下的换能器。

铌酸锂($LiNbO_3$)是强压电效应的铁电体,可在 1 050 ℃高温下工作,且温度系数很小,由于其具有良好的电-光效应,故多应用于光学领域中(含非线性光学),特别是光集成回路中,例如光波导调制器。

多晶陶瓷类铁电材料种类很多,其中研究最早,已广泛应用的是 $BaTiO_3$ 铁电陶瓷材料,不过由于其有−90 ℃(三方⇌正交晶型)和 0 ℃两个相变点,故其机电性能在常用温度范围内很不稳定,并且易老化;在强电场中,介电损耗也较大,因此应用受到限制。往往在其中加入其他元素进行改性,以改善其性能,并且由于它具有较小的 K_p 值,在利用其厚度振动模时能得到较纯的纵向振动,因而至今仍得到应用。

锆钛酸铅($Pb(Zr_{1-x}Ti_x)$)简称 PZT,其状态图已在前面介绍过,目前应用最为广泛。根据其矫顽场强的大小又分为软性 PZT 和硬性 PZT。由于原材料和生产工艺的变动,对于给定的组分,其介电常数、弹性常量和压电常量分别可能有 20%、5%和 10%的变化。

还有一类铁电陶瓷是电光铁电陶瓷,它的主要代表是 $Pb_{1-x}La_x(Zr_yTi_{1-y})O_3$ 简称 PLZT。它的特点是对可见光透明,可在−40～+80 ℃下使用,作为宽孔径的电光快门。

PMN($Pb(Mg_{1/3}、Nb_{2/3})O_3$),PZN($Pb(Zn_{1/3}、Nb_{2/3})O_3$)是弛豫型铁电陶瓷,它们具有高的介电常数(最高可达 25 000)和 0.1%的应变。图 3.31 为 PMN−PT 相图。

20 世纪七八十年代开始制备铁电和非铁电薄膜和厚膜。推动力来自激光和晶体管技术,如制造光滤波器、集成光器件、微电子机械系统、微处理器等。目前应用的体材都已经有了相应成分的膜材,例如 $BaTiO_3$、$(Ba_{1-x}Sr_x)TiO_3$、PZT、PLZT、PNZT(Nb)、PSZT(Sn)、PBZT(Ba)、PT、钛酸铋、铌酸锂、铌酸锶钡和铌酸钾。

虽然当前主流的商用化压电材料锆钛酸铅(PZT)因其优异的压电性能仍是主流产品,但由于含有大量 Pb 元素,对环境和人体健康产生负面影响,并且随着欧盟立法禁止使用特定有毒元素,进一步促使压

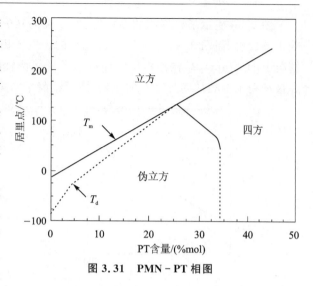

图 3.31　PMN - PT 相图

电材料无铅化发展。日本丰田中心的科学 Yasuyoshi Saito 等人于 2004 年首先开发出压电性能可媲美 PZT 的无铅压电材料体系(K,Na)NbO₃(KNN),在<001>高度织构 KNN 陶瓷体系中获得压电系数 $d_{33}\sim416$ pC/N。

主要铁电陶瓷材料的性能见表 3.8。

表 3.8　典型铁电陶瓷的主要性能

组　成	密度/ $(g \cdot cm^{-3})$	$T_c/℃$	ε_r	$\tan\delta/$ (%)	K_p	K_{33}	$d_{33}\times10^{12}/$ $(C \cdot N^{-1})$	$d_{31}\times10^{12}/$ $(C \cdot N^{-1})$	$g_{33}\times10^3/$ $(V \cdot (m \cdot N^{-1}))$	$S_{11}^E\times10^{12}/$ $(m^2 \cdot N^{-1})$
$BaTiO_3$	5.7	115	1 700	0.5	0.36	0.5	190	−78	11.4	9.1
PZT - 4	7.5	328	1 300	0.4	0.58	0.7	289	−123	26.1	12.3
PZT - 5A	7.8	365	1 700	2.0	0.6	0.71	374	−171	24.8	16.4
PZT - 5H	7.5	193	3 400	4.0	0.65	0.75	593	−274	23.1	16.5
PMN - PT(65/35)	7.6	185	3 640		0.58	0.70	563	−241		15.2
PMN - PT(90/10)	7.6	40	24 000	5.5	0	0	0	0	0	
$PbNb_2O_6$	6.0	570	225	1.0	0.07	0.38	85	−9	43.1	25.4
$(Na_{0.5}K_{0.5})NbO_3$	4.5	420	496	1.4	0.46	0.61	127	−51	29.5	8.2
PLZT 7/60/40	7.8	160	2 590	1.9	0.72		710	−262	22.2	16.8
PLZT 8/40/60	7.8	245	980	1.2	0.34					
PLZT 12/40/60	7.7	145	1 300	1.3	0.47		235		12	7.5
PLZT 7/65/35	7.8	150	1 850	1.8	0.62		400		22	13.5
PSZT 8/65/35	7.8	110	3 400	3.0	0.65		682		20	12.4
PLZT 9/65/35	7.8	80	5 700	6.0	0	0	0	0	0	
PLZT 9.5/65/35	7.8	75	5 500	5.5	0	0	0	0	0	
PLZT 7.6/70/30	7.8	100	4 940	5.4	0.65					
PLZT 8/70/30	7.8	85	5 100	4.7	0		0	0	0	
0.3PZN - 0.7PZT	7.7		3 533	2.0	0.58		585	−250		

2．多铁性材料

多铁性材料同时具有铁电、（反）铁磁、铁弹等两种或两种以上铁性有序，并由多种序参量之间的相互耦合作用而产生新的效应。这类功能材料在新型磁电器件、自旋电子器件、高性能信息存储与处理等领域展现出巨大的应用前景。同时，多铁性耦合的物理内涵涉及电荷、自旋、轨道、晶格等凝聚态物理多个范畴，已成为国际上一个新的前沿研究领域。

多铁性材料按材料组成可以分为单相化合物和复合材料两类。铁酸铋（$BiFeO_3$）是目前单相多铁性磁电材料中唯一具有高于室温的居里温度和奈尔温度的材料，得到了广泛的研究。但 $BiFeO_3$ 为 G-型反铁磁或弱铁磁性，磁电耦合效应较弱，复合多铁性磁电材料与单相多铁性材料完全不同，构成磁电复合材料的铁电相和磁性相本身都不具有磁电效应，但二者之间的耦合可使铁电-铁磁共存体系在室温下产生显著的磁电效应。在典型磁电复合材料中，例如 $BaTiO_3$-$CoFe_2O_4$ 复合体系，磁电效应为磁性相磁致伸缩效应（或压磁效应）与铁电相压电效应（或逆压电效应）的"乘积"，磁电复合材料中两相之间通过力学应变/应力传递实现电与磁的耦合。1994 年，Nan 提出了第一个描述复合材料磁电耦合效应的物理方法，即格林函数方法，又称为有效介质理论方法。清华大学研究组利用有效介质方法计算预测了 Terfenol-D 与铁电高分子聚四氟乙烯偏氟乙烯 P(VDF-TrFE)，或与 PZT 陶瓷的复合材料中会产生巨大的磁电效应，并率先提出了复合巨磁电效应；随后美国研究者在 Terfenol-D/PZT，Terfenol-D/PVDF 体系中观察到了这种预测的磁电电压系数大于 1 V/cm·Oe 的巨磁电效应。

3．应　用

铁电陶瓷按其使用的功能可分为五类：压电功能、热释电功能、铁电功能、电致伸缩功能及电光功能。不论是体材还是膜材，其应用总结起来可用图 3.32 来概括。

图 3.32　铁电陶瓷的应用

具体应用举例如下：

（1）发电机（毫伏到千伏）

水听器、麦克风、电唱机拾音器心座、点火器、加速度仪、电源、快门驱动器、环保传感器、压电笔、冲击导火索、复合器件。

（2）马达/发电机

声呐、系列变送器、非破坏检验（NDT）、医药超声、鱼群探测器、滤波器、压电变压器。

（3）马达（微米到毫米）

驱动器（微观到宏观）、蜂鸣器、喷墨打印头、微位移定位器、阀控制器、泵、摄像机定位器、喷雾器、超声马达、压电风扇、继电器。

（4）谐振型器件（千赫到兆赫）

超声清洗器、超声焊机、表面声波器件、变压器、延迟线。

1969 年，日本 Kawai 制备的高分子材料聚偏二氟乙烯 PVDF（PVF_2）比石英晶体有更高的压电性。由于它是柔软的塑性薄膜,故可以制作新型换能器及用于机器人的触觉传感器,它的主要性能见表3.9。

表 3.9　PVDF 的主要性能

参　量	符　号	数　值	单　位
压电常量	d_{31}	18～20	$pC \cdot N^{-1}$
	d_{32}	2.8～3.2	$pC \cdot N^{-1}$
	g_{31}	0.12～0.14	$V \cdot m \cdot N^{-1}$
	g_{32}	0.018～0.022	$V \cdot m \cdot N^{-1}$
热释电系数		24～28	$\mu \cdot C \cdot m^{-2} \cdot K^{-1}$
拉伸强度	MD[a]	180～400	$10^6 N \cdot m^{-2}$
	TD[b]	300～500	$10^6 N \cdot m^{-2}$
伸长率	MD	14～20	%
	TD	300～500	%
拉伸模量	MD	1 800～4 000	$10^6 N \cdot m^{-2}$
	TD	2 000～4 000	$10^6 N \cdot m^{-2}$
剪切强度(机加方向)		160～300	MPa
密度		1.6×10^3	kg/m^3
声阻抗率		3.9×10^6	$Pa \cdot sm^{-1}$
相对介电常数		12	在 1 kHz
$\tan\delta$		0.02	在 1 kHz
体电阻率		1 013	$\Omega \cdot m$
介电强度		60～300	$kV \cdot mm^{-1}(DC)$
热收缩		4.5～5.5	%

注:a—机加方向;b—横向。

　　铁电陶瓷与压电聚合物的复合形成的压电复合材料,由于其可设计性,使它更具有使用性能的优势。根据铁电体在复合材料中自身相的连通方式,可以分 0-3,1-3,2-2,……共 10种模式。表3.10所列为一些压电复合材料的主要性能。这些材料主要用于水听器和医疗用的听诊器上。

表 3.10　一些压电复合材料的主要性能

材料类型	$\rho \times 10^{-3} /$ $(kg \cdot m^{-3})$	$\varepsilon_{33}/\varepsilon_0$	$d_{33} \times 10^{12} /$ $(C \cdot N^{-1})$	$g_{33} \times 10^{-3} /$ $(V \cdot m \cdot N^{-1})$	$d_h \times 10^{12} /$ $(C \cdot N^{-1})$	$g_h \times 10^{-3} /$ $(V \cdot m \cdot N^{-1})$	$d_h \cdot g_h \times 10^{15} /$ $(m^2 \cdot N^{-1})$
玻璃陶瓷	4.0	10	10	100	10	100	1 000
1-3PZT/环氧	1.37	100～300		97	59.7	69	4 100
3-3PZT/硅橡胶	3.3	40	95	280	35.6	30	2 800
3-1PZT/环氧		410	275	76			3 950
3-2PZT/环氧		360	290	90			17 600
0-3PZT/氯丁橡胶	1.4	25			22	98	2 150

1997 年,美国宾州大学的 Thomas Shrout 和 Seung Eck Park 研制成功了 PMN - PT 和 PZN - PT 弛豫型铁电单晶体,其压电常量比多晶体铁电陶瓷提高一个量级,例如:d_{33} 达到 2 200 pC/N,滞后很小,应变均达到 0.5% 以上,而 PZN - 8%PT 在 <001> 三方晶向上最大应变可达 1.7%。

西安交通大学研究团队与美国宾州州立大学团队合作,在弛豫铁电体这一领域近期又取得新突破:2019 年,通过稀土元素掺杂提高局域结构不均匀性,在 Sm - Pb($Mg_{1/3}Nb_{2/3}$)O_3 - $PbTiO_3$ 单晶中获得高达 3400~4100 pC/N 巨压电系数;2020 年通过调控电畴结构,在菱方 [001] 取向 Pb($Mg_{1/3}Nb_{2/3}$)O_3 - $PbTiO_3$ 单晶中同时实现了高透明度和高压电性,压电系数 d_{33}~2100 pC/N,机电耦合系数 k_{33}~94%。

图 3.33 所示为弛豫型单晶体和多晶铁电陶瓷的应变比较。目前的问题是提高单晶的生长速度并工程化。

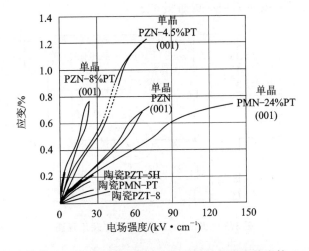

图 3.33　弛豫型单晶体应变与多晶铁电陶瓷的比较

3.5　介电测量简介

根据电介质使用的目的不同,其主要测量的参数是不一样的。对于电介质,一般总要测量其介电常数、介电损耗、介电强度。对于绝缘应用,更注重介电强度;对于铁电性、压电性应用,则应分别测定其电滞回线和压电表征参数。这些测量信息有助于理解分析材料组织结构和材料极化的机制。

3.5.1　介电常数、介电损耗、介电强度的测定

介电常数电容率的测量可以采用电桥法、拍频法和谐振法。其中拍频法测定介电常数很准确,但不能同时测量介电损耗。普通电桥法可以测到 MHz 以下的介电常数。目前,使用阻抗分析仪可以进行从几 Hz 到 MHz 的介电测量。此处需要说明的是,对铁电材料进行介电测量时应注意以下事项:

> 注意单晶体铁电材料介电常数至少具有两个值,因此,要选择好晶体的切向和尺寸,安排好晶体和电场的取向。

➢ 铁电体极化与电场关系为非线性，因此，必须说明测定的电场强度，并且主要研究的是初始状态下的小信号的介电常数 $\varepsilon = \left(\dfrac{\partial D}{\partial E} \right)_{E \to 0}$。

➢ 铁电体具有压电性，其电学量是与测量时的力学条件有关的，因此，自由状态的电容率大于夹持电容率。低频电容率是指远低于样品谐振频率时的电容率，即自由电容率。

➢ 测量时通常满足绝热条件，得到的是绝热电容率。

对于绝缘应用的材料着重要测定材料的电阻率、绝缘电阻及其介电强度。

3.5.2 电滞回线的测量

电滞回线给出铁电材料的矫顽场、饱和极化强度、剩余极化强度和电滞损耗的信息，对于研究铁电材料动态应用（铁电材料的电疲劳）是极其重要的。测量电滞回线的方法主要是借助于 Sawyer-Tower 回路，其线路原理示意如图 3.34 所示。

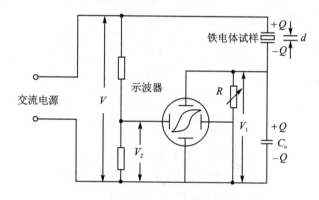

图 3.34 Sawyer-Tower 电桥原理示意图

3.5.3 压电性的测量

压电性测量方法可以有电测法、声测法、力测法和光测法，其中主要方法为电测法。电测法中按样品的状态分动态法、静态法和准静态法。动态法是用交流信号激发样品，使之处于特定的振动模式，然后测定谐振及反谐振特征频率，并采用适当的计算便可获得压电参量的数值。

1. 平面机电耦合系数 K_P

采用传输线路法测量样品的 K_P，样品为圆片试样，且直径 Φ 与厚度 t 之比满足 $\Phi/t \geqslant 10$，主电极面为上、下两个平行平面，极化方向与外加电场方向平行。传输法的线路原理如图3.35所示（图中的虚线为接线部分，需屏蔽接地）。

利用检测仪测定样品的谐振频率 f_r 和反谐振频率 f_a，并按式（3.72）计算 K_P 值：

$$\frac{1}{K_P^2} = \frac{a}{\dfrac{f_a - f_r}{f_r}} + b \tag{3.64}$$

式中：a 和 b 为样品振动模式相关的系数。对于圆片径向振动，$a=0.395$，$b=0.574$。

2. 压电应变常量 d_{33} 和 d_{31}

可采用准静态法测试 d_{33}。样品规格形状与 K_P 样品相同，测试用仪器为我国中科院声学

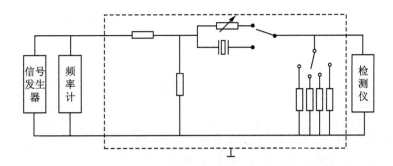

图 3.35　传输法测试原理图

所研制的 ZJ－2 型准静态 d_{33} 测试仪。测试误差≤2%。

　　压电应变常量 d_{31} 没有直接测量仪器，是根据公式计算的。采用动态法测试的样品为条状，尺寸条件是样品的长度和宽度之比大于 5，长度和厚度之比大于 10。极化方向与电场方向相互平行，电极面为上、下两平行平面。具体计算步骤如下：

　　① 用排水法测出样品的体积密度 ρ；

　　② 用传输线路法测出样品的谐振频率 f_r 和反谐振频率 f_a；

　　③ 算出样品在恒电场下（短路）的弹性柔顺系数 S_{11}^E：

$$S_{11}^E = \frac{1}{4l^2 \rho f_r^2} \qquad (3.65)$$

式中：l 为样品长度；ρ 为样品密度；f_r 为样品谐振频率。

　　④ 按下式算出样品的机电耦合系数 K_{31}：

$$\frac{l}{K_{31}^2} = 0.404 \times \frac{f_r}{f_a - f_r + 0.595} \qquad (3.66)$$

按此近似公式算出的 K_{31} 较国家标准精确计算查表值稍高，但近似值是可接受的。

　　⑤ 测出样品的自由电容 C^T，并计算出自由电容率 ε_{33}^T。

　　⑥ 算出 K_{31}、ε_{33}^E 和 S_{11}^E 后，按下式算出 d_{31}：

$$d_{31} = K_{31} \sqrt{\varepsilon_{33}^T \cdot S_{11}^E} \quad (\text{C/N}) \qquad (3.67)$$

本章小结

　　通过比较真空平板电容器和填充介电材料的平板电容器的电容变化，引入极化和介电常数的概念，注意与极化相关的物理量，分析极化的微观机制。克劳修斯-莫索堤方程把微观的极化率和宏观的极化强度联系起来，指出了提高介电常数的途径。

　　同样，通过理想平板电容器和填充介电材料的平板电容器的电流-电压矢量图的比较，引入电介质在交变电场下性能表征参数：复介电常数、电介损耗以及对外场响应的极化德拜方程。介电击穿强度是绝缘材料和介电材料的重要指标之一。电介质材料实际发生击穿的原因十分复杂。在研究提高材料的击穿强度的同时，应注意电场作用下的构件和电极设计的合理性。

　　压电性、热释电性和铁电性是具有特殊晶体结构的电介质的特性。要记住典型的材料，并掌握其特殊性质的表征参量以及可能的应用。

高聚物作为绝缘和介电材料是陶瓷等无机非金属材料的有力竞争者,其主要优点是质量轻,一般在常温下,绝缘电阻高于陶瓷材料,其不足是持久经受的温度低,且易老化。

复习题

1. 一块 1 cm×4 cm×0.5 cm 的陶瓷介质,其电容为 $2.4×10^{-6}$ μF,损耗角正切 $\tan \delta =$ 0.02,试求介质的相对介电常数和在 11 kHz 下介质的电导率。

2. 绘出典型铁电体的电滞回线,说明其主要参数的物理意义及造成 P-E 非线性关系的原因。

3. 试说明压电体、热释电体、铁电体各自在晶体结构上的特点。

4. $BaTiO_3$ 陶瓷和聚碳酸酯均可用于制作电容器,试从电容率、介电损耗、介电强度以及温度稳定性、经时稳定性、成本等方面比较它们各自的优缺点。

5. 使用极化的压电陶瓷片可制得便携式高压电源。压电电压常量 g_{33} 可定义为开路电场对所加应力的比,现已选用成分为 2/65/35 的 PLZT 陶瓷制作该高压电源。若已知该材料的 $g_{33}=23×10^{-3}$ V·m·N^{-1},试计算 5 000 磅/英寸² 应力加到 1/2 英寸厚的这种陶瓷片上可产生的电压。

6. 某材料在 -6 ℃时的静态相对介电常数为 80,频率为 10^4 Hz 时 $\tan \delta$ 的峰值为 2.93。请使用上述数据算出该材料在 -6 ℃时的红外折射率和电偶极子的弛豫时间(提示:灵活应用极化德拜方程)。

7. 请为下面用户选择材料,并说明原因:
① 户外使用的 10 kV 绝缘材料;
② 可微调高 Q 空气电容器的绝缘零件;
③ 微波线路的基板;
④ 高功率熔断器的托架。

8. 以典型 PZT 铁电陶瓷为例,试总结其介电性、铁电性的影响因素。

9. 结合逆压电效应试说明超声马达的工作原理。

第4章 材料的光学性能

光在高科技领域中的地位正在不断提高。光集成器件和光子计算机都是人们追求的对象。电子器件有的正在被光子器件取代或与光密切合作成为光-电子器件。本章从金属、半导体、绝缘体的电子能带结构出发,揭示光子与材料相互作用产生的各种光现象的物理本质,诸如反射、折射、透射、色散等,描述影响材料光学性能的各种因素。除可见光外,还介绍了红外、激光等表征性能的主要参量及相关材料,包括光子晶体这种人工设计的新材料。

4.1 光和固体的相互作用

4.1.1 光的波粒二象性

爱因斯坦(Einsten)的光电方程把光的波动性和粒子性联系起来了,即

$$E = h\nu = \frac{hc}{\lambda} \tag{4.1}$$

光的频率、波长和辐射能都是由光子源决定的。例如,γ 射线是原子核结构改变时产生的,具有很高的能量。X 射线、紫外线和可见光都是与原子结构改变相关的,红外线、微波和无线电波是由原子振动或晶格结构改变引起的低能长波辐射。图 4.1 所示为辐射电磁波谱。由图可知,可见光是眼睛能感知的很窄的一部分电磁波,其颜色取决于光的波长。白光是各种带色光的混合光。

电磁波在真空中的传播速度为 3×10^8 m/s 以 c 表示。c 与真空介电常数 ε_0 和真空磁导率 μ_0 的关系为

$$c = \frac{1}{\sqrt{\varepsilon_0 \mu_0}} \tag{4.2}$$

当光在介质中传播时,其速度 v 由下式决定:

$$v = \frac{c}{\sqrt{\varepsilon_r \mu_r}} \tag{4.3}$$

式中:c 为真空中光的速度;ε_r 为介质的相对介电常数,μ_r 为介质的相对磁导率。

在讨论光与材料相互作用产生的反射、透射、折射等现象时,应用光的粒子性更易理解,更方便;讨论光波在介质中的传播、衍射等应用光的波动性更方便,更易理解。

4.1.2 光通过固体现象

当光从一种介质进入另一种介质(如从空气进入透明介质)时,一部分透过介质,一部分被吸收,一部分在两种介质的界面上被反射,还有一部分被散射。设入射到材料表面的光辐射能流率为 φ_0,透过、吸收、反射和散射的光辐射能流率分别为 φ_τ、φ_A、φ_R、φ_σ,则

$$\varphi_0 = \varphi_\tau + \varphi_A + \varphi_R + \varphi_\sigma \tag{4.4}$$

光辐射能流率的单位为 W/m²，表示单位时间内通过单位面积（与光传播方向垂直的面积）的能量。若用 φ_0 除以式（4.4）的等式两边，则得

$$T + \alpha + R + \sigma = 1 \tag{4.5}$$

式中：$T = \dfrac{\varphi_\tau}{\varphi_0}$ 为透射系数；$\alpha = \dfrac{\varphi_A}{\varphi_0}$ 为吸收系数；$\dfrac{\varphi_R}{\varphi_0}$ 为反射系数；$\alpha = \dfrac{\varphi_\sigma}{\varphi_0}$ 为散射系数。上述光子与固体介质的相互作用可由图 4.2 形象地予以表述。

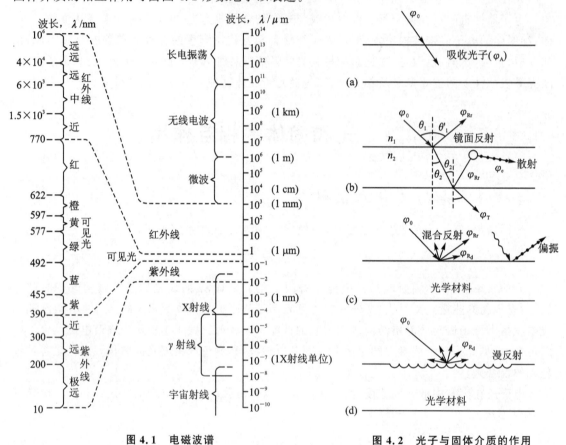

图 4.1　电磁波谱　　　　　　　图 4.2　光子与固体介质的作用

从微观上分析，光子与固体材料相互作用，实际上是光子与固体材料中的原子、离子、电子等的相互作用，出现的重要结果如下：

（1）电子极化

在可见光的频率范围内，电磁辐射的电场分量与传播过程中的每一个原子都发生作用，引起电子极化，即造成电子云和原子核电荷中心发生相对位移，其结果是光的一部分能量被吸收，同时光的速度被减小，导致折射产生。

（2）电子能态转变

光子被吸收和发射，都可能涉及固体材料中电子能态的转变。为讨论方便，考虑一孤立的原子，其电子占据的能态如图 4.3 所示。该原子吸收了光子能量之后，可能将 E_2 能级上的电子激发到能量更高的 E_4 空能级上，电子发生的能量变化 ΔE 与电磁波的频率有关：

$$\Delta E = h\nu_{42} \tag{4.6}$$

式中：h 为普朗克常量；ν_{42} 为入射光子的频率。此处应明确以下两个概念：第一，原子中电子能

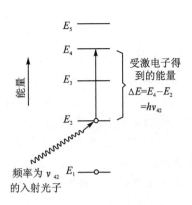

图 4.3　孤立原子吸收光子
后电子态转变示意图

级是分立的,能级间存在特定的 ΔE,因此只有能量为 ΔE 的光子才能被该原子通过电子能态转变而吸收;第二,受激电子不可能无限长时间地保持在激发状态,经过一个短时期后,它又会衰变回基态,同时发射出电磁波。衰变的途径不同,发射出的电磁波频率就不同。

为了理解并定量分析上述光子与固体作用的四种光现象,应首先了解折射率、色散这两个重要的物理参数。

1. 材料折射率及其影响因素

光子进入材料,其能量将受到损失,因此光子的速度将要发生改变。当光从真空进入较致密的材料时,其速度下降。光在真空和在材料中的速度之比,称为材料的折射率 n。

设光从材料 1 通过界面进入材料 2 时,与界面法线所形成的入射角为 θ_1,折射角为 θ_2 见图 4.2(b),则由普通物理知,材料 2 相对材料 1 的相对折射率为 n_{21}:

$$n_{21} = \frac{\sin \theta_1}{\sin \theta_2} = \frac{n_2}{n_1} = \frac{v_1}{v_2} = n_{21} \tag{4.7}$$

材料的折射率是永远为大于 1 的正数,例如空气 $n = 1.000\ 3$。
表 4.1 列出了一些材料的折射率。

表 4.1　一些透明材料的折射率

材　料	平均折射率	材　料	平均折射率
氧化硅玻璃	1.458	石英(SiO_2)	1.55
钠钙玻璃	1.51	尖晶石($MgAl_2O_4$)	1.72
硼硅酸玻璃	1.47	聚乙烯	1.35
重火石玻璃	1.65	聚四氟乙烯	1.60
刚玉	1.76	聚甲基丙稀酸甲酯	1.49
方镁石(MgO)	1.74	聚丙烯	1.49

材料的折射率与下列因素有关:

(1) 构成材料元素的离子半径

由材料折射率的定义和式(4.3),可以导出材料的折射率:

$$n = \sqrt{\varepsilon_r \mu_r} \tag{4.8}$$

式中,ε_r、μ_r 分别为材料的相对介电常数和相对磁导率。因陶瓷等无机材料 $\mu_r \approx 1$,故

$$n \approx \sqrt{\varepsilon_r} \tag{4.9}$$

由式(4.9)可知,材料的折射率随介电常数增大而增大,而介电常数与介质的极化有关。当电磁辐射作用到介质上时,其原子受到电磁辐射的电场作用,使原子的正、负电荷重心发生相对位移,正是由于电磁辐射与原子的相互作用,才使光子速度减弱。由此可以推论,大离子可以构成高折射率的材料(如 PbS,其 $n = 3.912$),而小离子可以构成低折射率的材料(如 $SiCl_4$,其 $n = 1.412$)。

（2）材料的结构、晶型

折射率不仅与构成材料的离子半径有关，还与它们在晶胞中的排列有关。根据光线通过材料的表现，把介质分为均质介质和非均质介质。非晶态（无定型体）和立方晶体结构，当光线通过时，光速不因入射方向而改变，故材料只有一个折射率，此为均质介质。除立方晶体外的其他晶型都属于非均质介质。其特点是光进入介质时产生双折射现象。双折射现象使晶体有两个折射率：其一是服从折射定律的寻常光的折射率 n_0，不论入射方向怎样变化，n_0 始终为一个常数；而另一折射光的折射率随入射方向而改变，称为非寻常光的折射率 n_e。当光沿晶体的光轴方向入射时，不产生双折射，只有 n_0 存在。当与光轴方向垂直入射时，n_e 最大，表现为材料特性。例如，石英的 $n_0 = 1.543$，$n_e = 1.552$。一般来说，沿晶体密堆积程度较大的方向，其 n_e 较大。

（3）材料存在的内应力

有内应力的透明材料垂直于存在的主应力方向的 n 值大，平行于主应力方向的 n 值小。

（4）同质异构体

在同质异构材料中，高温时的晶型折射率较低，低温时存在的晶型折射率较高。例如：常温下的石英玻璃 $n = 1.46$，常温下的石英晶体 $n = 1.55$；高温时，鳞石英 $n = 1.47$，方石英 $n = 1.49$。可见常温下的石英晶体 n 最大。

显然，表 4.1 列出的一些玻璃、晶体和聚合物的折射率是可以改变的。若提高玻璃的折射率，则其有效方法是掺入铅和钡的氧化物。例如，铅玻璃（氧化铅含量 $\varphi_{PbO} = 90\%$）$n = 2.1$，远高于表 4.1 中列出的玻璃的折射率。

以上都是材料自身因素的作用。

从外部因素来说，入射光的波长也是材料折射率的影响因素，大多情况下折射率总是随着波长的增加而减小，这种性质称为色散。其数值可计算如下：

$$色散 = dn/d\lambda \qquad (4.10)$$

图 4.4 所示为一些晶体和玻璃的色散曲线。色散对于光学玻璃是重要的参量，因为色散会严重造成单片透镜成像不够清晰，在自然光透过时，像的周围环绕了一圈色带。克服的方法是用不同牌号的光学玻璃，分别磨成凸透镜和凹透镜，并组成复合镜头，用以消除色差。判断光学玻璃色散的方法并不一定要测定色散曲线，可采用色散系数 ν_d（Abbé 数）表征

$$\nu_d = \frac{n_d - 1}{n_F - n_C} \qquad (4.11)$$

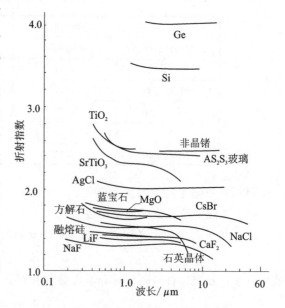

图 4.4　一些晶体和玻璃的色散曲线

式中，n_d、n_F、n_C 分别为以氦的 d 谱线（587.56 nm）、氢的 F 谱线（486.1 nm）与 C 谱线（656.3 nm）为光源测定的折射率。

Abbé 数是光学色差的量度。把 $n_F - n_C$ 称为光学玻璃中部色散，也称平均色散。显然，一种光学材料若作为有用的折射器件且希望其色差最小，那么光学材料的 Abbé 数和折射率 n

就要尽量高。

2. 材料的反射系数和影响因素

图 4.2(b)清楚地表明,一束光从介质 1(折射率为 n_1)穿过界面进入介质 2(折射率为 n_2)出现一次反射;当光在介质 2 中经过第二个界面时,仍要发生反射和折射。从反射定律和能量守恒定律可以推导出,当入射光线垂直或接近垂直于介质界面时,其反射系数为

$$R = \left(\frac{n_{21}-1}{n_{21}+1}\right)^2, \quad n_{21} = \frac{n_2}{n_1} \tag{4.12}$$

如果光介质 1 是空气,则上式写为

$$R = \left(\frac{n_2-1}{n_2+1}\right)^2 \tag{4.13}$$

显然,如果两种介质折射率相差很大,则反射损失相当大,透过系数只有 $1-R$。若两种介质折射率相同,则 $R=0$。垂直入射时,光透过几乎没有损失。由于陶瓷、玻璃等材料的折射率较空气的大,所以反射损失较严重。为了减小反射损失,经常采取以下措施:

➢ 透过介质表面镀增透膜。
➢ 将多次透过的玻璃用折射率与之相近的胶将它们粘起来,以减小空气界面造成的损失。

式(4.12)和式(4.13)是在介质对光吸收吸收很小的条件下得到的。

若进入的介质中存在不可忽略的吸收时,反射系数的表达式则必须进行修正。引入的修正系数通称为消光系数 k,并定义为

$$k = \frac{\alpha}{4\pi n}\lambda \tag{4.14}$$

式中:α 为吸收系数(见 4.1.3 小节);λ 为入射波长;n 为介质折射率。这样便可以导出从空气中进入存在吸收的介质的 R 表达式:

$$R = \frac{(n-1)^2+k^2}{(n+1)^2+k^2} \tag{4.15}$$

这里应指出的是,对于金属(如银、铝等)的反射关系更为复杂。

4.1.3　材料的透射及其影响因素

光学材料的应用一般情况下都希望材料的透射系数(亦称透射比、透过率)高。除了界面反射损失外,由图 4.2(a)和(b)可见,材料对入射光的吸收及其散射是影响材料光透射比的两个重要方面。

1. 金属的光透过性质

金属对可见光是不透明的,其原因在于金属电子能带结构的特殊性。在金属的电子能带结构中(见图 4.5(a)),费密能级以上存在许多空能级。当金属受到光线照射时,电子容易吸收入射光子的能量而被激发到费密能级以上的空能级上。研究证明,只要金属箔的厚度达到 $0.1~\mu m$,便可以吸收全部入射的光子。因此,只有厚度小于 $0.1~\mu m$ 的金属箔才能透过可见光。由于费密能级以上有许多空能级,因而各种不同频率的可见光,也就是具有各种不同能量(ΔE)的光子,都能被吸收。事实上,金属对所有的低频电磁波(从无线电波到紫外光)都是不透明的。只有对高频电磁波 X 射线和 γ 射线才是透明的。

大部分被金属材料吸收的光又会从表面上以同样波长的光波发射出来(见图 4.5(b)),表现为反射光,大多数金属的反射系数在 0.9~0.95 范围内。还有一小部分能量以热的形式损

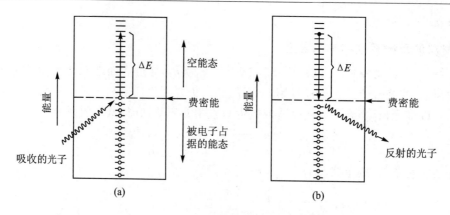

图 4.5　金属吸收光子后电子能态的变化

失掉了。利用金属的这种性质,往往把其他材料作为衬底,镀上一层金属薄层而成为反光镜(reflector)。图 4.6 所示为常用金属膜的反射率与波长的关系曲线。肉眼看到的金属颜色不是由吸收光波决定的,而是由反射光波长决定的。在白光照射下表现为银色的金属(如银和铝),表面反射出来的光也是由各种波长的可见光组成的混合光。其他颜色的金属(如铜为橘红色、金为黄色)表面反射出来的可见光中,以某种可见光的波长为主,构成其金属的颜色。

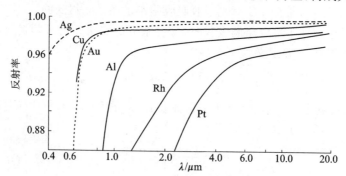

图 4.6　金属膜反射镜的反射率与光波长的关系

2. 非金属材料的透过性

非金属材料是否对可见光透明与否,除与光在界面被反射情况有关外,还与光进入介质后被吸收和散射的情况有关。

(1) 介质吸收光的一般规律

原则上,非金属介质对可见光吸收有以下三种机理:① 电子极化,但只有光的频率与电子极化时间的倒数处于同一个数量级时,由此引起的吸收才变得比较重要;② 电子吸收光子而越过禁带;③ 电子受激进入位于禁带中的杂质或缺陷能级而吸收光子。

如果吸收光子的能量是把电子从填满的价带激发到导带的空能级上(见图 4.7(a)),则将在导带中出现一个自由电子,而在价带留下一个空穴。激发电子的能量与吸收光子的频率满足式(4.6)。显然,只有光子能量 $h\nu$ 大于禁带宽度 E_g 时,即

$$h\nu > E_g \tag{4.16}$$

或

$$\frac{hc}{\lambda} > E_g \tag{4.17}$$

才能以这种机制产生吸收。根据这个条件可以算出,非金属材料的禁带宽度大于 3.1 eV,则不可能吸收可见光。显然若这种材料纯度很高,则对可见光将是无色透明的。

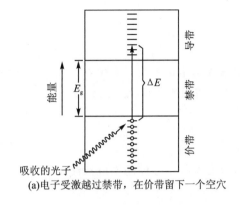
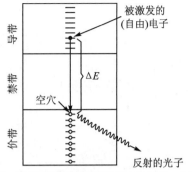

(a)电子受激越过禁带,在价带留下一个空穴　(b) 电子返回价带时与空穴结合发射出一个光子

图 4.7　非金属材料吸收光子后电子能态的变化

另外,可见光的最大波长约为 0.7 μm,因此吸收光子后电子能越过的最小禁带宽度为

$$E_{g\ min} = \frac{hc}{\lambda_{min}} = 1.8\ eV \tag{4.18}$$

这个结果表明,对于禁带宽度小于 1.8 eV 的半导体材料,所有可见光都可以通过激发价带电子向导带转移而被吸收,因而对可见光是不透明的。对于禁带宽度介于 1.8 eV 和 3.1 eV 之间的非金属材料,则只有部分可见光被材料吸收。这类材料常是带色透明的。

每一种非金属材料对特定波长以下的电磁波不透明,其具体波长取决于禁带宽度。例如,金刚石的 E_g 为 5.6 eV,因而对于波长小于 0.22 μm 的电磁波是不透明的。禁带宽度较宽的电介质也可能吸收光子,不过机制不是激发电子从价带进入导带,而是借助于禁带中的杂质或缺陷能级,使吸收光子能量的电子进入禁带或进入导带(见图 4.8(a))。

电子受激时吸收的电磁波能量必定会以某种方式释放出来。释放的机制有几种。对于通过电子从价带进入导带所吸收的能量可能会通过电子与空穴重新结合而释放出来(见图 4.7(b)),也可能通过禁带中的杂质能级而发生多级转移,从而发射出两个光子(见图 4.8(b))。此外,还可能在电子多级转移中放出一个声子和一个光子(见图 4.8(c))。

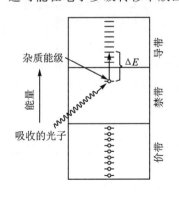
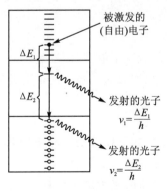
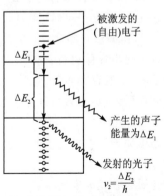

(a) 禁带中杂质能级的电子吸收光子后激发进入导带　　(b) 电子从导带返回禁带并从杂质能级回到基态时共发射二个光子　　(c) 电子从导带回到杂质能级发射一个声子,并从杂质能级回到基态时发射出光子

图 4.8　禁带宽的非金属材料吸收光子后电子能态的变化

(2) 半导体材料对光的吸收

半导体材料对光的吸收可分为本征吸收、杂质吸收、激子吸收、自由载流子吸收和晶格吸收。

• 本征吸收

当不考虑热激发和杂质时,半导体电子基本处于价带中,光入射到半导体表面,价带电子吸收光子能量跃迁进入导带,产生电子-空穴对的现象为本征吸收。发生本征吸收的条件是光子能量必须大于半导体禁带宽度 E_g,即 $h\nu \geqslant E_g$。可以发生本征吸收的光波长波限为

$$\lambda_L \leqslant \frac{hc}{E_g} = \frac{1.24}{\Delta E_D} \quad (\mu m) \tag{4.19}$$

当入射光波长小于 λ_L 时才能产生本征吸收,改变本征半导体的导电特性。

• 杂质吸收

考虑杂质影响时,若 n 型半导体中未电离的杂质原子(即施主原子)的吸收光子能量 $h\nu$ 大于施主电离能,即 $h\nu \geqslant \Delta E_D$,则杂质原子的外层电子将从杂质能级(施主能级)跃入导带,成为自由电子。同理,p 型半导体中,价带上电子吸收能量 $h\nu \geqslant \Delta E_A$(受主电离能)光子时,价电子跃入受主能级,价带留下空穴。这类掺杂半导体吸收足够能量的光子产生电离的过程称为杂质吸收。杂质吸收的光波长波限为

$$\lambda_L \leqslant \frac{1.24}{\Delta E_D} (\mu m) \tag{4.20}$$

或者

$$\lambda_L \leqslant \frac{1.24}{\Delta E_A} (\mu m) \tag{4.21}$$

由于 $E_g > \Delta E_D$ 或 ΔE_A,所以杂质吸收的长波限要长于本征吸收的长波限。杂质吸收会改变半导体的导电特性,也会引起光电效应。

• 激子吸收

当入射到本征半导体上的光子能量 $h\nu$ 小于 E_g,或入射到杂质半导体上的光子能量小于 ΔE_D 或 ΔE_A 时,电子不产生能带间的跃迁成为自由载流子,但仍受原束缚电荷的约束而处于受激状态,这种受激状态的电子成为激子。吸收光子能量产生激子的现象称为激子吸收,这类吸收不改变半导体的导电特性。

• 自由载流子吸收

对一般半导体材料,当入射光子的频率不够高,即不足以引起电子产生能带间的跃迁或形成激子时,仍然存在吸收,且强度随波长增大而增强。这是由于自由载流子在同一能带内的能级间跃迁所致,称为自由载流子吸收。

• 晶格吸收

晶格原子对红外光谱的光子能量吸收直接转变为晶格振动动能的增加,表现为物质的热效应。

介质吸收光波能量多少,不仅与介质的电子能带结构有关,还与光程有关,也就是与光通过的介质厚度有关。假设入射光的强度为 I_0,那么通过 x 厚度的介质,其光强度将下降。可以证明,此时光的强度将变为 I,且有

$$I = I_0 e^{-\alpha x} \tag{4.22}$$

式中:α 为介质对光的吸收系数,单位为 cm^{-1};x 为穿过介质的厚度。式(4.22)又称为朗伯特

定律,它表明光强随厚度的变化符合指数衰减规律。

不同材料的吸收系数有很大的区别,例如空气的 $\alpha \approx 10^{-5} \text{cm}^{-1}$,玻璃的 $\alpha = 10^{-2} \text{cm}^{-1}$,而金属的 α 在 10^4cm^{-1} 数量级以上,因此金属对可见光是不透明的。事实上,吸收系数不仅与材料有关,而且与入射波长关系密切。图 4.9 所示为材料的吸收系数与波长的关系曲线。由图可见,在电磁波的可见光区,金属和半导体介质对可见光的吸收是很强的;但是电介质材料(包括玻璃、陶瓷、非均相高聚物等)在可见光谱区的吸收系数很小,具有良好的透过性。其原因正如前面所分析的,它们的价电子所处的价带是填满的,电子除非吸收光子跃迁到导带,否则不能吸收光子而自由运动,但光子能量不足以使电子从价带跃迁到导带,故在一定的波长范围内吸收系数很小。然而在紫外区却出现了紫外吸收端,原因是波长变短,光子能量变大,一旦光子能量达到电介质禁带宽度的能量时,电子便会吸收光子而跃迁到导带,则产生了紫外吸收峰。

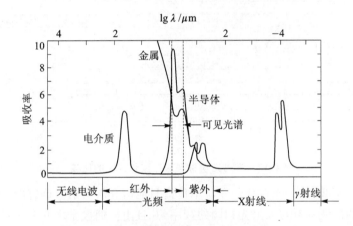

图 4.9　材料吸收系数与电磁波波长的关系曲线

这里需要说明的是,图 4.9 所示红外区的吸收峰产生的原因。它与可见光及紫外端吸收产生的原因通常是不同的。红外吸收与晶格振动有关。具体讲是离子的弹性振动与光子辐射产生谐振消耗能量所致,即声子吸收。研究表明此吸收与材料的热振频率 f 有关。

共价晶体材料的固有频率 f 由下式给出:

$$f^2 = 2k \left(\frac{1}{M_c} + \frac{1}{M_a} \right) \tag{4.23}$$

式中:k 为离子小位移时的弹性常数;M_c、M_a 分别为阳离子和阴离子的质量。

若以 u 表示阳-阴离子对的折合质量,即 $\frac{1}{u} = \frac{1}{M_c} + \frac{1}{M_a}$,则

$$f = \sqrt{2k/u} \tag{4.24}$$

说明声子吸收带始于晶格振动的基频,光子能量被吸收并转化为晶格的弹性振动。为了使吸收峰远离可见光,并使之在长波区透过截止,则希望共价晶体的离子相互作用常数 k 和折合质量 u 的倒数都是低值。这对于相对原子质量高的一价碱金属的卤化物显然是最有利的。图 4.10 所示为常见光学材料透过波长范围的比较。

吸收还可分为选择性吸收和均匀吸收,读者请参见本章二维码内容"透明材料的颜色和着色原理"中的介绍。

(3) 介质对光的散射

影响光学材料透过性的第二个因素是介质对光的散射。产生散射的原因是光传播的介质

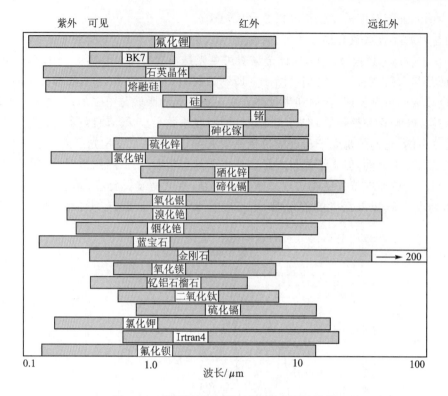

图 4.10 常见光学材料透过波长范围的比较

不均匀。经研究及实践证明,光在均匀介质中传播只能沿介质折射率确定的方向前进,因为介质中偶极子发出的次波具有与入射光相同的频率,并且由于偶极子之间有一定的相位关系,因而它们是相干光,在与折射光线不同方向上它们相互抵消。因此,均匀介质(折射率 n 处处相等)对光是不散射的。介质的不均匀结构(如介质内含有小粒子、光性能不同的晶界相、气孔或其他夹杂物等)使得它们产生的次级波与主波方向不一致,并合成产生干涉现象,使光偏离原来的折射方向,从而引起散射。散射使光在前进方向上的强度减弱。对于相分布均匀的材料,其减弱的规律与吸收规律具有相同的形式:

$$I = I_0 \mathrm{e}^{-Sx} \tag{4.25}$$

式中:I_0 为光的初始强度;I 为经 x 厚度后光的剩余强度;S 为散射系数。一般测量得到的"吸收系数"实际包括两部分:一部分是真正的吸收系数 α;另一部分是散射系数 S。在很多情况下,α 和 S 的值相差较大,小的一个可以忽略不计。当然,也有两种作用是同等重要的情况。式(4.22)和式(4.25)的结合称为 Bouguer 定律,表达式为

$$I = I_0 \mathrm{e}^{-(\alpha+S)x} \tag{4.26}$$

散射有两种情况:一种是散射光波长和入射光相同,称瑞利散射;另一种与入射光波长不同,称联合散射(亦称喇曼散射)。根据散射效果是否强烈依赖于波长又可分为瑞利(Reayleigh)散射和米氏(Mie)散射。综上所述,介质对入射光的散射大小不但与入射光波长有关,也与散射颗粒的大小、分布、数量以及散射相与基体的相对折射率大小有关。相对折射率愈大,其散射愈严重。下面以玻璃中含 TiO_2 体积分数 $\varphi_{TiO_2}=1\%$ 的散射点为例,简要说明散射颗粒大小对散射系数 S 的影响。以钠的 D 谱线($\lambda=589.3$ nm)波长的光入射玻璃,结果发现玻璃的散射系数 S 与颗粒尺寸 d 的关系如图 4.11 所示。

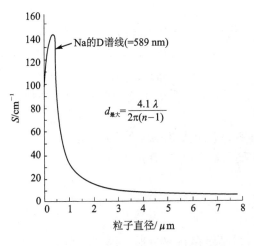

图 4.11　散射点尺寸与散射系数的关系

由图可见,当散射点体积分数不变时,当质点尺寸 $d < \lambda$ 时,随着 d 的增加,散射系数 S 也增加,直到达到最大值;当 $d > \lambda$ 时,随着 d 增加,S 反而减小。上述分析表明,该曲线的左右二部分是由不同散射机制引起的,故二部分曲线的 S 计算公式分别为

当 $d < \lambda/3$ 时,　$S = \dfrac{32\pi^4 r^3 \varphi_{孔}}{\lambda^4}\left(\dfrac{n^2-1}{n^2+1}\right)^2$　(4.27a)

当 $d > \lambda/3$ 时,　$S = k \times \dfrac{3\varphi_{孔}}{4r}$　(4.27b)

式中:k 为材料散射因子,一般取 $2\sim4$;r 为质点半径;$\varphi_{孔}$ 为质点体积分数;λ 为入射光波长;n 为材料的折射率。

上述公式将在陶瓷材料透明分析中得到具体应用,但不管波长大于或小于散射点尺寸,散射点与基体的相对折射率越高,散射系数愈大,将产生严重的散射。在散射点尺寸 $d \approx \lambda$ 时,散射以米氏散射为主,其散射效果主要与散射粒子的横截面积成正比。

（4）陶瓷材料透光性的影响因素

陶瓷材料一般为多晶多相体系,内含杂质、气孔、晶界、微裂纹等缺陷,因此光通过陶瓷材料时将受到层层阻碍,它们不可能有单晶体、玻璃那样好的透过性,因此陶瓷材料看上去不透明。下面以陶瓷片为例,考察一下光通过时的能量损失。设陶瓷片的厚度为 x,垂直入射在陶瓷片的左外表面,入射时光强为 I_0,现计算光透过陶瓷片后的能量损失（见图 4.12）。由于陶瓷片与左侧空间介质之间存在相对折射率 n_{21}（此例取空间介质为空气）,因而表面上有反射损失 E_1,其表达式为

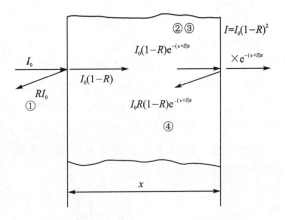

图 4.12　光通过陶瓷片时的能量损失

$$E_1 = RI_0 = \left(\frac{n-1}{n+1}\right)^2 I_0 \tag{4.28a}$$

进入陶瓷片内的光强为 $I_0(1-R)$。这一部分光能穿过厚度为 x 的材料时,由于吸收和散射造成的损失为

$$E_2 = I_0(1-R)(1-e^{-(\alpha+S)x}) \tag{4.28b}$$

到达材料右内表面时,光强只有 $I_0(1-R)e^{-(\alpha+S)x}$,再由内部经表面进入陶瓷片右面介质时,一部分光能反射进材料内部,其数量为

$$E_3 = I_0 R(1-R)e^{-(\alpha+S)x} \tag{4.29}$$

真正传入陶瓷片右侧空间中的光强为

$$I = I_0(1-R)^2 e^{-(\alpha+S)x} \tag{4.30}$$

显然,此时的 I/I_0 才是真正的透射比,但这并不包括反射回去的能量。再经左右表面进行二、三次反射之后仍然会有从右侧表面透过的那一部分光能。这部分光能的大小显然与材料的吸收系数、散射系数密切相关,也和材料表面的光洁度、材料厚度以及光的入射角有关。实验结果比预计的透射比要高,往往是由这部分光能引起的。总之,影响透射比的因素可总结如下:

① 吸收系数　对于陶瓷电介质材料,在可见光部分吸收系数是比较低的,不是主要影响因素。

② 反射系数　材料与环境的相对折射率和材料表面光洁度是两个重要因素。

③ 散射系数　这是影响陶瓷材料透射比的主要因素,可反映在以下 3 方面:

- 材料宏观和微观缺陷

不均匀界面存在相对折射率,使散射系数增大。

- 晶粒排列方向

如果材料不是各向同性的立方晶体或玻璃态,则必然存在双折射(见4.6.1小节)。这样,与晶轴成不同方向的折射率都不相同。对于多晶体材料,结晶取向不会完全一致,因此晶粒之间产生折射率差别,从而引起晶界处的反射和折射损失。这种情况被示意在图 4.13 中。图中表示具有双折射的两个相邻晶粒的晶轴相互垂直。设光线沿左边晶粒的方向入射,则在左边晶粒内,只存在寻常光的折射率 n_0,右边晶粒光轴垂直于左边晶粒的光轴,即垂直于入射的寻常光。对于右边晶粒,此时的入射光不

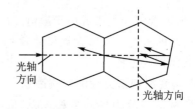

图 4.13　双折射在晶界处引发的反射、折射和散射

是从光轴方向入射,因此不但有寻常光,还有非寻常光。寻常光折射率都相同,无反射损失。但寻常光对于右边晶粒的非寻常光则存在相对折射率 $n_0/n_e \neq 1$,该值导致相当可观的反射损失和散射损失,损失大小与具体材料有关。

现计算 $\alpha\text{-}Al_2O_3$ 在上述情况下引起的损失。对于 $\alpha\text{-}Al_2O_3$,n_0、n_e 分别为 1.760 和 1.768,则晶界面的反射系数为

$$R = \left(\frac{\frac{1.768}{1.760} - 1}{\frac{1.768}{1.760} + 1} \right)^2 = 5.14 \times 10^{-6}$$

假设 $\alpha\cdot Al_2O_3$ 陶瓷片厚 2 mm,晶粒平均直径为 10 μm,理论上晶界数为 200 个,那么除掉晶界反射损失后,剩余光强占 $(1-R)^{200} = 0.998\ 97$,损失不算大。如果考虑散射损失:设入射光为可见光,波长介于 0.39 ~ 0.77 μm 范围内,由于 $d = 10\ \mu m \gg \lambda$,因此散射系数可按式(4.27b)计算。因为 $n_{12} = \frac{1.768}{1.760} \approx 1$,故 $k \to 0$,可知 S 也很小。从以上两方面分析,$\alpha\text{-}Al_2O_3$ 陶瓷可以透可见光。这正是可以使用氧化铝陶瓷制成高透过率灯管的原因。

然而像金红石(TiO_2)那样的陶瓷材料,则不可能制成透明陶瓷。原因是金红石晶体的 $n_{21} = \frac{n_o}{n_e} = \frac{2.854}{2.567} = 1.112$,则 $R = 2.8 \times 10^{-3}$,若材料厚度为 3 mm,平均粒径为 3 μm,则余下光能为 $(1-R)^{1\ 000} = 0.06$;此外,因为 n_{21} 较大,S 也较大,散射损失也多,故金红石不透可见光。

- 气孔引起的反射损失

存在于晶粒之内的以及晶界玻璃相内的气孔、孔洞构成了第二相,其折射率 n_1 可定为 1,

而基体晶粒折射率定为 n_2，二者相对折射率 $n_{21}=n_2$，由此引起的反射损失和散射损失较复杂，不等向晶粒排列引起的损失更大。因此要制备光学陶瓷材料，一定要千方百计消除气孔、孔洞等第二相，特别是要消除大气孔的存在（采取真空热压、热等静压等制备工艺）。一般陶瓷材料的气孔直径大约为 $1\ \mu\mathrm{m}$，均大于可见光波长，所以散射损失应采用式（4.23b），散射因子 k 与 n_{21} 有关，对于气孔有 $n_{21}=n_2$，数值较大，所以 k 也大，而且气孔的体积分数 $\varphi_\text{孔}$ 越大，散射损失也越大。假设陶瓷材料中 $\varphi_\text{孔}=0.2\%$，$d=4\ \mu\mathrm{m}$，则实验得散射因子 $k=2\sim4$，其散射系数为

$$S = 2 \times \frac{3 \times 0.002}{4 \times 0.002} = 1.5\ \mathrm{mm}^{-1}$$

若陶瓷片厚度为 3 mm，则 $I=I_0\mathrm{e}^{-1.5\times3}=0.011I_0$，透过率太低了。

若采用新工艺，消除大气孔，使气孔平均尺寸 $d=0.01\ \mu\mathrm{m}$，由于此时可见光波长 $\lambda\gg d$，即 $d<\lambda/3$，则 S 计算应采用公式（4.27a），即按瑞利散射处理：

$$S = \frac{32\pi^4(0.005 \times 0.001)^3 \times 0.006\ 3}{(0.6 \times 0.001)^4} \times \left(\frac{1.76^2 - 1}{1.76^2 + 2}\right) = 0.003\ 2\ \mathrm{mm}^{-1}$$

设陶瓷片厚 2 mm，则光强 $I=I_0\mathrm{e}^{-0.003\ 2\times2}=0.994I_0$，说明散射损失不大，透过率仍很高。

当光学陶瓷消除了杂质及孔隙造成的吸收和散射时，其透射率 T 可由下式估计：

$$T = \frac{I}{I_0}\exp\left[-\alpha t - \left(ct_\text{v}d_\text{v}\frac{n_2 - n_1}{\lambda}\right)^2\right] \tag{4.31}$$

式中：I_0 为入射光初始强度；I 为透过光强度；α 为多晶体吸收系数；t 为多晶体厚度；t_v、d_v 分别为微气孔有效厚度（相当于最紧密堆积状态，在一个截面聚集的微气孔厚度）和微气孔平均直径；n_1 和 n_2 分别为微气孔的折射率（通常近似为 1）和多晶体的折射率；λ 为入射光波长；c 为常数，一般取 7。

根据以上讨论和式（4.31），请读者总结一下，要得到高透明陶瓷应具备哪些条件？

※"材料的不透明性与半透明性"内容请扫描二维码阅读。

※"透明材料的颜色和着色原理"内容请扫描二维码阅读。

材料的不透明性与半透明性

透明材料的颜色和着色原理

4.2　材料的发光

4.2.1　发光和热辐射

1. 荧光和磷光

发光是辐射能量以可见光的形式出现。如果辐射或其他任何形式的能量，激发电子从价带进入导带，则当其返回到价带时便发射出光子。如果这些光子的波长在可见光范围内（能量为 $1.8\sim3.1$ eV），那么便产生了发光现象。与热辐射发光相区别，称这种发光为冷发光。

冷发光有两种类型：荧光和磷光（见图 4.14）。激发除去后，在 10^{-8} s 内发出的光称为荧光，其发光是被激发的电子跳回价带时，同时发射光子。发磷光则有所不同。发磷光的材料往

往往含有杂质并在能隙中建立施主能级,当激发的电子从导带跳回到价带时,首先跳到施主能级并被捕获。在它跳回价带时,电子必须先从捕获陷阱内逸出,因此延迟了光子发射时间。陷阱中的电子逐渐逸出,跳回价带并发射光子。发光强度由下式决定:

$$\ln \frac{I}{I_0} = -\frac{t}{\tau} \tag{4.32}$$

式中:τ 为弛豫时间;I_0 为开始发光时的强度;I 为激发除去后时间 t 内光的强度。

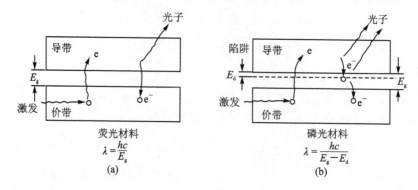

图 4.14　发荧光(a)和磷光(b)的原理示意图

第一位有记录观察到自然磷光现象的人是 Cellini,时间是 1568 年,是宝石上发现的。1600 年人工合成了磷光材料。最初人们难以区分荧光和磷光,因为当时没有高精度分辨率的计时方法。1853 年把发荧光的时间确定为 100 μs,而现在定为 10 ns。通常人们把激发停止后的一段时间内能发光的复杂晶体无机物质叫磷光体。电视机荧光屏内表面常涂有这种物质。电视屏幕所用磷光体的弛豫时间 τ 不能太长,否则会产生影像重叠。

工程中应用的磷光体材料要求具有下列性能:① 高的发光效率;② 希望的发光色彩;③ 适当的余辉时间(afterglow time)(所谓余辉时间就是发光后其强度降到原强度 1/10 时所需要的时间);④ 材料与基体结合力强等。目前可供选用的磷光体很多,根据发光源不同有紫外激发 30 余种,电子射线激发 30 余种,X 射线激发 5 种。

磷光体一般由基体和激活剂组成。基体常是硫化物,如 CaS、SrS、BaS、ZnS、CdS 等。激活剂主要是金属,由基质选定。例如 ZnS 和 CdS,最好的激活物质是 Ag、Cu、Mn。在黑白电视中使用发蓝光的[ZnS:Ag]和发黄光的[Zn,Cd]S:Cu,Al 的混合材料,使荧光屏呈白色。表 4.2 列出了一些磷光体的使用对象和主要性质等。

荧光灯的工作原理是在汞蒸气和惰性气体的混合气体的放电作用使大部分电能转变为汞谱线的单色辐射,这种辐射激发了涂在放电管壁上的荧光剂,造成在可见光范围内的宽频带发射。具体讲,普通日光灯用荧光剂的基质是卤代磷酸钙,激活剂是锑和锰(见表 4.2),能提供两条在可见光区重叠发射带的激活带,发射出的荧光颜色从蓝到橙和白。

用于阴极射线管的荧光剂(磷光体)的激发是由电子束提供的。在彩色电视应用中,对应于每一种原色的频率范围的发射,采用不同的荧光剂。使用这类电子扫描显示屏幕时,荧光剂的衰减时间是重要参量。例如,用于雷达扫描显示器的荧光剂 Zn_2SiO_4,激活剂是 Mn,发射波长为 530 nm 的黄绿色光,其余辉时间为 2.45×10^{-2} s。磷光体的用途除前面举的例子和表 4.2 所列之外,在公路交通中的夜间路标也可用长余辉的磷光体,最新开发的环保型夜间用磷光体显示了极大的优越性。

表 4.2　一些主要磷光材料

使用对象		材　料	发光颜色	主波长/nm	10%余辉时间	转换效率/%
电子激发	彩色电视	ZnS:Ag＋蓝色颜料	蓝	450	MS	21
		ZnS:Cu,Al	黄绿	530	MS	17、23
		ZnS:Au,Cu,Al	黄绿	535	MS	16
		(ZnCd)S:Cu,Al	黄绿	530～560	MS	17
		Y$_2$O$_3$S:Eu＋红色颜料	红	626	M	13
	黑白电视	ZnS:Ag＋(ZnCd)S:Cu,Al	白	450,560		
	显像管(投射式阴极射线管)	ZnS:Cu	绿	530	MS	
		Zn$_2$SiO$_4$:Mn,As	绿	525	L	
		r-Zn$_3$(PO$_4$)$_2$:Mn	红	636	L	
		Y$_3$Al$_5$O$_{12}$:Ce	黄绿	535	VS	
		Y$_2$SiO$_5$:Ce	蓝紫	410	VS	
		Y$_2$O$_3$:Eu	红	611	M	
		Zn$_2$SiO$_4$:Mn	绿	525	M	8.7
		Gd$_2$O$_2$S:TbY$_3$Al$_5$O$_{12}$:Tb	黄绿	544	M	8
		Y$_3$Al$_5$O$_{12}$:Tb	黄绿	545	M	15
		Y$_2$SiO$_5$:Tb	黄绿	545	M	
	磷光显示管	ZnO:Zn	绿白	505	S	
		(ZnCd)S:Ag＋In$_2$O$_3$	红	650	MS	
紫外线激发	普通荧光灯	Ca$_5$(PO$_4$)$_3$(FCI):Sb,Mn	白	460,577		
	高显色荧光灯	Y$_2$O$_3$:Eu	红	611		
		LaPO$_4$:Ce,Tb	黄绿	543		
		(CeTb)MgAl$_{11}$O$_{19}$	黄绿	541		
		(CrCa)$_5$(PO$_4$)$_3$Cl:Eu$_2$＋	蓝	452		
		BaMg$_2$Al$_{16}$O$_{17}$:Eu$_2$＋	蓝	453		
		Y(PV)O$_4$:Eu	红	620		
X射线激发	感光纸	CaWO$_4$	蓝	420		
		Gd$_2$O$_2$S:Tb	绿	545		
		BaFCI:Eu^{2+}	蓝	380		
红外	把红外光转换成可见光	YF$_2$:Yb,Er				
		NaYF$_4$:Yb,Er	绿	538		
		LaF$_3$:Yb$_9$Er				

注:VS:<1 μs;S:1~10 μs;MS:10 μs~1 ms;M:1~100 ms;L:100 ms~1 s。

2. 发光二极管(LED)

当 p-n 结二极管加上一个正向电压时,其正向电流是所加电压的函数。该正向电流造成结面的载流子过剩。虽然扩散使其离开界面,但它们可能跨过带隙产生复合,那么

$$h\nu_g = E_c - E_v \tag{4.33}$$

式中,ν_g 为复合发生时的辐射频率,E_c 为导带能量,E_v 为价带能量。

对于硅二极管,其辐射频率位于电磁波谱的红外区域,而且辐射立即被再吸收,没有光产生。但是对于 GaAs 半导体材料制成的 p-n 结二极管却是另外一种情况。已知 GaAs 的禁

带宽度为 1.44 eV，那么根据计算，电子复合产生辐射光子的频率接近 0.86 μm。由于发生的带隙跃迁频率在可见光范围内，而且光子流高，因而形成发光二极管。

研究表明，发光强度 i 正比于通过界面注入的少子数，或者正比于电流 I：

$$i = \alpha I \tag{4.34}$$

由半导体电子学知，二极管总电流为

$$I_T = I_0 \left[\exp\left(\frac{eV_a}{kT}\right) - 1 \right] \tag{4.35}$$

将式(4.33)代入式(4.32)，得到发光强度为

$$i = \alpha I = \alpha I \left[\exp\left(\frac{eV_a}{kT}\right) - 1 \right] \tag{4.36}$$

式中：I_0 为饱和电流；e 为电子电荷；V_a 为二极管的正偏压；T 为温度（K）；k 为玻耳兹曼常数。

由式(4.34)可知，二极管发光强度与所加正向偏压具有指数的关系。

自 20 世纪 60 年代发光二极管发明以来，发红光和绿光的二极管都已得到应用，直到 1995 年日本科学家中村秀二发明了可发出蓝紫光的二极管，从而开始了固态光源——半导体灯挑战白炽灯和荧光灯的时代。

与 1879 年爱迪生发明的电灯或后来的荧光灯相比，半导体灯有以下优点：

① 能源利用率高。半导体灯几乎完全用于发光，而白炽灯只有 5％用于发光，95％的能量消耗于发热。荧光灯的能源利用率也只有 20％～30％。

② 节省能源。同样发光效果的二极管所耗的能量只有白炽灯的 1/10。

③ 长的寿命。同样功率的发光二极管的使用寿命是白炽灯的 100 倍。

能发蓝光的半导体材料有 Ⅱ～Ⅵ族的 ZnSe、Ⅳ～Ⅳ族 SiC，而 Ⅲ～Ⅴ族的 GaN 被称为新一代的半导体材料，其禁带宽度为 3.4 eV，是直接带隙半导体（见 4.3.3 小节），利用它已制成高电子迁移率三极管（HEMT）。

3. 热辐射

在材料开始加热时，电子被激发到较高能级。特别是原子外壳层电子与核作用较弱，易激发，当电子跳回它们的正常能级时，就发射出低能长波光子，波长位于可见光之外。温度继续提高，热激活增加，发射高能量光子增加，则辐射谱变成连续谱（包括最小波长），其强度取决于温度。由于发射的光子包括可见光波长的光子，所以热辐射材料的颜色和亮度随温度而改变。不同材料的热辐射能力是不同的。这样在较低温度下，热辐射的波长太长而不可见.温度增加，发射有短波长光子。在高温下材料热辐射所有波长的光子，则辐射成为白光辐射，即看到的材料是白亮白亮的。因而可以理解，用高温计测量辐射光的频带范围，便可以估计材料的温度。类似这些问题已在大学物理课程中学过。此处强调一下，热辐射发光是光源形式之一，例如白炽灯就是热辐射发光的应用。

另外再提醒一下读者，当材料应用于红外探测器的透过系统时，应考虑这种材料的热辐射性能，否则会因其热辐射而干扰正确的红外信号的探测。

4.2.2　激　光

前面所述发射的光子都是随机、独立的，即产生的光波不具有相干性。而激光则是在外来光子的激发下，诱发电子能态的转变，从而发射出与外来光子的频率、相位、传输方向以及偏振态均相同的相干光波。

下面以红宝石激光器为例阐述激光产生的过程。

1. 激光工作原理

红宝石是在蓝宝石(Al_2O_3 单晶)中加入 0.05％Cr^{3+} 离子后得到的产物。Cr^{3+} 离子使红宝石呈红色,更重要的是提供了产生激光所必要的电子能态。通常将红宝石制成柱状,两端面为高度抛光互相平行的平面(见图 4.15)。其中一个端面部分镀银,可部分透光;另一端面充分镀银,使之对光波有完全反射作用。在激光管内,用氙气闪光灯辐照红宝石。红宝石在被辐照之前 Cr^{3+} 离子都处于基态(见图 4.16)。但在氙气闪光灯(波长 560 nm)照射下,Cr^{3+} 离子中的电子受激转变为高能态,造成粒子数反转。处于高能态的电子可通过两个途径返回基态:① 直接从受激高能态返回基态,同时发出光子,由此产生的光不是激光;② 受激高能电子首先衰变为亚稳态,停留 3 ns 后返回基态并发出光子。在电子运动过程中 3 ns 一般是很长的时间,因此在亚稳态能级上集聚了不少的电子,当有几个电子自发地从亚稳态返回基态时,带动更多电子以"雪崩"形式返回基态,从而发射出愈来愈多的光子。那些基本平行于红宝石轴向运动的光子,一部分穿过部分镀银端,而一部分被镀银端面反射回来,光波沿红宝石轴向来回传播,强度愈来愈高。这时,从部分镀银端面发射出来的光束就是高度准直的高强度相干波,这种单色激光的波长为 694.3 nm。

综上,该激光器主要部分是激光工作物质(Al_2O_3 单晶)和激活物质 Cr^{3+} 离子提供亚稳态能级,从基态到激发态经亚稳能级构成三能级激光器。

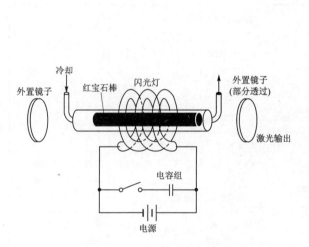

图 4.15 红宝石脉冲激光器示意图

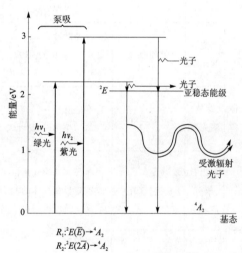

图 4.16 红宝石激光器激光发射过程能级图

2. 激光工作物质

激光工作物质分为固体、液体和气体激光工作物质。表 4.3 列出了由各种激光工作物质构成的激光器。其中固体激光器是最重要的一种。它不但激活离子密度大,振荡频带宽并能产生谱线窄的光脉冲,而且具有良好的机械性能和稳定的化学性能。固体激光工作物质又分为晶体和玻璃两大类,而人工晶体占绝大多数。

前面在激光工作原理中已述及,激光工作物质一定要在基质中加入激活离子,其作用就是提供亚稳态能级,以实现泵浦作用而激发振荡产生激光。

表 4.3　激光器的种类及应用

种　类		主要波长/μm	特　征	输出功率	已得到的应用	正在开发的应用
气体激光器	He－Ne 激光器	0.63(红)	① 稳定连续输出； ② 优秀的相干性； ③ 易获得； ④ 输出功率低	0.1～50 mW	1. 精密长度、平面度测量 2. 传真光源、情报处理、电视录像用光源	各种测量 全息照相光源 物性分析 分光分析用光源
	氩离子激光器	0.51(绿) 0.49(蓝)	① 稳定连续输出； ② 比较大的功率输出； ③ 优秀的相干性	0.1～100 mW	喇曼发光计光源、全息照相用光源、医疗	物性研究 合成树脂、纸的加工 情报处理
	He－Cd 激光器	0.44(紫) 0.33(紫外)	连续输出紫外线	1～50 mW	全息照相用光源、喇曼分光计光源、图像处理系统精密测量	感光材料研究 物性分析
	CO_2 激光器	10.6(红外)	① 主要输出红外线(连续)； ② 效率高(10%～20%)； ③ 高输出功率； ④ Q开关振荡控制	1 W～50 kW	加工金属、陶瓷、树脂等医疗	通信引发核聚变等离子体物性研究
固体激光器	红宝石激光器	0.69(红)	① 高能脉冲； ② 高功率脉冲输出(Q开关控制)	总能量 0.1～100 J 1 MW～1 GW	测距 激光雷达 加工(打孔、焊接)	等离子测定 高速全息照相
	玻璃激光器	1.06(红外)	① 高能脉冲； ② 大功率脉冲(Q开关控制)	总能量 ～1 000 J ～1 TW	加工	物性研究 引发等离子体
	钇铝石榴石激光器	1.06(红外)	① 连续高功率输出； ② 高速反复操作的Q开关； ③ 第2调制波输出功率高	连续 1 W ～2 kW,交变 (～5 kHz) ～10 kW	加工(集成电路的划线、修整,红宝石打孔)、激光雷达	染料激光器光源 喇曼分光计光源
半导体激光器		0.9(红外)	① 效率高； ② 小型	脉冲～10 W 连续～几 mW	游戏用光源	通信、情报处理、测距
染料激光器			波长可变			分光分析、物质分析

　　Cr^{3+}－Al_2O_3 红宝石激光器为三能级固体激光器,由于三能级激光器的激活离子效率低,振荡阈值也高,因此常要求激活离子提供四能级,即构成四能级激光器。Nd^{3+}－$Y_3Al_5O_{12}$ (YAG)以及 Nd^{3+}-玻璃激光工作物质构成的激光器,便是两种常用的四能级激光器。图 4.17 为激活离子 Nd^{3+} 的能级关系图。在 Nd^{3+}－YAG 激光工作物质中,Nd^{3+} 只占 0.5%～2.0%,产生的激光波长分别为 1.06 μm、0.92 μm、1.35 μm。若采用 Ho^{3+} 代替 Nd^{3+},则产生 2.10 μm 波长的激光。随着工作温度从 77 K 升到室温,激光发生的阈值下降,这是四能级激光器较三能级激光器的又一优点。

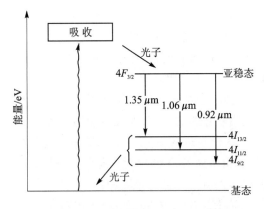

图 4.17　Nd^{+3} - YAG 激光能级图

同样对于 Nd^{3+} 离子激活的钕-玻璃激光器，由于其基质为玻璃，与晶体基质激光器的区别是二者的激光线宽不同，玻璃基质激光器为 30 nm，而晶体基质的线宽只有 1 nm。典型的激光用玻璃基质是硅酸盐、磷酸盐和磷酸氟化物，例如硅酸盐玻璃成分为 $60SiO_2 \cdot 27.5Li_2O \cdot 10.0CaO \cdot 2.5Al_2O_3$；磷酸盐玻璃的典型成分为 $59P_2O_5 \cdot 8BaO \cdot 25K_2O \cdot 5Al_2O_3 \cdot 3SiO_2$；典型的磷酸氟化物成分为 $4Al(PO_3)_3 \cdot 36AlF_3 \cdot 10MgF_2 \cdot 30CaF_2 \cdot 10SrF_2 \cdot 10BaF_2$。以上均为摩尔分数，其他玻璃基质成分见表 4.4。

表 4.4　激光器玻璃基质成分表

化合物	基质成分	浓度范围（阳离子%）	激活离子
硅酸盐	SiO_2	36～65	Nd、Gd、Ho、Er、Tm、Yb
锗酸盐	GeO_2	50～60	Nd
碲酸盐	TeO_2	65～80	Nd
硼酸盐	B_2O_3	50～80	Nd、Tb、Yb
磷酸盐	P_2O_5	45～70	Nd、Er
氟铍酸盐	BeF_2	45～60	Nd
氟锆酸盐	ZrF_4	50～60	Nd

Nd^{3+} 离子提供了高辐射效率(0.9)和长辐射寿命(150～800 ns)，而且全玻璃激光器的吸收带与用于抽运(pumping)激励的闪光灯的光谱是匹配的，因此，它是目前世界上性能最强大的商用激光器之一。

上述两种激光工作物质主要基于电子跃迁，这是最多的一类激光工作物质。作为激光晶体，它们属于掺杂型，掺钕钇铝石榴石和红宝石晶体分别属于掺杂稀土激活离子和掺杂过渡族激活离子两大范例。

还有一种激光晶体，把激活离子作为晶体的一组分而存在，称为自激活激光晶体。这是因为当掺杂型晶体中激活离子浓度增加到一定程度时，就会产生浓度猝灭效应，使激光寿命下降，但是以 NdP_5O_{14} 为代表的自激活晶体中，含 Nd^{3+} 量比 Nd^{3+} - YAG 晶体高 30 倍，但荧光寿命并未产生明显下降。由于激活浓度高，很薄的晶体就可以得到足够大的增益，因此激光器可以高效、小型化。表 4.5 所列为主要的自激活激光晶体参数。

表 4.5　主要的自激活激光晶体参数

晶　　体	空间群	最邻近的阳离子数	波长/μm	寿命/μs $x=0.01$	寿命/μs $x=1.0$	寿命比	最大浓度/cm^{-3}
$Na_xLa_{1-x}P_4O_{14}$	P2$_1$/C	8	1.051	320	115	2.78	3.9×10^{21}
$LiNd_xLa_{1-x}P_4O_{12}$	C2/C	8	1.048	325	135	2.41	4.4×10^{21}
$KNd_xGd_{1-x}P_4O_{12}$	P2$_1$	8	1.052	275	100	2.75	4.1×10^{21}
$Nd_xGd_{1-x}Al_3(BO_3)_4$	R32	6	1.064	50	19	2.63	5.4×10^{21}
$Nd_xLa_{1-x}Na(WO_4)_4$	14_1/a	8		220	85	2.59	2.6×10^{21}

20 世纪 90 年代,激光器研究取得了突破性进展,其原因主要应归功于新型激光晶体研制,包括高功率密度的激光晶体、可调谐激光晶体以及作为固体激光器泵源的半导体激光晶体。

目前工业加工用的激光器主要是 CO_2 激光器和 Nd - YAG 激光器,但在相当长一段时间内,固体激光器输出功率较 CO_2 激光器低 1～2 个数量级。现在由于可以批量生产 Nd - YAG,例如美国每年可生产 3 万支以上,最大尺寸可达 $\varphi(75～100)$ mm×250 mm。采用高功率半导体激光器作为泵浦源,在结构上采用多棒串拉组合系统以及发展板条激光器、筒形激光器等新结构系统,使得 Nd - YAG 激光器达到千瓦级高平均功率密度。由于 Nd - YAG 激光器适合通过光纤导向许多工作台进行元件和多样化加工,因而非常适合工业精密加工需要,因此这是巨大进步。同时,在 Nd - YAG 基质发展的基础上更发展了优质大尺寸的钆镓石榴石 Nd - $Gd_3Ga_5O_{12}$(Nd - GGG),它比 YAG 易于生长并较适于作为激光二极管泵浦,其输出功率将达到 2～3 kW。

可调谐激光晶体借助于过渡金属离子 d-d 跃迁易受晶格影响的特点而使其激光波长在一定范围内可调谐。在室温下可以调谐的是掺三价铬或钛的金绿宝石(Cr^{3+} - $BeAl_2O_4$)和钛宝石(Ti^{3+} - Al_2O_3)的受激辐射。其中 Ti^{3+} - Al_2O_3 的可调谐范围为 660～1 100 nm,可覆盖 9 种染料激光器的光谱范围,通过倍频还可扩展到可见光和紫外波段,不存在染料退化问题,并且光伤阈值高。其激光器在空间遥感、医疗、光存储及光谱学都有应用。掺 Cr^{3+} 可调谐晶体,最好的有 Cr^{3+} - $LiCaAlF_6$ 和 Cr^{3+} - $LiSrAlF_6$,可调范围为 0.78～1.01 μm,掺过渡族金属离子的可调谐激光器参数如表 4.6 所列。

表 4.6 掺过渡族金属离子的可调谐激光器参数

离子	基质晶体	波长/nm	温度/K	工作方式	激励源
Ti^{3+}	Al_2O_3	680～1 178	300	P* ,CW**	激光,灯
	$BeAl_2O_4$	780～820	300	P	激光
Cr^{3+}	$BeAl_2O_4$	700～830	300	P,CW	灯
	$Y_3Ga_5O_{12}$	980～1 090	77	P	Kr 激光
	$Gd_3Ga_5O_{12}$	740	300	CW	激光
	$Gd_3Sc_2Al_2O_{12}$	760	300	CW	激光
	$Y_3Sc_2Ga_2O_{12}$	765～801	300	CW	激光
	$Gd_3Sc_2Ga_3O_{12}$	730	300	CW	激光
	$La_3Lu_2Ga_3O_{12}$	745～801	300	P	激光,灯
		820	300	CW	激光
Co^{2+}	MgF_2	1 630～2 450	80～225	CW	Nd - YAG 激光
	$KMgF_3$	1 620～1 900	80		
	$KZnF_3$	1 650～2 070	80～200	CW	Ar 激光
	ZnF_2	2 165	77		
Ni^{2+}	MgO	1 310～1 410	77	P,CW	Nd - YAG 激光
	$CaY_2Mg_2GeO_{12}$	1 460	80		激光
	$KMgF_3$	1 591	77～300		
	MgF_2	1 610～1 740	80～200	CW	
	MnF_2	1 920～1 940	77～85	P,CW	Nd - YAG 激光

注: * P 为脉冲式; ** CW 为连续式。

新波长激光晶体也是近年来研究和发展的方向之一,主要是 $2 \sim 3~\mu m$ 的红外晶体,其中 $Er_{1.5}Y_{1.5}Al_2O_{12}$(波长 $2.94~\mu m$)已用于外科、神经、牙科和眼科医学临床应用。此外,Ho - Tm - Cr - YAG 和 Tm - YAG(波长 $2.13~\mu m$)也已商品化,它们对水的吸收系数以 $Er_{1.5}Y_{1.5}Al_2O_{12}$ 为最高,达到 1,其余也在 10^{-2} 量级。

值得一提的是,在深紫外固体激光技术领域,我国处于国际领先地位。氟代硼铍酸钾晶体(KBBF)是目前唯一可直接倍频产生深紫外激光的非线性光学晶体,由我国科技工作者于 20 世纪 90 年代首先提出并研制成功。它能够将激光转化为史无前例的 176 nm 波长(深紫外)激光,制造出深紫外固体激光器。我国科技工作者相继开发出一系列深紫外固态激光前沿装备,例如:高能量分辨角分辨光电子能谱仪、自旋分辨角分辨光电子能谱仪、飞行时间角分辨光电子能谱仪、深紫外激光拉曼光谱仪、深紫外激光光化学反应仪等,打造了"晶体－光源－装备－科研－产业化"自主创新链,推动了我国大型科学仪器的发展。

3. 半导体激光器

半导体激光器是固体激光器中的重要一类。这类激光器的特点是体积小,效率较高,运行简单,价格低廉。主要缺点是单色性差。下面从工作原理进行分析,从而理解半导体激光器的特点。

(1) 工作原理

为讨论简单,设定半导体温度处于 0 K,电子受某种激发从价带跃迁到导带。在短时间之后,导带中的电子下降到导带较低能级上,而靠近价带顶部的电子也下降到最低的还没被电子占据的能级上,从而使价带顶部充满空穴。这时价带和导带间就形成了粒子数反转,其物理图像如图 4.18 所示。图中 E_{FC} 和 E_{FV} 分别代表导带和价带中的准费密能级。当导带电子和价带的空穴复合时,形成受激辐射。因此,半导体激光器受激辐射跃迁发生在被电子占据的导带和价带的空态间,其跃迁发生在能量分布较广的许多能级间,而不像其他激光器只发生在两个相当确定的能级间,因此单色性差。为了满足粒子数反转的条件,必须使导带的费密分布函数 f_c 大于价带的分布函数 f_v。可以证明,只要电子和空穴的准费密能级差大于入射光子能量,作为激光工作物质的半导体就可以实现粒子数反转。

图 4.18　半导体激光器工作原理示意图

激光器的谐振腔是利用与 p - n 结平面相垂直的自然解理面所构成的平面腔,把晶体和空气之间的平面边界或者是断开的晶体端面作为谐振腔两端的反射镜。图 4.19 是早期由 GaAs 半导体构成的激光器结构图。图中两个平行的(110)解理面则充当了反射镜面。激光发生区域的厚度大约为 $2~\mu m$,即所谓的激活层。激光波长为 837 nm(4.24 K)。这种激光器广泛用作光纤通信中的光源。

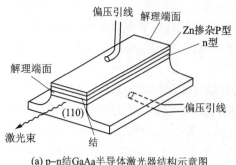

(a) p-n结GaAs半导体激光器结构示意图

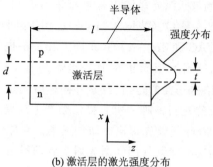

(b) 激活层的激光强度分布

图 4.19 p-n 结 GaAs 半导体激光器

受激辐射的激发方式主要有三种:光辐照、电子轰击、向 p-n 结注入电子。其中依靠 p-n 结注入电子是半导体产生激光的最重要方式,方法是将电子注入 p 结一侧,引起过剩的局部粒子,这意味着为产生激光,必须有极大的起始电流。

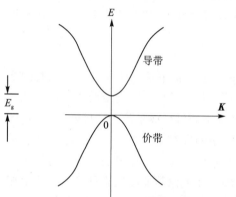

图 4.20 直接带隙半导体能带结构示意图

构成激光器的半导体一定是直接带隙型半导体。这种半导体能带特点是导带的最低能量和价带的最高能量相应于同一波矢量(见图 4.20)。电子从导带底部可直接跃迁到价带的顶部。而间接带隙半导体(如 Si、Ge 等)由于电子-空穴复合过程涉及与光子、声子的能量交换过程,因此几率低,不能用作半导体激光器。

(2) 半导体激光器材料

有相当数量的半导体材料可用于制造 p-n 结注入式半导体激光器。表 4.7 给出了半导体材料构成的激光器,但连续波等幅值输出(CW)要求在低温条件下工作(77 K)。室温下用的激光器结构如图 4.21 所示。它是一种精细夹层结构(三明治式,sandwich structure),通常称为双外延注入激光器(DH),p 型的 GaAs 夹在 GaAlAs 之间,GaAs 实际是激光器。GaAlAs 一个是 p 型,一个是 n 型,两层半导体皆比 GaAs 有高的带隙,

表 4.7 一些半导体结激光器

材　料	激光波长/μm
GaAs	$0.837(4.2 \text{ K}), 0.843(77 \text{ K})$
InP	$0.907(77 \text{ K})$
InAs	$3.1(77 \text{ K})$
InSb	$5.26(10 \text{ K})$
PbSe	$8.5(4.2 \text{ K})$
PbTe	$6.5(12 \text{ K})$
$Ca(As_xP_{1-x})$	$0.65 \sim 0.84$
$(Ga_xIn_{1-x})As$	$0.84 \sim 3.5$
$In(As_xP_{1-x})$	$0.91 \sim 3.5$
GaSb	$1.6(77 \text{ K})$
$Pb_{1-x}Sn_xTe$	$9.5(x=0.15) \sim 2.8(x=0.27)(\approx 12 \text{ K})$

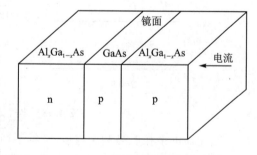

图 4.21 双外延结构半导体激光器

可以把电子限制在激活区内,这是借助于高带隙界面位垒的作用。此外,GaAs 比 GaAlAs 有高的介电常数,因此光被牢牢地限制在波导所限制的激活区内。电子及其产生的光被限制在激活区内,大大减小了器件的槛电流密度,因此可以允许器件在稍高温度下工作。

前面所谈的 DH 型激光器的出现,是人们研究半导体激光材料的结果。由于 Al 加入到GaAs 中形成二元固溶体,使材料性质满足器件设计要求,既提高了能隙,降低了折射指数,又在界面处没有引起过度的应变。主要是因为 Ga 和 Al 有相似的原子尺寸,因此在整个二元成分范围内没有引起晶格常数的显著改变。基片和夹层晶格不匹配必须避免,否则会引起晶格

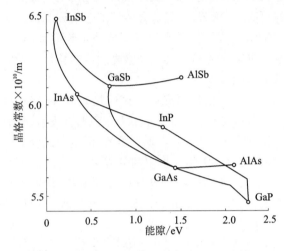

图 4.22　Ⅲ～Ⅴ族半导体能隙和点阵间距关系

结构方面的缺陷,进而造成激光机制的退化,导致失败。为此,人们认真研究了Ⅲ～Ⅴ族半导体化合物之间形成固溶体时晶格常数和能隙的变化。图 4.22 所示为一些研究结果。图中的点标注为二元固溶体化合物。其连线代表二元化合物之间可以形成三元化合物。以 InAs、GaAs、GaP 以及 InP 包围的区域代表所有以四种元素所形成的四元固溶体成分。由此图可以看到,组合的化合物中哪一种成分有相似的晶格常数,适宜于作二元合金基片,从而判断哪种组成不发生应变。给出的能隙范围意味着能设计出具有特殊波长的激光器。

早期制造的 GaAs/GaAlAs 激光器,室温产生的激光波长为 0.7～0.9 μm. 现在波长范围(对于 CW)已达到 1.67 μm。如果不是连续波,则半导体激光器的波长已达 30 μm,例如(PbSn)Te 半导体激光器。在 InP 片上生长着 InGa、PAs 多层激光结构,可产生波长为 1.1～1.7 μm 的激光,其中 1.55 μm 的激光性能最佳,损耗只有 0.2 dB/km。图 4.23 所示为目前半导体激光器所发激光波长的范围。由图可见,半导体激光器几乎覆盖了从近紫外到红外的全部波段。

半导体激光器发展的另一个重要方向是纳米技术制备的半导体量子阱激光器(QWLD)。它具有效率高(60%)、体积小、性能可靠和价格低廉等优点。商用 QWLD 已覆盖了 630～2 000 nm 波段,其中以 GaAlAs/GaAs材料体系的 QWLD 水平最高,阈值电流密度低至 65 mA/cm^2,最低阈值电流为亚毫安(0.35 mA)量级,阵列连续输出可达百瓦量级。由于 QWLD 的发散度大,光谱较宽,所以它的一个重要应用是作为泵浦激光源,与其他泵浦

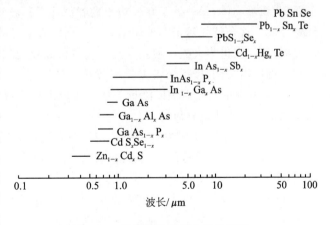

图 4.23　半导体激光器波长分布图

光源相比,不仅光谱匹配好,转换效率高,而且泵浦波长接近激光上能级,从而把泵吸过程中工作物质的热效应降到最低程度。其中最为成熟的应用是波长为 808 nm 的 QWLD 泵吸 Nd^{3+} 激光晶体。

超小型蓝绿激光器在信息处理、激光打印、光盘等方面都具有重要应用。Ⅲ～Ⅴ族（GaN）和Ⅱ～Ⅵ族（ZnMgSeS/ZnSeS/ZnCdSe）半导体量子阱激光（400～600 nm）正在向实用化靠近，虽然已实现了室温下激光连续输出，但寿命仍需提高。

4. 激光增材制造

激光增材制造是以激光为能量源的增材制造技术，能够彻底改变传统金属零件的加工模式，也称作 3D 打印技术。主要分为以粉床铺粉为技术特征的激光选区熔化和以同步送粉为技术特征的激光直接沉积。目前激光增材制造技术在航空航天和医疗领域的应用发展最为迅速。随着金属零件使用性能和结构复杂程度的提高，采用铸造、锻造等传统工艺实施制造的难度、成本和周期迅速增加，而兼具技术先进性和资源经济性的激光增材制造技术为高性能、复杂结构制造提供了新型解决方案。典型应用案例有美国通用电气公司激光选区熔化加工航空发动机燃油喷嘴、北京航空航天大学 3D 打印飞机钛合金大型主承力结构件。

超快脉冲激光具有高脉冲能量、作用时间短、可有效抑制激光扫描区的热效应等优势，可实现具有复杂三维微纳结构的高精度加工。以飞秒激光为例，其脉冲为十几到上百飞秒、激光辐射的能量密度高达 $kW/\mu m^2$。将飞秒激光直接作用于材料，可实现三维的、深纳米尺度分辨率和任意结构设计的无掩模板加工，不仅可以达到远超光学衍射极限的分辨率（10 nm 以下），还具有广泛的材料加工能力，从聚合物软材料到金属、半导体和介电材料等硬材料，均可进行加工。飞秒激光特有的非线性特性和高脉冲能量，能够同时充分满足加工水平和加工设计性的要求，已成为当代最有前景的加工技术之一。

4.3 无机材料的红外光学性能

4.3.1 红外技术的起源和应用

1800 年，赫胥尔发现红外光谱区。20 世纪 30 年代以前其主要用于学术研究，其后又发现，除非炽热物体，每种处于 0 K 以上的物体均发射特征电磁波辐射，并主要位于电磁波谱的红外区域。这个特征对于军事观察和测定肉眼看不见的物体具有特殊意义。此后红外得到迅速发展，第二次世界大战已使用了红外定位仪和夜视仪。现在几乎国民经济各个领域都可以找到它的应用实例，概括来讲主要有以下 4 方面：

① 辐射测量和光谱辐射测量。如非接触温度测量，农业、渔业、地面勘察、探测焊接缺陷以及微重力下热流过程研究。

② 对能量辐射物的搜索和跟踪。如宇航装置的导航、火箭、飞机预警、遥控引爆等。

③ 制造红外成像器件，如夜视仪、红外显微镜等。可用于火山、地震研究、肿瘤、中风早期诊断，军事上的伪装识别，半导体元件和集成电路的质量检查等。

④ 通信和遥控。如宇宙飞船之间进行视频和音频传输，海洋、陆地、空中目标的距离和速度测量。这种红外通信比其他通信（如无线电通信）抗干扰性好，也不干扰其他信息，保密性好，而且在大气中传播，波长愈长，损耗衰减愈小。

应用不同，其仪器结构也不同，但其主要部件是类似的。图 4.24 为典型的红外搜索跟踪系统方框图。这个红外光学仪器由两部分组成。一部分是红外光学系统，它好比仪器的门户，接受外来红外辐射，进行光学过程处理，透过、折射、吸收等均由仪器设计的光学系统完成。另

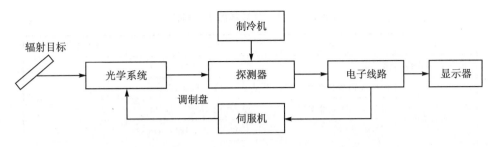

图 4.24　红外搜索跟踪系统方框图

一部分是探测器,它把接收到的红外辐射转换成人们便于测量和观察的电能、热能等形式。红外探测器在跟踪系统中是关键部件。如果把红外系统比作人的眼睛,那么探测器就相当于视网膜,没有视网膜就不能"感光"了。

介绍这些的目的,不在于要设计红外系统,而是要说明这两部分要使用哪些和怎样的材料来完成这些任务。

4.3.2　红外透过材料

红外系统对于红外透过材料的最基本要求是透过率要高,透过的短波限要低,频带要宽,一般红外波段是从 $0.7\ \mu m$ 到 $20\ \mu m$。如果材料对某波段的透过率低于 50%,那么可以定义此波长已截止。不同材料的用途不同,对折射率的要求也不相同。对于透过材料,为了减少反射,当然希望折射率低一些。要保持高的透过率,其中材料散射和吸收系数要小,这一点在用作 CO_2 激光器红外窗口时显得特别重要。另外材料的自辐射要小,否则会造成假信号。与选择其他光学材料一样,都要注意其力学、化学、物理性质,要求温度稳定性要好,对水、气稳定,力学性质主要有弹性模量、扭转刚度、泊松比、拉伸强度和硬度。物理性质包括熔点、热导率、膨胀系数及可成型性。此外要强调的物性是材料的热导率要高,特别是当其用于高速飞行器的时候。根据使用条件从优选择,在条件允许时,应选择较便宜的材料。

目前实用的红外透过材料,可以分为玻璃、晶体、透明陶瓷、塑料四类。

1. 玻　璃

玻璃的光学均匀性好,易于加工成型,价格低廉。缺点是透过波长较短,使用温度低于 $500\ ℃$。主要有硅酸盐玻璃、铝酸盐、硫属化合物玻璃,其透过率如图 4.25 所示。主要成分及性能如表 4.8 所列。氧化物玻璃透过波长不超过 $7\ \mu m$,主要杂质是 OH^- 离子。硫族化合物玻璃透过红外波长较宽,例如 $Ge_{30}As_{30}Se_{40}$ 玻璃红外波限高达 $13\ \mu m$,但加工工艺复杂,且含有毒元素。

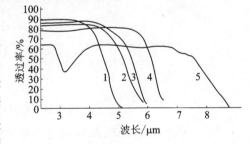

1—硅酸盐玻璃;2—锗酸盐玻璃;3—铝酸钙玻璃;
4—碲酸盐玻璃;5—铋酸铅玻璃

图 4.25　红外光学玻璃透过率与波长关系

2. 晶　体

人们很早就利用晶体作为红外区域的光学材料。与玻璃相比,晶体透过长波限较长(最大可达 $60\ \mu m$),折射率和色散范围也较大,而且许多晶体熔点高,硬度高,热稳定性好,具有独特的双折射性能。缺点是制备晶体生长较慢,且不易长成大尺寸,价格也高,因此应用受到限制。

表 4.8　一些红外玻璃的成分和性能

种　类	名　称	化学组成	透射波段/μm
硅酸盐玻璃类	光学玻璃	$SiO_2 - B_2O_3 - P_2O_5 - PbO$	$0.3 \sim 3$
非硅酸盐类	BS37A 铝酸盐玻璃	$SiO_2 - CaO - MgO - Al_2O_3$	$0.3 \sim 5$
	BS37B 铝酸盐玻璃	$CaO - BaO - MgO - Al_2O_3$	$0.3 \sim 5.5$
	镓酸盐玻璃	$SrO - CaO - MgO - BaO - Ga_2O_3$	$0.3 \sim 6.65$
	碲酸盐玻璃	$BaO - ZnO - TeO_2$	$0.3 \sim 6.0$
硫属化合物玻璃类	三硫化二砷玻璃	$As_{40}S_{60}$	$1 \sim 11$
	硒化砷玻璃	$As_{38.7}Se_{61.3}$	$1 \sim 15$
	20 号玻璃	$Ge_{33}As_{12}Se_{55}$	$1 \sim 16$
	锗锑硒玻璃	$Ge_{28}Sb_{12}Se_{60}$	$1 \sim 15$
	锗磷硫玻璃	$Ge_{30}P_{10}S_{60}$	$2 \sim 8$
	砷硫硒碲玻璃	$As_{50}S_{20}Se_{20}Te_{10}$	$1 \sim 13$

　　锗和硅单晶体是两种常用的红外光学材料。硅在力学性能和抗冲击性上比锗好很多,受温度影响也小,但硅的折射率高,使用时需镀增透膜,以减少反射损失。除了 Ge、硅单晶体外,离子晶体(即碱卤化物和碱土化物)也可用作红外光学材料,如 CsI 和 MgF_2。其中 MgF_2 在用于红外窗口或整流罩时往往采用热压多晶体,具有高于 90% 的红外透过率,是较为满意的中红外材料。图 4.26(a)和(b)分别给出了 CsI 和 MgF_2(国产)的透过率曲线。

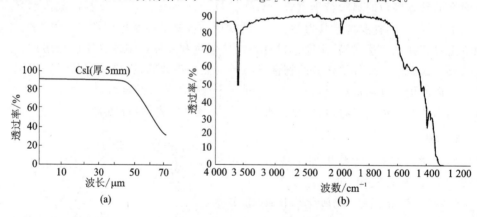

图 4.26　CsI(a)和 MgF_2(b)的透过率曲线

　　硫化物单晶体 ZnS、ZnSe 都是很好的红外透过材料,但工程上常用的是多晶体的 ZnS 和 ZnSe,采用热压或化学气相沉积方法生产。热压产品物理性能上的优势是硬度和强度高;而化学气相沉积的 ZnS 和 ZnSe,由于吸收系数很小,折射率均匀度很高,常用于要求高的窗口。图 4.27 描述了国产 ZnS(a)和 ZnSe(b)的透过率曲线。

3. 红外透明陶瓷和金刚石

　　由于进行了固态扩散,烧结的陶瓷产品性能稳定,目前已有十多种红外透明陶瓷材料可供选择。Al_2O_3 透明陶瓷不仅透近红外还透可见光,熔点高达 $2\,050$ ℃,性能和蓝宝石差不多,但价格却低很多。蓝宝石是高速导弹首选的中红外透过材料。稀土金属氧化物是另一类高温红外透过材料,其中具有代表性的有 Y_2O_3 陶瓷(透过率曲线见图 4.28)。它们大都属于立方晶

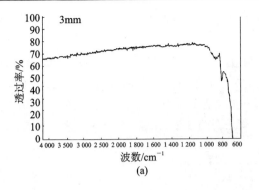

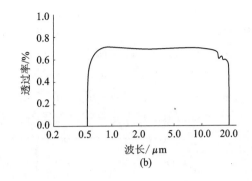

图 4.27　ZnS(a) 和 ZnSe(b) 的透过率曲线

系,因而光学上是各向同性,晶体散射较小。

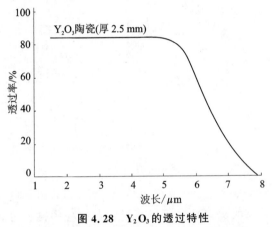

图 4.28　Y_2O_3 的透过特性

金刚石是理想的红外透过材料。自然界中Ⅱa 型金刚石具有良好的红外透过性能,透过带宽从 $0.23\ \mu m$ 到 $200\ \mu m$ 以上,在 $10.6\ \mu m$ 处,吸收系数 $\alpha=0.03\ cm^{-1}$。目前利用先进的微波等离子体辅助化学气相沉积(MPCVD)可生产透明的人造金刚石,性能可与Ⅱa 型金刚石相比拟。这种高性能的人造金刚石在以下几方面具有无可替代的应用地位:① 多色谱光学材料应用,可用于多种模式的控制窗口;② 高速飞行器探测系统中的光学材料;③ 大功率 CO_2 激光器窗口;④ 低的介电损耗。

下面具体介绍人造金刚石独特的性质,从而帮助读者理解它的独特应用。

图 4.29 所示为高质量 CVD 金刚石的透过谱。由图可见,宽的禁带使透过率从 225 nm 一直延续到 20 000 nm 以上,其中只有在波数 2 158 cm^{-1} 处存在 2 声子和 3 声子吸收带,吸收系数达到 14 cm^{-1}。整个透过谱不存在由缺陷引入的 1 声子吸收,这对于不完整晶体在波数小于 1 332 cm^{-1} 时是经常存在的。图 4.30 比较了 CVD 金刚石和自然界Ⅱa 型金刚石吸收系数

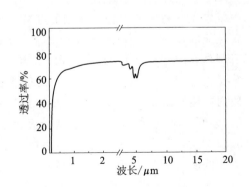

图 4.29　高质量 CVD 金刚石透过谱 (厚 150 μm)

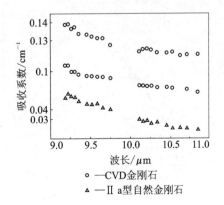

○—CVD 金刚石
△—Ⅱa 型自然金刚石

图 4.30　CVD 金刚石与天然Ⅱa 型金刚石吸收系数随波长变化比较

随波长的变化,尽管 CVD 金刚石仍高于自然界 Ⅱa 型金刚石的吸收系数,但高质量的 CVD 金刚石的吸收系数在 $10.6\ \mu m$ 处已低于 $0.1\ cm^{-1}$。

散射是多晶 CVD 金刚石的主要问题。散射主要由晶界引起。使用 He - Ne 激光器 633 nm 的辐射,测量双向传递分布函数(BTDF),并与天然 Ⅱa 型金刚石及 ZnSe 进行比较,结果见图 4.31。由图可见,高质量 CVD 金刚石和 Ⅱa 型金刚石的性质十分相近。

金刚石的第二特点是具有高热导率。其热导率是铜的 5 倍,图 4.32 表示了这个结果。

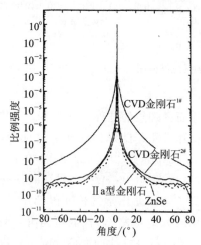

图 4.31　CVD 金刚石、天然 Ⅱa 型金刚石、
ZnSe 散射强度比较

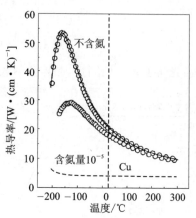

图 4.32　CVD 金刚石(含氮和不含氮)
与铜热导率比较

在 20 ℃下,纯铜的热导率只有 4 W/K·cm,而天然 Ⅱa 金刚石达 26 W/K·cm,最好的 CVD 金刚石的热导率达到 21.5 W/K·cm。热导率的均匀性也可以通过制备过程中微波等离子体的调整,使其在 20.3 W/K·cm 和 21.0 W/K·cm 之间变化。

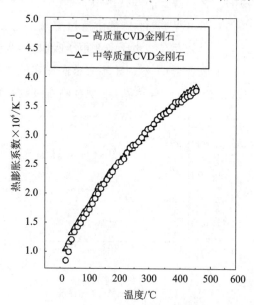

图 4.33　CVD 金刚石热膨胀系数
与温度的关系曲线

金刚石在高速飞行器探测系统中应用,还必须保证其热-光和热-机性能良好。图 4.33 表示其热膨胀系数随温度的变化。结果表明,热膨胀系数并不随制造样品质量而变化,室温下都是 $1×10^{-6}\ K^{-1}$。折射率随温度的变化 dn/dT 在红外材料中是最低的。

表 4.9 列出了工程上常用的红外材料主要性能的比较。由表中可以看出,CVD 金刚石所具有的性能优势十分明显。但由于 $3\sim5\ \mu m$ 处有本征吸收存在,所以不可能在此波段内应用于高速飞行器,然而在 $8\sim12\ \mu m$ 波段,金刚石是透明的,且由于禁带宽度高达 5.5 eV,故不会由于温度影响而增加吸收,导热性好使它可以应用于冷却技术。高硬度、高熔点加上高导热使之具有抗热冲击、雨蚀以及固体颗粒物冲击的优秀品质。

表 4.9 CVD 金刚石与其他红外光学材料比较

材 料	金刚石	ZnSe	ZnS	Ge	Al$_2$O$_3$
带隙/eV	5.48	2.7	3.9	0.664	9.9
长波截止波长/μm	200	20	14	23	5.5
吸收系数 ① 10.6 μm；② 5.35 μm	0.1～0.3①	0.000 5①	0.2①	0.02①	1.9②
折射率 ① 10.6 μm；② 5 μm	2.38①	2.40①	2.19①	4.00①	1.63②
$(\mathrm{d}n/\mathrm{d}T)/(10^{-3}\cdot\mathrm{K}^{-1})$	1.0	6.4	4.1	40	1.3
热导率/(W·cm·K^{-1})	20～22	0.19	0.27	0.59	0.35
热膨胀系数/(10^{-6}·K^{-1})	1.3	7.6	7.9	5.9	5.8
显微硬度/(kg·mm^{-2})	8 300	137	230	780	1 800

4.3.3 红外探测材料

1. 红外探测的物理原理

从本质上讲,红外探测器所以能探测到的环境红外光变化,归根到底属于光子与材料的相互作用。因此,按光子与材料的相互作用来分类有:一类是光子与材料相互作用无选择性,称为无选择辐射探测器材料,包括热释电材料、超导材料、光声材料;另一类是相互作用过程出现选择性。利用这种选择性相互作用引起的物理性能变化,可以测定环境红外光的变化,这类探测器称为选择性辐射探测器。选择性辐射探测器材料又分为外光电效应材料和内光电效应材料,以及光生伏打光电材料和光磁效应材料。

外光电效应过程如图 4.34 所示。图中 $h\nu$ 代表入射的光子,它与材料的晶格交换能量 hq,晶格吸收了光子并激发材料发射电子。要完成这一过程,其入射光子能量要等于或大于电子从材料表面的逸出功。电子逸出能量转换方程为

$$h\nu = e\varPhi + \frac{1}{2}m_\mathrm{e}v^2 \tag{4.37}$$

等式右边第一项是使电子以零速度逸出材料表面所给予电子的最低能量,称为逸出功:

$$h\nu_0 = e\varPhi_0$$

此处 ν_0 代表使电子逸出材料表面的电磁波辐射频率界限。相应的波长 λ_0 称为外光电效应的长波边界,即"红限"。可以算出红限 λ_0 为

$$\lambda_0 = 1\,239.5/\varPhi_0 \quad (\mathrm{nm}) \tag{4.38}$$

式中,$\varPhi_0$ 为电压(伏特),其大小与材料的功函数有关。材料的光电效应主要应用于光电发射探测器,如充气光电管、光电倍增管和真空管。其主要结构均有光阴极,用于发射光电子,阳极接收光电子。光电流与入射辐射功率成正比。

内光电效应能量转换过程如图 4.35 所示。能量转换是指材料吸收辐射光子后产生自由电子(见图 4.35(a))或电子-空穴对效应(见图 4.35(b)),产生的载流子留在材料内部,而不逸出材料表面。能够产生这种效应的材料称为光敏材料。它们多为半导体类材料。正是利用这种效应构成了光导探测器(原理示于图 4.36)和光伏探测器(原理示于图 4.37)。

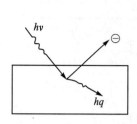

图 4.34　外光电效应转换示意图

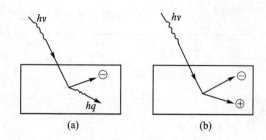

(a)　　　　　　(b)

图 4.35　内光电效应转换示意图

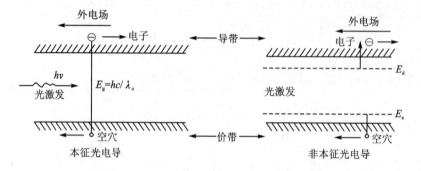

本征光电导　　　　　　非本征光电导

图 4.36　光电导过程电子-空穴能带结构示意图

当入射辐射作用在半导体 p-n 结上产生本征吸收时,价带中的光生空穴与导带中的光生电子在

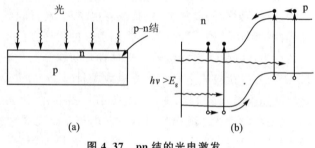

图 4.37　pn 结的光电激发

p-n 结内建电场作用下分开,分别沿电场方向运动,形成光生伏特电压或光生电流。当设定内建电场的方向为电压与电流的正方向时,将 p-n 结两端接入适当的负载电阻 R_L,若入射通量为 $\Phi_{e,\lambda}$ 的辐射作用于 p-n 结上,则有电流 I 流过负载电阻,并在负载两端产生电压降 U,通过负载电阻的电流为

$$I = I_\phi - I_D(e^{\frac{qU}{kT}} - 1) \tag{4.39}$$

其中 $I_\phi = \dfrac{\eta q}{h\nu}(1 - e^{-\alpha d})\Phi_{e,\lambda}$ 为光生电流,I_D 为暗电流。当 p-n 结短路,也即 $U=0$ 时,输出的短路电流 I_{SC} 就是 I_ϕ,所以

$$I_{SC} = I_\phi = \dfrac{\eta q}{h\nu}(1 - e^{-\alpha d})\Phi_{e,\lambda} \tag{4.40}$$

当 p-n 结开路,即 $I=0$ 时,p-n 结两端的开路电压 U_{OC} 为

$$U_{OC} = \dfrac{kT}{q}\ln\left(\dfrac{I_\phi}{I_D} + 1\right) \tag{4.41}$$

2. 光子型红外探测器材料碲镉汞

光子型探测器材料中最具代表性的材料是碲镉汞(HgCdTe,缩写 MCT)。它是仅次于 Si、GaAs 之后排列第三位最重要的半导体材料。其能带结构如图 4.38 所示。

MCT 是直接带隙半导体。它的能带的最大特点是带隙随成分呈线性变化,充分体现带隙的可调节性（见图 4.39(a)），并决定了工作波长范围很宽，从 2 μm 到 20 μm。据研究，成分为 $Hg_{0.795}Cd_{0.205}Te$ 的晶体，在 71 K 时带隙为 0.10 eV，波长极限为 12.4 μm，成分与带隙关系的解析式为

$$E_g(eV) = 1.59x - 0.25 + 5.233(10^{-4})$$
$$T(1-2.08x) + 0.327x^3$$

式中，E_g 为带隙，x 为汞的摩尔分数，T 为热力学温度（K）。MCT 的电子迁移率也是高的，图 4.39(b) 给出了 300 K 温度下电子迁移率与成分的关系曲线。MCT 的膨胀系数与底材 Si 的热膨胀系数相近，而且 MCT 易于表面钝化，这些都是 MCT 的优点。

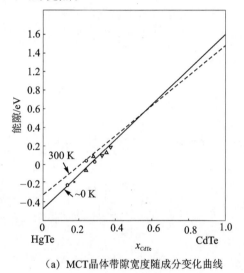

图 4.38　MCT 晶体电子能带结构图

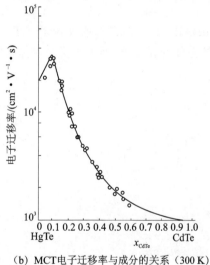

（a）MCT晶体带隙宽度随成分变化曲线　（b）MCT电子迁移率与成分的关系（300 K）

图 4.39　MCT 晶体成分与半导体性质

MCT 最大的缺点是制造技术要求严格，成分难以控制均匀。另外还必须在低温下工作，用材纯度要求在 99.999 9% 以上。近年来，红外探测器向低维方向发展，特别是异质结晶格结构，通过合理地设计材料参数（如成分、掺杂、超晶格结构的厚度）进行能带"裁剪"，从而调控材料的吸收特征，以满足 IR 探测器的要求。直至目前，MCT 器件的性能仍是最好的。

4.3.4　热探测器材料

热探测器（thermal detector）俗称非致冷探测器（uncooled IR detector），其工作原理可分别基于以下三种物理效应：热敏电阻效应、热电效应、热释电效应。目前已成功应用的热探测器有热释电探测器（pyroelectric detector）和微机械硅辐射量热计（micromachined silicon bolometers），它使用的热敏材料是二氧化钒（VO_2）。下面仅介绍热释电探测器工作原理和材料。

1. 热释电探测器工作原理

第 3 章已经学过热释电晶体的性质，知其具有自发极化强度 P_s，晶体的表面具有束缚电

荷,在与极轴(即自发极化 P_S 方向)垂直的平面内,面束缚电荷密度等于 P_s,但这些束缚电荷被晶体内部和外部的自由电荷所中和,因此人们觉察不出来。晶体内部自由电荷起中和作用的平均时间为 τ,且 $\tau = \varepsilon/\sigma$,其中 ε 为晶体介电常数,σ 为晶体电导率。多种热释电体的 τ 值在 $1\sim1\,000$ s 范围内。

下面解释热释电探测器工作原理。注意图 4.40 中有两块尺寸完全相同的元件,一块是用于消除环境温度变化对探测器信号输出影响的,另一块才是对红外辐射作出反应的探测器敏感元件。设调制频率为 ν 的红外光辐射到热释电晶体上,使晶体的自发极化以及由此引起的表面束缚电荷均随频率 ν 变化,温度也随之改变。若频率变化较缓慢,即 $\nu<1/\tau$,则面束缚电荷始终被晶体内自由电荷所中和,因此显示不出变化来。但若 $\nu>1/\tau$,体内自由电荷就来不及中和面束缚电荷的变化,结果使晶体在垂直于 P_s 的两端面出现开路交流电压。如果把这两端面附以电极,接上负载 R,则会有电流流过。总之,当 $\nu>1/\tau$ 的调制光照射到晶体时,负载两端就会产生交流信号电压。这就是热释电探测器的工作原理。若温度对时间的变化率为 $\mathrm{d}T/\mathrm{d}t$,P_s 对时间变化率为 $\mathrm{d}P_s/\mathrm{d}t$,它相当于外电路通过的电流。设电极面积为 A,则信号电压为

$$\Delta U = AR(\mathrm{d}P_s/\mathrm{d}t) = AR(\mathrm{d}P_s/\mathrm{d}T)(\mathrm{d}T/\mathrm{d}t) \tag{4.42}$$

式中 $\mathrm{d}P_s/\mathrm{d}T$ 就是热释电系数 p,当 ΔT 比较小时,$\mathrm{d}P_s/\mathrm{d}T$ 可以视为常数,则输出电压便正比于晶体温度变化速率,而不取决于晶体与热辐射是否达到热平衡。

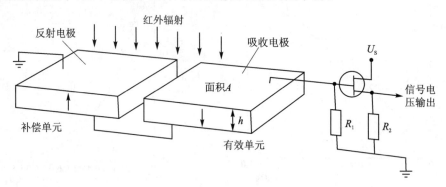

图 4.40 热释电探测器工作原理

2. 热释电探测器材料

分析式(4.42)可知,热释电探测器选择材料时应选择热释电系数 p 大的材料,同时应注意 $\mathrm{d}P_s/\mathrm{d}T$ 变化的形式,已知铁电材料相变有两类:一类如 TGS,属二级相变,$\mathrm{d}P_s/\mathrm{d}T$ 直到居里温度都有较大变化,而 $BaTiO_3$ 一类只有接近 T_c 时 $\mathrm{d}P_s/\mathrm{d}T$ 才有突然变化,而在远离 T_c 温度时 $|\mathrm{d}P_s/\mathrm{d}T|$ 变化不大。因此,选择材料应选室温下 $|\mathrm{d}P_s/\mathrm{d}T|$ 较大,同时居里点又比室温显著高的材料。另外,若工作温度靠近 T_c,则最好选用二级相变材料,因为此种情况下,一级相变材料噪声较大。

当然影响热释电探测器工作的不只是 p,工程上常用材料的优值 F_V(figure of merit)表征,$F_V = p/c'\varepsilon$,其中 p 为热释电系数,ε 为介电常数,c' 为体积比热容。这是在高频大面积情况下选材的参量。

图 4.41 比较了光子型和热释电探测材料的 D 值。由图可见,热释电探测器相对于光子型探测器的最大优点是可以工作在室温,而不需要复杂的冷却装置;另外就是工作频带宽而平坦。

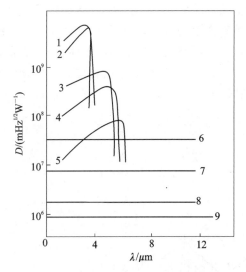

1—PbS；2—InAs；3—HgCdTe；4—PbSe；5—InSb；6—掺杂 TGS；7—LiTaO3；8—PZ；9—PVDF

曲线 1～5 测试温度为 200 K，其余为 300 K

图 4.41　一些光子和热释电探测器的 D 值

直接比较两类探测器的探测率 D^* 发现，在 10 μm 处 MCT 探测器为 1.5×10^{14} cm · Hz$^{1/2}$ · W^{-1}；热释电探测器仅为 2×10^8 cm · Hz$^{1/2}$ · W^{-1}，可见热释电探测器 D^* 显然低很多，但如果考虑到热背景的影响，并且热释电材料比较便宜，那么两者相差就不多了。表 4.10 列出了热释电材料的主要性能。比较好的热释电材料是 (SrBa)Nb$_2$O$_6$ 和钙钛矿类型的 Pb$_{1.02}$(Zr$_{0.59}$Fe$_{0.2}$Nb$_{0.2}$Ti$_{0.02}$)$_{0.994}$ · U$_{0.006}$O$_3$ 以及 LiTaO$_3$ 等。

表 4.10　一些重要的热释电材料

材　　料	$p/(\mu C \cdot m^{-2} \cdot K^{-1})$	介电性		$c'/(MJ \cdot m^{-3} \cdot K^{-1})$	$T_c/℃$	$F_V/(m^2 \cdot C^{-1})$	$F_D/(\mu m^3/J)^{\frac{1}{2}}$ *
		ε_r	$\tan\delta$				
DTGS 单晶体 (40 ℃)	550	43	2.0×10^{-2}	2.4	61	0.60	83
LiTaO$_3$（单晶体）	230	47	$\approx 10^{-4}$	3.2	665	0.17	350
(SrBa)Nb$_2$O$_6$	550	400	3.0×10^{-3}	2.3	121	0.07	72
改性 PZT 陶瓷	380	290	2.7×10^{-3}	2.5	230	0.06	58
PVDF 聚合物	27	12	$\approx 10^{-2}$	2.4	≈ 80	0.1	8.8
P(VDF/TrFE) (70/30)	28	10.1	0.0153	2.20	102	0.155	11.9

注：* F_D 为考虑介电损耗时的优值。

4.4　电-光效应、光折变效应、非线性光学效应

4.4.1　相关预备知识

1. 偏振光

自然光的电场矢量振动传播在空间内的分布是各向均匀的。然而由于各种原因可以造成

光的电场矢量在某些方向上振动减弱,而在另一些方向上加强,这种光称为偏振光。下面采用数学方法说明偏振光的种类和产生的条件。如图 4.42 所示,一束平面偏振光沿 z 方向传播,它总可以分解成两个分量:一个分量在 x-z 平面内振动,另一个分量在 y-z 平面内振动。当它们通过一各向异性介质时,两个分量有可能造成相位差。假设 y-z 波超前 x-z 波一段距离 Δz,也就是 y-z 波超前 x-z 波一个相位角 δ,且 δ 应为 $2\pi\Delta z/\lambda$。两个分量的电矢量振动方程式如下:

$$\left.\begin{array}{l} E_x = E_{0x}\sin(Kz - \omega t) \\ E_y = E_{0y}\sin(Kz - \omega t + \delta) \\ E_z = 0 \end{array}\right\} \tag{4.43}$$

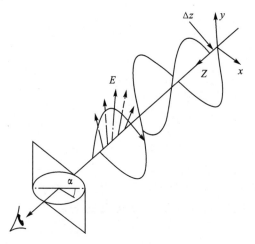

图 4.42　右旋椭圆偏振光的两个分量

式中:E_{0x}、E_{0y} 分别为 x 和 y 方向电矢量振幅;K 为波数($K = 2\pi/\lambda$);ω 为角频率。

经数学处理,消去 z、t,得到 E 矢量的表达式(z 为常数):

$$\left(\frac{E_x}{E_{0x}}\right)^2 + \left(\frac{E_y}{E_{0y}}\right)^2 - 2\left(\frac{E_x}{E_{0x}}\right)\left(\frac{E_y}{E_{0y}}\right)\cos\delta = \sin^2\delta \tag{4.44}$$

显然,式(4.39)代表一个矢量振动描绘的椭圆方程,其短半轴和长半轴分别为 E_{0y} 和 E_{0x},现对式(4.39)进行讨论:

① 当 $\delta = \pi/2$ 时,式(4.39)写为

$$\left(\frac{E_x}{E_{0x}}\right)^2 + \left(\frac{E_y}{E_{0y}}\right)^2 = 1$$

当 $E_{0y} = E_{0x}$ 时,E 矢量描绘的是一个圆,即两个分量合成一个圆偏振光。

② 当 $\delta = 0$ 时,式(4.39)写为

$$\left(\frac{E_x}{E_{0x}} - \frac{E_y}{E_{0y}}\right)^2 = 0 \quad \Rightarrow \quad E_y = \frac{E_{0y}}{E_{0x}}E_x$$

显然,E 矢量的振动轨迹是一直线。

图 4.43 给出类似讨论的各种结果。由图可见,线偏振光(又称平面偏振光)只是椭圆偏振光的一个特例。因此,偏振的意义在于对入射光 E 矢量振动面的旋转,根据转动方向的不同,可以分右旋偏振光(见图 4.43(b))和左旋偏振光(见图 4.43(f))。

2. 布儒斯特(Brewster)角和马吕斯(Malus)定律

电磁波理论指出,当光从两种介质的界面反射或折射时,其 E 矢量的方向在二者中是不同的,也就是说反射和折射光都将成为部分偏振光。当改变入射角 i 时,反射光的偏振程度在改变。满足反射光为完全线偏振光时的入射角即为布儒斯特角 i_0(见图 4.44)。其数学表达式为

$$i_0 = \tan^{-1}\frac{n_2}{n_1}$$

这个规律称为布儒斯特定律。布儒斯特定律是制造起偏器的理论根据之一。

另一个在偏振系统中应用的定律是马吕斯定律。设有一束自然光 S 经过起偏器后强度

为 I_0，再经过检偏器 B 后，其强度将会发生变化。图 4.45 表示了这一过程。图中 A_0 为偏振光振幅，可以证明检测到的强度为

$$I = I_0 \cos^2 \alpha \qquad (4.45)$$

式中，α 为两个偏振器偏振方向的夹角。

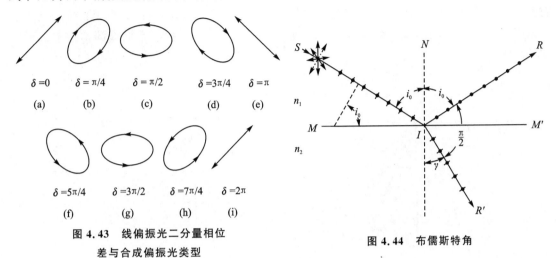

图 4.43　线偏振光二分量相位
差与合成偏振光类型

图 4.44　布儒斯特角

当两个偏振器的偏振方向平行或反平行时，$I = I_0$，光最强。如果它们的方向彼此垂直，则 $I = 0$，即光线没有从检偏器通过。可以想像，当用电场控制偏振方向时，便可控制通过光的强度，这正是现代技术中经常使用的。

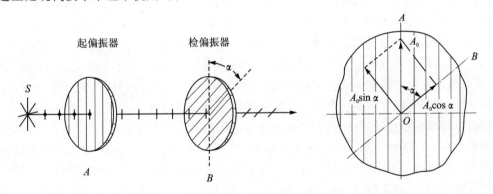

图 4.45　偏振光经偏振器后强度的变化

3. 双折射和光折射率椭球体

当一束光通过各向异性晶体时，光被弯曲，同时产生二束光，这就是所谓的双折射（见图 4.46）。光线通过方解石（$CaCO_3$）单晶体时，便可清楚地观察到这种现象。实验发现，当光通过这种晶体的某个方向时，并不产生双折射，这个方向称为晶体的光轴。只有一个这种方向的晶体称为单轴晶体，其晶体结构可以为菱形、四方系和六方系。双折射中的二束光均为偏振光，其中一束偏振光速度变化符合折射定律，称为寻常光，简写为 o 光，而另一束不符合折射定律，称为非寻常光，简写作 e 光。当 e 光速度大于 o 光速度时，这种晶体称为负单轴晶体，如方解石晶体；否则称为正单轴晶体，如石英晶体。

有些晶体存在两个不产生双折射的方向（存在两个光轴），称为双轴晶体。当一束光通过双轴晶体时也分成两束折射光，它们的 E 振动方向相互垂直，但它们都不遵从折射定律，也不

分寻常光和非寻常光。现已证明，它们都与晶体的结构有关。双轴晶体的晶体结构可以为正交晶系、单斜晶系、三斜晶系，表 3.8 列出不同晶系的晶体可能有的光轴数。

为了说明晶体结构和光电场作用的关系，引入折射率椭球的概念。已知在光频范围内，$\varepsilon_r = n^2$，则其在直角坐标系中的三个分量分别为 $\varepsilon_x = n_x^2, \varepsilon_y = n_y^2, \varepsilon_z = n_z^2$，把 n_x、n_y、n_z 称为主折射率。由光的电磁理论知，电感应在晶体内的传播可用一椭球表示，它的三个半轴长分别与主折射率 n_x、$n_y n_z$ 成正比，故称此球为折射率椭球，见图 4.47(a)。折射率椭球的物理意义可以这样理解。

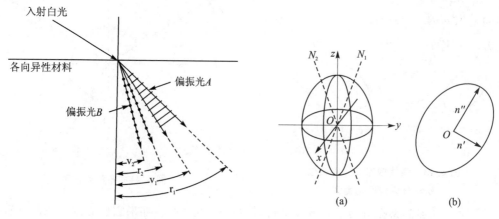

图 4.46 各向异性材料中的折射　　图 4.47 折射率椭球

根据光的入射方向可以判断偏振光的振动方向和折射率。若光沿 z 轴方向传播，一偏振光的振动平行 x 方向，折射率为 n_x，另一偏振光的振动方向平行 y 方向，折射率为 n_y。光沿 x 或 y 方向传播时，可以以此类推说明存在的偏振光及其折射率。若光不是沿晶体主轴方向传播，而是沿其他任意 k 方向传播（k 为该方向的单位矢量），则过原点 O 垂直 k 作一平面与椭球相剖，椭球在此平面上的截面为一椭圆（见图 4.47(b)）。此椭圆的长短方向分别为两偏振光的振动方向，轴的长短分别和它在 k 方向的折射率 n'' 和 n' 成正比。

折射率椭球也可直观解释光轴、单轴和双轴晶体的意义。当光沿光轴方向传播时，椭球在垂直光轴方向的截面为一圆。这表示相互垂直的两偏振光的折射率相等，故没有双折射现象。一个椭球只能被两个方向的平面剖出圆，所以一个晶体最多只有二个光轴。当两个光轴合并在 z 方向时，则成单轴晶体，$n_z = n_e, n_x = n_y = n_0$，椭球退化为椭圆的旋转体。对各向同性介质，则椭球退化为圆球体，$n_x = n_y = n_z = n_0$。读者可以分析一下图 4.48 所示的单轴和双轴晶体的光折射率椭球体各截面的物理意义（注意 z 方向为光轴）。

折射率椭球的用途很多，可以说明各种材料的光电效应对折射率的影响。

4.4.2 电光效应

第 3 章研究极化时，假设极化强度 P 与所加电场有线性关系，但这是一级近似。事实上电场与材料的介电常量，对于光频场（也就是材料折射率 n）有如下关系：

$$n = n^0 + aE_0 + bE_0^2 + \cdots \tag{4.46}$$

式中：n^0 是没有加电场 E_0 时的介质折射率；a、b 是常数。

这种由于外加电场所引起的材料折射率变化的效应，称为电光效应。从式(4.46)可见，等式右边第二项 n 与 E_0 为线性关系，称为线性电光效应或称为泡克耳斯（Pockels）效应；第三项

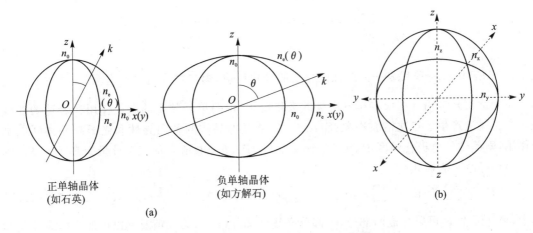

图 4.48　单轴晶体(a)、双轴晶体(b)的折射率椭球

为二次电光效应,也称克尔(Kerr)电光效应。

一次电光效应:没有对称中心的晶体(如水晶、钛酸钡等),外加电场对折射率 n 的影响表现为一次电光效应。对于光各向同性的具有圆球折射率体的晶体在电场作用下产生了双折射,折射率体成为旋转椭球体,即成为单轴晶体。同样,单轴晶体加上电场后,变旋转椭球体的光折射率体成为三轴椭球光折射率体。对于电光陶瓷,由电场诱发双折射的折射率差为

$$\Delta n = \frac{1}{2} n^3 r_c E \tag{4.47}$$

式中:r_c 为电光陶瓷的电光系数;n 为折射率,E 为所加电场。

二次电光效应:对于有中心对称或结构任意混乱的介质,它们不具有一次电光效应,只具有二次电光效应,这是 1870 年克尔在玻璃上发现的。对于光各向同性的材料,在加上外电场后,由二次电光效应诱发的双折射的折射率差为

$$\Delta n = n_e - n_0 = k \lambda E^2 \tag{4.48}$$

式中:k 为电光克尔常数;λ 为入射光真空波长,E 外加电场强度。

表 4.11 所列为典型的电光克尔常数值。

表 4.11　电光克尔常数值

(20 ℃,$\lambda = 589.3$ nm)

材　料	$k \times 10^{12}/(/V^2)$
水	5.2
硝基苯	24
硅酸盐玻璃	3~1.7

4.4.3　非线性光学效应

20 世纪 60 年代激光产生后,其相干电磁场功率可达 10^{12} W/cm^2,相应的电场强度可与原子的库仑场强(约 3×10^8 V/m)相比较,因此其极化强度 P 与电场的二次、三次甚至更高次幂相关。激光器所进行的大量实验证明,那些过去被认为与光强无关的光学效应或参量几乎都与光强密切相关。正是由于光波通过介质时极化率的非线性响应产生了对于光波的反作用,从而产生了和频、差频等谐波。这种与光强有关,不同于线性光学现象的效应称作非线性光学效应。具有非线性光学效应的晶体则称为非线性光学晶体。

光波在介质中传播,介质极化强度 P 是光波电场强度 E 的函数。在一般情况下,将 P 近似展开为 E 的幂级数,即

$$P = \varepsilon_0 (x_1 E + x_2 E^2 + x_3 E^3 + \cdots) \tag{4.49}$$

假设一足够强的激光作用于非线性光学材料上,其电场 $E = E_0 \sin \omega t$,由方程式(4.49)可得

$$P = \varepsilon_0 (x_1 E_0 \sin \omega t + x_2 E_0^2 \sin^2 \omega t + x^3 E_0^3 \sin^3 \omega t \cdots) =$$

$$\varepsilon_0 x_1 E_0 \sin\omega t + \frac{1}{2}\varepsilon_0 x_2 E_0^2 (1 - \cos 2\omega t) + \frac{1}{4}\varepsilon_0 x^3 E_0^3 (3\sin\omega t -$$

$$\sin 3\omega t) + \cdots \tag{4.50}$$

式中,$\varepsilon_0 x_1 E_0 \sin\omega t$ 一项代表一般线性电介质的极化反应,第二项含有二个分量,其中 $\frac{1}{2}\varepsilon_0 x_2 E_0^2$ $\cos 2\omega t$ 分量正是 2 倍入射波频率的电场的极化变化,说明单一频率的激光作用在合适的非线性光学材料上产生了二次谐波现象(SHG)。如果考虑晶体的各向异性和光子与晶体间的耦合作用,则晶体的电极化强度 P 的三个分量为 P_1、P_2、P_3,电场 E 的三个分量为 E_1、E_2、E_3,则式(4.44)可改写为通式:

$$P_i = \sum_j x_{ij}^{(1)} E_j + \sum_{j,k} x_{ijk}^{(2)} E_j E_k + \sum_{i,k,l} x_{ijkl}^{(3)} E_j E_k E_l + \cdots \qquad (i,j,k,l = 1,2,3) \tag{4.51}$$

其中,极化强度 P_i 可以分成两部分,一部分是线性部分(P^L),第二项及其以后即为非线性光学部分(P^{NL})。为得到光在非线性介质中的传播解,以解释非线性光学现象,要采用所谓的耦合波理论并求解以下方程:

$$\nabla^2 E - \frac{1}{v^2}\frac{\partial^2 E}{\partial t^2} = \mu_0 \frac{\partial^2 P^{NL}}{\partial t^2} \tag{4.52}$$

式中:$v = c/n$;c 为光速;n 为晶体折射率。由于涉及许多数学,这里不作深入介绍。下面只把二阶非线性光学现象的结果。

入射激光激发非线性晶体的非线性变化,发生光波间的非线性参量的相互作用。基于二次非线性极化材料的光频转换,由三束相互作用的光波(ω_1、ω_2、ω_3)的混频来决定。

由光量子系统的能量守恒关系 $\omega_1 + \omega_2 = \omega_3$ 可以得到非线性光学晶体实现激光频率转换的两种类型:

当 $\omega_1 + \omega_2 = \omega_3$ 时,光波参量作用由 ω_1 和 ω_2 产生和频激光,和频产生的二次谐波频率大于光波基频频率(波长变短),这种过程称为上转换。上转换的特殊情况是 $\omega_1 = \omega_2 = \omega$,则 $\omega_3 = \omega_1 + \omega_2 = 2\omega$,光波非线性参量相互作用的结果是产生倍频(波长为入射光的一半),若 $\omega_2 = 2\omega_1$,则 $\omega_3 = \omega_1 + 2\omega_1 = 3\omega_1$,结果产生基频光 3 倍数的激光过程。同样,也可产生基频的 4 倍频、5 倍频乃至 6 倍频。

当 $\omega_3 = \omega_1 - \omega_2$ 时,所产生的谐波频率减小(波长变长),从可见或近红外激光可获得红外、远红外乃至亚毫米波段的激光。这一过程称为差频或称激光下转换。作为特例,当 $\omega_1 = \omega_2$ 时,$\omega_3 = \omega_1 - \omega_2 = 0$,此时激光通过非线性光学晶体产生直流极化,称为光整流。图 4.49 所示为表示红外光如何被频率上转换成可见光的系统。

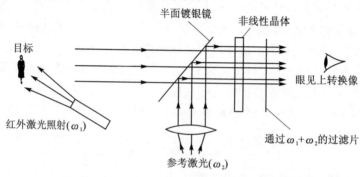

图 4.49　红外光上转换成可见光

4.4.4　光折变效应

1. 现象和特点

20 世纪 60 年代中期,美国贝尔实验室的科学家在用铌酸锂晶体进行高功率激光的倍频转换实验时,观察到晶体在强激光照射下出现可逆的"光损伤"现象。由于伴随这种效应是材料的折射率改变,并且"光损伤"是可擦除的,故人们把这种效应称为光折变效应(photorefractive effect),以区别于通常所遇到的晶体受强激光辐照所形成的永久性损伤。光折变效应是光致折射率变化效应(photo-induced refractive index change effect)的简称,但它并不是泛指所有由光感生折射率变化的效应。光折变效应的确切意义在于材料在光辐射下,通过光电效应形成空间电荷场,由于电光效应引起折射随光强空间分布而发生变化的效应。光折变效应现在已形成了非线性光学的一个重要分支——光折变非线性光学。

在光折变效应中折射率的变化和通常在强光场作用下所引起的非线性折射率变化的机制是完全不同的。光折变效应是发生在电光材料中的一种复杂的光电过程,是由于光致分离的空间电荷产生的相应空间电荷场,由于晶体的电光效应而造成折射率在空间的调制变化,形成一种动态光栅(实时全息光栅)。

与高功率激光作用的非线性光学效应相比,光折变效应有以下两个显著特点:

(1) 在一定意义上讲,光折变效应与光强无关。因为光折变效应是起因于光强的空间调制,而不是光强作用于价键电子云发生形变造成的。入射光的强度,只影响光折变过程进行的速度。正是这种低功率下出现的非线性光学现象为采用低功率激光制作各种实用非线性光学器件奠定了坚实的基础。

(2) 光折变效应不仅在时间响应上显示出惯性,而且在空间分布上是非局域响应。也就是说,折射率改变最大处并不对应于光辐射的最强处。正是因为有这个显著特点,利用光折变效应进行光耦合,其增益系数可以达到 $10 \sim 100 \ \mathrm{cm}^{-1}$ 量级,远远高于红宝石、钕玻璃激光物质的增益系数。

光折变效应在光放大、光学记忆、图像关系、空间光调制器、光动态滤波器、光学时间微分器、光偏转器等各种原型器件中都有应用。而且由于光折变材料具有灵敏、耐用等特点,因此有人正在试图把它们应用于光计算机。

2. 光折变效应的机制

光折变效应是由三个基本过程形成的:光折变材料吸收光子而产生自由载流子(空间电荷);这种电荷由于相干光束干涉强度分布不均匀;它们在介质中的漂移、扩散和重新俘获形成了空间电荷的重新分布,并产生空间电荷场。

为说明这种过程提出了不同的模型:较早提出的有电荷转移模型、带输运模型和跳跃模型。其中带输运模型是得到人们认同的理论模型。带输运模型同时考虑了光激发载流子在晶体中的三种可能迁移过程,即扩散、漂移和光生伏打效应形成的光电流,比较全面地分析了光折变效应的微观过程,对于稳态光折变现象给出了合理的解释,并可以描述光折变效应的瞬态和随时间演化过程以及非静态记录的各种情况,以此说明了许多动态现象。

4.4.5　材料及其相关应用

电光材料种类丰富,有无机非金属晶体材料、半导体材料、聚合物材料。本小节主要介绍无机材料类相关材料的名称、成分及主要物理参量,并举例说明相关物理效应的应用。

1. 电光晶体及其应用

电光晶体从结构上可以分为五大类,如表 4.12 所列。

表 4.12　五类电光晶体及其主要参量

晶体种类		居里温度/K	折射率/n_0	相对介电常数	半波电压/V
KDP 型晶体	KH_2PO_4	123	1.51	21	7 650
	$NH_4H_2PO_4$	148	1.53	15	9 600
	$NH_4H_2AsO_4$	216		14	13 000
立方钙 钛矿型 晶体	$BaTiO_3$	393	2.40		310
	$Pb_3MgNb_2O_3$	265	2.56	$\sim10^4$	$\sim1\,250$
	$SrTiO_3$	33	2.38		
铁电性 钙钛矿 型晶体	$KTa_xNb_{1-x}O_3$	~283	2.318		~90
	$LiTaO_3$	933	2.176	$\begin{cases}\varepsilon_a=98\\\varepsilon_c=51.5\end{cases}$	2 840
	$LiNbO_3$	1 483	2.286		2 940
闪锌矿 型晶体	ZnS		2.36	8.3	10 400
	$GaAs$		3.60	11.2	$\sim5\,600$
	$CuCl$		2.00	7.5	6 200
钨青铜 型晶体	$Sr_{0.75}Ba_{0.25}Nb_2O_5$	333	2.31	6 500	37
	$K_3Li_2Nb_5O_{15}$	693	2.28	100	330
	$Ba_2NaNb_5O_{15}$	833	2.37	51	1 720

电光材料要求质量高,在使用波长范围内对光的吸收和散射要小,而折射率随温度的变化不能太大,电光系数、折射率要大,电阻率要大而介电损耗要小。工程上,线性电光材料常用的参量是半波电压 V_π,它表示当所加电压使诱发的寻常光和非寻常光的相位差达 $180°$ 时的电压值。

透明的单晶铁电材料(如磷酸二氢钾(KDP)、磷酸二氢胺、$BaTiO_3$ 和 $Gd(MoO_4)_3$ 晶体)长期以来一直被认为是很好的电光材料,但由于单晶生长慢,成本很高,KDP 对潮湿敏感,限制了它更广泛的应用。20 世纪 60 年代出现了透明铁电陶瓷,并成功地用其制成了电光器件。现介绍其中的掺镧锆钛酸铅 $Pb_{1-x}-La_x(Zr_yTi_{1-y})_{1-x/4}O_3$(PLZT)。掺镧锆钛酸铅的 La^{3+} 离子代替了 Pb^{2+} 离子在 ABO_3 钙钛矿晶格中的 A 位置(见图4.50(a))。由 A^{2+} 位置或 B^{4+} 位置产生空位来维持电中性。

由图 4.50(b)状态图可见,随着 La^{3+} 的增多,形成反铁电的正交相(AFE_{orth})、顺电(PE)的立方相或者是混合相,而且由图可以看到铁电的四方相(FE_{tet})和菱方相(FE_{rh})的边界是在 $65(PbZrO_3)/35(PbTiO_3)$ 处。

成分为 12La-40Zr-60Ti 的电光陶瓷主要用来产生线性双折射效应,成分为 9La-35Zr-65Ti 的电光陶瓷主要用来产生电光二次效应。由电场极化使光各向同性的立方相成为光的单轴菱方相或四方相,这种应用十分广泛。铁电陶瓷极化后的光透过率如图 4.51 所示。

下面介绍两个电光材料应用的实例。

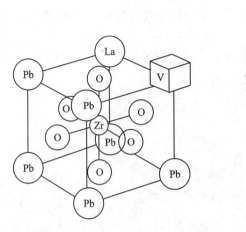

(a) La³⁺置换和Pb²⁺空位的ABO₃晶胞

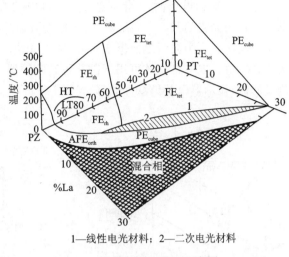

1—线性电光材料；2—二次电光材料

(b) 室温的PZT和PLZT相图

图 4.50　PLZT 晶体结构与相图

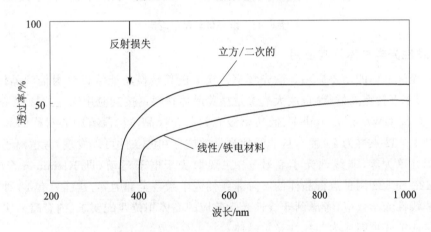

图 4.51　PLZT 光透过特性

(1) 纵向 KDP 光调制器

纵向 KDP 光调制器装置如图 4.52(a)所示。入射光束为 $x-y$ 平面上的平面偏振光。当没有电压加上时，o 光和 e 光沿光轴传播，没有相位差。加上平行于光束的电压之后，晶体成为双折射晶体。o 光和 e 光产生相位差为

$$\varphi = 2\pi \frac{n_0^3 \gamma V}{\lambda} \tag{4.53}$$

式中：n_0 为 o 光折射率；λ 为入射波波长（μm）；γ 为电光系数（μm/V）；V 为所加电压（V）。

(2) 电光陶瓷光快门

图 4.52(b)解释了电光陶瓷的光相位延迟器的作用，也就是电光陶瓷用作照相机快门的原理。当线性极化的单色光进入"开"状态的陶瓷时，光被分解为两垂直的 c_1 和 c_2 两个分量，其振动方向由材料的光折射率决定。由于折射率不同，传播速度也不同，故引起两个光的相移，称为延迟（retardation）。延迟量 Γ 是 $\Delta n = (n_0 - n_e)$ 和路径 L 的函数，即

$$\Gamma = \Delta nL \tag{4.54}$$

当施加足够的电压时，c_1 相对于 c_2 的相位延迟达 π，结果线偏振光的振动方向旋转 90°。如果二个偏振光夹角是 90°或者 0°，则偏振光可通过第二个偏振片或被锁住。因此，电光陶瓷的克尔效应从 0 到半波延迟便形成了开/关的光快门，其时间在 $1\sim100~\mu s$ 范围内，开/关比可高达 5 000：1。电光材料还可用于制造眼睛防护器，避免焊接或原子弹爆炸等强光辐射；制造颜色过滤器、显示器以及信息存储等。

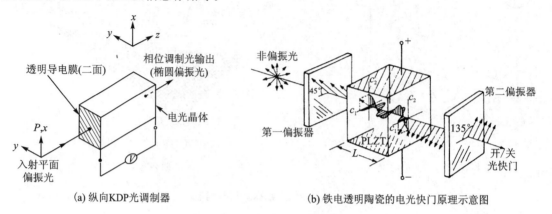

(a) 纵向KDP光调制器　　　　　　(b) 铁电透明陶瓷的电光快门原理示意图

图 4.52　电光材料典型应用

2. 非线性光学晶体及其应用

非线性光学晶体的主要应用是激光频率转换。按其转换功能可以分为倍频晶体、频率上转换晶体、频率下转换晶体、参量放大或参量振荡晶体材料。按其应用激光的特性又可分为高强功率（大于 $10~GW/cm^2$）、中功率、低功率激光频率转换晶体。没有中心对称的晶体点群只有 20 种（加上 432 点群为 21 种），从非线性光学效应存在的条件可以发现，考虑离子对晶体电极化的贡献几乎为零，非线性光学系数 x_{ijk} 主要取决于电子运动（即 Kleinman 全交换对称性），其中 422 和 622 两种点群晶体的二阶非线性光学系数全部为零，这样只有 18 种晶体点群可能具有非线性光学效应，考虑到非线性光学效应的晶体相位匹配要求（内容略），实际上只有更少的点群晶体才可能成为非线性光学晶体。

实际应用的非线性光学晶体，好多都是电光晶体材料，例如磷酸盐类的 KDP、DKDP、磷酸钛氧钾（KTP），还有 $LiNbO_3$（LN）和 $KNbO_3$（KN）等。当前优良的非线性晶体多集中于紫外光、可见光及近红外光区域。在波长 $5~\mu m$ 上的远红外波段的优良非线性晶体较少。这里仅介绍重要的非线性光学效应的晶体材料。

三硼酸锂 LiB_3O_5（LBO）是一种新型紫外倍频晶体，是透光波段为 $160~nm\sim2.6~\mu m$ 的负光双轴晶，有效倍频系数为 KDP 的 d_{36} 的 3 倍。LBO 晶体有很高的光伤阈值，有良好的化学稳定性和抗潮性，加工性能也好，广泛应用于高功率倍频、三倍频、四倍频及和频、差频等方面。在参量振荡、参量放大、光波导及光电效应方面也有良好的应用前景。

KDP 及 DKDP 一直是备受重视的功能晶体，透过波段为 $178~nm\sim1.45~\mu m$，是负光性单轴晶，其非线性光学系数 $d_{35}=0.39~pm/V$（$1.064~\mu m$），常作为标准来与其他晶体比较。KDP 晶体最早作为频率晶体对 $1.04~\mu m$ 实现二、三、四倍倍频以及染料激光实现倍频而得到广泛应用。它还可用于制造 Q 开关。特别是特大功率激光在受控热核反应、核爆模拟的应用方面，大尺寸 KDP 是唯一已经采用的倍频材料，其转换效率高达 80% 以上。虽有新材料出现，但特大晶体的综合性能仍以 KDP 为最优。

偏硼酸钡（β-BaB$_2$O$_4$，BBO）晶体是我国福建物质结构研究所首次发现并研制的，是目前使用最为广泛的紫外倍频晶体。

α-碘酸锂（α-LiIO$_3$）晶体是一种具有旋光、热释电、压电、电光等效应的极性晶体，但它不是铁电体，是一种重要的非线性光学晶体。它是一种负光性单轴晶体，透光波段为 280 nm～6 μm，非线性光学系数比 KDP 的 d_{36} 大一个量级，可以实现位相匹配。它可以用于 Nd-YAG 和红宝石激光器腔内倍频及其他频率转换。

磷酸钛氧钾（KTiOPO$_4$，KTP）晶体，在 20 世纪 70 年代才被发现，属于正光性双轴晶体，透光波段为 350 nm～4.5 μm，非线性系数 d_{33} 是 KDP 的 d_{36} 的 20 余倍。KTP 具有较高的抗光伤阈值，可用于中小功率激光倍频等。该晶体制成的倍频器及光参量放大器等已应用于全固态可调谐激光光源。

铌酸钾也是一种多功能晶体，是半导体中唯一自倍频的晶体材料，除用作压电换能器、电光调制器外，还是非常好的光折变晶体。Fe:KN 晶体在室温下具有很高的自泵浦相位共轭反射率和较快的响应时间，可望在实时信号处理、图像畸变复原等重要方面获得应用。

红外非线性光学晶体是非线性光学效应的重要载体。半导体非线性光学晶体有很多可以应用于远红外波段，例如单质的 Se、Te 用于红外倍频的半导体型非线性光学晶体，它们是正光性单轴晶体。CdSe 正光性单轴晶体是当前国际上重要的激子非线性多量子阱材料，具有很强的非线性，透光波段为 0.75～20 μm，可对不同波段激光的倍频、和频实现相位匹配。

3. 光折变晶体及其应用

光折变晶体大体上分为两类。一类为非铁电氧化物（BSO（Bi$_{12}$SiO$_{20}$）、BGO（Bi$_{12}$GeO$_{20}$）、GaAs 等），其主要性能和应用如表 4.13 所列。其特点是快的响应速度，但能够形成折射率光栅的调制度比较小。另一类为 BaTiO$_3$、KNSBN〔(K$_y$Na$_{1-y}$)$_a$(Sr$_x$Ba$_{1-x}$)$_b$Nb$_2$O$_6$〕、SBN（Sr$_{1-x}$Ba$_x$Nb$_2$O$_6$）、LiNbO$_3$ 等铁电晶体，特点是可以形成大的折射率光栅调制度，但其光折变的灵敏度比较小。其主要性能和应用见表 4.14。

表 4.13　几种非铁电的光折变晶体及其应用

材料名称	Bi$_{12}$(Si,Ge,Ti)O$_{20}$	GaAs:Cr;InP;Fe
响应时间	10 ms	10 ms
光强（波长）	10～100 mW/cm^2(514 nm)	10～100 mW/cm^2(1.06 μm)
增益系数	8～12 cm^{-1}	1～6 cm^{-1}
四波混频反射率	1～30	0.1～1
应　用	光放大、位相共轭、无散斑成像；图像边缘增强、实时干涉计量、空间光调制	近红外、红外波段的相位共轭、光放大与高速信息处理

表 4.14　几种铁电晶体的光折变性能及应用

材　料	BaTiO$_3$　　KNbO$_3$　　KTN（铌酸钾）　　SBN（铌酸锶钡）　　KNSBN（钾钠铌酸锶钡）				
响应时间	0.1～1 s　110 μs　　　　　　其余为 1～10 s				
光强（波长）	10～100 mW/cm^2(514 nm)				
增益系数	10～30 cm^{-1}				
四波混频反射率	1～50				
主要应用领域	全息存储、光学位相共轭、光放大干涉仪、光刻、激光模式锁定、动态滤波器、图像加减、光学逻辑运算				

目前光折变效应的应用正处于探索阶段,有许多应用正等待去完善或去开发。

4.4.6　光子晶体

1987 年,Yablonovitch 和 John 分别在讨论周期性电介质结构对材料中光传播行为的影响时,各自独立地提出了"光子晶体"这一新概念。第 1 章,我们学习了固体电子能带理论,由于周期势场作用,电子形成能带结构,带与带之间有禁带,能量落在禁带中的电子波不能传播。光子的情况也非常相似。如果将具有不同介电常数的介质材料在空间按一定的周期排列(见图 4.53),由于存在周期性,在其中传播的光波的色散曲线将呈带状结构,那么带与带之间有可能会出现类似于半导体禁带的"光子禁带"(photonic band gap),频率落在禁带中的光是被禁止传播的。如果只在一个方向具有周期结构,那么光子禁带只可能出现在这个方向上;如果存在三维的周期结构,就有可能出现全方位的光子禁带,落在禁带中的光在任何方向都被禁止传播。我们将具有光子禁带的周期性电介质结构称为光子晶体(photonic crystal)。绝大多数光子晶体都是人工设计制造出来的,但是自然界也存在光子晶体,如蛋白石、蝴蝶翅膀等。

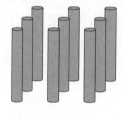
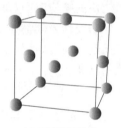

(a) 一维光子晶体　　　　(b) 二维光子晶体　　　　(c) 三维光子晶体

图 4.53　光子晶体空间结构示意图

1. 光子晶体特性

光子晶体最根本的特征是具有光子禁带。落在禁带中的电磁波,无论其传播方向如何,都是禁止传播的。光子禁带与电子禁带的对比如图 4.54 所示。光子带隙依赖于光子晶体的结构和介电常数的配比,比例越大,越可能出现带隙;光子晶体结构对称性越差,其能带简并度越低,越容易出现光子禁带。

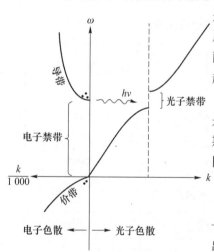

图 4.54　光子禁带与电子禁带对比示意图

图 4.54 为光子禁带与电子禁带对比示意图:左边是典型的直接带隙半导体能带结构;右边为电磁色散周期性波矢量处的禁带。由于光子带隙跨越电子带边沿,因此电子-空穴复合成光子被禁止。

(1) 抑制自发辐射(Purcell 效应)

在 20 世纪 80 年代以前,人们一直认为自发辐射是一种随机现象,不能人为控制。直到光子晶体的概念提出之后,人们才开始理解自发辐射不是物质的固有性质,而是物质与场相互作用的结果。自发辐射几率与态密度呈正比。将自发辐射原子放在光子晶体中,而其自发辐射频率刚好落在带隙中,又因带隙中该频率的态密度为零,自发辐射几率也就为零,这就抑制了自发辐射。反之,若光子晶体中加入杂质,光子带隙中就会出现品质因子很高的缺陷态,具有很高的态密度,这样就可以增强自发辐射。这种控制自发辐射的现象称为 Purcell 效应。

（2）偏振特性

以二维光子晶体为例,垂直于周期平面(x,y)的方向为 z,对于沿面内方向传播,当电场平行于 z 方向时称为 p 偏振态(TM 模),当磁场平行于 z 方向时称为 s 偏振态(TE 模),这两个偏振模式独立传播。一维光子晶体还有一些独特的现象,如超折射现象(对入射光束展宽和分光等)、超强双折射光学现象、负折射现象、非线性光学效应等。

2. 光子晶体的应用

光子晶体的应用范围非常广泛,例如:利用光子禁带这一基本性质,可开发光子晶体全反射镜和损耗极低的三维光子晶体天线;利用光子禁带对原子自发辐射的抑制作用,可以大大降低因自发跃迁而导致复合的几率,设计制作出无阈值激光器和光子晶体激光二极管;通过在光子晶体中引入缺陷,使得光子禁带中产生频率极窄的缺陷态,可以制造高性能的光子晶体光过滤器、单频率光全反射镜、光子晶体光波导;据此二维光子晶体对入射电场方向不同的 TE,TM 偏振模式的光有不同的带隙结构,设计二维光子晶体偏振片等。

4.4.7　光电器件

1. 半导体量子点

量子点是尺寸非常小的一类半导体材料,仅包括几十到上千个原子,其中电子、激子(电子-空穴对)在三维尺度上都被约束,展现出一系列不同于体材料的奇异物理化学性质,同时也使量子点在光电性质与体材料方面表现出本质的差异。由于量子点窄发光光谱、高色纯度和良好的光学稳定性,在显示领域越来越受到人们的关注。1994 年,加州大学伯克利分校的 Alivisatos 教授课题组首次提出量子点发光二极管(quantum dots light emitting diode, QLED)器件。与传统液晶显示器(LCD)相比,QLED 显示器具有结构简单、功耗低、响应时间短、对比度高、视角宽等优点。此外,QLED 色彩表现更加完美,色域可轻易达到最严苛的色彩标准 BT2020 90%以上。QLED 显示器的另一个显著特征体现在量子点简单的溶液处理工艺,使用量子点和无真空打印技术(如喷墨打印)进行处理,从而为实现大面积显示器的高速低成本制造提供了机会。此外,QLED 显示工艺可与柔性和轻质塑料基板兼容。QLED 技术将带来前所未有的高性价比、大面积、节能、宽色域、超薄和柔性显示。

2. 太阳能光电池

太阳能光电池的基本原理是光生伏特效应,当能量大于禁带宽度的入射光照射 p-n 结时,会在结区及结附近的空间激发电子空穴对,电子空穴对在结电场的作用下分离漂移形成光生电流。理想条件下,如果太阳光谱确定,那么太阳能光电池的转换效率仅依赖于材料的带隙。如果带隙太小,则开路电压较小;而如果带隙太大,则电子很难发生跃迁,短路电流较小。因此,选择带隙适中的半导体材料对太阳能光电池的性能影响重大,通过计算可得太阳光谱为 AM1.5 的理论转换效率极限为 33%,相应的最佳带隙为 1.4 eV。

Si 是 Ⅳ 族元素,在常温常压下具有正四面体金刚石型晶体结构,晶体硅是间接带隙半导体,其带隙为 1.12 eV,接近最佳带隙 1.4 eV,计算可得晶体硅太阳电池的理论转换效率极限为 29%。随着以晶体 Si 和铜铟镓硒(CIGS)太阳能薄膜电池为代表的单结电池的发展,这两类单结电池的实际效率逐渐朝着其理论效率上限靠近,传统单结电池技术的开发越来越不能满足能源高效化和大规模生产的需要,德国、美国和日本等很多国家开始在具有更高理论效率的叠层太阳能电池上投入大量研发力量。叠层太阳能电池的问世开创了廉价、大面积、高效率太阳能电池制造与应用的新时代,将不同禁带宽度的材料分别制成顶、底电池,然后通过中间结合层将其连接成多结叠层电池(按禁带宽度由大到小叠合),这些材料能够吸收和转换不同子域的太阳光谱,从而大幅提高太阳能电池的光电转换效率。当前研究最深入、应用最广泛的叠层电池主要有非晶硅/微晶硅(α-Si:H/mc-Si:H)的硅基叠层电池以及 GaInP/GaAs 为代表的Ⅲ~Ⅴ族化合物叠层电池。此外,有机光电功能材料和金属卤素钙钛矿(结构式ABX_3,A、B 为阳离子,X 为 Cl^-、Br^-、I^-)材料自报道以来,光电转换效率迅速提高,因其原料具有成本低、制备工艺简单等优势,故成为下一代高性能太阳能光电池的有力候选者。

※"光导纤维"内容请扫描二维码阅读。

光导纤维

4.5　光学性能的测量

利用物质与光相互作用产生吸收、辐射、散射等现象,可用来分析物质的组成和结构,研究物质的物理化学性质。以下简要介绍光致发光光谱这种表征技术。

在一定能量激发下,物质分子可由基态跃迁到能量较高的激发态,但处于激发态的分子并不稳定,会在较短时间内回到基态,并释放出一定能量,若该能量以光辐射的形成释放,则称为分子发光(luminescence),基于分子发光原理建立了分子发光分析法。

按照激发能形式的不同,一般可将分子发光分为四类,即光致发光、电致发光、化学发光、生物发光。因吸收光能而产生的分子发光称为光致发光(photo luminescence,PL)。按照发光时涉及的激发态类型不同,PL 分为荧光(fluorescence)和磷光(phosphorescence);按照激发光的波长范围不同,可分为紫外-可见荧光、红外荧光和 X 射线荧光。

与一般的分光光度法相比,分子发光分析法具有较高的灵敏度、良好的选择性、调试所需样品量较少(几十微克或微升),而且可提供激发光谱、发射光谱、发光寿命等物理参数,故目前在医药、环境、生物科学、卫生检验等领域应用十分广泛。

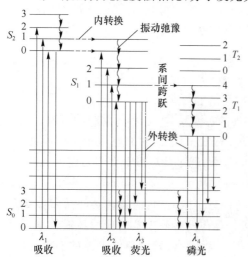

图 4.55　分子激发和弛豫过程图

1. 分子非辐射弛豫和辐射弛豫

分子一般处于基态单重态的最低振动能级,在受到一定能量的光能激发后,可跃迁至能量较高的激发单重态的某振动能级。处于激发态的分子不稳定,将通过辐射弛豫或非辐射弛豫过程释放能量回到基态,如图 4.55 所示。其中,激发态寿命越短、速度越快的途径越占势。若处于激发态的分子在返回基态的弛豫过程中不产生发光现象,则称为非辐射弛豫;若辐射弛豫过程伴随发光现象,则称为辐射弛豫,即产生荧光或磷光。

2. 激发光谱和发射光谱

激发光谱和发射光谱是光致发光光谱中的两个特征光谱,能够反映分子内部能级结构,是光致发光光谱定性、定量分析的依据。固定发射波长,以激发光波长为横坐标,荧光或磷光强度为纵坐标绘制的光谱称为激发光谱。它是选择最佳激发光波长的重要依据,也可用于发光物质的鉴定。激发光谱的形状与吸收光谱具有相似性。固定激发波长,以荧光成磷光的发射波长为横坐标,发光强度为纵坐标绘制的光谱称为发射光谱。发射光谱形状与激发波长无关,荧光发射光谱和吸收光谱成镜像关系。

本章小结

以光子与固体相互作用为基础,全面理解材料透过率、反射率、折射率、吸收系数以及散射系数的意义,即理解材料的透明、半透明、乳浊、不透明以及材料颜色的物理意义,并分析表征这些性质的物理参数的影响因素。热辐射和荧光是两种不同类型的光源发光。注意冷光源荧光(或磷光)发光机理和应用领域。激光工作物质是产生激光的物质基础,应掌握典型激光器工作物质的工作原理和新型激光工作物质的特点。半导体激光器以及相关的量子阱激光器是一种小型激光器,它又可作为其他固体激光器的泵浦光源。对于红外光,应首先弄清红外光的物理意义、红外光学材料的特点,特别是红外光学透过材料的最佳代表——金刚石的特性。应掌握红外探测器以及红外探测材料的代表 MCT 的物理特性,注意热释电探测材料和光子探测材料的区别。电光效应、光折变效应、非线性光学效应是光学材料制成器件应用的物理基础。电光效应已经成熟,应理解和掌握一次电光效应和二次电光效应;光折变效应和非线性光学效应正在深入探讨和开发中,应有所了解。要掌握光纤的工作原理、结构以及表征性能的主要参量。聚合物的光学性能具有光激发引起分子间的电子转移,习惯上称受体和给体。有机非线性光学材料(如烯基噻吩)、电致发光材料(如聚苯乙烯撑)都占有重要地位。光信息存储(CD 或 LD)材料目前以无机半导体材料为主(如 GaAlAs、GaN 等)。有机光存储介质的热稳定性差,可逆反应速度慢,但价格低廉是人们研究它的动力之一。此外还有种类繁多的感光高分子材料,应用广泛,聚乙烯醇肉桂酸酯作为光刻胶应用就是其中一例。光致变色高分子材料(如聚甲亚胺类)可用于制作各种护镜、自动调制室内光线的窗玻璃等。

复 习 题

1. 发光辐射的波长由材料中的杂质决定,也就是取决于材料的能带结构。

① 试确定 ZnS 中使电子激发的光子波长($E_g = 3.6$ eV);

② ZnS 中杂质形成的陷阱能级为导带下的 1.38 eV,试计算发光波长及发光类型。

2. 假设 X 射线源用铝材屏蔽,要使 95% 的 X 射线能量不能穿透它,试决定铝材的最小厚度。设线性吸收系数为 0.42 cm^{-1}。

3. 本征硅在室温下可作为红外光导探测器材料,试确定探测器的最大波长。

4. 光信号在芯部折射率为 1.50 的光纤中传播 10 km,其绝对延时是多少?

5. 0.85 μm 波长在光纤中传输,该光纤材料色散为 0.1 ns/km·nm,那么 0.825 μm 和 0.875 μm 光源的延时差是多少 ns/km?

6. 一阶跃光纤芯部折射率为 1.50,包覆层的折射率为 1.40,试求光从空气进入芯部形成波导的入射角。

7. 试说明本章所出现光源的种类。

8. 试说明 $n=\sqrt{\varepsilon_r}$ 的物理意义。

9. 为什么目前光通信中选择其信号光源的波长多为 1.3 μm?

10. 试举例说明非线性光学材料变频的应用。

11. 半导体激光器及其发展中的量子阱激光器有何特点?

12. 热释电红外探测器较之光子型探测器有何异同?

13. 已知热释电陶瓷其 $\tan\delta$ 为 0.005(可忽略对导电性的影响),在 100 Hz 条件下 $\varepsilon_r=250$。试求不引起 20% $\tan\delta$ 变化的电阻率最小值。

14. 有人预言飞机的机载设备将要光子化,请查阅相关资料,报告一下目前的进展情况。

15. 举例说明电光效应的应用。

16. 试总结提高无机材料透明性的措施。

第 5 章　材料的热性能

热性能包括热容、热膨胀、热传导等,是材料的重要物理性能之一。它在材料科学的相变研究中有着重要的理论意义;在工程技术(包括高技术工程)中也占有重要位置。例如,航天工程中选用热性能合适的材料,可以抵御高热,保护人机安全;节约能源;提高效率;延长使用寿命等。

本章将概括介绍固体的热容理论、材料热性能的一般规律、主要测试方法及其在材料研究中的应用。热性能表征的基本参数(如比热容、热容、焓、摩尔热容等)已在大学普通物理、物理化学等课程中学过,故本章只是回顾,不再赘述。

5.1　材料的热容

5.1.1　晶格振动与声子

晶体中的格点表示原子的平衡位置,晶格振动便是指原子在格点附近的振动。晶格振动是研究固体宏观性质和微观过程的重要基础,不仅对晶体热学性质,还对晶体的电学性质、光学性质、超导电性、磁性、结构相变等一系列物理问题都有着重要的影响。为了分析格波,我们可以从最简单的一维单原子链模型开始学习,它的振动既简单可解,又能较全面地表现晶格振动的基本特点;随后,逐步将模型推广至一维双原子链,并拓展至三维的情况。

1. 一维单原子链的振动

图 5.1 为一维单原子链模型的示意图,相邻原子间距为 a,每一个原胞内包含一个原子,原子质量为 m,原子限制在沿链的方向运动。在发生晶格振动时,第 n 个原子偏离格点的位移为 μ_n。假设只有近邻原子间存在着相互作用,按照简谐近似处理原子间作用力,其表达式可写成为

$$F = -\frac{\mathrm{d}\upsilon}{\mathrm{d}\delta} \approx -\beta\delta \tag{5.1}$$

式中,δ 表示对平衡距离 a 的偏离,β 为微观弹性模量。这表明存在于相邻原子间的作用力正比于相对位移,这也是使得原子回复到平衡格点位置的恢复力。

可以根据简单的牛顿定律,用直接解运动方程的方法求解链的振动模。考虑第 n 个原子的运动方程,它同时受到左右两个近邻原子对它的作用力。它的左侧第 $(n-1)$ 个原子与它的相对位移 $\delta = \mu_n - \mu_{n-1}$,力为 $-\beta(\mu_n - \mu_{n-1})$;右侧第 $(n+1)$ 个原子与它的相对位移 $\delta = \mu_{n+1} - \mu_n$,力为 $-\beta(\mu_{n+1} - \mu_n)$;考虑到两个力的作用方向相反,得到

$$m\overrightarrow{a_n} = \beta(\mu_{n+1} - \mu_n) - \beta(\mu_n - \mu_{n-1}) = \beta(\mu_{n+1} + \mu_{n-1} - 2\mu_n) \tag{5.2}$$

每个原子对应一个运动方程,若原子链有 N 个原子,则有 N 个方程,上式实际上代表着 N 个联立的线性齐次方程。该运动方程具有下列"波"形式的解:

$$\mu_n = A\,\mathrm{e}^{\mathrm{i}(\omega t - nKa)} \tag{5.3}$$

其中,ω 和 A 为常数。将式(5.3)代入式(5.2),可得

$$m (i\omega)^2 A e^{i(\omega t - nKa)} = \beta [A e^{i(\omega t - (n+1)Ka)} + A e^{i(\omega t - (n-1)Ka)} - 2A e^{i(\omega t - nKa)}] \tag{5.4}$$

$$-m\omega^2 = \beta(e^{-iKa} + e^{iKa} - 2) = 2\beta(\cos Ka - 1) \tag{5.5}$$

$$\omega^2 = \frac{2\beta}{m}(\cos Ka - 1) = \frac{4\beta}{m}\sin^2\left(\frac{1}{2}Ka\right) \tag{5.6}$$

通常把 ω 和 K 之间的关系称为色散关系,如图 5.2 所示。

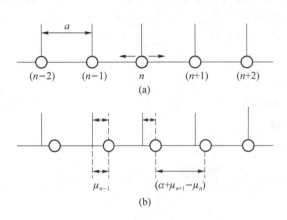

图 5.1　一维单原子链模型

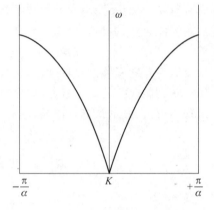

图 5.2　一维单原子链的 $\omega - K$ 色散关系

由于晶格具有周期性,通过对单原子链晶格振动的解析表明,晶格的振动模具有波的形式,因此称为"晶格波"或"格波"。下面讨论式(5.3)的物理意义,它与一般连续介质波有着完全相似的形式。但区别在于,一般连续介质波中的位置可以表示空间任意一点,而对格波而言,式(5.3)中只能取 na 格点的位置,这是一系列呈周期性排列的点。由此可知,一个格波解表示所有原子同时做频率为 ω 的振动,不同原子之间有位相差,相邻原子之间的位相差为 Ka。如果把式(5.3)中的 Ka 改变 $2n\pi$(n 为整数),所有原子的振动实际上完全没有任何不同,这表明 Ka 可以限制在范围内,$-\pi < Ka \leqslant \pi$ 或 $-\dfrac{\pi}{a} < K \leqslant \dfrac{\pi}{a}$,即对于格波来说,其波数 K 的取值范围也恰好是第一布里渊区。

通过原子的运动方程,可以得到具有 n 个原子的一维原子晶格振动的总能量为

$$E = \frac{1}{2}m\sum_n\left(\frac{\partial \mu_n}{\partial t}\right)^2 + \frac{1}{2}\beta\sum_n(\mu_{n-1} - \mu_n)^2 \tag{5.7}$$

式中,第一项表示动能,第二项表示由于原子间距变化导致的势能。

在式(5.7)中,可以发现势能项中出现了原子间的交叉项,这给能量的计算带来不便,在数学的矩阵计算中存在同样的计算模式,所以可以通过数学变换(表象变换)将其进行转换,在此略去变换过程,直接给出结论。(读者可自行证明或参阅相关书籍)

晶格振动的总能量可以表示为

$$E = m\sum_l^N \frac{1}{2}[Q^2(K) + \omega^2 Q^2(K)] \tag{5.8}$$

式中,$Q(K)$ 代表原子位移在变换后得到的新的表象空间内的坐标,但每个 $Q(K)$ 都是所有原子集体振动的结果,不能再单独对应三维空间中任意一个原子的位移。上述变换又被称为正则变换,$Q(K)$ 又称为正则坐标或简正坐标。

由于晶格振动的能量与具有该能量的时间的乘积满足测不准关系式:

$$\Delta E \cdot \Delta t \sim \frac{h}{2} \tag{5.9}$$

因此,需要用量子力学来处理晶格振动问题。简正坐标可以简便地将问题由经典力学过渡到量子力学。以式(5.8)作为问题的出发点,将各个物理量看作相应的算符,同时经过实数化处理,每一个求和项可以看作线性谐振子的哈密顿算符,根据量子力学可以知道频率为 ω 的谐振子的本征能量为

$$\varepsilon = \left(n + \frac{1}{2}\right)h\omega \qquad n = 0,1,2,\cdots \tag{5.10}$$

式中,$\frac{1}{2}h\omega$ 是这个模式的零点能。

由此可以得到结论,晶格振动的能量同样是量子化的,与电磁波的光子相仿,这种能量量子的最小基本单位被称为声子(phonon)。

总之,由 N 个原子组成的一维单原子链的振动模为 N 个格波。在简谐近似下,格波是相互独立的,按量子理论每种简正振动的能级是量子化的,能量激发的单元是 $h\omega$ 。

这一结论也可以用声子的"语言"来表述。声子就是指格波的量子,它的能量等于 $h\omega$ 。一个格波,也就是一种振动模,称为一种声子,也就是说声子是晶格振动的能量量子化的粒子性描述,当这种振动模处于 $\left(n + \frac{1}{2}\right)h\omega$ 本征态时,称为有 n 个声子。同时,声子不仅仅是一个能量子,通常也会与光子、电子等真实粒子或者与其他声子产生相互作用,当电子(或光子)与晶格振动相互作用时,交换能量以 $h\omega$ 为单元,而且表现出具有动量的特性。若电子从晶格获得 $h\omega$ 能量,则称为吸收一个声子;若电子给晶格 $h\omega$ 能量,则称为发射一个声子。因此,又可以称声子是一种"准"粒子,它无法脱离于晶格单独存在,但是又具有能量和"动量"这种粒子属性。声子不是真实的粒子,它反映的是晶格原子集体运动状态的激发单元,而且可以与其他粒子产生相互作用,并满足能量守恒和动量守恒。利用声子来描述晶格振动,不仅可以使表述简化,还有深刻的理论意义。

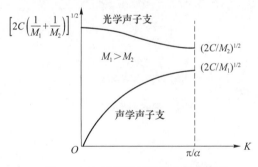

图 5.3　双原子线型晶格色散关系的光学支与声学支(a 为晶格常数)

2. 一维双原子链的振动

前面分析了最简单的一维单原子链的振动,当每个基元含有两个及两个以上原子时(例如 NaCl),声子的色散关系会表现出不同的特征。下面用一维双原子链(最简单的复式格子)进行分析。一维双原子链除了具有单原子晶格本身的性质之外,还能较为全面地体现出格波的特点,从而获得更具有普适性的结论,有助于向三维晶格的振动问题扩展。

对于在给定传播方向上的每一种极化模式,ω 关于 K 的色散关系都会演变出两个分支,即声学支和光学支,如图 5.3 所示。声学支又分为纵声学(LA)模式和横声学(TA)模式,光学支可分为纵光学(LO)模式和横光学(TO)模式。如果原胞中含有 p 个原子,那么其对应的色散关系含有 $3p$ 个分支,分别有 3 个声学支和 $3p-3$ 个光学支。以锗晶体和 KBr 晶体为例,每个原胞中含有 2 个原子,故对应的色散关系有 6 个分支,分别有 3 个声学支和 3 个光学支,包括 1 个 LA 支、2 个 TA 支、1 个 LO 支和 2 个 TO

支,如图 5.4 所示。

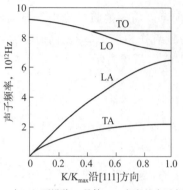

(a) 在80 K下沿着Ge晶体[111]方向的声子色散关系

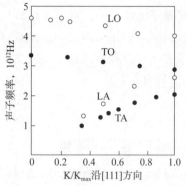

(b) 在90 K下沿着KBr[111]方向的声子色散关系

图 5.4　Ge 和 kBr 晶体的声子色散关系

分支的数目由原子自由度的数目决定。比如,每个原胞含有 p 个原子,则由 N 个原胞构成的晶体,共有 pN 个原子;每个原子有 3 个自由度,分别对应 x、y、z 三个方向,则整个晶体共有 $3pN$ 个自由度。在一个布氏区内,单一分支上所允许的 K 值数目刚好是 N 个。1 个 LA 支和 2 个 TA 支共含 $3N$ 个模式,占据了 $3N$ 个自由度,故 $3pN-3N$ 个自由度归属于光学支,即 $(3p-3)N$。

现在假设有一个立方晶体,存在质量为 M_1 和 M_2 的两个原子由相邻平面之间的力常量 C 联系起来,相同原子沿着波矢 K 方向上的重复距离为 a,原子 M_1 的位移表示为 u_{s-1},u_s,u_{s+1},…,而原子 M_2 的位移为 v_{s-1},v_s,v_{s+1},…,如图 5.5 所示。通常,M_1 和 M_2 之差无关紧要,但如果基元中的两个原子处于不完全等价的各点上,则力常量或质量会有所不同。我们用 a 表示在与晶格平面垂直的方向上晶格的重复距离。

讨论在对称方向上传播的波。例如 NaCl 结构中的 [111] 方向和 CsCl 结构中的 [100] 方向,在这些方向上每个平面只包含一种离子。

假设每个原子平面都只与最邻近的平面之间产生相互作用,并且所有最邻近平面之间的力常量是相等的,于是可以参照图 5.5 得到对应的运动方程,即

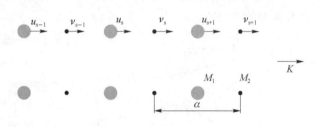

图 5.5　双原子晶体模型

$$M_1 \frac{\mathrm{d}^2 u_s}{\mathrm{d} t^2} = C(v_s + v_{s-1} - 2u_s) \left.\right\}$$
$$M_2 \frac{\mathrm{d}^2 v_s}{\mathrm{d} t^2} = C(u_s + u_{s-1} - 2v_s) \left.\right\}$$

(5.11)

接下来求解具有行波形式的解。在这里,相邻交替平面上的振幅 u 与 v 有所不同:

$$u_s = u\exp(\mathrm{i}sKa)\exp(-\mathrm{i}\omega t); v_s = v\exp(\mathrm{i}sKa)\exp(-\mathrm{i}\omega t)$$

(5.12)

值得注意的是,根据图 5.5 中的定义,a 表示的并不是广义上的最邻近原子平面间距,而是全同原子平面之间的最邻近距离。

将式(5.12)代入式(5.11),得到

$$\left.\begin{array}{l} -\omega^2 M_1 u = Cv[1+\exp(-iKa)]-2Cu \\ -\omega^2 M_2 v = Cu[1+\exp(iKa)]-2Cv \end{array}\right\} \qquad (5.13)$$

如果要求式(5.13)的两个齐次线性方程具有非平凡解,那么 u 与 v 的系数行列式必须为 0,即

$$\begin{vmatrix} 2C-M_1\omega^2 & -C[1+\exp(-iKa)] \\ -C[1+\exp(iKa)] & 2C-M_2\omega^2 \end{vmatrix} = 0 \qquad (5.14)$$

或者对应等式:

$$M_1 M_2 \omega^4 - 2C(M_1+M_2)\omega^2 + 2C^2(1-\cos Ka) = 0 \qquad (5.15)$$

能够从方程(5.15)中严格解出 ω^2,对于处在布氏区边界 $Ka=\pm\pi/a$ 和 $Ka \ll 1$ 的极限情况更简单一些。对于 Ka 很小的情况,展开式 $\cos Ka \cong 1-\dfrac{1}{2}K^2 a^2 + \cdots$,因此得到方程 (5.15)的两个解:

$$\omega^2 \cong 2C\left(\frac{1}{M_1}+\frac{1}{M_2}\right) \quad （光学支） \qquad (5.16)$$

$$\omega^2 \cong \frac{C/2}{M_1+M_2}K^2 a^2 \quad （声学支） \qquad (5.17)$$

第一布氏区的范围是 $-\pi/a \leqslant Ka \leqslant \pi/a$,其中 a 是晶格的重复距离。在 $K_{max}=\pm\pi/a$ 处,方程的根演变为

$$\omega^2 = 2C/M_1, \quad \omega^2 = 2C/M_2 \qquad (5.18)$$

而当 $M_1 > M_2$ 时,参考图 5.3 给出的 ω 与 K 的关系。

图 5.6　双原子线型晶体结构中的横光学波和横声学波示意图

对于粒子在 TA 支和 TO 支的情况,其位移如图 5.6所示。对于光学支,当 $K=0$ 时,将式(5.16)代入式(5.13)中,可得

$$\frac{u}{v} = -\frac{M_2}{M_1} \qquad (5.19)$$

这说明,两个原子的振动方向相反,然而质心是始终固定不动的,如果这两个原子分别携带了相反的电荷(如图 5.6 所示),则能够以光波电场激发这种类型的运动,因此我们将这一支称为光学支。对于一般的 K 值,由式(5.13)中的任意一个方程得出的 u/v 将会是复数。在 K 较小的情况下,振幅比的另一个解是 $u=v$,这就是式(5.17)在 $K=0$ 时的极限情况。在此情况下,原子及其质心一起运动,这与长波声学振动中的情况类似,因此得到了声学支。

处在 $(2C/M_1)^{\frac{1}{2}}$ 和 $(2C/M_2)^{\frac{1}{2}}$ 之间的频率并不存在类波解。这是多原子晶格中弹性波的特征。在第一布里渊区边界 $K_{max}=\pm\pi/a$ 位置处存在一个禁区,即频率空隙。

以上通过一维单原子链和一维双原子链的简单模型描述了晶格振动行为,并引入了声子的概念。可以认为声子是一种"准"粒子,它无法脱离晶格而单独存在,但是又具有能量和"动量"这种粒子属性。声子不是真实的粒子,它反映的是晶格原子集体运动状态的激发单元,而且可以与其他粒子产生相互作用,并满足能量守恒和动量守恒。利用声子来描述晶格振动,不仅可以使表述简化,而且有深刻的理论意义。

在引入声子的概念后,可以给处理有关晶格振动问题带来极大的方便。例如,光子、电子、

中子等受到晶格振动的作用,就可以视作光子、电子、中子等与声子的碰撞作用,这使得问题的处理大大简化。关于声子的"动量"问题,声子实际具有的是准动量,晶格振动引起的晶体实际动量为零。可以理解为:当晶体受热时,可以使得晶格振动加剧,产生声子。但加热本身不会造成晶体的宏观运动,晶格振动导致的晶体整体动量变化依然为零。

5.1.2　固体热容理论简介

固体热容理论与固体的晶格振动有关。现代研究发现,晶格振动是在弹性范围内原子的不断交替聚拢和分离。这种运动具有波的形式,称为晶格波(又称点阵波)。晶格振动的能量是量子化的。与电磁波的光子类似,点阵波的能量量子称为声子。晶体热振动就是热激发声子。根据原子热振动的特点,从理论上阐明了热容的物理本质,并建立了热容随温度变化的定量关系,其发展过程是从经典热容理论——杜隆-珀替(Dulong-Petit)定律经爱因斯坦的量子热容理论到较为完善的德拜量子热容理论,再到其后对德拜热容理论的完善和发展。

1. 爱因斯坦热容模型

早在19世纪,杜隆-珀替把气体分子的热容理论直接用于固体,并用经典统计力学处理晶体热容。若晶体有 N 个原子,则总的平均能量为 $3NkT$,对于 1 mol 晶体,N 等于 N_0(阿伏伽德罗常数),则摩尔定容热容为

$$C_{V,\mathrm{m}} = \left(\frac{\partial E}{\partial T}\right)_V = 3N_0 k = 3R \approx 24.9 \quad \mathrm{J/(mol \cdot K)} \tag{5.20}$$

由式(5.20)知,晶体摩尔热容是一个固定不变的,与温度无关的常量,称为杜隆-珀替定律。由于它只适用于部分金属和有限温度范围,与后来的许多实验结果不符,其后爱因斯坦把普朗克假设引入热容计算中,才使固体热容理论得到了进一步的发展。

爱因斯坦认为晶格中每个原子都在独立地振动,并且振动频率均为 ν。他引用了晶格振动能量量子化的概念,把原子振动视为谐振子。量子力学认为,谐振子具有零点能(温度为 0 K 时,谐振子具有的能量)。谐振子振动能量为

$$E_n = n h\nu + \frac{1}{2}h\nu \tag{5.21}$$

式中:E_n 为频率是 ν 的谐振子振动能;h 为普朗克常数;n 为声子量子数,取 $0,1,2,3,\cdots$;$\frac{1}{2}h\nu$ 为零点能,因是常数故常将其略去。

根据玻耳兹曼分布,具有能量为 E_n 的谐振子数目正比于 $\mathrm{e}^{-\frac{E_n}{kT}} = \mathrm{e}^{-\frac{nh\nu}{kT}}$。那么,温度为 T,振动频率为 ν 的谐振子平均能量为

$$\bar{\varepsilon} = \frac{\displaystyle\sum_0^\infty n h\nu \exp\left(-\frac{n h\nu}{kT}\right)}{\displaystyle\sum_0^\infty \exp\left(-\frac{n h\nu}{kT}\right)} = \frac{h\nu}{\exp\left(\dfrac{h\nu}{kT}\right) - 1} \tag{5.22}$$

简单证明如下:令 $x = \exp\left(-\dfrac{h\nu}{kT}\right)$,则

$$\bar{\varepsilon} = \frac{\displaystyle\sum_0^\infty n h\nu x^n}{\displaystyle\sum_0^\infty x^n} = \frac{h\nu x \dfrac{\mathrm{d}}{\mathrm{d}x}\sum x^n}{\sum x^n} = \frac{h\nu x (1-x)^{-2}}{(1-x)^{-1}}$$

$$\bar{\varepsilon} = \frac{h\nu}{x^{-1} - 1} = \frac{h\nu}{\exp\left(\dfrac{h\nu}{kT}\right) - 1}$$

若 1 mol 晶体有 N_0 个原子,每个原子有 3 个自由度,共有 $3N_0$ 个自由度,而每一个自由度相当于有一个谐振子在振动,那么晶体振动平均能量为

$$E = 3N_0\bar{\varepsilon} = 3N_0 \frac{h\nu}{\exp\dfrac{h\nu}{kT} - 1} \tag{5.23}$$

由摩尔定容热容定义得

$$C_{V,\mathrm{m}} = \left(\frac{\partial E}{\partial T}\right)_c = 3N_0 k \left(\frac{h\nu}{kT}\right)^2 \frac{\exp\dfrac{h\nu}{kT}}{\left(\exp\dfrac{h\nu}{kT} - 1\right)^2} = 3Rf_{\mathrm{E}}(\Theta_{\mathrm{E}}/T) \tag{5.24}$$

式中,$f_{\mathrm{E}}(\Theta_{\mathrm{E}}/T) = \left(\dfrac{h\nu}{kT}\right)^2 \dfrac{\exp\dfrac{h\nu}{kT}}{\left(\exp\dfrac{h\nu}{kT} - 1\right)^2}$,称为爱因斯坦函数;$R = N_0 k$;$\Theta_{\mathrm{E}} = h\nu/k$,称为爱因斯坦温度。

现对式(5.24)进行讨论。

当晶体处于较高温度时,$kT \gg h\nu$,则 $h\nu/kT \ll 1$,故 $C_{V,\mathrm{m}} \approx 3R = 24.9\ \mathrm{J/(mol \cdot K)}$。

这个结果和杜隆-珀替定律是一致的,说明当温度较高时,爱因斯坦模型与实验结果符合。

(2) 当晶体处于较低温度时,$h\nu \gg kT$,则

$$C_{V,\mathrm{m}} = 3R\left(\frac{h\nu}{kT}\right)^2 \exp\left(-\frac{h\nu}{kT}\right) \tag{5.25}$$

实验指出,在低温时,热容和 T^3 成比例,而式(5.25)的理论值比实验值更快地趋于零。

爱因斯坦把每个原子看作独立的谐振子,而实际上每个原子和它邻近的原子之间存在着联系,其振动频率也不完全相同。爱因斯坦忽略了晶格波的频率差别。这是在低温下理论值与实验值不符的原因。

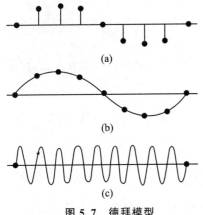

图 5.7　德拜模型

2. 德拜热容模型

德拜(Debye)理论认为:晶体中各原子间存在着弹性斥力和引力。这种力使原子的热振动相互受着牵连和制约,从而达到相邻原子间协调齐步地振动,形成如图 5.7 所示的德拜模型。德拜把晶体看成连续介质,并认为原子振动具有很宽的振动谱,并假设存在最大振动频率 $\nu_{\max}$。而某频率所可能具有的谐振子数由频率分布函数 $g(\nu)$ 决定。则频率从 ν 到 $\nu + \mathrm{d}\nu$ 之间的振子数为 $g(\nu)\mathrm{d}\nu$,从而可以得出德拜假设的振动谱区间内共有的振子数表达式:

$$\int_0^{\nu_{\max}} g(\nu)\mathrm{d}\nu = 3N \tag{5.26}$$

式中,N 为单位体积内的原子数。

德拜把晶格振动看作弹性波在晶体内的传播,可以证明其频率分布函数为

$$g(\nu) = \frac{12\pi\nu^2}{\nu_0^3} \tag{5.27}$$

式中,ν_0 由 $\dfrac{3}{\nu_0^3} = \dfrac{1}{\nu_1^3} + \dfrac{2}{v_\tau^3}$ 决定,ν_1 为纵波传播速度,ν_τ 为横波传播速度。

已知振动频率为 ν 的谐振子平均能量为 $\bar\varepsilon$,根据玻耳兹曼分布几率,具有 n 个 $h\nu$ 能量子的能量的振子数目应正比 $e^{-nh\nu/kT}$,通过计算可以得到在温度 T 时,具有频率为 ν 的一个振子的平均能量 $\bar\varepsilon$ 为

$$\bar\varepsilon = \frac{h\nu}{e^{h\nu/kT} - 1} \tag{5.28}$$

那么在 ν 到 $\nu + d\nu$ 频率范围内,振动平均能量为 $\bar\varepsilon g(\nu) d\nu$,则晶体热振动能量为

$$E = \int_0^{\nu_{max}} \bar\varepsilon g(\nu) d\nu = \int_0^{\nu_{max}} \frac{h\nu}{\exp\dfrac{h\nu}{kT} - 1} \cdot \frac{12\pi}{v_0^3}\nu^2 d\nu \tag{5.29}$$

由式(5.26)、式(5.27)可求得

$$\nu_{max} = \frac{v_0}{2\pi} \sqrt[3]{6\pi N} \tag{5.30}$$

令 $\Theta_D = \dfrac{h\nu_{max}}{k}$ 并把 $x = \dfrac{h\nu}{kT}$ 代入式(5.29),经整理得

$$E = \frac{12\pi k^4 T^4}{v_0^3 h^3} \int_0^{x_{max}} \frac{x^3}{e^x - 1} dx \tag{5.31}$$

又由式(5.30)可得 $v_0^3 = \dfrac{4\pi k^3 \Theta_D^3}{3h^3 N}$,代入式(5.31)并对温度微分得

$$C_{V,m} = 9Nk \left(\frac{T}{\Theta_D}\right)^3 \int_0^{\Theta_D/T} \frac{e^x x^4}{(e^x - 1)^2} dx \tag{5.32}$$

为讨论问题方便,引入德拜热容函数 $f_D(\Theta_D/T)$,令

$$f_D(\Theta_D/T) = 3(T/\Theta_D)^3 \int_0^{\Theta_D/T} \frac{e^x x^4}{(e^x - 1)^2} dx \tag{5.33}$$

则式(5.32)可写为

$$C_{V,m} = 3Nk f_D(\Theta_D/T) \tag{5.34}$$

当 $N = N_0$ 时,有

$$C_{V,m} = 3R f_D(\Theta_D/T) \tag{5.35}$$

下面考察德拜热容模型与实验符合情况:

① 当晶体处于较高温度时,$kT \gg h\nu_{max}$,则 $x \ll 1$,$f_D(\Theta_D/T) \approx 1$,故 $C_{V,m} = 3R f_D \approx 3R = 24.9\ \text{J/(mol·K)}$,结果与杜隆-珀替理论一致。

②当晶体处于低温时,$T \ll \Theta_D$,取 $\Theta_D/T \to \infty$,则 $\int_0^\infty \dfrac{e^x x^4}{(e^x - 1)^2} dx = \dfrac{4}{15}\pi^4$,代入式(5.32)中,则

$$C_{V,m} = 9R \left(\frac{T}{\Theta_D}\right)^3 \cdot \frac{4}{15}\pi^4 = \frac{12\pi^4}{5} R \left(\frac{T}{\Theta_D}\right)^3 \tag{5.36}$$

由式(5.36)知,在低温下,德拜热容理论很好地描述了晶体热容,$C_{V,m} \propto T^3$ 就是著名的德拜三次方定律。

德拜热容模型虽比爱因斯坦模型有很大进步,但德拜将晶体看作连续介质。这对于原子振动频率较高部分不适用,故德拜理论对一些化合物的热容计算与实验不符。另外,德拜认为 Θ_D 与温度无关也不尽合理。

5.1.3　金属和合金的热容

1. 自由电子对热容的贡献

金属与其他固体的重要差别之一是其内部有大量自由电子,讨论金属热容,必须先认识自由电子对金属热容的贡献。

经典自由电子理论把自由电子对热容的贡献估计得很大,在 $\dfrac{3}{2}k$ 数量级,并且与温度无关。但实测电子对热容的贡献常温下只有此数值的 1/100。用量子自由电子理论可以算出自由电子对热容的贡献。式(1.47)已给出电子的平均能量:

$$\overline{E} = \frac{3}{5}E_{\mathrm{F}}^{0}\left[1 + \frac{5\pi^2}{12}\left(\frac{kT}{E_{\mathrm{F}}^{0}}\right)^2\right]$$

则电子热容 $C_{V,\mathrm{m}}^{\mathrm{e}}$(以摩尔为单位)为

$$C_{V,\mathrm{m}}^{\mathrm{e}} = \left(\frac{\partial \overline{E}}{\partial T}\right)_V = \frac{\pi^2}{2}R \cdot Z\frac{k}{E_{\mathrm{F}}^{0}}T \tag{5.37}$$

式中:R 为摩尔气体常数;Z 为金属原子价数;k 为玻耳兹曼常数;E_{F}^{0} 为 0 K 时金属的费密能。

下面以铜为例,计算其自由电子热容。铜的密度为 8.9×10^3 kg/m^3,相对原子质量为 63,每立方米所含摩尔数为 $(8.9\times63)\times10^6$,1 mol 含有的原子数即为阿伏伽德罗常数(6.022×10^{23} mol^{-1}),将上述有关数值代入式(1.45)得

$$E_{\mathrm{F}}^{0} = \frac{h^2}{2m}\left(\frac{3n}{8\pi}\right)^{\frac{2}{3}} = 11\times10^{-19}\ \mathrm{J}$$

$$\frac{kT}{E_{\mathrm{F}}^{0}} = \frac{1.4\times10^{-23}}{11\times10^{-19}} = 0.13\times10^{-4}T$$

此值代入式(5.37),得

$$C_{V,\mathrm{m}}^{\mathrm{e}} = 0.64\times10^{-4}kT \tag{5.38}$$

与常温时原子摩尔热容(约 $3R$)相比,此值很小,可忽略不计。

2. 金属实验热容

温度很低时,原子振动热容(以 $C_{V,\mathrm{m}}^{\mathrm{A}}$ 表示)满足式(5.36),则电子热容与原子热容之比为

$$\frac{C_{V,\mathrm{m}}^{\mathrm{e}}}{C_{V,\mathrm{m}}^{\mathrm{A}}} = \frac{5}{24\pi^2}\frac{kT}{E_{\mathrm{F}}^{0}}(\Theta_{\mathrm{D}}/T)^3$$

若取 $\Theta_{\mathrm{D}}=200$,$k/E_{\mathrm{F}}^{0}=0.13\times10^{-4}$,则 $C_{V,\mathrm{m}}^{\mathrm{e}}/C_{V,\mathrm{m}}^{\mathrm{A}}\approx\dfrac{2}{T^2}$。当 $T<1.4$ K 时,$C_{V,\mathrm{m}}^{\mathrm{e}}/C_{V,\mathrm{m}}^{\mathrm{A}}>1$,即 $C_{V,\mathrm{m}}^{\mathrm{e}}>C_{V,\mathrm{m}}^{\mathrm{A}}$。实验已经证明,温度低于 5 K,$C_{V,\mathrm{m}}\propto T$,即热容以电子贡献为主。这些分析表明,当温度很低时($T\ll\Theta_{\mathrm{D}}$,$T\ll T_{\mathrm{F}}^{*}$),金属热容需要同时考虑晶格振动和自由电子两部分对热容贡献,为此金属热容计算式可以写为

$$C_{V,\mathrm{m}} = C_{V,\mathrm{m}}^{\mathrm{A}} + C_{V,\mathrm{m}}^{\mathrm{e}} = AT^3 + BT \tag{5.39}$$

式(5.39)两边同除以 T 得 $\dfrac{C_{V,\mathrm{m}}}{T}=B+AT^2$,在以 T^2 为横坐标,$C_{V,\mathrm{m}}/T$ 为纵坐标,便可以绘出斜率为 A,截距为 B 的金属实验热容随 T^2 变化的直线。图 5.8 是根据实验测得的金属钾热容值绘制的图形。

---

* $T_{\mathrm{F}}=E_{\mathrm{F}}^{0}/k$ 称为费密温度。

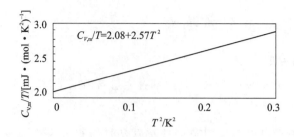

图 5.8 钾热容实验值绘制的 $C_{V,m}/T$ 对 T^2 的图形

由上述分析可知，材料的标识特征常数 A、B 理论上可以计算，即 $A = \frac{12}{5}R\pi^4/\Theta_D^3$，$B = \frac{\pi^2}{2}ZR\frac{k}{E_F^0}$，而 A、B 值又可由测试低温下的金属热容而得到。将两方面获得的数据进行对比后便可检验理论的正确性，这对于物质结构的研究具有实际意义。

过渡族金属中电子热容表现更为突出，它包括 s 层电子热容，也包括 d 层或 f 层电子热容。例如镍在 5 K 以下温度时，热容基本上由电子激发所决定，其热容可以近似为

$$C_{V,m} = 0.007\,3T \quad [\text{J}/(\text{mol} \cdot \text{K})] \tag{5.40}$$

正是由于金属含有大量的自由电子，因此金属的热容曲线不同于其他键合晶体材料的热容曲线，特别是在高温和低温条件下。现以铜为例，绘出一般金属热容随温度变化的曲线（见图 5.9）。图中 I 区被放大，温度范围为 $0 \sim 5$ K，$C_{V,m} \propto T$；II 区 $C_{V,m} \propto T^3$，这一温度区间相当大。当温度达到 Θ_D 温度附近时，热容趋于一个常数，构成 III 区。当温度高于 Θ_D 以上时，热容曲线稍有平缓上升趋势。这

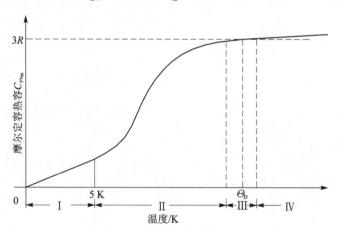

图 5.9 金属铜热容随温度变化曲线

就是曲线 IV 部分 $c_{V,m} > 3R$，其增加的部分主要是金属中自由电子热容的贡献。表 5.1、表 5.2 所列分别是部分金属材料实测摩尔定压热容和比热容。

表 5.1 部分金属材料摩尔定压热容

温度/K	$C_{p,m}/[\text{J} \cdot (\text{mol} \cdot \text{K})^{-1}]$					温度/K	$C_{p,m}/[\text{J} \cdot (\text{mol} \cdot \text{K})^{-1}]$			
	W	Ta	Mo	Nb	Pt		W	Ta	Mo	Nb
1 000					30.03	2 500	34.57	32.08	48.3	37.08
1 300		28.14	30.66	27.68	31.67	2 800	37.84	34.06		
1 600	29.32	28.98	32.59	29.23	34.06	3 100	43.26			
1 900	30.95	29.85	35.11	30.91	37.93	3 400	53.13			
2 200	32.59	30.87	39.69	33.43		3 600	63			

表 5.2　一些钢的比热容 $c \times 10^{-3}$（单位为 $J \cdot (kg \cdot K)^{-1}$）

温度/℃ 钢号	100	200	300	400	500	600	700	800	900	1 000	1 100
20	0.51	0.52	0.54	0.57	0.63	0.74		0.70	0.61	0.2	0.63
35	0.48	0.51	0.56	0.61	0.66	0.71	1.26	0.83	0.66	0.62	0.65
40Cr	0.49	0.52	0.55	0.59	0.65	0.75		0.61	0.62	0.62	0.63
9Cr2SiMo	0.46	0.50	0.56	0.62	0.68	0.74		0.83	0.70	0.71	0.72
30CrNi3Mo2V	0.48	0.53	0.55	0.59	0.66	0.75	0.92	0.66	0.66	0.67	0.67
3Cr13	0.43	0.48	0.55	0.63	0.70	0.78	0.93	0.74	0.69	0.70	0.72

3. 德拜温度

理论上可以算出低温下金属实验热容表达式中的 A、B 值,但计算 A 需要先求出金属的德拜温度 Θ_D。由定义知,$\Theta_D = \dfrac{h\nu_{max}}{k}$,其中 ν_{max} 可由经验公式求出。

如果在熔点 T_M 时,原子振幅达到使晶格破坏的数值,这时 ν_{max} 和熔点之间存在如下关系:

$$\nu_{max} = 2.8 \times 10^{12} \sqrt{\frac{T_M}{MV_a^{2/3}}} \tag{5.41}$$

式(5.41)被称为林德曼(Lindemann)公式,式中 M 是相对原子质量,V_a 是原子体积,T_M(K)为熔点。由式(5.41)并联系 Θ_D 定义,可得

$$\Theta_D = 137 \sqrt{\frac{T_M}{MV_a^{2/3}}} \tag{5.42}$$

德拜温度是反映原子间结合力的又一重要物理量。不同材料的 Θ_D 不同,由式(5.42)可知,熔点高,即材料原子间结合力强,Θ_D 便高,尤其是相对原子质量小的金属更为突出。选用高温材料时,Θ_D 也是需要考虑的参数之一。

Θ_D 可以由不同方法求出,如可根据熔点由式(5.42)来计算,也可根据热容来计算,或依据金属中弹性波传播速率与 Θ_D 的关系式来计算。表 5.3 所列为某些物质的德拜温度。

表 5.3　物质的德拜温度

物质名称	Θ_D/K	物质名称	Θ_D/K	物质名称	Θ_D/K	物质名称	Θ_D/K
Hg	71.9	Ti	420	Ru	600	Cd	209
K	91	Zr	291	Os	500	Al	428
Rb	56	Hf	252	Co	445	Ga	320
Cs	38	V	380	Rh	480	In	108
Be	1 440	Nb	275	Ir	420	Tl	78.5
Mg	400	Ta	240	Ni	450	C	2 230
Ca	230	Cr	630	Pd	274	Si	645
Sr	147	Mo	450	Pt	240	Ge	374
Ba	110	W	400	Cu	343	Sn（w）	200
Sc	360	Mn	410	Ag	225	Pb	105
Y	280	Re	430	Au	165	Bi	119
La（β）	142	Fe	470	Zn	327	U	207

4. 合金热容

前述金属热容的一般概念适用于金属或多相合金。但在合金中还应考虑合金相的热容及合金相形成热等。

在形成金属化合物时，虽然有形成热使得总的结合能量增大，但是在同一高温下，组成化合物的每个原子的热振动能几乎与原子的纯物质晶体中的热振动能是一样的。具体来说，固态化合物分子摩尔定压热容 $C_{p,m}$ 是由组元原子热容按比例相加而得，其数学表达式为

$$C_{p,m} = pC_{p,m1} + qC_{p,m2} \qquad (5.43)$$

式中：p 和 q 是该化合物分子中各组成的原子百分数；$C_{p,m1}$，$C_{p,m2}$ 为各组元的原子热容。称式（5.43）为诺埃曼-考普（Neumann-Kopp）定律，它可应用于多相混合组织、固溶体或化合物。但不同对象的表达式稍有差别。例如，对于二元固溶体合金质量定压热容 c_p^{AB}，式（5.43）可写成

$$c_p^{AB} = C_a c_p^B + (1 - C_a) c_p^A \qquad (5.44)$$

式中，C_a 为组元 B 在固溶体中的原子浓度。

由诺埃曼-考普定律计算的热容值与实验值相差不大于 4%。但应当指出它不适用于低温条件或铁磁性合金。

5.1.4 陶瓷材料的热容

由于陶瓷材料主要由离子键和共价键组成，室温下几乎无自由电子，因此热容与温度的关系更符合德拜模型。但不同材料的德拜温度是不同的，例如石墨为 1 873 K，BeO 为 1 173 K，Al_2O_3 为 923 K。这取决于键合强度、材料的弹性模量、熔点等。图 5.10 所示为几种陶瓷材料的热容温度曲线。由图可见，热容都是在接近 Θ_D 时趋近 24.9 J/mol·K。此后温度增加，热容几乎不变，只有 MgO 稍有增加。表 5.4 给出了一些陶瓷材料与其他材料的热性能比较。

尽管热容对材料晶体结构不敏感，但是相变仍然影响热容大小（见 5.1.5 小节）。由于陶瓷材料一般是多晶多相系统，材料中的气孔率对单位体积的热容有影响。多孔材料质量轻，故热容小。提高轻质隔热材料的温度所需的热量远低于致密的耐火材料，因此周期加热的窑炉尽可能选用多孔的硅藻土砖、泡沫刚玉等以达到节能的目的。

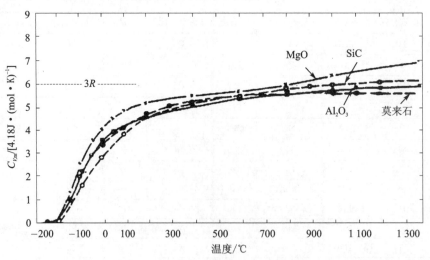

图 5.10 几种陶瓷材料的热容-温度曲线

表 5.4　一些陶瓷材料和其他材料的热性能比较

类　别	材　料	$c_p/(\text{J}\cdot\text{kg}^{-1}\cdot\text{K})$	$\alpha_l\times10^6/\text{°C}^{-1}$	$k/(\text{W}\cdot\text{m}^{-1}\cdot\text{K})$
陶瓷	氧化铝(Al_2O_3)	775	8.8	30.1
	氧化铍(BeO)	1 050[①]	9.0[①]	220[②]
	氧化镁(MgO)	940	13.5[①]	37.7[②]
	尖晶石($MgAl_2O_4$)	790	7.6[①]	15.0[②]
	熔融氧化硅(SiO_2)	740	0.5[①]	15.0[②]
	钠钙玻璃	840	9.0[①]	1.7[②]
金属	铝	900	23.6	247
	铁	448	11.8	80.4
	镍	443	13.3	89.9
	316 不锈钢	502	16.0	16.3[①]
高聚物	聚乙烯	2 100	60～220	0.38
	聚丙烯	1 880	80～100	0.12
	聚苯乙烯	1 360	50～85	0.13
	聚四氟乙烯	1 050	100	0.25

注：①为 100 ℃时测得的数据；②为 0～1 000 ℃范围的平均值。

实验证明,在较高温度下(573 K 以上),固体的摩尔热容约等于构成该化合物各元素原子热容的总和:

$$C_{V,m} = \sum n_i C_{im} \tag{5.45}$$

式中：n_i为化合物中元素 i 的原子数；C_{im}为化合物中元素 i 的摩尔热容。对于多相复合材料的比热容 c 也有与式(5.45)类似的公式：

$$c = \sum w_i c_i \tag{5.46}$$

式中：w_i为材料中第 i 种组分的质量分数；c_i为材料中第 i 种组分的比热容。

5.1.5　相变对热容的影响

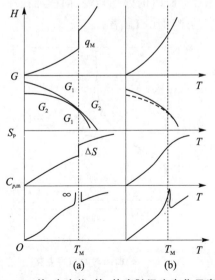

材料在发生相变时,形成新相的热效应大小与形成新相的形成热有关,其一般规律是:以化合物相的形成热最高,中间相形成热居中,固溶体形成热最小。在化合物中以形成稳定化合物的形成热最高,反之形成热低。根据热力学函数相变前后的变化,相变可以分为一级相变和二级相变。图 5.11 给出了相变温度和焓 H、自由能 G、熵 S 及摩尔定压热容 $C_{p,m}$ 的关系。

下面分别予以介绍。

1. 一级相变

热力学分析已证明,发生一级相变时,除有体积突变外,还伴随相变潜热发生。由图 5.11(a)可见一级相变时热力学函数变化的特点,即在相

图 5.11　焓、自由能、熵、热容随温度变化示意图

变温度下,H(焓)发生突变,热容为无限大。由于一级相变发生在恒温恒压下,$\Delta H = \Delta Q_p$,故相变潜热(热效应 Q_p)可直接从 $H - T$ 关系曲线得到。具有这种特点的相变很多,诸如纯金属的三态变化、同素异构转变、共晶转变、包晶转变等。固态的共析转变也是一级相变。

下面以金属熔化为例,结合图 5.12 说明温度和焓的关系。由图可见,在较低温度时,随温度升高,热量缓慢增加,其后逐渐加快,到某一温度 T_M 时,热量的增加几乎是直线上升。高于温度 T_M 之后,所需热量的增加又变得缓慢。T_M 为金属熔点,在此温度下金属由固态变成液态,需要吸收部分热量,这部分热量即为熔化热 q_M。如将液态金属的焓变化曲线 F 和固态金属焓变化曲线 K 相比较,可发现液态金属比固态(晶体)金属焓高,因此可以说液态金属的热容比固态热容大。陶瓷材料发生一级相变时,材料的热容会发生不连续突变,如图 5.13 所示的 SiO_2 的同素异构转变(α-石英$\Leftrightarrow\beta$-石英)。

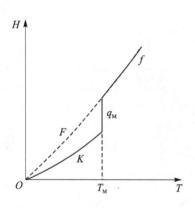

图 5.12 金属熔化时焓与温度关系

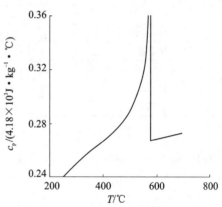

图 5.13 α-石英$\Leftrightarrow\beta$-石英转变的热容变化

2. 二级相变

二级相变大都发生在一个有限的温度范围。由图 5.11(b)可见,发生二级相变时,其焓也发生变化,但不像一级相变那样发生突变,其摩尔定压热容 $C_{p,m}$ 在转变温度附近也有剧烈变化,但为有限值。这类相变包括磁性转变,部分材料中的有序-无序转变(有人认为部分转变可属于一级相变)、超导转变等。图 5.14 所示为 $CuCl_2$ 在 24 K 时的磁性转变,同样纯铁在加热时也会发生磁性转变,如图 5.15 中的 A_2 转变点对热容的影响比较显著。

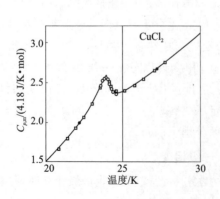

图 5.14 $CuCl_2$ 磁性转变对其热容的影响

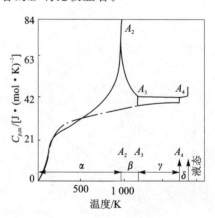

图 5.15 铁加热时的热容变化

5.1.6　热分析

　　焓和热容是研究合金相变过程中的重要参数。研究焓和温度的关系,可以确定热容的变化和相变潜热。量热和热分析就是建立在热测量及温度测量基础上的。热容测量在物理学中测定的方法主要是量热计法,在普通物理学课程中已介绍过。金属学研究中常用的主要是撒克司(Sykes)和史密斯(Smith)法,它们测定金属比热容以电加热为基础。读者可参阅相关参考文献,以便深入了解。

　　这里只介绍现代常用的热分析方法。热分析是在程序控制温度下,测量物质的物理性质与温度关系的一种技术。根据国际热分析协会(ICTA)的分类,热分析方法共分为 9 类 17 种,见表 5.5。由表可知,它们是把温度(或热)测量与其他物理性质测定结合起来的分析方法。下面只介绍三种应用最多的热分析方法。

表 5.5　热分析方法的分类

物理性质	热分析技术名称	缩 写	物理性质	热分析技术名称	缩 写
质 量	热重法	TG	尺 寸	热膨胀法	
	等压质量变化测定		力学特性	热机械分析	TMA
	逸出气检测	EGD		动态热机械法	DMA
	逸出气分析	EGA	声学特性	热发声法	
	放射热分析			热传声法	
	热微粒分析		光学特性	热光学法	
温 度	升温曲线测定				
	差热分析	DTA	电学特性	热电学法	
热 量	差示扫描量热法	DSC	磁学特性	热磁学法	

1. 差热分析(DTA)

　　差热分析是在程序控制温度下,测量处于同一条件下样品与参比物的温度差和温度关系的一种技术。其工作原理如图 5.16 所示。图中 1 为试样和参比物及其温度变化测试系统。参比物又称为标准试样,往往是稳定的物质,其导热、比热容等物理性质与试样相近,但在应用的试验温度内不发生组织结构变化。处在加热炉 2 和均热坩埚内的试样和参比物在相同的条件下加热和冷却。试样和参比物之间的温差通常用对接的两支热电偶进行测定。热电偶的两个接点分别与盛装试样和参比物坩埚底部接触,或者分别直接插入试样和参比物中。测得的温差电动势经放大后由 X‑Y 记录仪直接把试样和参比物之间的温差 ΔT 记录下来。与此同时,X‑Y 记录仪也记录下试样的温度(或时间 t),这样便可获得 ΔT‑$T(t)$ 差热分析曲线图。当试样不产生相变时,试样温度 T_s 应与参比物温度 T_r 相等,即 $T_s - T_r = 0$,则记录仪不指示任何示差电动势。如果样品发生吸热或放热反应,则 $\Delta T = T_s - T_r$,在 X‑Y 记录上可得到 $\Delta T = f(T)$ 差

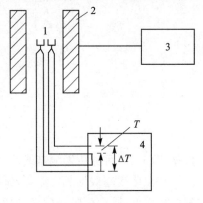

1—测量系统;2—加热炉;
3—温度程序控制器;4—记录仪

图 5.16　DTA 工作原理

热分析曲线。图 5.17 所示为亚共析钢（$w_c = 0.35\%$）示差热分析曲线。为了能够定量进行差热分析，应了解各种因素可能对分析结果的影响。

现以试样熔化过程为例，说明利用差热分析曲线进行热分析的原理。已知试样和参比物的热容分别为 C_s 和 C_r，且不随温度变化。其温度分布均匀。试样和参比物与坩埚之间的导热系数 κ 与温度无关。

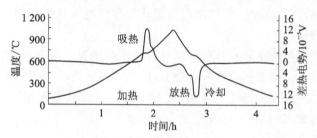

图 5.17 亚共析钢（$w_c = 0.35\%$）示差热分析曲线

设 T_w 为坩埚温度（即炉温），$\varphi = dT_w/dt$ 为升温速率。当 $t = 0$ 时，$T_s = T_r = T_w$。当炉子以一定升温速率 φ 开始升温时，由于存在热阻，试样和参比物升温时都有滞后现象，经过一定时间后，它们才以升温速率 φ 开始升温。

由于试样和参比物的热容量不同，它们对 T_w 的滞后不同，即存在温度差 ΔT。在它们的热容量差被热传导自动补偿以后，试样和参比物才按 φ 升温，此时 ΔT 成为定值 $(\Delta T)_a$，形成差热曲线的基线，见图 5.18。图中的 Oa 段代表了前面分析基线的形成过程。其 ΔT 的变化可用下列方程描述：

$$\Delta T = \frac{C_r - C_s}{K} \varphi \left[1 - \exp\left(-\frac{K}{C_s}t\right) \right] \tag{5.47}$$

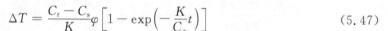

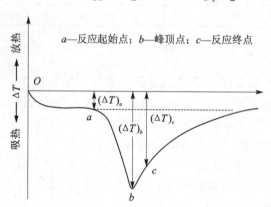

图 5.18 DTA 吸热转变曲线

根据式（5.47）可分析影响基线的各个因素。

差热曲线基线形成之后，若试样没有相变或其他变化，则基线是平行于横轴的。若试样达到熔化温度，则产生吸热效应，此时样品所得的热量为

$$C_s \frac{dT_s}{dt} = K(T_w - T_s) + \frac{d\Delta H}{dt} \tag{5.48}$$

式中，ΔH 为试样全部熔化吸收的总热量。参比物所得热量为

$$C_r \frac{dT_r}{dt} = K(T_w - T_r) \tag{5.49}$$

由于 $\varphi = \dfrac{dT_w}{dt} = \dfrac{dT_r}{dt}$，$(\Delta T)_a = \dfrac{C_r - C_s}{K}\varphi$，故

$$C_r \frac{dT_r}{dt} = C_s \frac{dT_r}{dt} + K(\Delta T)_a \tag{5.50}$$

再结合式(5.49)，可得

$$C_s \frac{dT_r}{dt} = K(T_w - T_r) - K(\Delta T)_a \tag{5.51}$$

式(5.48)和式(5.51)相减，可得

$$C_s \frac{d\Delta T}{dt} = \frac{d\Delta H}{dt} - K[\Delta T - (\Delta T)_a] \tag{5.52}$$

由式(5.52)知：

① 由于 ΔH 使 ΔT 增加，形成 ΔT-t 峰形。

② 在峰顶点 b 处，$\left(\dfrac{d\Delta T}{dt}\right)_b = 0$，则

$$(\Delta T)_b - (\Delta T)_a = \frac{1}{K} \cdot \frac{d\Delta H}{dt} \tag{5.53}$$

③ 在反应终点 c 处，$\dfrac{d\Delta H}{dt} = 0$，则式(5.52)可写为

$$C_s \frac{d\Delta T}{dt} = -K[\Delta T - (\Delta T)_a] \tag{5.54}$$

将式(5.54)整理，对 $[\Delta T - (\Delta T)_a]$ 积分得

$$(\Delta T)_c - (\Delta T)_a = \exp\left(-\frac{K}{C_s}t\right) \tag{5.55}$$

此式说明熔化终了之后，差热曲线以指数函数降低返回基线。

试样熔化潜热 ΔH 可由对式(5.52)积分获得

$$\Delta H = C_s[(\Delta T)_c - (\Delta T)_a] + K\int_a^c [\Delta T - (\Delta T)_a]dt \tag{5.56}$$

而差热曲线从反应终点 c 返回基线的积分表达式为

$$C_s[(\Delta T)_c - (\Delta T)_a] = K\int_c^\infty [\Delta T - (\Delta T)_a]dt \tag{5.57}$$

结合式(5.56)和式(5.57)，则

$$\Delta H = K\int_0^\infty [\Delta T - (\Delta T)_a]dt = KS \tag{5.58}$$

式中，S 为差热曲线和基线之间的面积。此公式称为 Speil 公式。由式(5.58)可得以下结论：

① 差热曲线的峰面积 S 和热效应 ΔH 成正比。

② 对于相同大小的热效应，S 愈大，说明仪器灵敏度愈高，K 值有时被称为仪器系数。

③ 式(5.58)中没有升温速率 φ，说明不管 φ 如何，S 值总是一定的。由于 ΔT 与 φ 成正比，因此 φ 值越大，峰越尖锐。

差热分析虽然广泛应用于材料物理化学性能变化的研究，但同一物质测定得到的值往往不一致。这主要是由于实验条件不一致引起的。因此，必须认真控制影响实验结果的各种因素，并在发表数据时说明测定时所用的实验条件。影响实验结果的因素包括实验所用仪器(如

炉子形状、尺寸及热电偶位置等）、升温速率、气氛、试样用量及粒度等。

为了测定焊接、轧制过程等连续、快速冷却条件下金属材料的相变点，可采用微分热分析（亦称导数热分析）。这种方法主要是测定试样温度随时间变化率，即 $\dfrac{\mathrm{d}T}{\mathrm{d}t}$。图 5.19 是它的测试原理图。热电偶直接焊到试样上，其热电势经放大器后输入微分器，由微分器输出的信号就是温度随时间变化率 $\mathrm{d}T/\mathrm{d}t$。信号由 X－Y 记录仪或光线示波器记录。据资料介绍，当冷速大于 20 ℃/s 时，最好采用微分热分析测定相变点。微分热分析英文缩写为 dTA。测定方法简单、迅速、滞后小。

图 5.20 所示为铀碳化物样品（质量为 1.279×10^{-3} kg）微分热分析曲线，采用长余辉示波器记录。图(a)记录的曲线 1 是温度(T)-时间(t) 曲线，曲线 2 为温度变化率($\mathrm{d}T/\mathrm{d}t$)-时间(t) 曲线。图(b)记录的分别为加热和冷却过程中温度-温度变化率曲线。

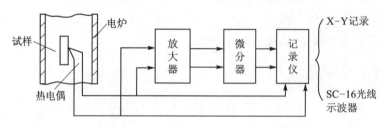

图 5.19　微分热分析测试原理图

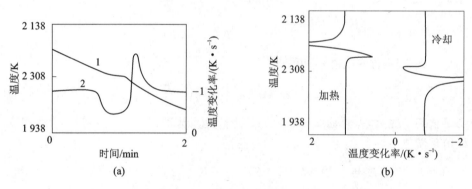

(a)　　　　　　　　　　　　(b)

图 5.20　微分热分析典型曲线

2. 差示扫描量热法（DSC）

由于差热分析与试样内的热传导有关，K 值又不断随温度变化，因此定量分析有相当困难。为保持 DTA 的测试速度快、样品用量少、适用范围广的优点，克服其定量分析的困难而研制出差示扫描量热器（DSC）。根据测量方法不同，又分为功率补偿型 DSC 和热流型 DSC。这里只介绍功率补偿型的 DSC。

功率补偿型 DSC 原理图及 DSC 分析曲线见图 5.21。主要特点是试样和参比物分别具有独立的加热器和传感器。通过加热调整试样的加热功率 P_s，使试样和参比物的温度 ΔT 为零。这样可以从补偿的功率直接计算热流率，即

$$\Delta W = \frac{\mathrm{d}Q_s}{\mathrm{d}t} - \frac{\mathrm{d}Q_r}{\mathrm{d}t} = \frac{\mathrm{d}H}{\mathrm{d}t} \tag{5.59}$$

式中：ΔW 为所补偿的功率；Q_s 为试样的热量；Q_r 为参比物的热量；$\mathrm{d}H/\mathrm{d}t$ 为热流率（mJ/s）。

该仪器试样和参比物的加热器电阻相等，即 $R_s = R_r$。当试样没有任何热效应时，有

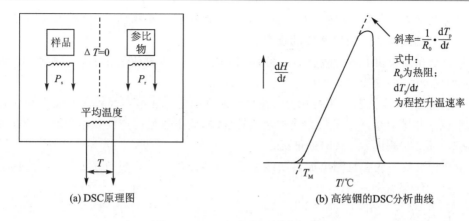

(a) DSC原理图　　　　　　　(b) 高纯铟的DSC分析曲线

图 5.21　DSC 工作原理和分析曲线

$$I_s^2 R_S = I_r^2 R_r \tag{5.60}$$

如果试样产生热效应,则立即进行功率补偿的值为

$$\Delta W = I_s^2 R_S - I_r^2 R_r \tag{5.61}$$

令 $R_s = R_r = R$,则 $\Delta W = R(I_s + I_r)(I_s - I_r)$。令 $I_s + I_r = I_T$,则

$$\Delta W = I_T(I_s R - I_r R) = I_T(V_s - V_r) = I_T \Delta V \tag{5.62}$$

式中:I_T 为总电流;ΔV 为电压差。若 I_T 为常数,则 ΔW 与 ΔV 成正比,因此 ΔV 直接表示 $\mathrm{d}H/\mathrm{d}t$。

值得注意的是,DSC 和 DTA 的曲线形状相似,但其纵坐标不同,前者表示热流率 $\mathrm{d}H/\mathrm{d}t$ (mJ/s),后者表示温度差($\Delta T = T_s - T_r$)。DSC 中的仪器常数与 DTA 中的仪器常数性质不同,它不是温度的函数而为定值。

5.1.7　热分析应用

热分析可以用来研究材料的熔化及凝固过程、同素异构转变、固溶体分解、淬火钢回火、合金相析出过程及有序-无序转变等。下面举例说明。

1. 建立合金状态图

合金状态图的建立可依靠实验测定一系列合金状态变化温度(临界点)的数据,绘出状态图中所有的转变线,其中包括液相线、固相线、共晶线、包晶线等。合金状态变化的临界点及固态相变点都可用热分析法测定。下面以热分析法测定金属凝固或熔化为例,说明热分析确定临界点时要注意的问题。图 5.22 所示为一组热分析曲线,每组并列两条曲线:左边的是理想曲线,右边的是实测曲线。从这些曲线可以看到以下情况:

① 实测曲线不像理想曲线那样在转变点处有明显的尖角,而往往呈圆弧状。这是由于热电偶装于套管内,指示温度落后于凝固温度,热电偶温度降低缓慢所致。为此热电偶的丝要尽可能细,套管要薄,冷却速度要慢。这样测出的转变温度拐点可能更明显些。

② 凝固曲线在转变处发生弯曲的第二个原因是接近凝固时缺乏搅拌。温度不均使得凝固时间不一致,导致转变点处圆滑。另外,对于纯金属来说,在凝固终了时,固相和液相处于混合状态,黏性很大,易造成不均匀,故拐点不明确。因此,在确切地评价固相线的温度时,就不应用冷却曲线。在实际测量曲线上确定液相线温度的方法,可参考图 5.22(b)。

③ 若熔化后过冷,在过冷时放出潜热使试样温度升高,热电偶的指示温度将低于真实温度。这个效应可参考图 5.23(a),图中左边的虚线表示炉子温度下降曲线。左图中实线为理想冷却曲线,右图中实线为有过冷效应的实际冷却曲线。

④ 随着温度下降,固相和液相内要通过扩散过程达到其平衡成分,但在固体中扩散是有限的,这对冷却曲线能否示出固相线的真实温度是重要的。

⑤ 将合金在固相线下进行较长时间的均匀化处理,加热时使其很多点同时熔化,便可得到良好的加热曲线,转变点可在曲线上明显地表现出来。

⑥ 在平衡状态,两相区各相的数量可按杠杆原理确定。在液相线和固相线之间随着温度的下降,形成固相的数量逐渐增加。当在液相转变时,放出热量的速度和温度下降的趋势配合得不合适时,便会出现图 5.23(b)的情况。

⑦ 用金相法校正或者是测出加热曲线之后,再测冷却曲线以补充验证,便可消除上述影响,得到良好的结果。

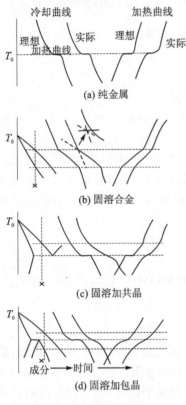

图 5.22 凝固和熔化的热分析曲线

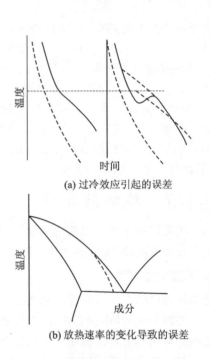

图 5.23 凝固温度误差来源示意图

2. 测定钢的转变曲线

用热分析法可以测定过冷奥氏体的等温转变曲线及连续冷却转变曲线。这里不谈具体测定装置,只以 SUJ2 轴承钢为例说明示差热分析的应用情况。

图 5.24 所示为 SUJ2 轴承钢的等温示差热分析曲线。曲线表明,在试样投入等温盐浴炉之后,热电势下降,这是由于试样和标样在冷却过程中温度不同造成的。经 52 s 后,由于试样发生相变产生热效应使试样温度上升,示差热电势向正向变化,在 200 s 后又回到变化前的状态,因此可以认为 52 s 即是 SUJ2 钢在 300 ℃ 等温分解的孕育期。金相法校正表明,示差热电势增加(发热)的开始时间就是相变开始时间,发热恢复的时间即为转变终了时间。

图 5.25 所示为 SUJ2 轴承钢炉冷曲线,冷却速率为 1.1 ℃/min。曲线表明,冷却至 150 s 开始转变,220 s 恢复。如取 150 s 和 170 s 水冷,前者的金相组织中没有珠光体,但后者有。

如取 190 s 和 200 s 水冷,前者的金相组织中见到 5% 的马氏体,但后者见不到。金相检验证明,用示差热分析曲线上的发热和恢复时间来确定珠光体转变的开始点及终止点是正确的。

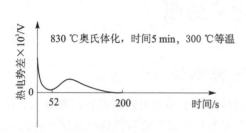

图 5.24　SUJ2 钢等温转变示差热分析曲线

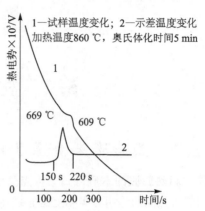

图 5.25　SUJ2 钢随炉冷却曲线

3. 研究 ε 相热稳定性

近年来,液态急冷技术和非晶态研究的发展对铁碳合金直接从液态进行急冷作了新的探索,发现铁碳合金中的新相 ε 相。研究了 Fe-C 和 Fe-C-Sb 系获得了 ε 相的可能性和成分范围,并用差热分析研究了 ε 相的热稳定性。图 5.26 所示为测得的 Fe-C-Sb 合金 DTA 曲线。曲线 Ⅰ 为第一次升温曲线。128～129 ℃ 和 300～500 ℃ 的放热峰经研究确定如下:ε 相转变为 ε 碳化物和马氏体后,又进一步转变为渗碳体和铁素体。曲线 Ⅰ 还说明 Fe-C-Sb 合金液态急冷获得的 ε 相具有较好的稳定性,它在 130 ℃ 左右才开始分解,并且在室温下保持 80 天尚未有任何变化。如果把第一次升温到 600 ℃ 附近的试样冷却到室温后再加热,则得到第二次升温曲线 Ⅱ。该曲线变化平缓,证明 ε 相加热是不可逆相变。

4. 研究有序-无序转变

铜锌合金其成分接近 CuZn 时,形成体心立方点阵的固溶体。此合金在低温时,处于有序状态,随着温度的增高,它要逐渐转变为无序状态,这种转变是吸热过程,属于二级相变。其比热容-温度曲线如图 5.27 所示。由热容曲线上升段(AB)和下降段(BD)两条曲线所包围的面积,可求出相变热效应数值。

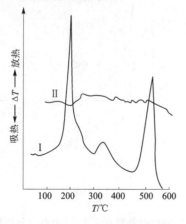

图 5.26　Fe-C-Sb 合金的 DTA 曲线

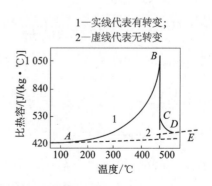

图 5.27　铜锌合金热容-温度曲线

此外,热分析还可以用于分析合金相析出过程。例如,采用差热分析研究 Al-Zn-Mg 合金的固溶体分解过程,认为 DTA 曲线上的放热和吸热峰分别由脱溶作用和再溶解过程引起的。

示差热分析也可用于测定马氏体点 M_s。

5.2 材料的热膨胀

5.2.1 热膨胀来自原子的非简谐振动

固体材料热膨胀的本质可归结为点阵结构中的质点间平均距离随温度升高而增大。晶格振动中相邻质点间的作用力实际上是非线性的,即作用力并不简单地与位移成正比。由图 5.28 可以看到,在质点平衡位置 r_0 的两侧,合力曲线的斜率是不等的。当 $r < r_0$ 时,斜率较大。当 $r < r_0$ 时,斥力随位移增大很快;当 $r > r_0$ 时,引力随位移的增大要慢一些。在这样的受力情况下,质点振动的平均位置不在 r_0 处,而要向右移,因此相邻质点间的平均距离增加。温度愈高,振幅愈大,质点在 r_0 两侧受力不对称情况愈显著;平衡位置向右移动越多,相邻质点平均距离就增加得越多,从而导致微观上晶胞参数增大,宏观上晶体膨胀。

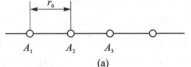

若以双原子势能曲线模型解释,则可以导出膨胀量与温度的关系表示式。设相互作用的两个原子中的一个固定在坐标原点,而另一个原子处于平衡位置 $r = r_0$;(设温度为 0 K),图 5.29 所示为双原子模型示意图及其势能变化曲线。由于热运动,两个原子的相互位置在不断变化;令它离开平衡位置的位移为 x,则两个原子间的距离 $r = r_0 + x$,两个原子间的势能 $U(r)$ 是两个原子间距 r 的函数,即 $U = U(x)$。此函数可在 $r = r_0$ 处展开成泰勒级数:

$$U(r) = U(r_0) + \left(\frac{dU}{dr}\right)_{r_0} x + \frac{1}{2!}\left(\frac{d^2U}{dr^2}\right)_{r_0} x^2 + \frac{1}{3!}\left(\frac{d^3U}{dr^3}\right)_{r_0} x^3 + \cdots$$

因为 $\left(\frac{dU}{dr}\right)_{r_0} = 0$,且令 $\frac{1}{2!}\left(\frac{d^2U}{dr^2}\right)_{r_0} = c$,

$-\frac{1}{3!}\left(\frac{d^3U}{dr^3}\right)_{r_0} = g$,故原式可写为

$$U(r) = U(r_0) + cx^2 - gx^3 + \cdots$$

(5.63)

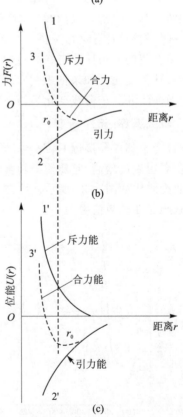

图 5.28 晶体质点引力-斥力曲线和位能曲线

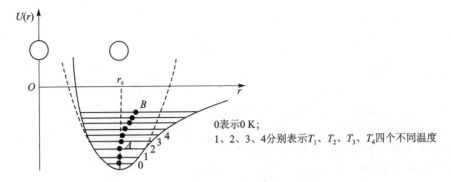

0表示0 K；
1、2、3、4分别表示T_1、T_2、T_3、T_4四个不同温度

图 5.29　双原子相互作用势能曲线

如果略去 x^3 及以后的高次项，则式(5.63)成为 $U(r) = U(r_0) + cx^2$，此时 $U(r)$ 代表一条顶点下移 $U(r_0)$ 的抛物线，其图形如图 5.29 中虚线所示。此时的势能曲线是对称的，原子绕平衡位置振动时，左右两边的振幅恒等，温度升高只能使振幅增大，平均位置仍为 $r = r_0$，故不会产生热膨胀。这与膨胀的事实相反，故略去 x^3 项是不合理的。保留 x^3 项，则式(5.63)可写为

$$U(r) = U(r_0) + cx^2 - gx^3 \tag{5.64}$$

依式(5.64)作出的图形如图 5.29 中的实线所示，不再是对称的二次抛物线。利用势能曲线的非对称性可以对热膨胀作出具体解释。图 5.29 中作平行于横轴的平行线 $1,2,3,\cdots$，它们与横轴的距离分别代表在 $T_1,T_2,\cdots,T$ 温度下质点振动的总能量。由图可见，其平衡位置将随温度升高沿 AB 线变化，温度升得愈高，则平衡位置移得愈远，从而引起晶体膨胀。

根据玻耳兹曼统计，由式(5.65)可以算出其平均位移

$$\bar{x} = \frac{3gkT}{4c^2} \tag{5.65}$$

此式说明，随着温度增加，原子偏离 0 K 的振动中心距增大，物体宏观上膨胀了。

5.2.2　热膨胀系数

膨胀系数是材料的重要物理参数。

1. 膨胀系数的计算

设 $\bar{\alpha}$ 为平均线膨胀系数，$\Delta l = l_2 - l_1$ 表示 ΔT 温度区间试样长度变化值，$\Delta T = T_2 - T_1$，则

$$l_2 = l_1[1 + \bar{\alpha}_l(T_2 - T_1)]$$

$$\bar{\alpha}_l = \frac{\Delta l}{l_1 \Delta T} \tag{5.66}$$

同理，平均体膨胀系数为

$$\bar{\beta} = \frac{\Delta V}{V_1 \Delta T} \tag{5.67}$$

一般情况下，表征材料热膨胀用平均线膨胀系数，但在材料研究中也用体膨胀系数表征材料在某一给定温度下的热膨胀特征。当式(5.66)中的 ΔT 和 Δl 趋于零，且温度为 T 时，材料的真线膨胀系数为

$$\alpha_T = \frac{\mathrm{d}l}{l_T \mathrm{d}T} \tag{5.68}$$

由实验可得到膨胀曲线 $l = l(T)$，见图 5.30。取 l_T 和温度 T 的交点 a，过 a 作切线，该切线之斜率除以 l_T 即为材料在温度 T 时的真线膨胀系数。相应的真体膨胀系数为

$$\beta_T = \frac{dV}{V_T dT} \qquad (5.69)$$

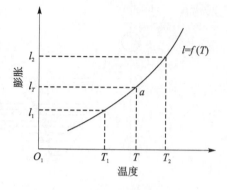

多数情况下实验测得的是线膨胀系数。对于立方晶系，各方向的膨胀系数相同，即

$$\beta = 3\alpha$$

工程中，膨胀系数是经常要考虑的物理参数之一，如玻璃、陶瓷与金属间的封接，由于电真空的要求，需要在低温和高温下两种材料的 α_T 值均相近，否则易漏气。因此，高温钠蒸灯所用的透明 Al_2O_3 灯管 $\alpha_T = 8 \times 10^{-6}$ K^{-1}，应选用金属铌 $\alpha_T = 7.8 \times 10^{-6}$ K^{-1} 作为封接导电料。

图 5.30　热膨胀曲线示意图

在具有多晶、多相复杂结构的金属材料以及复合材料中，由于各相及各方向的 α_T 不同所引起的热应力问题也是在选材、用材时应注意的问题（见 5.5 节）。

2. 膨胀系数与其他物理量的关系

热膨胀是固体材料受热以后晶格振动加剧而引起的容积膨胀，而晶格振动的激化就是热运动能量的增大。升高单位温度时能量的增量也就是热容的定义，所以热膨胀系数显然与热容关系密切。格临爱森（Grüneisen）从晶格振动理论导出金属体膨胀系数与热容间存在的关系式为

$$\beta = \frac{r}{KV} c_V \qquad (5.70)$$

式中：r 是格律乃森常数，此常数表示原子非线性振动物理量，一般物质 r 在 1.5～2.5 范围内变化；K 是体弹性模量；V 是体积，c_V 是比定容热容。

从热容理论知，低温 c_V 随温度 T^3 变化，则膨胀系数在低温下也按 T^3 规律变化，即膨胀系数和热容随温度变化的特征基本一致，见图 5.31。

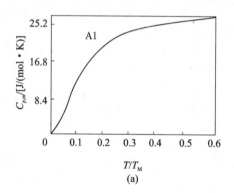

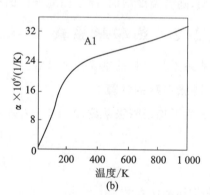

图 5.31　热膨胀曲线与热容曲线比较

格临爱森还提出了固态的体热膨胀极限方程，指出一般纯金属由温度 0 K 加热到熔点 T_M，膨胀量为 6%，这个关系式可表示为

$$\frac{V_{T_M} - V_0}{V_0} \approx 0.06 \qquad (5.71)$$

式中：V_{T_M} 为熔点温度金属的固态体积；V_0 为 0 K 时金属体积。

由式（5.71）可见，固体加热体积增大 6% 时，晶体原子间结合力已经很弱，以至于使固态熔化为液态。同时还可看出，物体熔点愈低，则物质的膨胀系数愈大，反之亦然。因为在 0 K

到熔点之间,体积要变化 6%,但由于各种金属原子结构、晶体点阵类型不同,所以其膨胀极限不可能都刚好等于这个数值,如正方点阵金属 In 和 $\beta - Sn$,这个数值为 2.79%。膨胀系数和金属熔点 T_M 有一定联系,其经验公式为

$$\alpha T_M = b \qquad (5.72)$$

式中:α 为线膨胀系数;T_M 为金属熔点;b 为常数,大多数立方晶格和六方晶格金属取 0.06 ~ 0.076。图 5.32 所示为实测的 T_M 和 α^{-1} 的关系。

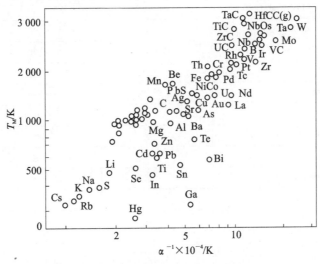

图 5.32　熔点与膨胀系数倒数 α^{-1} 的关系

根据式(5.42)和式(5.72)可以得出膨胀系数 α_l 和德拜特征温度 Θ_D 的关系:

$$\alpha_l = \frac{A}{V_a^{2/3} M \Theta_D^2} \qquad (5.73)$$

式中:A 为常数;M 为相对原子质量;V_a 为原子体积。

与其他物理量一样,膨胀系数随元素的原子序数呈明显周期性变化。由图 5.33 可见,只有 Li、Na、K、Rb、Cs、Fr 的 I_A 族的 α 随原子序数增加而增大,其余 A 族都随原子序数增加,α_l 减小。过渡族元素具有低的 α 值。碱金属 α_l 值高,这是因为其原子结合力低。一般来说,石英玻璃的膨胀系数是低的,大约为 $0.5 \times 10^{-6} ℃^{-1}$,而铁为 $12 \times 10^{-6} ℃^{-1}$,几乎是石英玻璃的 30 倍,故许多膨胀仪中忽略了石英玻璃的膨胀系数。表 5.6 所列为几种材料的线膨胀系数。金属、陶瓷、聚合物类材料膨胀系数的比较可参见表 5.7。

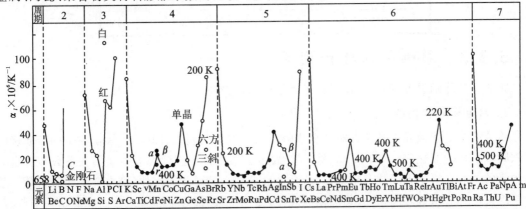

图 5.33　线膨胀系数(300 K)和元素原子序的周期性

表 5.6   几种材料的线膨胀系数

材料名称	线膨胀系数 $a_l \times 10^6 / ℃^{-1}$	温度范围/℃	熔点/℃
0.40%C 碳钢	11.3	20～100	1 500
因瓦合金 36Ni‐Fe	0～2	20～100	1 425～1 460
高锰钢 13Mn‐C‐Fe	18	20	1 350～1 400
可伐合金 29Ni‐18Co‐Fe	4.6～5.2	20～400	～1 460
铬不锈钢 13Cr‐0.35C‐Fe	10.0	20～100	1 480～1 530
镍铬不锈钢 18Cr‐8Ni‐Fe	16.5	20～100	1 400～1 420
铸铁	10.5～12	0～200	1 130～1 160
黄铜	18.5～21	20～300	900～950
镍铬合金 80Ni‐20Cr	17.3	20～1 000	1 400
GCr9 轴承钢	13.0	0～100	
GGr15	14.0	0～100	
镍基合金 K3	11.6	20～100	
LY12 铝合金	22.7	20～100	
ZM5 镁合金	26.8	20～100	
WC	6.9	24～1 300	
VC	6.8	24～1 925	
硬质合金(WC50,Ni5,Mn7,Mo3,Co3,Cu30)	9.4	20～100	
硬质合金	12.5	20～900	
Fe‐Cr‐Al 合金	10.5	30～100	
M2 高速工具钢	11.2	20～100	
玻璃	0.9	20～100	

膨胀系数与纯金属的硬度也有一定的关系。金属本身硬度愈高,膨胀系数就愈小,见表 5.7。

表 5.7   一些纯金属的膨胀系数 α_l 与硬度 HV

元素名称	Al	Cu	Ni	Co	α‐Fe	Cr
$\alpha_{20～100 ℃} \times 10^6 / ℃^{-1}$	23.6	17.0	13.4	12.4	11.5	6.2
HV	～20	～90	～110	～120	～120	～130

5.2.3 影响热膨胀的因素

膨胀系数除随温度变化外,还受许多其他因素的影响。

1. 合金成分和相变

组成合金的溶质元素及含量对合金热膨胀的影响极为明显,图 5.34 表示在不同溶质影响下铁膨胀系数的变化(0～400 ℃)。图 5.35 表示了某些合金连续固溶体线膨胀系数与合金元素含量的关系。对于大多数合金来说,若合金形成均一的单相固溶体,则合金的膨胀系数一般介于组元的膨胀系数之间,符合相加律的规律,如图中银‐金合金膨胀系数曲线就是一个典型。

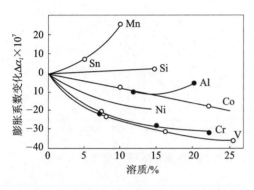

图 5.34　不同溶质元素对纯铁 α_l 的影响

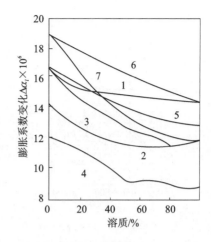

1—CuAu(35 ℃)；2—AuPd(35 ℃)；3—CuPd(35 ℃)；
4—CuPd(−140 ℃)；5—CuNi(35 ℃)；
6—AgAu(35 ℃)；7—AgPd(35 ℃)

图 5.35　连续固溶体膨胀系数与合金元素含量的关系

二元合金成分和膨胀系数的关系是一条光滑曲线,但其值比直线规律略低一些。若金属固溶体中加入过渡族元素,则固溶体的膨胀系数变化就没有规律性。

当金属和合金发生一级或二级转变时,其膨胀量和膨胀系数都会发生变化。图 5.36 是相变引起膨胀变化示意图。金属的多型性转变属于一级相变,它将伴随比容的突变,相应的膨胀系数 α_l 将有不连续变化,其转变点处 α 将为无限大(见图 5.36(a))。二级相变的情况见图 5.36(b)。

图 5.36 所示为纯铁加热比容变化曲线。图中标出在相变点处比容的变化量,如在 A_3 点比容减小 0.8%。又如 ZrO_2 晶体室温时为单斜晶型,当温度增至 1 000 ℃以上时,转变为四方晶型,发生了 4%的体积收缩(见图 5.38),严重影响其应用。为了改变这种现象,加入 MgO、CaO、Y_2O_3 等氧化物作为稳定剂,在高温下与 ZrO_2 形成立方晶型的固溶体,温度在 2 000 ℃以下均不再发生晶型转变。

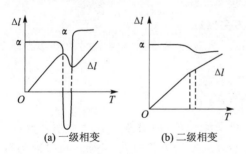

(a) 一级相变　　(b) 二级相变

图 5.36　相变膨胀量与膨胀系数变化示意图

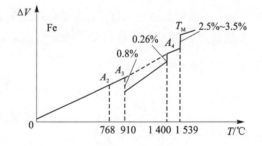

图 5.37　纯铁加热时比容变化曲线

属于二级相变的有序-无序转变,在其相变点处膨胀系数曲线上有拐点,如图 5.39 所示。其中金-50%铜合金有序结构加热至 300 ℃时,有序结构开始被破坏,450 ℃完全变为无序结构。在这段温度区间,膨胀系数增加很快。当冷却时,合金发生有序转变,膨胀系数也稍有降低。这是有序合金原子间结合力增强的结果。

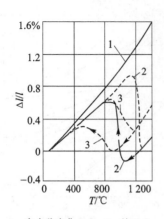

1—完全稳定化 ZrO_2；2—纯 ZrO_2；

3—掺杂 8％ mol CaO 的部分稳定 ZrO_2

图 5.38　ZrO_2 的加热和冷却膨胀曲线

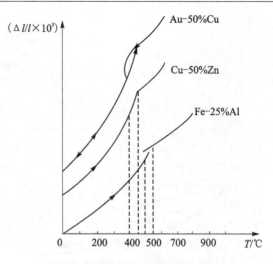

图 5.39　合金有序–无序转变膨胀曲线

2. 晶体缺陷

实际晶体中总是含有某些缺陷，在室温处于"冻结"状态，但它们可明显地影响晶体的物理性能。格尔茨利坎（Герцрикен）、提梅斯费尔德（Timmesfeld）等研究了空位对固体热膨胀的影响，由空位引起的晶体附加体积变化的关系式如下：

$$\Delta V = BV_0 \exp\left(-\frac{Q}{kT}\right) \tag{5.74}$$

式中：Q 是空位形成能；B 是常数；V_0 是晶体在 0 K 时的体积；k 是玻耳兹曼常数；T 是热力学温度（K）。这里的空位可以由粒子辐射产生，例如 X 射线、γ 射线、电子、中子、质子等粒子的辐照皆可引起辐照空位，或者由高温淬火产生空位。

研究工作表明，辐照空位使晶体的热膨胀系数增高。如果忽略空位的周围应力，则由于辐照空位而增加的体积 ΔV 由下式决定：

$$\frac{\Delta V}{V} = \frac{n}{N}$$

式中：n/N 是辐照空位密度；N 为晶体原子数；n 为空位数。

热缺陷的明显影响是在温度接近熔点时，由以下公式可以找到空位引起的热膨胀系数变化值：

$$\Delta\beta = B\frac{Q}{T^2}\exp\left(-\frac{Q}{kT}\right) \tag{5.75}$$

齐特（Zieton）用上面关系式分析了碱卤晶体热膨胀特性，指出从 200 ℃到熔化前晶体热膨胀的增长与晶体缺陷有关，即与肖特基（Shottkys）空位和夫伦克耳（Френкелъ）缺陷有关。熔化前，夫伦克耳缺陷占主导地位。

3. 晶体各向异性

对于结构对称性较低的金属或其他晶体，其热膨胀系数有各向异性。一般说来，弹性模量较高的方向将有较小的膨胀系数，反之亦然。表 5.8 列出了一些晶体的主膨胀系数。

如果晶体处于各向均匀加热，则此时晶体均匀变形，用形变张量 ε_{ij} 描述。当温度升高 ΔT 时，形变张量 ε_{ij} 正比于 ΔT，即

表 5.8　一些各向异性晶体的主膨胀系数

晶　体	主膨胀系数 $\alpha \times 10^6/\mathrm{K}^{-1}$	
	垂直 C 轴	平行 C 轴
刚玉	8.3	9.0
Al_2TiO_5	-2.6	11.5
莫来石	4.5	5.7
锆英石	3.7	6.2
石英	14	9
石墨	1	27

$$\varepsilon_{ij} = \alpha_{ij}\Delta T \qquad (5.76)$$

如果取 α_{ij} 的方向为晶体主要晶轴方向,则式(5.76)简化为

$$\left.\begin{array}{l}\varepsilon_1 = \alpha_1\Delta T\\ \varepsilon_2 = \alpha_2\Delta T\\ \varepsilon_3 = \alpha_3\Delta T\end{array}\right\} \qquad (5.77)$$

式中:α_1、α_2、α_3 分别为晶体主要晶轴方向的热膨胀系数。体膨胀系数为

$$\beta = \alpha_1 + \alpha_2 + \alpha_3 \qquad (5.78)$$

显然对于立方晶系,$\alpha_{11}=\alpha_{22}=\alpha_{33}$,其膨胀系数 $\beta=3\alpha$。

对于六角晶系和三角晶系,热膨胀系数由两个方向的热膨胀系数决定,即平行和垂直六角(三角)柱体晶轴:$\alpha_{11}=\alpha_{22}=\alpha_\perp$,$\alpha_{33}=\alpha_{/\!/}$,故六角、三角、四角晶系的平均热膨胀系数为

$$\alpha_{平均} = \frac{1}{3}(\alpha_{/\!/} + 2\alpha_\perp) \qquad (5.79)$$

斜方晶系的热膨胀取决于三个垂直方向的热膨胀系数:

$$\alpha_{11} = \alpha_1, \quad \alpha_{22} = \alpha_2, \quad \alpha_{33} = \alpha_3$$

则斜方晶系的平均热膨胀系数为

$$\alpha_{平均} = \frac{1}{3}(\alpha_1 + \alpha_2 + \alpha_3) \qquad (5.80)$$

它们的体膨胀系数为

$$\beta = 3\alpha_{平均}$$

4. 铁磁性转变

大多数金属和合金的热膨胀系数随温度变化的规律如图 5.31(b)所示。这种情况称为正常膨胀。但对于铁磁性金属和合金(如铁、钴、镍及其某些合金),膨胀系数随温度变化不符合上述规律,在正常的膨胀曲线上出现附加的膨胀峰,这些变化称为反常热膨胀,如图 5.40 所示。其中镍和钴的热膨胀峰向上为正,称为正反常;而铁的热膨胀峰向下为负,称为负反常。铁-镍合金也具有负反常的膨胀特性,见图 5.41。

具有负反常膨胀特性的合金,由于可以获得膨胀系数为零或者负值的因瓦(Invar)合金,或者在一定温度范围内膨胀系数基本不变的可伐合金(Kovar alloy),因此具有重大的工业意义。

目前大都从物质的铁磁性行为去解释出现反常的原因,认为是磁致伸缩抵消了合金正常

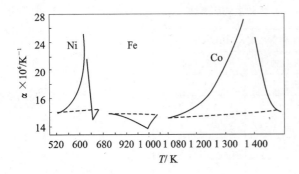

图 5.40 铁、钴、镍磁性转变区的膨胀曲线

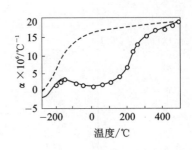

图 5.41 Fe-35%Ni(原子)合金负反常膨胀曲线

热膨胀的结果。

化学成分是决定材料膨胀系数的主要因素,当成分一定时,加工及热处理等工艺因素对热膨胀也有影响,但这种影响不稳定,采用一定的工艺制度处理后可以消除。

5.2.4 多晶体和复合材料的热膨胀

1. 钢的热膨胀特性

钢的密度与热处理所得到的显微组织有关。马氏体、铁素体+Fe₃C(构成珠光体、索氏体、贝氏体)、奥氏体,其密度依次逐步增大,即奥氏体密度最大,马氏体密度最小。当淬火获得马氏体时,钢的体积将增大。这是因为比容是密度的倒数。按比容从大到小顺序排列,应是马氏体(随含碳量而变化)、渗碳体、铁素体、珠光体、奥氏体。碳钢各相的体积特性列于表 5.9 中。

当淬火钢回火时,随钢中所进行的组织转变而发生体积变化。马氏体回火时,钢的体积将收缩,过冷奥氏体转变为马氏体将伴随钢的体积膨胀,而马氏体分解成屈氏体时,钢的体积显著收缩。图 5.42(a)表示淬火马氏体比容与含碳量的关系。直接测定的比容与 X 射线分析计算结果是比较符合的。在 300 ℃,40 小时回火,马氏体分解为铁素体和渗碳体,体积效应 ΔV 与含碳量成线性关系(见图 5.42(b))。

表 5.9 碳钢各相体积特征

钢中含碳量/%	单位晶胞中平均原子数	点阵常数×10⁹/m	比容/(cm³·g⁻¹)	每 1%碳原子体积的增加量×10⁻³⁰/m³	膨胀的平均系数	
					$\alpha\times10^6/\mathrm{K}^{-1}$ 线膨胀	$\beta\times10^6/\mathrm{K}^{-1}$ 体膨胀
铁素体						
	2.000	0.286 1	0.127 08		14.5	43.5
奥氏体						
0	4.000	0.355 86	0.122 27	}0.096	23.0	70.0
0.2	4.037	0.356 50	0.122 70			
0.4	4.089	0.357 14	0.123 13			
0.6	4.156	0.357 78	0.123 56			
0.8	4.224	0.358 42	0.123 99	}0.096	23.0	70.0
1.0	4.291	0.359 06	0.124 42			
1.4	4.427	0.360 34	0.125 27			

续表 5.9

钢中含碳量/%	单位晶胞中平均原子数	点阵常数×10⁹ /m	比容 /(cm³·g⁻¹)	每1%碳原子体积的增加量×10⁻³⁰/m³	膨胀的平均系数	
					α×10⁶/K⁻¹ 线膨胀	β×10⁶/K⁻¹ 体膨胀
马氏体						
0	2.000	$a=c=0.286\ 1$	0.127 08			
0.2	2.018	$a=0.285\ 8$ $c=0.288\ 5$	0.127 61			
0.4	2.036	$a=0.285\ 5$ $c=0.290\ 8$	0.128 12			
0.6	2.056	$a=0.285\ 2$ $c=0.293\ 2$	0.128 63			
0.8	2.075	$a=0.284\ 9$ $c=0.295\ 5$	0.129 15	0.777	11.5	350
1.0	2.094	$a=0.284\ 6$ $c=0.297\ 9$	0.129 65			
1.4	2.132	$a=0.284\ 0$ $c=0.302\ 6$	0.130 61			
渗碳体						
6.67	Fe-12 C-4	$a=0.451\ 44$ $b=0.567\ 67$ $c=0.672\ 97$	0.130 23		12.5	37.5

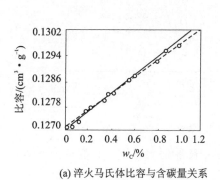

(a) 淬火马氏体比容与含碳量关系

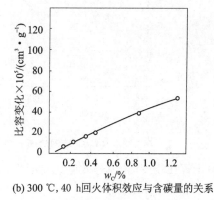

(b) 300 ℃,40 h回火体积效应与含碳量的关系

图 5.42　钢的比热容与含碳量的关系(实线为直接测定的,虚线为 X 射线数据计算的)

　　从钢的热膨胀特性可见,当碳钢加热或冷却过程中发生一级相变时,钢的体积会发生突变。过冷奥氏体转变为铁素体、珠光体或马氏体时,钢的体积将膨胀;反之,钢的体积将收缩。钢的这种膨胀特性有效地应用于钢的相变研究中。图 5.43 画出了碳钢慢加热、缓冷过程的膨胀曲线。现以一般的亚共析钢的加热膨胀曲线为例予以说明。亚共析钢常温下的平衡组织为铁素体和珠光体。当缓慢加热到 727 ℃(A_{c1})时发生共析转变,钢中珠光体转变为奥氏体,体积收缩(膨胀曲线开始向下弯,形成拐点(A_{c1}),温度继续升高,钢中铁素体转变为奥氏体,体积继续收缩,直到铁素体全部转变为奥氏体,钢又以奥氏体纯膨胀特性伸长,此拐点即为 A_{c3}。

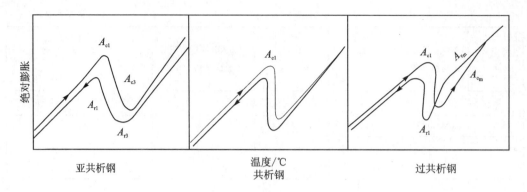

图 5.43　碳钢的膨胀曲线

冷却过程恰好相反。

　　研究碳钢膨胀曲线时发现,含碳量为 $0.025\%\sim0.35\%$ 的低碳钢在以 $7.5\sim200$ ℃/min 加热率加热时,珠光体和铁素体向奥氏体的转变并不连续进行,中间出现非转变区间,即 A_{c1K} 转变终了点和 A_{c3H} 转变开始点分开,温度间隔可达 80 ℃,其典型膨胀曲线如图 5.44 所示。含碳量大于 0.35% 时,其膨胀曲线与图 5.43 中的亚共析钢膨胀曲线一样。产生上述情况的原因可能与碳的扩散过程有关。

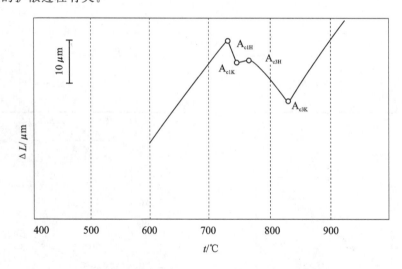

图 5.44　低碳钢的膨胀曲线($w_c=0.19\%$,加热率 100 ℃/min)

　　由于钢在相变时,体积效应比较明显,故目前多采用膨胀法则定钢的相变点。具体测定方法将在 5.2.6 小节介绍。

2. 多相及复合材料的热膨胀系数

　　多相合金若是机械混合物,则膨胀系数介于这些相膨胀系数之间,近似符合直线规律,故可根据各相所占的体积分数 φ 按相加方法粗略地估计多相合金的膨胀系数。例如,合金具有二相组织,当其弹性模量比较接近时,其合金的膨胀系数 α 为

$$\alpha = \alpha_1\varphi_1 + \alpha_2\varphi_2 \tag{5.81}$$

若其二相弹性模量相差较大,则按下式计算较好:

$$\alpha = \frac{\alpha_1\varphi_1 E_1 + \alpha_2\varphi_2 E_2}{\varphi_1 E_1 + \varphi_2 E_2} \tag{5.82}$$

式(5.81)和式(5.82)中:α_1、α_2 分别为二相的热膨胀系数,φ_1、φ_2 分别为各相所占的体积分数,且 $\varphi_1 + \varphi_2 = 100\%$;$E_1$、$E_2$ 分别为各相的弹性模量。

总的说来,多相合金中热膨胀系数对组织分布状况不敏感,主要由合金相的性质及含量决定。

陶瓷材料都是一些多晶体或几种晶体加上玻璃相构成的复合体,若各向同性晶体构成多晶体则膨胀系数与单晶体相同,若为各向异性则会导致热膨胀系数的变化。

对于复合材料,其所有组成都是各向同性,而且均匀分布,但各组成膨胀系数、弹性模量、泊松比都存在差别,并假设内应力为纯拉应力和压应力,那么温度变化将产生内应力:

$$\sigma_i = K_i(\bar{\beta} - \beta_i)\Delta T \tag{5.83}$$

式中:σ_i 为第 i 组成部分的应力;$\bar{\beta}$ 为复合材料的平均体膨胀系数;β_i 为第 i 组成部分的体膨胀系数;ΔT 是从应力松弛状态计起的温度变化;K_i 为第 i 组成部分的体模量(bulk module),且 $K_i = \dfrac{E_i}{3(1-2\mu_i)}$。因为复合材料处于平衡状态,所以整体的内应力为零,即

$$\sum \sigma_i V_i = \sum K_i(\bar{\beta} - \beta_i)V_i\Delta T = 0 \tag{5.84}$$

式中,V_i 是第 i 部分的体积。

设第 i 组分的密度为 ρ_i,所占体积分数为 φ_i,消去式(5.84)中的 V_i,则得

$$\bar{\beta} = \frac{\sum \beta_i K_i \varphi_i / \rho_i}{\sum K_i \varphi_i / \rho_i} \tag{5.85}$$

因为 $\bar{\alpha}_l = \dfrac{1}{3}\bar{\beta}$,所以

$$\bar{\alpha}_l = \frac{\sum \beta_i K_i \varphi_i / \rho_i}{3\sum K_i \varphi_i / \rho_i} \tag{5.86}$$

若考虑界面的切应力 G,α_1、α_2 分别为两相的线膨胀系数,φ_2 为第二相的体积分数,在这种情况下,则二相复合材料的膨胀系数表示式已经十分复杂:

$$\bar{\alpha}_l = \alpha_1 + \varphi_2(\alpha_2 - \alpha_1) \times \frac{K_1(3K_2 + 4G_1)^2 + (K_2 - K_1)(16G_1^2 + 12G_1K_1)}{(4G_1 + 3K_2)[4\varphi_2 G_1(K_2 - K_1) + 3K_1 K_2 + 4G_1 K_1]} \tag{5.87}$$

按式(5.87)给出的膨胀系数和第二相体积分数绘出的曲线,称为克尔纳曲线。当不考虑界面切应力时,所绘曲线为特纳曲线(见图 5.45)。在很多情况下,公式计算与实验结果符合较好。

分析多相陶瓷材料或复合材料的热膨胀系数时应注意以下两点:

① 组成相中可能发生的相变,引起热膨胀异常变化。

② 复合体内的微观裂纹引起热膨胀系数的滞后现象,特别是对大晶粒样品更应注意。

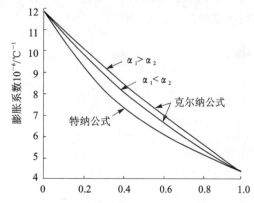

图 5.45　两相材料热膨胀系数不同计算公式比较

5.2.5 负热膨胀效应

负热膨胀效应是指在一定的温度范围内,材料的线膨胀系数(α_T)或体膨胀系数(β_T)为负值的现象。在现代工业与科技领域,负热膨胀材料有着重要的应用价值。例如,可以将具有负热膨胀性能的材料与其他正膨胀材料复合后达到热膨胀系数调节的目的,进而解决由于热膨胀系数不匹配引起的热应力、疲劳断裂、微裂纹等问题。在航天领域,返回式卫星头部受温度剧烈变化的影响,可采用负热膨胀材料协调复合材料的热膨胀系数,使防热壳体与承力壳的热膨胀系数相匹配,从而避免交变热应力导致防热壳体开裂;在微电子机械系统(MEMS)中,负热膨胀材料可被应用于热驱动微执行器上,利用负热膨胀效应,材料在升温时发生体积收缩,从而有效控制位移量与方向。在科学研究中,负热膨胀效应不仅挑战着传统晶格动力学概念,而且为调控膨胀系数、解决现代科学技术中的一些难题提供了新的机遇。

从材料的微观结构等方面看,负热膨胀效应的机理主要包括振动效应引起的负热膨胀(包括桥氧原子热运动、M—O 键振动模式、刚性多面体耦合摆动等)和非振动效应引起的负热膨胀(包括铁电自发极化引起的负热膨胀、磁性转变引起的负热膨胀等)。下面对其相关机理进行简要介绍。

1. 振动效应引起的负热膨胀

(1) 桥氧原子热运动

一般来说,晶格振动时相邻原子间的作用力是非线性的,原子两侧受力不对称,平衡位置发生偏移,造成相邻原子间的平均距离增加。随着温度升高,晶胞的体积增大,出现热胀冷缩现象。但在特殊晶体中,原子可能存在横向热运动。考虑这样一个模型,在晶体结构中存在M—O—M 键(M 为金属原子,O 为桥原子),O 原子做横向振动,且 M—O 键的键强足够高,键长不会随温度变化而变化。这时,桥氧原子做横向振动必然会引起非键合的 M 原子与 M 原子间距离变小(如图 5.46 所示),当温度升高时,O 原子做横向振动,r_0 变为 $r,r<r_0$。由这种机制引起的负热膨胀效应包括低温下的非晶 SiO_2、温度为 1 000 ℃时的晶态 SiO_2 等。

(2) M—O 键振动模式

M—O 键振动模式为 M—O 键在特定方向上的振动,如硅酸盐中的 Si—O 键宏观键长随温度升高而收缩。在 M—O 键长固定不变情况下,温度升高引起 O 原子在 M—O 键长垂直方向的振动,使宏观测量的键长缩短,产生负热膨胀效果。M—O 键振动模式引起的负热膨胀效应示意图如图 5.47 所示。

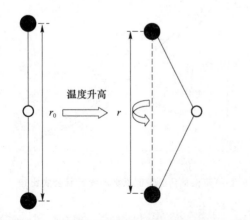

图 5.46　桥原子的低能横向热振动示意图　　图 5.47　M—O 键振动模式引起的负热膨胀效应示意图

（3）刚性多面体耦合摆动

刚性多面体耦合摆动机理可以解释某些具有骨架结构的材料（如负热膨胀材料 ZrW_2O_8）在较高温度下表现出的负热膨胀效应。刚性多面体耦合摆动模型由 Pryde 等研究者首先提出，用于解释 ZrV_2O_7 的负热膨胀性，其原理如图 5.48 所示。平面骨架结构由共顶角的具有刚性特征的多面体连接而成，氧离子占据多面体的顶角，金属阳离子（M）位于中心。八面体内 M—O 键具有很高的强度，使得多面体整体呈现出"刚性"特征，在温度变化的条件下不易发生变形。然而，相比于多面体本身，多面体

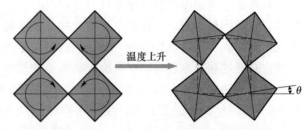

图 5.48　刚性多面体耦合摆动示意图

之间的键是非常"柔软"的。温度升高时，刚性多面体发生旋转耦合，而多面体中化学键的键长和键角不变，从而使得八面体中心的金属原子之间距离缩短，引起总体体积收缩。由这种机制引起负热膨胀效应的材料包括 ZrW_2O_8、$Lu_2W_3O_{12}$ 和 $Fe[Co(CN)_6]$ 等。

2. 非振动效应引起的负热膨胀

（1）铁电自发极化引起的负热膨胀

在第 3 章中已述，$BaTiO_3$ 陶瓷是一种典型的具有铁电性的材料。$PbTiO_3$ 与 $BaTiO_3$ 晶体结构相同，也具有自发极化和铁电性。21 世纪初，我国学者报道了 $PbTiO_3$ 具有负热膨胀效应。拉曼光谱研究表明，Pb—O 与 Ti—O 电子轨道杂化引起的自发极化（P_s）与 $PbTiO_3$ 的负热膨胀效应具有高度联系。随着温度升高，自发极化减弱，多面体畸变减小（对应于 $PbTiO_3$ 晶格的 c/a 减小），在 a、b 方向上发生正膨胀，在 c 方向上发生负膨胀，膨胀的总体效果使单胞体积变小，在宏观上表现出材料体积随温度升高而减小的负热膨胀效应。

（2）磁性转变引起的负热膨胀

对于某些铁磁性合金，居里温度以上为正常热膨胀材料，而居里温度以下将出现反常的负热膨胀特性。这是由于在居里温度以下产生铁磁性，随着合金饱和磁化强度的改变，体积相应地发生变化，这就是本征体积磁致伸缩效应。在磁性状态下，热膨胀行为主要取决于两个因素：一是磁有序随温度的变化，特别是在居里点附近，磁有序随温度升高而消失，导致化合物单胞体积随温度升高而下降，即自发磁致伸缩；二是声子对热膨胀的贡献，即正常的热膨胀，它导致化合物单胞体积随温度的升高而增加。因此，居里温度附近出现的负热膨胀效应是自发磁致伸缩与声子共同作用的结果，在一定温度范围内，自发磁致伸缩导致单胞体积的收缩超过了声子的贡献。磁性转变引起体积收缩的一个著名例子就是具有零膨胀特性的 Invar 合金（$Fe_{65}Ni_{35}$），其热膨胀系数在 $-243\ ℃$ 以下为负值。

目前，科学家们发现的负热膨胀材料体系还很有限，具有工程应用价值的则更少，对负热膨胀效应机理的认识有待进一步深入，对电荷转移和磁体积效应引起体积收缩的理论尚限于唯象层面，电子-声子耦合以及磁序、轨道序与晶格序之间相互作用的理论有待进一步发展。

5.2.6　热膨胀测试方法及其应用

1. 热膨胀的测量方法

由于理论和低温研究的需要，热膨胀测试在高灵敏（$\Delta l/l$ 高达 10^{-12}）、高精度方面发展很

快,工业上膨胀测量向自动化和快速反应方向发展。测量仪器大致可以分为机械放大测量、光学放大测量、电磁放大测量三类。下面按类简单说明。

(1) 光学膨胀仪

材料相变中常用的光学膨胀仪,要同时使用两种样品:被测定膨胀的试样和不发生相变的标样。测量原理是利用光杠杆来放大试样的膨胀量。所谓光杠杆,就是一个三角形的金属片,光点打到金属片上,利用不同的支点改变光程,达到光放大的目的,并用标样的伸长标出试样温度。又通过照相方法自动记录膨胀曲线。按光杠杆机构安装方式,可分为普通光学膨胀仪和示差光学膨胀仪。图 5.49 所示为示差光学膨胀仪,说明见图注。若改变一下光学杠杆的结构,把石英传动杆 2 不是顶在支点 P_2 上,而是顶在支点 P_3,即把支点 2 固定,支点 3 改成可活动的,则构成了普通光学膨胀仪,其测定的膨胀曲线已在图 5.43 中给出。图 5.50 所示为示差膨胀仪记录的示差膨胀曲线。

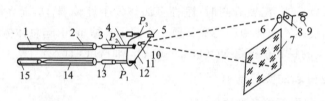

1—标样;2、14—石英传动杆;3、13—金属导向连接杆;4、5、12—支撑光杠杆螺钉;

6—聚光透镜;7—照相底片;8—光阑;9—点光源;10—凹面镜(固定在光杠杆中心);

11—光杠杆的支点 P_1 和 P_2;15—试样;P_3—光杠杆固定不动的支点

图 5.49　示差光学膨胀仪结构示意图

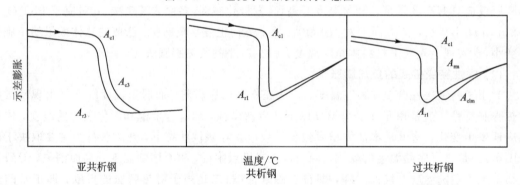

图 5.50　碳钢的示差膨胀曲线

标样一般由纯金属或特制合金做成。其中有铜、铝纯金属标样,钢的标样成分为 82Ni - 7Cr - 5W - 3Fe - 3Mn,国外称为皮洛斯(Pyros)合金。此合金在 0~1 000 ℃ 内不发生相变,膨胀系数呈线性均匀增长。

比较两种膨胀仪所记录的膨胀曲线,便可发现:如果要求测定试样的膨胀系数,则利用普通光学膨胀仪方便些;如需测定临界点,则用示差膨胀仪更灵敏些。

(2) 电测膨胀仪

利用非电量的电测法,可以将试样的长度变化变成相应的电信号,然后进行电信号的处理和记录。这类膨胀仪包括应变电阻式膨胀仪、电容式膨胀仪和电感式膨胀仪。下面简要介绍电感式膨胀仪。

电感式膨胀仪的传感器是差动变压器,故又称为差动变压器膨胀仪。图 5.51(a)所示为差动变压器原理图。当试样未加热时,铁芯在平衡位置,差动变压器输出为零。试样膨胀时,通过石英杆使铁芯 1 上升,则差动变压器次级线圈 2 中的上部线圈电感增加,下部电感减少,这时反向串联的两个次级线圈便有信号电压输出,此信号电压与试样伸长呈线性关系。将此信号经放大后输入 X - Y 记录仪一端,温度信号输入另一端,便可得到试样的膨胀曲线(见图 5.51(b))。显然也可输入计算机进行处理。为防止工业电网干扰,多数差动变压器的输入端不采用 50 Hz 工频,而多用 200～400 Hz。

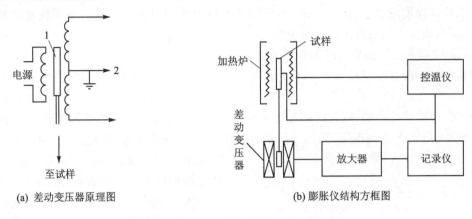

(a) 差动变压器原理图　　　　　(b) 膨胀仪结构方框图

图 5.51　差动变压器膨胀仪原理和结构图

目前使用的 Formastor 膨胀仪的位移传感器就是差动变压器。为保证测量稳定性,把差动变压器放在恒温器中。仪器采用高频加热,加热速率可在 500 ℃/s 以下范围内变化。试样冷却可采用小电流加热、自然冷却、强力喷气三种方式。仪器的控制、操作、实验数据处理,均使用计算机。差动变压器膨胀仪是目前自动记录、测量快速膨胀变化应用得最广泛的一种仪器。

※ "千分表简易膨胀仪"内容,请扫描二维码阅读。

千分表简易膨胀仪

膨胀测量还可以采用激光膨胀仪、X 射线衍射等方法。

2. 膨胀法在材料研究中的应用

(1) 测定钢的临界点

在 5.2.4 小节中钢的膨胀特性部分介绍了碳钢在加热和冷却过程中的绝对膨胀曲线,并指出了临界点 A_{c1} 和 A_{c3}。那么,这些临界点是如何确定的呢? 主要有两种方法。现以钢的铁素体向奥氏体转变为例加以说明。

① 取热膨胀曲线上偏离正常纯热膨胀(或纯冷收缩)的开始位置对应温度作为 A_{c1}(或 A_{r3})的温度,如图 5.52 中的 a、c 点。温度上升,取再次恢复纯热膨胀(或纯冷收缩)的开始位置对应温度作为 A_{c3}(或 A_{r1})的温度,如图 5.52 中的 b、d 点。通常其分离位置由作切线得到,故称此法为切线法。该法符合金属学原理,使用计算机处理便很容易了。

② 取加热或冷却曲线上的四个极值位置。这种

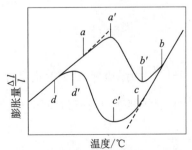

图 5.52　确定钢临界点的方法示意图

方法称为极值法。如图 5.52 中的 a'、b'、c'、d' 分别定为 A_{c1}、A_{c3}、A_{r3}、A_{r1} 的温度。该法确定临界点的人为因素较小，相变点位置明显，便于不同实验条件下相变点的比较。

此外，还有双切线交点法，这在图 5.22(b) 中已有介绍。

众所周知，钢的原始组织、加热及冷却速度、奥氏体化温度及保温时间都对相变点有影响，而化学成分对过冷奥氏体转变的影响更大。因此，测定钢的临界点必须统一实验条件。首先钢的原始组织要相同，具有相近的晶粒度，采用相同的加热速度，一般不宜大于 200 ℃/h，对于合金钢冷却速度应小于 120 ℃/h。奥氏体化温度及保温时间要一致。为了防止试样氧化与脱碳，试验最好在真空或保护气氛中进行。

（2）测定钢的过冷奥氏体等温转变曲线

目前测定钢的过冷奥氏体等温转变曲线（TTT），多用磁性法和膨胀法，用金相法校正关键点。

由钢的膨胀特性可知，亚共析钢过冷奥氏体在高温区分解成先共析铁素体和珠光体、中温区的贝氏体、低温区的马氏体，钢的体积都要膨胀，且膨胀量与转变量成比例，故用膨胀法可以定量研究过冷奥氏体分解。图 5.53 所示为 55Si2MnB 钢过冷奥氏体在 500 ℃、600 ℃ 的等温转变膨胀曲线。图中的 bc' 段（时间）表示过冷奥氏体在 600 ℃ 等温分解的孕育期。从 c' 开始，600 ℃ 等温的试样开始膨胀（奥氏体开始分解），到 d' 点试样长度开始保持不变，这说明奥氏体分解完毕。500 ℃ 等温转变时间更长，孕育期（bc 段）也长。图 5.54 表示膨胀法测出的 55Si2MnB 钢等温转变动力学曲线。利用该曲线便可建立如图 5.55 所示该种钢的 TTT 曲线[*]。该图可清楚说明此种钢在不同等温温度、不同等温时间的转变产物及转变量等。

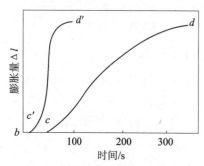

图 5.53　55Si2MnB 钢过冷奥氏体 500 ℃ （cd 段）、600 ℃（$c'd'$ 段）等温转变膨胀曲线

相变激活能的计算具有理论意义，利用等温膨胀曲线可以计算扩散型相变激活能。激活能是研究相变动力学的一个重要参数。假如用膨胀法测得某扩散型相变的一系列等温膨胀曲线，其相变速度 v 可用下式表示：

$$v = Ae^{-\frac{Q}{RT}} \tag{5.88}$$

式中：A 为常数；Q 为激活能；R 为气体常数；T 为温度（K）。

已知试样长度变化 $dl/d\tau$ 正比于相变速度，即

$$\frac{dl}{d\tau} = Ae^{-\frac{Q}{RT}} \tag{5.89}$$

则

$$\ln(dl/d\tau) = \ln A - \frac{Q}{RT} \tag{5.90}$$

若以 $\ln\left(\dfrac{dl}{d\tau}\right)$ 为纵坐标，$1/T$ 为横坐标，以式（5.90）作图（见图 5.56），则 $\ln A$ 是直线与纵坐标轴相交的截距，其直线斜率为 Q/R，Q 值可求。

---

[*]　标准 TTT 曲线在一定等温温度下应标注 HV 值。

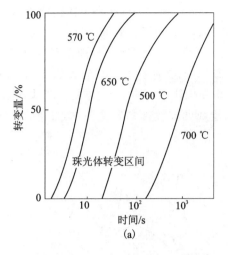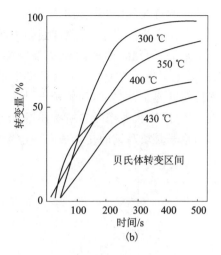

(a)　　　　　　　　　　　　　　　　(b)

图 5.54　55Si2MnB 钢过冷奥氏体在 500 ℃、600 ℃ 的等温转变膨胀曲线

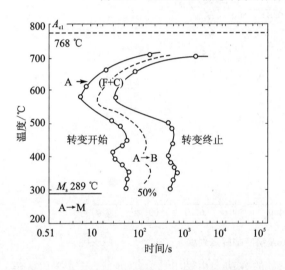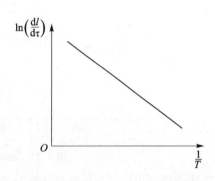

图 5.55　55Si2MmB 钢过冷奥氏体等温转变曲线　　　　图 5.56　由等温膨胀曲线求相变激活能

3．测定钢的连续冷却转变曲线（CCT 曲线）

用快速膨胀仪可以测出不同冷速下的膨胀曲线。发生组织转变时，冷却膨胀曲线就偏离纯冷收缩，曲线在此产生拐折。拐折的起点和终点所对应的温度分别是转变开始点及终止点。拐折的大小可以反映出转变量的多少，根据拐折出现的温度范围（高、中、低温区）可以大致判断出转变的类型及产物；根据不同温度范围膨胀曲线直线斜率变化情况可以判断转变是连续进行的，还是分开进行的。因此，可以使用膨胀法测定钢的连续冷却转变曲线。

下面以 40CrNiMoA 钢为例加以说明。图 5.57 所示为几种有代表性冷却速度下的 40CrNiMoA 钢的膨胀曲线。由图可见，当冷速为 159 ℃/min 时，膨胀曲线只出现 325 ℃ 的一个拐点。分析表明此种条件下钢只发生低温下的马氏体转变。当冷却为 79 ℃/min 时，膨胀曲线出现二个拐点：480～360 ℃ 区间的中温转变（贝氏体）；295 ℃～终止温度（没有标出）的低温转变（马氏体）。此时低温转变不如 159 ℃/min 冷速下的拐折大，说明马氏体转变量小。当冷速为 40 ℃/min 时，膨胀曲线上只有一个拐折点，此乃中温贝氏体转变区（525～360 ℃）。当冷速降到 8.3 ℃/min 和 3.3 ℃/min 时，膨胀曲线又出现两个拐折，出现了高温区转变。请注意两个拐折间的直线段(630～510 ℃,590～500 ℃)的斜率,它分别小于拐折前直线段斜率,又大于拐折后的直线段斜率,说明高温转变区和中温转变区是分离的。这是从钢的各相比容大小推算而来的,是判断两种相变是否连续进行的一种方法。当冷却速度降到 1.7 ℃/min时,膨胀曲线上只有一个拐折,说明只发生了高温转变,奥氏体全部转变为铁素体和珠光体。由于铁素体转变终止,珠光体开始析出时曲线斜率变化往往不明显,故常用金相法判断或校正其相变点。图 5.58 为按图 5.57 所标出的相变点绘成的连续冷却转变图(CCT 曲线),最上部的二行空白格子是填写钢的化学成分的位置。

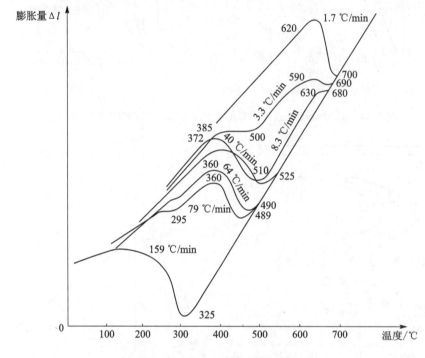

图 5.57　40CrNiMoA 钢冷却膨胀曲线

下面介绍利用杠杆法由膨胀曲线计算转变量的方法。由图 5.59(a)可见,当试样由 t_0 温度开始冷却,随温度下降,试样线性收缩(图中 oa 段)。到温度 t_a,由于相变破坏了全膨胀量与温度间的线性关系,使曲线发生拐折,直到温度 t_b 时相变结束。假定相变量直接与相变体积效应成正比,且忽略新相和母相间膨胀系数的差别,则在 t 温度时形成新相 α 的百分数可由杠杆定律求得:

$$\alpha_{新} = Ac/AB \times I\% \tag{5.91}$$

式中:$I\%$ 为该温度范围内最大转变量;AB 代表全部转变的膨胀量;Ac 代表 t 温度下的膨胀量。

图 5.59(a)所示的情况是转变发生在一个温度范围内。如果转变发生在高温区,则 $I\% = 100\%$;若转变发生在中温区,由于贝氏体转变类似马氏体转变——有转变不完全性,故应借助于磁性法或 X 射线衍射法测定残余奥氏体含量,则 $I\% = (100 - A_残)\%$,但一般情况下对于中碳合金钢、低碳合金钢,$I\%$ 仍可看作 100%。由于大多数钢的马氏体转变终止温度 M_f 在室温下,因此要测出 M_f 点及其某温度下的转变量,必须使试样冷却至足够低的温度,然后以类似的方法计算转变量。

图 5.59(b)的情况是转变发生在二个温度区间,假定高温区转变和中温区转变的体积效应相同,则各区转变的相对量可按下式求得:

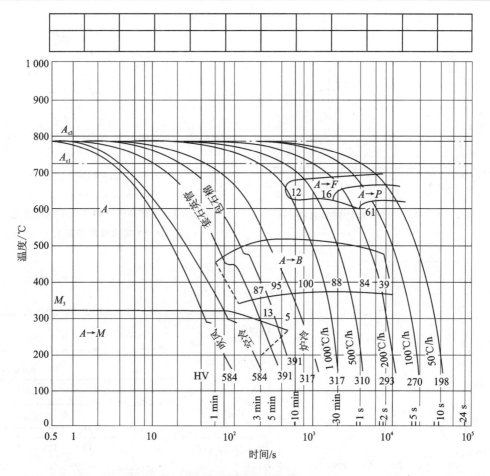

图 5.58　40CrNiMoA 钢 CCT 曲线

$$\alpha_{高新} = \frac{AB}{AB + EF} \times I\%$$

$$\alpha_{中新} = \frac{EF}{AB + EF} \times I\% \tag{5.92}$$

式中:$\alpha_{高新}$为高温区转变量;$\alpha_{中新}$为中温区转变量;AB 和 EF 是通过转变区范围的中点 c 和 g 与膨胀曲线直线部分延长线的交线;$I\%$ 是两个温度范围内的总转变量。

(4) 研究快速升温时金属相变及合金时效动力学

在焊接、电加热(高频)、热疲劳及高速连续热处理工艺中,由于升温速度极快,因此研究钢和合金快速加热的相变就成为重要课题。图 5.60 所示为用快速膨胀仪测得的 Fe-8%Co(质量分数)合金的不同升温速度对 $\alpha \rightarrow \gamma$ 相变温度的影响曲线。由测定的结果可见,随升温速度加快,$\alpha \rightarrow \gamma$ 相变的温度也向高温推移,这是因为 $\alpha \rightarrow \gamma$ 相变机制是以扩散方式进行的。

图 5.61 所示为燃气轮机叶片用钢 Эu696(前苏联牌号)(0.06%C、10%Cr、20%Ni、3%Ti、0.4%Al、0.015%B,余为 Fe)的加热膨胀曲线和时效等温膨胀曲线。经高温退火的 Эu696 钢(过饱和固溶体),其加热膨胀曲线于 750 ℃出现一个拐折,根据 X 射线相分析可知,这个拐点(体收缩)是金属间化合物 $Ni_3(Ti, Al)$ 析出所引起的。$Ni_3(Ti, Al)$ 又称 γ' 相。时效等温膨胀曲线实际上表明了 γ' 相析出的动力学过程。由图 5.61 可见 700 ℃等温时效时,γ' 相析出最剧烈。

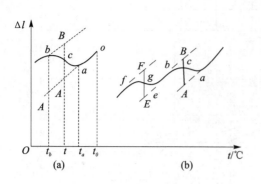

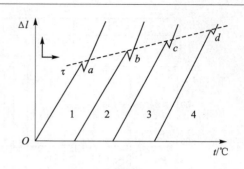

图 5.59 转变产物定量计算示意图

1—150 ℃/s;2—750 ℃/s;3—2 400 ℃/s;4—7 800 ℃/s;
a—900 ℃;b—920 ℃;c—925 ℃;d—932 ℃

图 5.60 不同加热率对 Fe-8%Co(质量)
α→γ 相变温度的影响

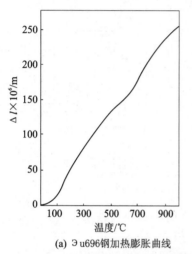

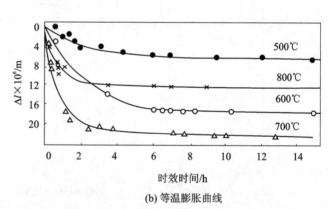

(a) Эu696钢加热膨胀曲线　　　　　　(b) 等温膨胀曲线

加热速度 200 ℃/h,试样原始状态 1 100 ℃水淬,试样原始尺寸 φ6 mm×16 mm

图 5.61 3u696 钢加热膨胀曲线和等温膨胀曲线

(5) 研究晶体缺陷

晶体缺陷的存在或消失引起的晶体相对体积变化在 10^{-4} 数量级。利用这种性质可以确定形变试件或高温淬火零件的空位或位错密度。图 5.62 表示不同形变度(扭)的纯镍点缺陷和位错在退火时消失的情况。相对体积变化 $\Delta V/V$ 正比于点缺陷数目和位错密度。在这种情况下,点缺陷数目的改变 Δn 可用下式表示:

$$\Delta n = \frac{\rho N_0 \Delta V}{MV} \tag{5.93}$$

式中:ρ 为金属密度;N_0 为阿伏伽德罗常数;M 为相对原子质量。

材料每立方厘米的位错密度为

$$N = \left(\frac{\rho N_0}{M}\right)^{\frac{2}{3}} \frac{\Delta V}{V} \tag{5.94}$$

由此,根据试样相对体积变化,便可计算金属中点缺陷和位错的数量。式(5.93)和式(5.94)只适用于金属银、铜、镍、铁、铝、镁及一些银基合金在形变(扭、拉、拔)过程中产生的空位和位错密度。

膨胀法还广泛用于研究金属淬火空位浓度。

由于热运动,金属产生的空位符合下列关系式:

$$n/N = e^{-u/kT} = e^{-U/RT} \tag{5.95}$$

式中:n 为空位数;N 为总原子数;u 为原子空位形成能;U 为摩尔原子空位形成能。

如果空位占据晶格结点位置,则试样体积将出现附加的体积增大。假定空位与原子体积相同(实际有少许差别),则由于空位增加而引起的体积变化有以下关系:

$$n/N = \Delta V/V = 3(\Delta l/l) \tag{5.96}$$

图 5.63 所示为铜、银、金、铝的膨胀系数随温度变化曲线。由图可见,当温度超过 1/2 熔点温度时,膨胀系数急剧增加,大大偏离线性值。

格尔茨利坎曾测定铝在 600 ℃膨胀系数的偏离值 Δ 为 3.8×10^{-4},则单位体积膨胀偏离值为 3Δ,根据式(5.95)和式(5.96)得

$$1.14\times10^{-3} = \frac{\Delta V}{V} = \frac{n}{N} = e^{-U/RT} \tag{5.97}$$

计算得铝的空位形成能 49.37×10^3 J/mol。铝在熔点的空位相对数目为

$$(n/N)_{T_{\mathrm{M}}} = 2\times10^{-3} \tag{5.98}$$

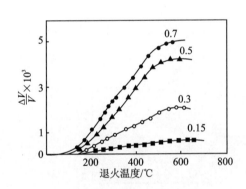

图 5.62　扭转形变镍真空退火
体积相对变化曲线

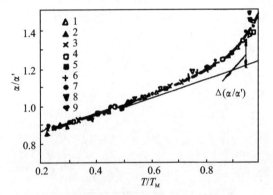

α—膨胀系数;α′—熔点一半温度时的膨胀系数;
1、2、3—铜;4、5、6—银;7—金;8、9—铝

图 5.63　金属膨胀系数随温度变化曲线

5.2.7　膨胀合金

膨胀合金按其膨胀特性可分为低膨胀合金、定膨胀合金和热双金属[*]。

1. 低膨胀合金

低膨胀合金主要应用于仪器仪表工业中,如应用于标准量尺、精密天平、标准电容、标准频率计的谐振腔等。此外,其也用于与高膨胀合金匹配制成热双金属的热敏元件。最早发现膨胀系数小于 2×10^{-6} ℃$^{-1}$ 的因瓦合金是 Fe - Ni39,后来又陆续发现一系列低膨胀合金(见表 5.10)。

目前广泛使用的只有因瓦(我国牌号为 4J36)和超因瓦合金(4J32 和 4J5)。在要求抗腐蚀条件下,不锈因瓦(4J9)也有一定的应用。

---

[*]　膨胀合金还包括高膨胀合金。由于用途局限,故不单独介绍了。

材料物理性能（第2版）

表 5.10 低膨胀合金发展简况

发现年份	名　称	成　分	晶系	磁性	$\alpha/℃^{-1}$ *	T_C或T_N/℃
1897	Fe-Ni 因瓦	35Ni-65Fe	立方	铁磁	1.2×10^{-6}	232
1931	超因瓦	32Ni-6Fe-4Co	立方	铁磁	0.0	230
1934	不锈因瓦	37Fe-52Co-11Cr	立方	铁磁	0.0	127
1937	Fe-Pt 因瓦	75Fe-25Pt	立方	铁磁	-30×10^{-6}	80
1962	Fe-Pd 因瓦	67Fe-31Pd	立方	铁磁	0.0	340
1972	Cr 基因瓦	94Cr-5.5Fe-0.5Mn	立方	反铁磁	$\sim1\times10^{-6}$	~45
1974	Mn 基因瓦	α-Mn	立方	反铁磁	$<10^{-6}$(4.2 K)	-178
1974	Gd-Co 因瓦	67Co-33Gd	立方	亚铁磁	$\sim3\times10^{-6}$	~160
1974	Y_2Fe_{17}因瓦	10.5Y-89.5Fe	六角	铁磁		-29
1977	非晶态 Fe-B 因瓦	83Fe-17B	非晶态	铁磁	$(1\sim2)\times10^{-6}$	~320

注：* 除指明温度外，α均为室温值。

不同镍含量的 Fe-Ni 合金膨胀系数如图 5.64 所示。36.5%Ni 的 Fe-Ni 合金具有最低的膨胀系数。超因瓦合金 Ni31Co5，用钴替换了 Ni36 中的部分镍。图 5.65 所示为 Fe-Ni-5Co 合金中镍含量对合金膨胀系数的影响。不锈因瓦 Co54Cr9 合金是铁钴铬系合金。图 5.66 所示为铁-钴-铬合金膨胀系数与成分的关系。

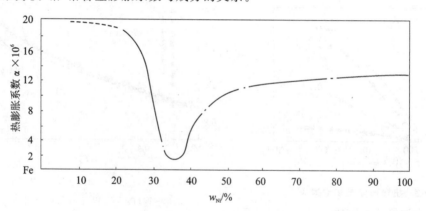

图 5.64 镍含量对 Fe-Ni 合金膨胀系数的影响

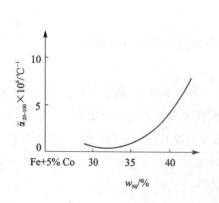

图 5.65 Fe-Ni-5Co 合金中镍含量对 $\bar{\alpha}_{20\sim100}$ 的影响　　图 5.66 铁-钴-铬合金膨胀系数与成分关系

198

2. 定膨胀合金

定膨胀合金主要是在电真空技术中用来和玻璃、陶瓷等封接而构成电真空器件的结构材料,故定膨胀合金(即可伐合金)也称封接合金。这类合金的主要特点是膨胀系数在一定温度范围内基本不变,并和被封接材料匹配。主要定膨胀合金及主要用途见表 5.11。

表 5.11　定膨胀合金性能与用途

| 名称 | 成分/% | | | | 线膨胀系数 $\alpha \times 10^6/℃^{-1}$ | | | | 用途 |
	Ni	Fe	Co	Cr	0～300 ℃	0～400 ℃	0～500 ℃	0～600 ℃	
4J42	41.5～42.5	余			4.4～5.6	5.4～6.6			与软玻璃、陶瓷封接
4J43	42.5～43.5	余			5.6～6.2	5.6～6.8			杜美丝芯材
4J45	44.5～45.5	余			6.5～7.7	6.5～7.7			与软玻璃、陶瓷封接
4J54	53.5～54.5	余			10.2～11.4	10.2～11.4			与云母封接
4J58	57.5～58.5	余			11.73	11.92	12.07	12.28	精密机床基尺
4J6	41.5～42.5	余		5.5/6.3	7.5～8.5	9.5～10.5			与软玻璃封接
4J28		余		27～29			10.4～11.6		与软玻璃封接
4J29	28.5～29.5	余	16.8～17.8		4.7～5.5	4.6～5.2	5.9～6.4		与硬玻璃封接
4J34	28.5～29.5	余	19.5～20.5		6.3～7.5	6.2～7.6	6.5～7.6	7.8～8.4	与 95%Al_2O_3封接
4J46	36～37	余	5～6	Cu3～4	5.5～6.5	5.6～6.6	7.0～8.0	≤9.5	与 95%Al_2O_3封接

3. 热双金属

热双金属是由两层膨胀系数不同的合金片,沿层间接触面焊合而成的复合材料。高膨胀系数的合金层称为主动层,低膨胀系数的合金层称为被动层。在加热时,由于两层的膨胀系数不同,主动层伸长的较多,于是双金属片就向被动层弯曲,从而把热能简单地转换成机械能,产生一定的力或位移,因而可作为各种测量或控制仪表的传感元件,大量应用在工业和家用电器中。

热灵敏度是热双金属的主要性能要求,它反映温度变化时热双金属弯曲或偏转的大小。我国采用比弯曲值 $K(℃^{-1})$ 表示热灵敏度。表 5.12 所列为我国使用的热双金属的主要系列,可按使用要求选择合金的牌号。

表 5.12　热双金属带系列*

| 牌号 | 组合层合金 | | 比弯曲值 $K(20～135℃)$ 标称值$\times 10^6/℃^{-1}$ | 电阻率标准值 $(20\pm5℃)$ /$(\mu\Omega\cdot m)$ | 线性温度 /℃ | 允许使用温度/℃ | 允许应力 /MPa | 最大允许应力/MPa |
	主动层	被动层						
5J20110	Mn75Ni15Cu10 (Mn72Ni10Cu18)	Ni36	20.8	1.13	-20～150	-70～200	147	294
5J15120	Mn75Ni15Cu10 (Mn72Ni10Cu18)	Ni45Cr6	15.3	1.25	-20～200	-70～150	147	294
5J1580	Ni26Mn6	Ni36	15.0	0.8	-20～180	-70～350	196	392

* 根据 GB/T 4461—1992 和 YB 137—1998 整理而成。

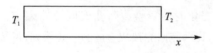

续表 5.12

牌号	组合层合金		比弯曲值 K(20～135 ℃) 标称值×10^6/℃$^{-1}$	电阻率标准值 (20±5 ℃) /(μΩ·m)	线性温度 /℃	允许使用温度/℃	允许应力 /MPa	最大允许应力/MPa
	主动层	被动层						
5J1416	Cu62Zn38	Ni36	14.3	0.16	−20～180	−70～250	98	294
5J1480	Ni22Cr3	Ni36	14.3	0.80	−20～180	−70～350	196	343
5J1380	Ni19Mn7	Ni34	13.8	0.80	−20～100	−80～350	196	392
5J1070	Ni19Cr11	Ni42	10.8	0.70	+20～350	−70～500	196	392
5J1017	Ni	Ni36	10.0	0.17	−20～180	−70～400	98	294
5J0756	Ni22Cr3	Ni50	7.8	0.56	0～400	−70～500	196	392
5J1075	Ni16Cr11	Ni20Co26Cr8	10.8	0.75	−20～100	−70～550		
5J1417B （中间层 Cu）	Ni22Cr3	Ni36	14.2	0.17	−20～150	−70～200	147	245

5.3　材料的导热性

5.3.1　热传导的宏观规律及微观机制

1. 傅里叶导热定律

一块材料温度不均匀或两个温度不同的物体互相接触，热量便会自动地从高温度区向低温度区传播，这种现象称为热传导。实验证明，对于一根两端温度分别为 T_1、T_2 的均匀的金属棒，当各点温度不随时间而变化时（稳态），单位时间内通过垂直截面上的热流密度 q 正比于该棒的温度梯度（见图 5.67），其数学式为

图 5.67　温差引起导热示意图

$$q = -\kappa \frac{dT}{dx} = -\kappa \, \mathrm{grad} T \qquad (5.99)$$

式中，负号表示热量向低温处传播。该式称为简化的傅里叶（Fourier）导热定律。比例系数 κ 称为热导率（亦称导热系数），单位为 W/(m·K) 或 J/(m·K·s)，它反映了该材料的导热能力。不同材料的导热能力有很大差异，例如：

金属　　　　$\kappa = 50\sim415$ W/(m·K)　　　　合金　　　$\kappa = 12\sim120$ W/(m·K)

绝热材料　　$\kappa = 0.03\sim0.17$ W/(m·K)　　非金属液体　$\kappa = 0.17\sim0.7$ W/(m·K)

大气压气体　$\kappa = 0.007\sim0.17$ W/(m·K)

2. 热扩散率（导温系数）和热阻

前面所讲的傅里叶定律只适用于稳态热传导。如果所讨论的情况是材料棒各点的温度随时间变化，即传热过程是不稳定的传热过程，那么，该棒上的温度应是时间 t 和位置 x 的函数。

若不考虑棒与环境的热交换,只是由于自身存在的温度梯度将导致热端温度不断下降,冷端温度不断上升,随着时间的推移最后将会使冷热端的温度差趋于零,达到平衡状态。由此可导出截面上各点的温度变化率:

$$\frac{\partial T}{\partial t} = \frac{\kappa}{d c_p} \times \frac{\partial^2 T}{\partial x^2} \tag{5.100}$$

式中:t 为时间;T 为温度(K);κ 为热导率;d 为材料密度;c_p 为比定压热容。

定义:
$$\alpha = \frac{\kappa}{d c_p} \quad (\text{m}^2/\text{s}) \tag{5.101}$$

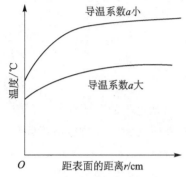

图 5.68　淬火试样温度分布与导温系数的关系

α 称为热扩散率,亦称导温系数。其物理意义是与不稳定导热过程相联系的。不稳定导热过程是物体既有热量传导变化,同时又有温度变化,热扩散率正是把二者联系起来的物理量。它代表温度变化的速度。在相同加热和冷却条件下,α 愈大,物体各处温差愈小。例如淬火时,钢件的温度是外部低,内部高,若钢的导温系数大,则温度梯度小,试样温度比较均匀;反之,则试样温差大(见图 5.68)。由于钢的密度和比热容相差不大,因此对于钢材可以认为导热系数愈高,导温系数也愈高。

工程上经常要处理选择保温材料或热交换材料的问题,导热系数、导温系数都是选择依据的参量之一。事实上,除了上述两个参量之外,还有一个热学参量就是热阻 R,其定义式为

$$R = \frac{\Delta T}{\Phi} \tag{5.102}$$

式中,ΔT 为热流量 Φ 通过的截面所具有的温度差。单位为开(尔文)每瓦(特),即 K/W。热阻的例数 $1/R$ 为热导,常用 G 表示。

顾名思义,热阻的物理意义就是热量传递所受阻力,更深层次的意义在讨论了热传导的微观机制后会更加清楚。

3. 导热的微观机制

固体组成质点只能在其平衡位置附近微小振动,不能如同气体分子那样进行杂乱的自由运动,因此不能像气体靠分子直接碰撞来传递热量。固体中的导热主要是靠晶格振动的格波(也就是声子)和自由电子的运动来实现的。如果固体的热导率为 κ,则

$$\kappa = \kappa_{\text{ph}} + \kappa_{\text{e}} \tag{5.103}$$

式中:κ_{ph} 为声子热导率;κ_{e} 为电子热导率。

除金属外,一般固体特别是离子或共价键晶体中自由电子很少。下面分别介绍金属和陶瓷材料的热传导机制。

5.3.2　金属的热传导

对于纯金属,导热主要靠自由电子,而合金导热就要同时考虑声子导热的贡献(声子导热机制在无机非金属材料导热中讨论)。由金属电子论知,金属中大量的自由电子可视为自由电子气,那么借用理想气体的热导率公式来描述自由电子热导率就是一种合理的近似。理想气体热导率的表达式为

$$\kappa = \frac{1}{3} C \bar{v} l \qquad (5.104)$$

式中：C 为单位体积气体热容；v 为分子平均运动速度；l 为分子运动平均自由程。把自由电子气的相关数据代入式（5.104），则 κ_e 可近似求得。设单位体积内自由电子数为 n，那么单位体积电子热容为 $C = \frac{\pi^2}{2} \kappa \frac{kT}{E_F^0} n$；由于 E_F^0 随温度变化不大，故用 E_F 代替 E_F^0；自由电子运动速度取 v_F，代入式（5.104）得

$$\kappa_e = \frac{1}{3} \left(\frac{\pi^2}{2} \kappa^2 Tn / E_F \right) v_F l_F$$

考虑到 $E_F = \frac{1}{2} m v_F^2$，$l_F / v_F = \tau_F$（自由电子弛豫时间），则

$$\kappa_e = \frac{\pi^2 nk^2 T}{3m} \tau_F \qquad (5.105)$$

1. 热导率和电导率的关系

由金属热导和电导的微观物理本质可知，自由电子是这两种物理过程的主要载体。研究发现，在不太低的温度下，金属热导率与电导率之比正比于温度，其中比例常数的值不依赖于具体金属。首先发现这种关系的是魏德曼（Widemann）和夫兰兹（Franz），故称为魏德曼-夫兰兹定律。数学表达式为

$$\kappa_e / \sigma = L_0 T \qquad (5.106)$$

式中，L_0 为洛伦茨数*（Lorenz number）。由式（5.105）和式（1.52）便可导出式（5.106），且可算出 L_0：

$$L_0 = 2.45 \times 10^{-8} \ V^2/K^2 \qquad (5.107)$$

当温度高于 Θ_D 时，对于电导率较高的金属，式（5.105）一般都成立（见图 5.69）。但对于电导率低的金属，在较低温度下 L_0 是变数（见图 5.70）。事实上，实验测得的热导率由两部分组成，即满足式（5.103），则魏德曼-夫兰兹定律应写成

$$\kappa / (\sigma T) = \frac{\kappa_e}{\sigma T} + \frac{\kappa_{ph}}{\sigma T} = L_0 + \kappa_{ph}/\sigma T \qquad (5.108)$$

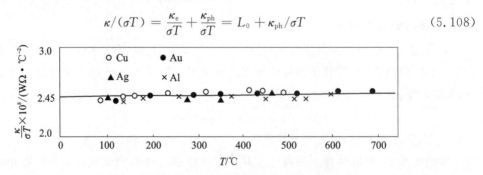

图 5.69　铜、银、金、铝的魏德曼-夫兰兹温度关系曲线

分析式（5.89）可知，只有当 $T > \Theta_D$，金属导热主要由自由电子贡献时，即 $\kappa_{ph}/\sigma T \to 0$ 时，魏德曼-夫兰兹定律才成立。现代研究表明，$\kappa/\sigma T$ 比值并不是完全与温度无关的常数，也不是完全与金属种类无关（见表 5.13）。当温度低于德拜温度较多时，L_0 往往下降，其变化如图 5.71

---

* 由于有洛伦茨的贡献，所以此定律又称魏德曼-夫兰兹-洛伦茨定律。

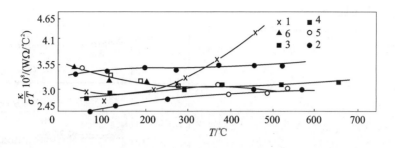

1—纯铁;2—铸钛(96.9%);3—钛;4—铂;5—镍(99.9%);6—锆(99.9%)

图 5.70 一些纯金属的魏德曼-夫兰兹温度关系曲线

所示。

尽管魏德曼-夫兰兹定律有不足之处,但它在历史上支持了自由电子理论。此外,根据这个关系可由电阻率估计热导率。

表 5.13 某些金属实验洛伦茨数 $L_0 \times 10^8$（$V^2/℃^2$）

金 属	温度/℃		金 属	温度/℃	
	0	100		0	100
Ag	2.31	2.37	Pb	2.47	2.56
Au	2.35	2.40	Pt	2.52	2.60
Cd	2.42	2.43	Sn	2.52	2.49
Cu	2.23	2.33	W	3.04	3.20

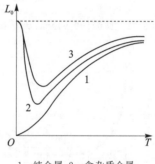

1—纯金属;2—含杂质金属;
3—含更多杂质的金属

**图 5.71 洛伦茨数随温度
变化示意图**

2. 热导率及其影响因素

(1) 纯金属导热性

根据导热机制可以推导出高电导的金属就有高的热导率。例如,多晶体纯铜、银、金、铝的热导率分别为 4.20 W/(cm·K)、4.15 W/(cm·K)、3.19 W/(cm·K)、2.30 W/(cm·K),都比电阻率高的铁、钴、镍等金属的热导率高。

① 热导率与温度关系:图 5.72 所示为实测的铜热导率与温度的关系。图 5.73 所示为几种金属在稍高温度下的热导率。由图 5.72 可见,在低温时,热导率随温度升高而不断增大,并达到最大值。随后,热导率在一小段温度范围内基本保持不变;在温度升高到某一温度后,热导率开始急剧下降,并在熔点处达到最低值。但像铋和锑这类金属熔化时,它们的热导率增加一倍,这可能是过渡至液态时共价键合减弱而金属键合加强的结果。

② 晶粒大小的影响:一般情况是晶粒粗大,热导率高;晶粒愈细,热导率愈低。

③ 立方晶系的热导率与晶向无关。非立方晶系晶体热导率表现出各向异性。

④ 所含杂质显著影响热导率。

（2）合金的导热性

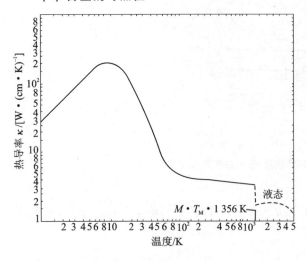

图 5.72　纯铜（99.999％）热导率随温度变化曲线

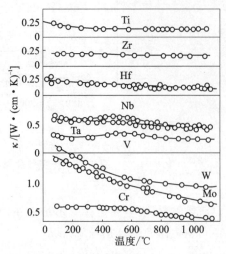

图 5.73　几种金属稍高温度下的热导率

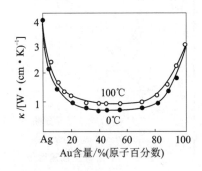

图 5.74　Ag‐Au 合金热导率

　　两种金属构成连续无序固溶体时，溶质组元浓度愈高，热导率降低愈多，并且热导率最小值靠近原子浓度 50％处。图 5.74 表示 Ag-Au 合金的热导率。当组元为铁及过渡族金属时，热导率最小值比 50％处有较大的偏离。当为有序固溶体时，热导率提高，最大值对应于有序固溶体化学组分。钢中的合金元素、杂质及组织状态都影响其热导率。钢中各组织的热导率从低到高排列如下：奥氏体、淬火马氏体、回火马氏体、珠光体（索氏体、屈氏体）。表 5.14 列出了一些钢的热导率 κ 和导率温系数 α。

表 5.14　钢的热导率和导温系数 $\dfrac{\kappa/[\mathrm{W}\cdot(\mathrm{m}\cdot\mathrm{K})^{-1}]}{\alpha\times10^6/(\mathrm{m}^2/\mathrm{s})}$

温度 钢种	$T/℃$										
	100	200	300	400	500	600	700	800	900	1 000	1 100
20	49.0	47.2	43.8	40.4	37.3	33.8	30.2	28.0	27.0	29.0	30.0
	12.3	11.7	10.5	9.2	7.8	6.0		5.2	5.8	6.2	6.4
35	48.5	48.0	45.2	42.5	39.4	35.9	31.9	28.2	25.5	24.9	27.2
	13.0	12.2	10.6	9.2	7.9	6.7	3.4	4.6	5.2	5.4	5.6
40Cr	43.7	43.7	42.8	37.8	34.7	31.8	29.1	26.0	27.0	29.0	31.0
	11.6	10.7	9.6	8.3	6.9	5.5		5.7	6.2	6.2	6.5
9Cr2Si2Mo	23.9	26.8	28.0	28.6	28.5	27.9	26.8	26.4	26.6	27.5	27.9
	6.8	6.9	6.5	6.1	5.6	5.0	3.9	4.2	5.6	5.2	5.2
30CrNi3Mo2V	29.6	29.4	29.3	28.9	28.4	27.8	27.3	24.2	24.5	24.8	25.2
	7.9	7.1	6.9	6.4	5.6	4.9	3.9	4.7	4.9	4.9	5.0

5.3.3　无机非金属材料的热传导

1. 热传导的微观机制

无机非金属材料与金属材料不同,这类材料有的是优良的绝热材料(如硅藻土),有的是热的良导体(如金刚石),因此较金属导热更为复杂。这类材料导热的主要机制是声子导热。

由于晶格波可以分为声频支和光频支两类,因此下面分别进行讨论。

(1) 声子导热

温度不太高时,光频支格波的能量很小,因此这时导热的贡献主要来自声频支格波,也就是声子作为导热的载体,从而就可以把格波在晶体中传播时遇到的散射看作声子同晶体中质点的碰撞,把理想晶体中的热阻归因子声子同声子的碰撞。这样便可以如同理想气体一样导热,把热传导视为声子-声子碰撞结果。也就是说晶体的热导率 κ 也应有理想气体热导率计算式(5.104)类似的表达式,即声子体积热导率 κ_{ph} 与声子的平均速率 v、平均自由程 l 有关。具体讲,声频支声子的速度可以看作仅与晶体的密度和弹性力学性质有关,而与角频率无关,由于热容 C 和自由程 l 都是声子振动频率 ν 的函数,所以晶体热导率的普遍形式可以写成

$$\kappa = \frac{1}{3}\int C(\nu)v\,\mathrm{d}\nu \tag{5.109}$$

热导率的温度依赖性取决于相应的体积热容、声子自由程以及晶格波的运动速度,但这些参量随温度变化对其有不同的影响趋势。当热容随温度上升到德拜温度后基本保持为常量时,声子的自由程和运动速度却由于非谐波振动上升而下降。在低温时,声子的波长比较大,易于绕过缺陷,实际上没有什么散射。随着温度上升,声子密度加大,自由程减小。此时声子在缺陷、杂质、相界处受限散射,而且声子相互碰撞,自由程大大下降。在室温下,自由程约为5 nm。随着温度提高,自由程最后达到晶格间距的数量级。因为自由程小于结构尺寸,故热导率在此温度以上保持为常量。

(2) 光子导热

固体中分子、原子等质点的振动、转动等运动状态的改变会辐射出频率较高的电磁波。这类电磁波覆盖了较宽的频谱。其中具有较强热效应的是波长在 $0.4\sim40\mu m$ 范围内的可见光与部分近红外光的区域。这部分辐射线称为热射线。热射线的传递过程称为热辐射。由于它们都在光频范围内,其传播过程与光在介质(透明材料、气体介质)中传播的现象类似,也有光的散射、衍射、吸收、反射、折射。这样便可以把它们的导热过程看作光子在介质中传播的导热过程。可以这样定性地解释辐射传热过程:在热稳定状态,介质中任一体积元平均辐射的能量与平均吸收的能量相同,以保持各点温度不随时间改变。当相邻体积元间存在温度梯度时,温度高的体积元辐射出的能量多,吸收的能量少;温度低的体积元能量变化情况正好相反,吸收的能量多于辐射。因此,能量便从高温处向低温处转移。描述这种介质中辐射能传递能力的便是辐射热导率 κ_r。κ_r 仍然具有式(5.109)的一般表达式,即辐射热导率仍与体积热容、光子传递速度及平均自由程相关。不过当温度不太高时,固体中的电磁辐射能很微弱,这是因为辐射能 E_r 与温度的四次方成正比。设固体温度为 T_1,黑体单位容积的辐射能

$$E_r = 4\sigma n^3 T^4/c \tag{5.110}$$

式中:σ 为斯蒂芬-玻耳兹曼常量,取值为 5.67×10^{-8} m/(m² · K⁴);n 为折射率;c 为光速,3×10^{10} cm/s。

若把 E_r 视为提高辐射温度所需的能量,那么体积热容为

$$C_V = \left(\frac{\partial E}{\partial T}\right) = \frac{16\sigma n^3 T^4}{c} \qquad (5.111)$$

同时,辐射线在介质中传播的速率为 $v_r = \dfrac{c}{n}$,将 v_r 及 C_V 代入热导率的一般表达式 $\kappa = 1/3 Cvl$ 中,则 κ_r 便可近似写成

$$\kappa_r = \frac{16}{3}\sigma n^2 T^3 l_r \qquad (5.112)$$

式中,l_r 为辐射光子的平均自由程。

由于光子的 C_V 和 l_r 都依赖于频率,因此一般情况下辐射热传导率的基本表达式仍是式(5.109)。

材料中的辐射导热机制主要发生在透明材料中,此时光子有高的平均自由程,热阻很小。对于热辐射不完全透明的材料,平均自由程 l_r 很小,而对于完全不透明的材料,$l_r = 0$,故在这种材料中热辐射传热可以忽略。一般情况下,单晶体和玻璃比较透明,因此在 773~1 273 K 辐射传热已很明显。大多数烧结材料是半透明或透明度很差的,其 l_r 比单晶和玻璃小很多。一般耐火氧化物材料在 1 77 3K 以上高温时的辐射传热才明显。

光子平均自由程还与材料的吸收系数和散射系数有关。对于吸收系数小的透明材料,当温度为几百摄氏度(℃)时,光辐射是主要的。对于吸收系数大的不透明材料,即使在高温时光子传热也不重要。无机多晶材料只是在 1 000 ℃ 以上光子传导才是主要的,因为高温下的陶瓷呈半透明的亮红色。

2. 热导率的影响因素

比较而言,金属材料热导率的影响因素比较单一,而无机非金属材料则比较复杂。因此,金属材料热导率的影响因素对无机非金属材料都同样有作用,只是由于陶瓷材料相结构较为复杂,包括玻璃相和一定的孔隙率。

下面就热导率的各种影响因素说明无机非金属材料表现的一些特殊性。

(1) 温度的影响

图 5.75 所示为单晶 Al_2O_3 的热导率-温度曲线,其变化趋势与金属纯铜基本相同,分为四个温度区间,即低温下迅速上升区、极大值区、迅速下降区、缓慢下降区。但当 Al_2O_3 晶体达到高温时(如 1 600 K 以后),热导率又有上升趋势。原因是辐射导热的作用。又如:对于有一定气孔率的硅藻土砖、红砖、黏土砖等,随着温度上升,热导率却略有增大。这一点在随后的"3. 复相陶瓷的热导率"部分专门讨论。

(2) 化学组成的影响

金属材料在高温下热导率下降,但从图 5.73 可知:相同温度下,W、Mo 热导率较高,而 Ti、Zr、Hf 热导率较低。同样,对于无机非金属材料来说,材料结构的相对原子质量愈小,密度愈小,弹性模量愈大,德拜温度愈高,则热导率愈高,因此轻元素的固体和结合能大的固体热导率较大。例如金刚石 $\kappa = 1.7 \times 10^{-2}$ W/

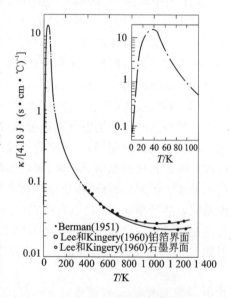

图 5.75 单晶 Al_2O_3 的热导率-温度曲线

m·K,但一般不如金属固体热导率高,这主要是二者的导热机制不同。固溶体的情况与金属固溶体的变化趋势相似。图 5.76 所示为 MgO - NiO 固溶体的热导率曲线。从图可见,与金属固溶体类似,当杂质浓度很低时,杂质降低热导率效应十分明显;当杂质浓度增高时,杂质效应减弱。图中 200 ℃时比 1 000 ℃在相同杂质浓度时的热导率下降更为明显。可以预见,在低温下杂质效应将会更加显著。

（3）晶体结构的影响

晶体结构愈复杂,晶格振动的非线性程度愈大,其散射程度也愈大,因此声子平均自由程较小,热导率也随之变低了。例如,莫来石的晶体结构复杂,因此热导率比 Al_2O_3 和 MgO 都低,比镁铝尖晶石也低。

（4）晶粒大小和各向异性的影响

晶粒大小和各向异性对无机非金属材料热导率的影响与其对金属的热导率影响相同,读者可以自行比较同样化学组成的多晶体和单晶体导热率的差别。

（5）非晶体的热导率

图 5.77 所示为晶体和非晶材料的热导率随温度变化的比较,差别非常显著。玻璃是无机的非晶体材料,其热导率变化有其特殊性。

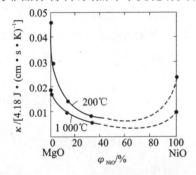

图 5.76　MgO - NiO 固溶体的热导率

图 5.77　晶体和非晶体材料热导率随温度变化的比较

下面以玻璃为例加以说明。因为玻璃的微观结构只是近程有序,远程无序,研究表明不论在低温或高温,下玻璃中声子的平均自由程也只有几个原子间距,随温度变化不明显。

因此,由热导率一般公式(5.109)可知,热导率在较高温度下由热容贡献,而在较高温度以上则须考虑光子导热的贡献。图 5.78 是一般非晶态的热导率随温度变化曲线。由图可知,它的变化基本上可分为三部分。

① 图中 Oa 段,相当于 400～600 K 的中低温度范围。此段光子的导热贡献可以忽略,因此导热由声子导热贡献,随着温度升高,热容增大,声子导热加大,热导率呈缓慢上升趋势。

② 图中 ab 段,相当于 600～900 K,从中温进入较高温度区,此时声子热容不再增大,而光子导热开始增强,故曲线开始上扬,若无机材料不透明,则仍是趋于与横轴平行的 ab' 段。

③ 图中 bc 段,温度高于 900 K,此时光子导热急剧增加,因此曲线急剧上扬,形成 bc 段,若无机材料不透明,则曲线是 $b'c'$ 段。

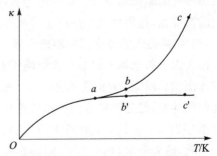

图 5.78　非晶态热导率曲线

比较图 5.78 和晶体热率导曲线,可以得出以下结论:

➤ 若不考虑光子导热贡献,则在所有温度下,非晶态热导率都低于晶体热导率(见图 5.78);

➤ 晶体和非晶体在较高温度下比较接近(图 5.78 中的 b 点);

➤ 非晶态热导率随温度变化没有出现晶态热传导的极值。

3. 复相陶瓷的热导率

(1) 分散相的影响

常见复相陶瓷的典型微观结构是分散相均匀地分散在连续相中。比较典型的例子是分散相-晶相均匀地分散在连续相-玻璃相之中。普通的瓷器和黏土制品就可以视为这类复相陶瓷。其热导率可以按下式计算:

$$\kappa = \kappa_c \times \frac{1 + 2\varphi_d\left(1 - \frac{\kappa_c}{\kappa_d}\right)\Big/\left(\frac{2\kappa_c}{\kappa_d} + 1\right)}{1 - \varphi_d\left(1 - \frac{\kappa_c}{\kappa_d}\right)\Big/\left(\frac{2\kappa_c}{\kappa_d} + 1\right)} \tag{5.113a}$$

式中:κ_c,κ_d 分别为连续相和分散相的热导率;φ_d 为分散相的体积分数。

(2) 气孔率的影响

无机材料常含有气孔,气孔对热导率的影响较复杂。如果温度不是很高,且气孔率不大,尺寸很小,分布又均匀,则可以认为此时的气孔是复相陶瓷的分散相,此时热导率可以按式(5.113a)处理。只是由于与固相相比,其热导率很小,可以近似认为零,且 κ_c/κ_d 很大,基于此,Eucken 把式(5.113a)近似为

$$\kappa \approx \kappa_s(1 - \varphi_{气孔}) \tag{5.113b}$$

式中:κ_s 为陶瓷固相热导率;$\varphi_{气孔}$ 为气孔的体积分数。

Loeb 在式(5.113a)的基础上,考虑了气孔的辐射传热,导出了更为精确的计算公式:

$$\kappa = \kappa_c(1 - P) + \frac{P}{\frac{1}{\kappa_c}(1 - P_L) + \frac{P}{4G\varepsilon\sigma d T^3}} \tag{5.114}$$

式中:P 为气孔面积分数;P_L 是气孔的长度分数;ε 为辐射面的热发射率;G 是几何因子,顺向长条气孔 $G=1$,横向圆柱形气孔 $G=\frac{\pi}{4}$,球形气孔 $G=2/3$;d 是气孔最大尺寸。

一般情况下,在 ε 较大或温度高于 500 ℃时,热导率才用式(5.114)来计算。图 5.79(a)所示为烧结刚玉和莫来石在 1 000 ℃下热导率与气孔率的关系曲线。由图可见,在不改变结构状态的前提下,气孔率增大导致热导率下降。这是多孔泡沫硅酸盐、纤维制品、粉末和空心球状轻质陶瓷制品保温原理。从构造上看,最好是均匀分散的封闭气孔,若是大尺寸孔洞,且有一定的贯穿性,这种情况下易产生对流传热,则不能用式(5.113a)单纯计算。

(3) 实测的无机非金属材料热导率

由于无机非金属材料热导率影响因素众多,十分复杂,因此实际应用材料的热导率还是要靠实际测试。图 5.79(b)所示为一些无机材料的热导率与温度的关系,其中石墨和 BeO 具有最高的热导率,低温时接近金属铂的热导率。致密稳定的 ZrO_2 是良好的高温耐火材料,它的热导率相当低。粉状氧化镁具有极低的热导率,是极好的保温材料。通常低温时有较高热导率的材料,随着升温,热导率下降,而具有低热导率的材料却有着相反的变化规律。

下面是几种材料热导率随温度变化经验公式。

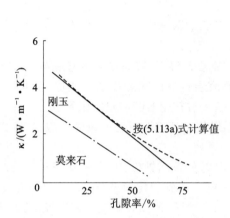

(a) 刚玉和莫来石在 1 000 ℃下热导率与孔隙率的关系　　(b) 一些无机材料的热导率与温度的关系

图 5.79　一些材料的热导率与孔隙率、温度之间的关系

① Al_2O_3、BeO、MgO 的热导率经验公式为

$$\kappa = \frac{A}{T - 125} + 8.5 \times 10^{-36} T^{10} \tag{5.115}$$

式中：T 为温度（K）；A 为常数，对于 Al_2O_3、BeO、MgO 分别为 16.2、55.4、18.8。Al_2O_3 和 MgO 的适用温度为从室温到 2 073 K，BeO 的适用温度为 1 273～2 073 K。

② 对于玻璃体，当高于 500 ℃时，辐射传热效应使其热导率上升较快，经验公式为

$$\kappa = CT + d \tag{5.116}$$

式中：T 为温度（K）；C 和 d 为常量。

③ 对于一些建筑材料、粘土质耐火材料及保温材料等，其热导率随温度线性增大，经验公式为

$$\kappa = \kappa_0 (1 + bt) \tag{5.117}$$

式中：κ_0 是 0 ℃时材料的热导率；b 是与材料有关的常数；t 是温度（℃）。

5.3.4　热障涂层

热障涂层（Thermal Barrier Coatings，TBCs）的概念最早于 1950 年由美国 NASA - Lewis 研究中心提出，指的是一层沉积在耐高温金属或超合金表面的陶瓷涂层。热障涂层对于基底材料起到隔热作用，降低基底温度，保障用其制成的器件（如发动机涡轮叶片）能在高温下运行，并且可以将器件（发动机等）的热效率提高到 60% 以上。热障涂层不仅可以实现提高抗腐蚀、进一步提高发动机工作温度的目的，还可以减少油料的消耗、大幅延长发动机的寿命。

随着航空、航天、航海和民用技术的发展，以涡轮叶片、航空发动机叶片、燃烧室等为代表的热端部件对使用温度的要求越来越高，已达到高温合金和单晶材料的极限。以燃气轮机的

受热部件(如喷嘴、叶片、燃烧室)为例,它们处于高温氧化和高温气流冲蚀等恶劣环境中,承受的温度高达 1 100 ℃,已超过镍基高温合金的极限温度,因而极易造成受热部件的损坏。热障涂层在受热金属部件的表面,可以对高温环境下的部件起到保护作用。据报道,150 μm 厚的热障涂层可以提供 170 K 的降温效果。因此,热障涂层有重要的应用价值,是现代国防领域最重要的尖端技术之一。

根据热障涂层的服役环境和功能需求,涂层材料应具有以下热学性能特征:

① 高熔点——由于热障涂层所处的环境温度比内层金属基底的温度更高,因此热障涂层材料首先要具有高熔点,一般高于 2 000 K。

② 低热导率——热障涂层的主要功能是隔热,降低金属基底温度,因此要求热障涂层材料具有低热导率,一般低于 $2.5 \ W \cdot m^{-1} \cdot K^{-1}$。

③ 与高温合金基底相匹配的热膨胀系数——在变温条件下,若高温合金基底与热障涂层的热膨胀系数差异较大,则易产生内应力,导致热障涂层自身或热障涂层和基底之间发生开裂,导致部件失效。因此,热障涂层材料需要具有与基底材料相匹配的热膨胀系数。

④ 良好的热冲击性能——热障涂层需要在高温燃气对其表面喷射的条件下服役,因而要求其具有良好的热冲击性能。

此外,热障涂层还需要具有很高的化学稳定性、良好的抗腐蚀性、与金属基底较高的结合强度等。因此,符合以上条件的热障涂层材料非常有限。以钇稳定氧化锆(YSZ)为代表的陶瓷材料,因其具有良好的高温化学稳定性以及高熔点、高硬度、低热导率等性能优势,成为热障涂层的常用材料。表 5.15 对比了典型热障涂层材料的优点和缺点。

表 5.15　常见的部分热障涂层材料及其特性

材　料	优　点	缺　点
7-8YSZ	① 热膨胀系数大 ② 热导率低 ③ 抗热冲击性能好	① 1 473 K 以上容易烧结 ② 1 433 K 发生相变 ③ 高温下容易腐蚀 ④ 氧透过
莫来石	① 高温耐蚀性能好 ② 热导率低 ③ 1 273 K 以下良好的抗热冲击性能 ④ 氧不透过	① 涂层重结晶(1 023～1 273 K) ② 热膨胀系数很小
Al_2O_3	① 高温耐蚀性能好 ② 硬度大 ③ 氧不透过	① 涂层在 1 273 K 相变 ② 热导率高 热膨胀系数小
YSZ+CeO_2	① 热膨胀系数大 ② 热导率低 ③ 高温耐蚀性能好 ④ 良好的抗热冲击性能	① 容易烧结 ② CeO_2 与母体分离(>1 373 K) ③ 在等离子喷涂过程中 CeO_2 挥发
$La_2Zr_2O_7$	① 很高的相稳定性 ② 热导率低 ③ 抗烧结 ④ 氧不透过	① 热膨胀系数较小 ② 韧性低
硅酸盐	① 便宜,材料来源广 ② 高温耐蚀性能好	① 等离子喷涂过程中很容易分解 ② 热膨胀系数很小

从结构设计的角度来看,热障涂层具有几种不同的结构:

① 双层涂层。这是最经典的热障涂层模型,包括一个金属黏结层和一个陶瓷面层,如图 5.80(a)所示。黏结层是一个厚度为 $100\sim150~\mu m$ 的合金,通常用真空等离子喷涂法制备。表面陶瓷层厚约 $300~\mu m$,通常用电子束物理气相沉积法(EB-PVD)或大气等离子喷涂法(APS)制备。

② 功能梯度涂层。热障涂层在服役过程中最大的问题是陶瓷层易脱落。在热循环过程中,高温合金基底与表面陶瓷层之间因为热膨胀系数的差异而产生巨大的热应力,从而导致陶瓷涂层容易脱落。此外,表面陶瓷层和金属基底的温度分布不均匀也会产生热应力。功能梯度涂层能很好地提高了热障涂层的抗热冲击性能,因为涂层材料成分的梯度变化能有效地缓解表面陶瓷层和金属基底之间的热应力,如图 5.80(b)所示。

③ 复合涂层。由于航空发动机和燃气轮机叶片及其涂层的工作环境非常复杂和恶劣,常伴随着热应力、机械应力、涂层内部的化学反应和腐蚀等问题,因此人们提出了复合涂层的概念,每层涂层都具有独特的功能,如图 5.80(c)所示。

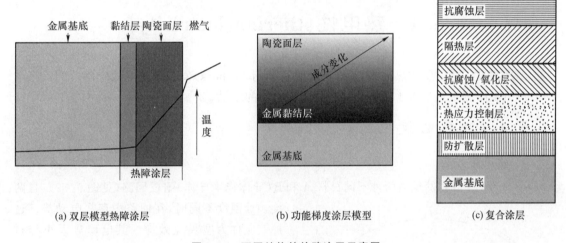

(a) 双层模型热障涂层   (b) 功能梯度涂层模型   (c) 复合涂层

图 5.80 不同结构的热障涂层示意图

热障涂层的制备主要是将颗粒状的金属或陶瓷材料熔化之后均匀地覆盖在基底表面,形成具有隔热特性的涂层。目前已有的热障涂层制备技术包括超声速火焰喷涂(HVOF)、高频脉冲爆炸喷涂(HFPD)、化学气相沉积(CVD)、等离子喷涂(PS)和电子束物理气相沉积(EB-PVD)等,使用最广泛的是 PS 和 EB-PVD。PS 应用于热障涂层制备的研究始于 20 世纪 50 年代末,其工作原理是利用等离子弧发生器(喷枪)将通入喷嘴内的气体加热电离,形成高温高速的等离子流,等离子流将金属或陶瓷粉末加热到熔化状态,然后通过高速焰流喷射到预处理器件的表面发生快速凝固,形成热障涂层。等离子体喷涂技术主要包括大气等离子体喷涂技术(APS)、低压等离子体喷涂技术(VPS)两种,其中 APS 主要用于陶瓷层的制备,而 VPS 主要用于制备黏结层。EB-PVD 是以聚焦的高能电子束将金属或陶瓷材料加热熔化至蒸发,然后将气相的涂层材料沉积在基体上形成热障涂层。EB-PVD 的蒸发速率高,几乎可以蒸发所有的物质,且其沉积得到的涂层与基体的结合力非常好。APS 和 EB-PVD 法所制备的热障涂层结构如图 5.81 所示。

热障涂层是极为有效且不可替代的热防护手段,对航空、航天、国防的关键装备性能具有重要的价值。热障涂层的未来发展将主要以提高热障涂层的使用温度、延长涂层使用寿命及可靠性为目标。

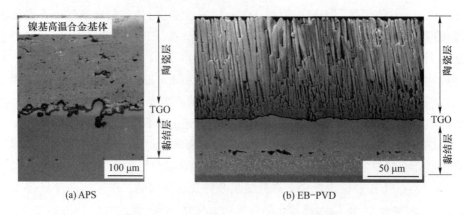

图 5.81　不同方法所制备的热障涂层截面结构

5.4　热电性(thermoelectricity)

　　温度测量广泛使用的热电偶,是根据塞贝克(T J Seebeck)发现的热电效应制造的。热电偶能进行温度测量正是由于热电偶材料具有热电性的结果。

5.4.1　热电效应

1. 塞贝克效应

1821 年,塞贝克发现当两种不同材料 A 和 B(导体或半导体)组成回路(见图 5.82),且两接触处温度不同时,在回路中存在电动势。这种效应称为塞贝克效应。其电动势大小与材料和温度有关。在温差较小时,电动势与温度差有线性关系

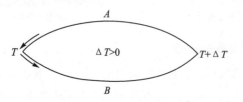

图 5.82　塞贝克效应

$$E_{AB} = S_{AB} \Delta T \qquad (5.118a)$$

式中:S_{AB} 称为 A 和 B 间的相对塞贝克系数。

　　由于电动势有方向性,所以 S_{AB} 也有方向性。通常规定,在冷端(温度相对低的一端)其电流由 A 流向 B,则 S_{AB} 为正,显然 E_{AB} 也为正。相对塞贝克系数在代数上具有相加性,因此,绝对塞贝克系数定义为

$$S_{AB} = S_A - S_B \qquad (5.118b)$$

2. 珀耳帖(J. C. A. Peltier)效应

　　1834 年,珀耳帖发现当两种不同金属组成回路并有电流在回路中通过时,将使两种金属的其中一个接头处放热,另一接头处吸热(见图 5.83)。电流方向相反,则吸、放热接头互换,这种效应称为珀耳帖热效应。它满足下式:

$$q_{AB} = \Pi_{AB} I \qquad (5.119a)$$

式中:q_{AB} 为接头处吸收珀耳帖热的速率;Π_{AB} 为金属 A 和 B 间相对珀耳帖系数;I 为通过的电

流强度。通常规定,电流由 A 流向 B
时,有热量的吸收,可表示为

$$\Pi_{AB} = \Pi_A - \Pi_B \qquad (5.119b)$$

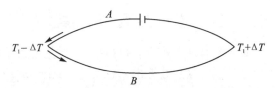

图 5.83　珀耳帖效应

3. 汤姆逊（W. Thomson）效应

1851 年汤姆逊根据热力学理论,证
明珀耳帖效应是塞贝克效应的逆过程,
并预测在具有温度梯度的一根均匀导体通过电流时,会产生吸热和放热现象,这就是汤姆逊热
效应(如图 5.84 所示)。一根均匀导体在某一点 O 加热至 T_2 温度,两端 P_1、P_2 点温度相同且
为 T_1。如果这均一的导体构成回路,当有电流通过时,P_1、P_2 点会出现温度差。设汤姆逊热
效应产生的热吸收率为 q_A(对于导体 A),则

$$q_A = \sigma_A j \frac{\mathrm{d}T}{\mathrm{d}x} \qquad (5.120a)$$

式中:σ_A 为导体 A 的汤姆逊系数;$\mathrm{d}T/\mathrm{d}x$ 为导体温度梯度;j 为电流密度。通常规定,电流方向
和温度梯度方向相同,并在吸热时取 σ_A 为正。已经证明,塞贝克系数、珀耳帖系数和汤姆逊系
数关系如下:

$$S_A = \int_0^T \frac{\sigma_A}{T} \mathrm{d}T \qquad (5.120b)$$

$$\Pi_A = T S_A \qquad (5.120c)$$

1909—1911 年,E Altenkirch 导出热电转换的效率,其后开始进行热电转换的应用试验。
现在热电材料广泛用于加热、致冷和发电,特别是温差发电。

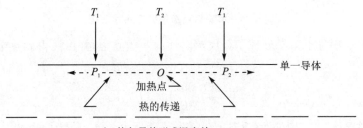

(a) 均匀导体形成温度差

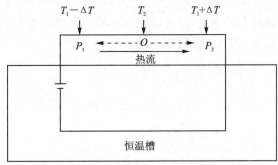

(b) 电流通过有温度差的导体产生吸热和放热

图 5.84　汤姆逊效应

5.4.2　绝对热电势系数

前面介绍塞贝克效应时曾指出,一对热电偶的相对塞贝克系数可以由组成热电偶的每支导体的绝对塞贝克系数算出。事实上,每个导体的绝对塞贝克系数其一般名称就是绝对热电势系数(absolute thermo-electric power,ATP),也称为绝对热电势率,以下简称热电势系数。

最初,人们利用热力学分析方法描述了电子在热电性中的作用。如图 5.85 所示,假如一根金属或半导体棒的两端保持有温度差,那么热端载流子将趋向于向冷端运动。假设载流子是电子,那么当它们离开热端而运动到冷端后,就使冷端电子数增多,变成负的,从而形成电场立即使电子向热流引起电子运动的相反方向运动。当这两种过程达到平衡时,在棒两端建立起电位差。材料形成温差电动势的能力通常用热电动势系数 S 表征,其定义如下:

$$S = \frac{\mathrm{d}V}{\mathrm{d}T} \tag{5.121}$$

式中:$\mathrm{d}V$ 是当棒的两端温差为 $\mathrm{d}T$ 时棒两端所建立的电位差。

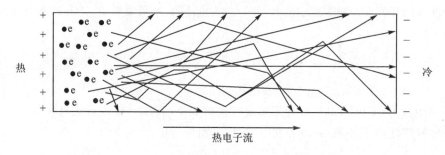

图 5.85　温差热电势系数产生示意图

Mott 和 Jones 用量子力学处理了金属热电性的一般问题,并由此得到热电势系数 S 的一般表达式:

$$S = \frac{\pi^2}{3} \frac{k^2 T}{e} \frac{\partial}{\partial E}\big[\ln\sigma_{\mathrm e}(E)\big]_{E=E_{\mathrm F}} \tag{5.122}$$

式中:k 是玻耳兹曼常量;T 为热力学温度(K);$\sigma_{\mathrm e}$ 为金属电导率;$E_{\mathrm F}$ 为费密能。

对于正常金属和合金在德拜温度以上,式(5.122)是有效的。根据式(5.122),结合不同能带结构(包括费密能位置的影响)的具体金属,可以得到不同类金属热电势系数的具体表达式。对于单价贵重金属(如 Cu、Ag、Au),其热电势系数 S 表达式为

$$S = -\frac{\pi^2}{2} \frac{k^2 T}{eE_{\mathrm F}} \quad (\mu\mathrm V/^{\circ}\mathrm C) \tag{5.123}$$

对于过渡族金属,由于能带结构中 S 带和 d 带重叠,因此其热电势系数 S 表达式为

$$S = -\frac{\pi^2}{6} \frac{k^2 T}{e(E_0 - E_{\mathrm F})} \tag{5.124}$$

式中:E_0 为 d 带的最高能级能量;其余符号定义同式(5.122)。

由于贵金属的费密能 $E_{\mathrm F}$ 大约为 6 eV,而过渡族金属和它们的低浓度合金的"相当"费密能($E_0 - E_{\mathrm F}$)只有 1 eV。仅从这一点上,比较式(5.123)和式(5.124)就会发现,过渡族金属及其低浓度合金的热电势系数至少是一价贵金属的 2 倍。因此在同样温度下,过渡族金属及其合金制成的热电偶比贵金属制成的热电偶产生更大的热电势,而且其热电势与温度的关系具

有很好的线性。图 5.86 所示为铂和铂-铑合金的热电势系数与温度关系曲线。

由图 5.86 可见,热电势系数随温度的变化具有极好的线性,而且符合式(5.124)的预测。如果把式(5.124)对 T 微分,则

$$\frac{dS}{dT} \approx -\pi^2 k^2 / [6e(E_0 - E_F)]$$

$$(5.125)$$

由于低浓度合金的 $E_0 - E_F$ 基本没有变化,因此低浓度合金的热电势系数 S 一般不超过 20%,而且热电势系数 S 随温度的变化是线性的,并具有负的斜率。

前面介绍的热电效应以及热电势系数 S 的表达式(5.122)对于半导体材料也是成立的,而且由于半导体材料的热电势系数 S 一般都比金属的热电势系数 S 大很多,因此它们构成的热电器件又有许多的应用。

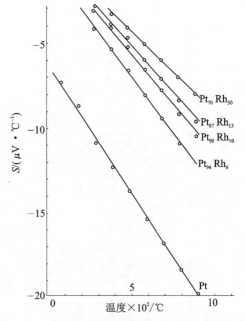

图 5.86　铂及铂-铑合金的热电势系数与温度关系

5.4.3　热电性的应用及其热电材料

热电性的应用通常可分为以下几个方面:① 通过热电性测试,分析金属材料组织结构的转变,例如研究合金时效、马氏体回火等;② 利用塞贝克效应用于热电偶测温;③ 利用塞贝克效应实现温差发电;④ 利用珀耳帖效应实现电致冷。热电材料是指利用其热电性的材料,本节主要介绍热电偶材料及温差发电用热电材料。

1. 测温用热电极材料

构成测温用热电偶的两支导体,通常称为热电极。要求其具有以下三种热电性质:① 它们的热电势与温度关系具有良好的线性关系;② 具有大的热电势系数 S;③ 材料性质具有复制性和温度-热电势关系的稳定性。

正是由于有热电稳定性要求,因此,这些合金电极材料大都是置换固溶体。

由于纯铂具有高的熔点和在氧化性气氛中热电性的稳定性,使它广泛用于制作参考电极。表 5.16 列出了 Pt 及其他金属元素的绝对热电势系数。

绝对热电刻度的参考温度应是 0 K,但实际应用的参考温度点是 0.1 MPa(1 个大气压),0 ℃。冰点(确切地讲为冰水混合物)由于其具有普遍性,方便且可精确复制而被选为常用的热电刻度的参考温度点。

下面简单介绍热电偶回路的两个定律。

第一条热电偶回路定律是,如果两支均匀的同质电极构成一热电回路,则回路的热电势为零,这一结果可以由式(5.118a)得到。

第二条热电偶回路定律是当均匀导体两端没有温度差存在时,尽管在导体上存在温度梯度,其通过导体的净热电势仍为零。由此可以得出推论,只要结点处不存在温度差,则串联多个这样的导体,并不影响热电势的刻度结果。该定律称为中间导体定律。

表 5.16　一些元素的绝对热电势系数(μV/℃)

温度/K	Cu	Ag	Au	Pt	Pd	W	Mo
100	1.19	0.73	0.82	4.29	2.00		
200	1.29	0.85	1.34	−1.27	−4.85		
273	1.70	1.38	1.79	−4.45	−9.00	0.13	4.71
300	1.84	1.51	1.94	−5.28	−9.99	1.07	5.57
400	2.34	2.08	2.46	−7.83	−13.00	4.44	8.52
500	2.83	2.82	2.86	−9.89	−16.03	7.53	11.12
600	3.33	3.72	3.18	−11.66	−19.06	10.29	13.27
700	3.83	4.72	3.43	−13.31	−22.09	12.66	14.94
800	4.34	5.77	3.63	−14.88	−25.12	14.65	16.13
900	4.85	6.85	3.77	−16.39	−28.15	16.28	16.68
1 000	5.36	7.95	3.85	−17.86	−31.18	17.57	17.16
1 100	5.88	9.06	3.88	−19.29	−34.21	18.53	17.08
1 200	6.40	10.15	3.86	−20.69	−37.24	19.18	16.65
1 300	6.91		3.78	−22.06	−40.27	19.53	15.92
1 400				−23.41	−43.30	19.60	14.94
1 600				−26.06	−49.36	18.97	12.42
1 800				−28.66	−55.42	17.41	9.52
2 000				−31.23	−61.48	15.05	6.67
2 200						12.01	4.30
2 400						8.39	2.87

方程式(5.118a)可以这样改写:

$$E_{AB} = S_{AB}\Delta T = \int_{T_0}^{T_1}(S_A - S_B)\mathrm{d}T + \int_{T_1}^{T_2}(S_A - S_B)\mathrm{d}T +$$

$$\int_{T_2}^{T_3}(S_A - S_B)\mathrm{d}T = \int_{T_0}^{T_3}(S_A - S_B)\mathrm{d}T \tag{5.126}$$

式(5.126)所表述的定律称为连续温度定律。该定律也可表述为:均匀导体组成热电偶测温的热电势可以是同一热电偶各温度间隔所测热电势之和。

上述热电偶回路定律对于理解热电偶使用补偿导线的选择以及正确使用热电偶都非常重要。

铂基热电偶抗氧化性很强,比其他热电偶都稳定,因此利用 $Pt - Pt_{90}Rh_{10}$ 热电偶作为确定国际实用温度刻度 630.74 ℃到金的凝固点 1 064.43 ℃的工具。

应当注意的是,铂基热电偶不应暴露在中子辐射环境中。这是因为 Rh 的中子捕获截面较大,并使之变为 Pd 而改变了热电偶的热电性。铂及其合金不能暴露在真空或还原气氛下,含有氢、一氧化碳、甲烷、有机蒸气体的气氛将加速铂基热电偶的分解。当炉内气氛含有磷、硫、砷或 Zn、Cd、Hg、Pb 气氛存在时都可能与热电偶发生反应,导致热电性恶化。因此,使用时往往套上陶瓷类保护管,使其与有害气氛隔开,实现对热电偶的保护。

由于热电偶在使用过程中会缓慢地改变其热电性,因此应注意定期进行检定,以便对其测试结果进行修正,减少测试误差。

表 5.17 列出了一些常用的热电偶的国际标准化热电极材料的成分和使用温度,标明了国际标准化热电偶正、负热电极材料的代号。代号一般采用两个字母。第一个字母表示型号,第二个字母如为 P 则表示正电极材料,如为 N 则表示负电极材料。表中除已较多介绍铂基热电偶(B,R,S)外,还有镍基热电偶(N,K,E)等。这里要补充的是专用于很高温和很低温测量的热电偶。

表 5.17　常用热电极材料

型　号	正电极材料		负电极材料		工作温度范围/K
	代号	成分(质量分数)/%	代号	成分(质量分数)/%	
B	BP	Pt70Rh30	BN	Pt94Rh6	273～2 093
R	RP	Pt87Rh13	RN	Pt100	223～2 040
S	SP	Pt90Rh10	SN	Pt100	223～2 040
N	NP	Ni84Cr14.5Si1.5	NN	Ni54.9Si45Mg0.1	3～1 645
K	KP	Ni90Cr10	KN	Ni95Al2Mn2Sil	3～1 645
J	JP	Fe100	JN	Ni45Cu55	63～1 473
E	EP	Ni90Cr10	EN	Ni45Cu55	3～1 273
T	TP	Cu100	TN	Ni45Cu55	3～673

表 5.18 列出了用于高温测量的钨-铼热电偶的成分及其热电势。在惰性干燥氢或真空中,它们工作温度可高达 2 760 ℃,短时间可高至 3 000 ℃。一般正常的工作温度在 2 315 ℃。

低温测量往往采用铜-康铜(T)和铁-康铜(J)热电偶。特别是铁-康铜可替代"铂铑-铂"热电偶测量−140 ℃以下的低温。原因是铂铑-铂热电偶的热电势在−140 ℃以下经过极小值,继续降温反而引起热电势升高,故−140 ℃以下不能使用之,而铁-康铜热电偶可以使用到−190 ℃。

表 5.18　钨-铼热电极的性质

热电极		相对塞贝克系数/(μV・℃$^{-1}$)
正	负	(0～2 315 ℃平均值)
W	W$_{74}$Re$_{26}$	16.7
W$_{97}$Re$_3$	W$_{75}$Re$_{25}$	17.1
W$_{95}$Re$_5$	W$_{74}$Re$_{26}$	16.0

2. 温差发电用热电材料

虽然都是应用热电效应,但对于温差发电,热电致冷用热电材料的要求是不同的。为此,下面先以热电致冷应用为例分析一下其工作原理,再介绍一下评价热电材料的参量 Z——热电灵敏值(或者称优值——figure of merit),最后简单介绍一下热电材料。

(1) 热电致冷原理

在图 5.82 所示的塞贝克热电效应示意图中,以 p 型半导体材料代替材料 B,其绝对塞贝克系数 S_p,符号为正;A 材料换成 n 型半导体,其绝对塞贝克系数 S_n,符号为负。然后接上金

属电极 C,这样就构成了热电转换技术实际线路应用 Ⅱ 形元件(见图 5.87(a))或者 U 形元件

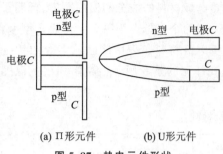

(a) Ⅱ形元件　　(b) U形元件

图 5.87　热电元件形状

(见图 5.87(b))。这时,这些热电元件的相对塞贝克系数为 $S_{pn}=S_p-S_n=S_p+|S_n|$。电极往往由比元件材料(Bi_2Te_3 系等)的热导率高 200 倍以上的 Cu、Ag 等金属制成,这对于半导体高、低温端的温度几乎没有影响。图 5.88 为热电致冷(俗称电子致冷)装置的吸热和放热原理图。图中元件的相对塞贝克系数 S_{pn} 为正。右边 n 侧电极接正极,p 侧电极接负极,显然电流由 n 型半导体到 p 型半导体。与原理图比较可知,由于珀耳帖效应,在左侧 p - n 接合的电极处吸热,在右侧各接头电极处放热。设放热端保持温度为 T_h,左侧 p - n 结电极处将不断地从冷却对象吸热,保持温度为 T_c。由于连续不断地从对象吸热,因此这个装置可用于致冷。如果元件中流过的电流 I 一定,则装置达到稳定状态。设低温端(左侧连接处)吸收热量为 Q_c,右侧的高温端连接处放热的热量为 Q_h。那么,可以对热电元件的吸热量和放热量进行简单计算:

$$|Q_c|=S_eT_{cj}I-\frac{1}{2}r_eI^2-\kappa_e\Delta T_j \tag{5.127}$$

$$|Q_h|=S_eT_{hj}I-\frac{1}{2}r_eI^2-\kappa_e\Delta T_j \tag{5.128}$$

式中:S_e、r_e、κ_e 分别为平均的相对塞贝克系数、平均电阻和平均热导率;I 为通过的电流;$\Delta T_j=T_{hj}-T_{cj}$,为两个连接处的温度差。

式(5.127)、式(5.128)中的第一项为珀耳帖热,吸热和放热可以可逆进行。第二项是由于电流流过 p 型和 n 型半导体发生的焦耳热,假设 p 型和 n 型各占一半,这样的假设与实际结果很相近。第三项为通过 p 型和 n 型半导体的热流。事实上,由于采取了平均的 S_e,因此第一项的 S_e 中包含了汤姆逊效应的影响。为了得到最佳的冷却效果,希望得到最大的吸热量,当 T_{hj} 和 T_{cj} 给定时,最大吸热时的电流 $I_{QC\to max}$ 可由式(5.127)对电流 I 微分得

$$I_{max}=\frac{S_eT_c}{r_e} \tag{5.129}$$

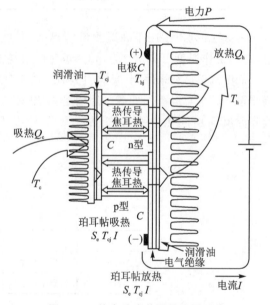

图 5.88　热电致冷装置的能量平衡

代入式(5.127)中,得

$$Q_{c\,max}=\frac{S_e^2T_c^2}{2r_e}-\kappa_e\Delta T_j \tag{5.130}$$

设 $Z=\dfrac{S_e^2}{r_e\kappa_e}$,式(5.130)可写为

$$Q_{c\,max}=\kappa_e\left(\frac{ZT_c^2}{2}-\Delta T_j\right) \tag{5.131}$$

由式(5.131)可知,要想获得较好的吸热效果,必须使 Z 大、κ_e 大。实践表明,Z 与材料性

能有关。此处,称 Z 为热电元件的灵敏值。式(5.131)指出,为获得最佳冷却,必须选择 Z 大的热电元件。实际应用时引用元件的是 Z 的平均值 Z_e,显然应考虑具体材料灵敏值。

(2) 热电材料的灵敏值及其影响因素

热电材料灵敏值的定义式为

$$Z_p = \frac{S_p^2}{\rho_p \kappa_p} \tag{5.132}$$

$$Z_n = \frac{S_n^2}{\rho_n \kappa_n} \tag{5.133}$$

式中:下标 p、n 分别代表 p 型和 n 型半导体材料,S、ρ、κ 分别为塞贝克系数、电阻率和热导率。Z 只与材料的固有性质有关,而与形状无关。而热电元件的 Z_e 可以证明为

$$Z_e = Z_{np} = \frac{(S_p + |S_n|)^2}{(\sqrt{\rho_p \kappa_p} + \sqrt{\rho_n \kappa_n})^2} \tag{5.134}$$

式(5.134)是在 II 型元件最合适的形状条件下得到的。此处,Z_e 值是与形状有关的。为了得到最佳 Z_{pn} 值,必须选择 Z_p 和 Z_n 大的半导体材料。图 5.89 和图 5.90 为不同类型半导体的灵敏值。由图可见:① 不同类别的半导体,其 Z 值差异很大;② 随温度而变化;③ 热力学温度 T 和灵敏值 Z 之积 $Z_n T$ 和 $Z_p T$ 都在接近 1 的范围,大于 2 的还没有发现。

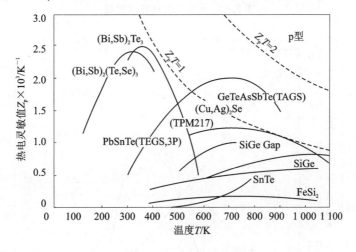

图 5.89　p 型热电材料灵敏值

分析式(5.113)和式(5.114)知,式中三个物理常数相互不是完全独立的,它们是载流子密度的函数。假如晶格热导率为 1.3 W/m·K,电子主要受晶格振动散射,且服从费密-狄拉克分布,计算得到热电灵敏值与电子浓度 n 的关系如图 5.91 所示。n 型半导体 Bi_2Te_3 单晶体(致冷用)室温情况下的参数与图 5.91 中的假设条件相似。由图可见,电导率随着电子浓度 n 的增加而急剧增长。相反,绝对塞贝克系数却随着电子浓度 n 的增加而减小,几乎到零。而热导率则由两部分构成:电子导热 κ_e 和晶格导热 κ_{ph},即

$$\kappa = \kappa_e + \kappa_{ph} = L_0 T \sigma + \kappa_{ph} \tag{5.135}$$

式中:L_0 为洛伦兹常数;σ 为电导率。κ_e 与电子载流子浓度 n 成比例,而 κ_{ph} 在一级近似条件下可以认为与电子浓度 n 无关。正如图 5.91 所示,Z 的最大值大约位于 $n = 10^{25}/m^3$ 的区域,金属电子浓度的千分之一左右的位置。在这一区域,单质半导体碳、硅和锗的电子导热不足晶格导热的 1%,而化合物半导体则为 10%。因此,在电子浓度低的区域,显示热电灵敏值 Z 的最

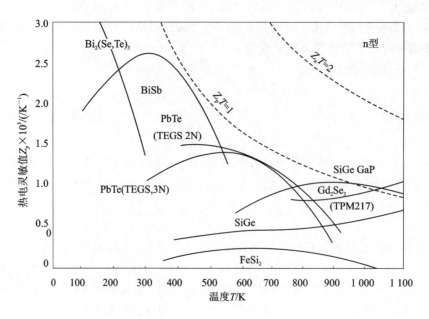

图 5.90　n 型热电材料灵敏值

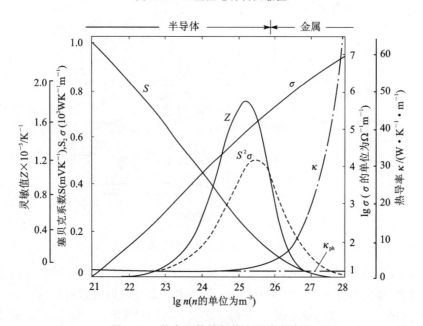

图 5.91　热电灵敏值与载流子浓度关系

大值和显示材料的优化因子 $S^2\sigma$ 极大值对应的电子浓度没有多大变化。

　　由上面定性分析可知，半导体进行适当掺杂，控制其载流子浓度，便可以得到灵敏值高的热电材料。定量计算比较复杂，故从略。

3. 晶格导热的影响

　　由前面分析知，为增大灵敏值 Z，必须减少热导率。对于半导体，热导率 κ 可以表示为晶格导热和电子导热。热激发产生电子和空穴，它们同时参加导热。这样在固有的导热方式中又加上这种导热方式，此时的热导率可称为双极热导率，以 κ_{pol} 表示。因此，半导体总的热导率

可以表示为

$$\kappa = \kappa_e + \kappa_{pol} + \kappa_{ph} \tag{5.136}$$

当只有一种载流子存在时,式(5.136)便成为式(5.135)。进一步分析知,载流子迁移率和晶格热导率之比 μ/κ_{ph} 大,是 Z 值大的条件之一。因此,为了提高热电材料的灵敏值,应该降低 κ_{ph}。现对其具体方法分析如下:

① 固溶体降低热导率　半导体的固溶研究表明,由于晶体点阵存在畸变及其他缺陷,使得晶格热导率降低。这种情况对于元素半导体固溶体和化合物半导体的固溶体都是如此。图5.92所示为 Si-Ge 固溶体的热导率变化曲线。当异种元素的含量达 15%(原子百分比)时,热导率急剧下降,并且伴随着温度升高,κ_{ph} 进一步下降。图 5.93 表示了 GaAs-InAs 系固溶体的晶格热导率变化情况。当异种化合物摩尔含量达 10% 时,κ_{ph} 急剧下降。许多这类半导体固溶体正是由于晶格原子排列不规则和晶体缺陷而导致其 κ_{ph} 可变化一个数量级。在这样的固溶体内,高能声子被晶格缺陷等强烈散射,因此晶格热导率下降。而且在高温下,热的输送主要由低能声子进行,这些声子与载流子之间相互作用、晶界的散射作用以及自身的相互作用都使 κ_{ph} 减小。

② 晶粒边界降低热导率　大晶粒使单位体积内的晶粒边界面积减小,因此晶粒边界散射的自由程增大。这样,在德拜温度以上,大部分热的输送由低能声子进行时,所受到晶界散射减小,因此热导率下降较小。可是,烧结的多晶体细小晶粒的晶界散射很强,使热导率降低很多。正是利用这种效果,烧结法制作热电材料才成为热电发电用材的主要方法。图 5.94 示出了 p 型的 $Si_{0.7}Ge_{0.3}$ 烧结体的载流子浓度和晶格导热率的关系。由图可见,当晶粒为单晶体时(其晶粒直径令为∞),热导率高于多晶体的热导率;而且随着晶粒直径的减小而减小。对于 $Si_{0.635}Ge_{0.365}$ 烧结体来说,当 $L<5\ \mu m$ 时,Z 值比单晶体增加 28% 左右。图 5.95 所示为这种材料晶粒尺寸与转换效率以及热端温度的关系曲线。

直到目前为止发现的热电材料,若 Z 比较大,则高温下化学性质的稳定性较差;反之,若高温下化学性质稳定,则 Z 小。目前实用的热电材料温差发电的转换效率达12%以上。

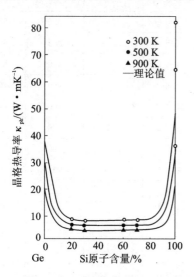

图 5.92　Si-Ge 合金晶格热导率

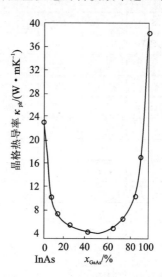

图 5.93　GaAs-InAs 化合物固溶体晶格热导率

当前使用和正在开发的热电材料,按温度范围分,主要有以下三类:

① 低温区(300~400 ℃):Bi_2Te_3、Sb_2Te_3、$HgTe$、Bi_2Se_3、$ZnSb$ 以及它们的复合体。

② 中温区(~400 ℃):$PbTe$、$SbTe$、$Bi(SiSb_2)$、$Bi_2(GeSe)_3$。

③ 高温区(>700 ℃):$CrSi_2$、$MnSi_{1.73}$、$FeSi_2$、$CoSi$、$Ge_{0.3}Si_{0.7}$、$\alpha-AlBi_2$。

表 5.19 给出了常用的各类热电材料的热电特性,供参考。

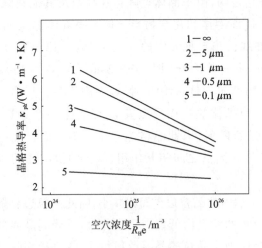

图 5.94　p 型 $Si_{0.7}Ge_{0.3}$ 烧结体的 k_{ph} 和空穴浓度($1/R_He$)的关系

图 5.95　$Si_{0.635}Ge_{0.365}$ 烧结体最大效率和热端温度的关系

表 5.19　实用的热电材料的热电特性

热电材料	E_g/eV	熔点/K	传导类型	$S^2\sigma \times 10^3$/ $(W \cdot mK^{-2})$	κ/ $(W \cdot mK^{-1})$	$Z_{max} \times 10^3$/ K^{-1}	T_{opt}/K	最高使用 温度/K
Bi_2Te_3	0.15	848	p 或 n	4.0	2.0	2.0	300	450
$BiSb_4Te_{7.5}$[a]		865	p	4.6	1.4	3.3	300	450
$Bi_{0.5}Sb_{1.5}Te_{2.9}(Se)$[a]		882	p	4.4	1.5	2.9	290	550
$Bi_{0.5}Sb_{1.5}Te_{2.8}(Se)$		880	p	3.7	1.5	2.4	290	550
$BiSbTe_3(PbI_2)$		875	p	3.5	1.4	2.5	350	600
$BiTe_{2.85}(Se)$[a]		860	p	4.4	1.6	2.8	290	600
$Bi_{0.8}Sb_{0.2}Te_{2.85}(Se)$[a]		875	n	4.8	1.5	3.2	300	600
$Bi_2Te_{2.85}(Se)$[b]		860	n	5.0	1.6	3.1	290	
$Bi_2Te_{2.85}(Se)$		860	n	3.3	1.5	2.2	290	550
$PbTe$	0.3	1 177	p 或 n	2.7　3.5	2.3	1.2　1.5	450	900
$GeTe(Bi)$	0.1	998	p	3.2	2.2	1.5	800	900
TAGS			p	2.0	1.0	2.0	650	900
SiGe	0.8		p 或 n	2.0　3.0	3.6	0.6　0.9	900	1 200
SiGe(GaP)	0.8		p 或 n	2.5　3.0	2.6	0.9　1.2	900	1 300
$FeSi_2$	1.0	1 233[c]	p 或 n	0.7　1.7	3.5	0.2　0.5	670	1 200[d]

注:a—定向凝固材料;b—单晶体;c—半导体—金属转变温度;d—天然气、石油加热情况下为 1 120 K,$T_{opt}-Z_{max}$的温度。

5.5　材料的热稳定性

5.5.1　热稳定性的表征

热稳定性是指材料承受温度的急剧变化而不致被破坏的能力,也称抗热震性。这是无机非金属材料的重要工程物理性能之一。在不同应用条件下,因工况环境不同,对其要求差别很大。例如:日用瓷器,要求能承受的温度差为 200 K 左右的热冲击,而在火箭喷嘴要求瞬时可承受 3 000～4 000 K 温差的热冲击,同时还要经受高速气流的力和化学腐蚀作用。一般无机材料和其他脆性材料的热稳定性比较差,其热冲击损坏有两种类型:一种是材料发生瞬时断裂,抵抗这类破坏的性能称为抗热冲击断裂性;另一种是在热冲击循环作用下,材料表面开裂、剥落并不断发展,最终碎裂或变质。抵抗这类破坏的性能称为抗热冲击损伤性。由于难以建立精确数学模型,因此热稳定性能的评定一般还是采用直观的测定方法。

例如,用于红外窗口的热压 ZnS 就要求样品能够经受从 165 ℃保温 1 h 后立即取出投入 19 ℃水中,保持 10 min,在 150 倍显微镜下观察不能有裂纹,同时其红外透过率不应发生变化。又如,日用瓷是制成样品加热到一定温度,然后立即投入室温流动的水中急冷,并逐次提高温度和重复急冷,直至观测到试样发出裂纹,则以产生龟裂前一次加热温度来表征其热稳定性。对于普通耐火材料的做法是,将样品一端加热到850 ℃,并保温 40 min,然后置于 10～20 ℃流动水中 3 min 或在空气中 5～10 min,并重复这样的操作,直至试件失重 20 ％为止,以这样重复操作的次数来表征材料的热稳定性。样品具有较复杂的形状,则在可能情况下,以样品直接进行热稳定性测定,以消除由于试样的形状和尺寸带来的影响。通常测试条件比使用条件更严格一些,以保证实际使用过程的可靠性。目前对于热稳定性虽然有一定的理论解释,但尚不完善,还不能建立反映实际材料或制品的各种使用工况下的热稳定性数学模型,因此从理论上得到一些评定热稳定性的因子,对于探讨材料性能显然是有意义的。

5.5.2　热应力

仅由于材料热膨胀或收缩引起的内应力称为热应力。热应力可导致材料的断裂破坏或者发生不希望的塑性变形。对于光学材料将影响光学特性。因此,了解热应力的来源和性质,对于防止和消除热应力的负面作用是有意义的。

1. 热应力的来源

热应力主要来源于以下三个方面:

(1) 因热胀冷缩受到限制而产生的热应力

假设有一根均质各向同性固体杆受到均匀的加热和冷却,即杆内不存在温度梯度。如果这根棒的两端不被夹持,能自由地膨胀或收缩,那么杆内不会产生热应力。但如果杆的轴向运动受到两端刚性夹持的限制,则杆内就会产生热应力。当这根杆的温度从 T_0 改变到 T_f 时,产生的热应力为

$$\sigma = E\alpha_l(T_0 - T_f) = E\alpha_l\Delta T \tag{5.137}$$

式中：E 为材料的弹性模量；α_l 为线膨胀系数。

加热时 $T_f > T_0$，故 $\sigma < 0$，即杆受压缩热应力，这是因为杆受热膨胀时受到了限制。冷却时，$T_f < T_0$，故 $\sigma > 0$，即受到拉伸热应力作用，这是因为杆的冷缩受到了限制。式（5.137）中的应力大小实际上等于这根杆从 T_0 到 T_f 自由膨胀（或收缩）后，强迫它恢复到原长所需施加的弹性压缩（或拉伸）应力。显而易见，若热应力大于材料的抗拉强度，那么将导致杆在冷却时断裂。

（2）因温度梯度而产生热应力

固体加热或冷却时，内部的温度分布与样品的大小和形状、材料的热导率和温度变化速率有关。当物体中存在温度梯度时，就会产生热应力。因为物体在迅速加热或冷却时，外表的温度变化比内部快，外表的尺寸变化比内部大，因而邻近体积单元的自由膨胀或自由压缩便受到限制，于是产生热应力。例如，物体迅速加热时，外表温度比内部高，则外表膨胀比内部大，但相邻的内部材料限制其自由膨胀，因此表面材料受压缩应力，而相邻内部材料受拉伸应力。同理，迅速冷却时（如淬火工艺），表面受拉应力，相邻内部材料受压缩应力。

（3）多相复合材料因各相膨胀系数不同而产生的热应力

这可以认为是第一种情况的延伸，只不过不是由于机械力限定了材料的热膨胀或收缩，而是由于结构中各相膨胀收缩的相互制约而产生的热应力。例如上釉陶瓷制品中的坯、釉间产生的热应力。

下面以平面陶瓷薄板为例（见图 5.96）说明一下热应力的计算。假设此薄板 y 方向厚度较小，在材料突然冷却的瞬间，垂直 y 轴各平面上的温度是一致的，但在 x 轴和 z 轴方向上的表面和内部的温度有差异。外表面温度低，中间温度高，它约束 x 轴和 z 轴方向上表面的收缩（$\varepsilon_x = \varepsilon_z = 0$），因而产生内应力 $+\sigma_x$ 和 $+\sigma_z$。y 方向由于可自由胀缩，故 $\sigma_y = 0$。根据广义胡克定律，有

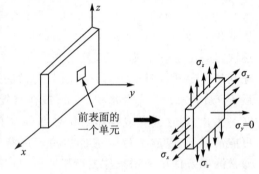

图 5.96 平面陶瓷薄板的热应力

$$\varepsilon_x = \frac{\sigma_x}{E} - \mu\left(\frac{\sigma_y}{E} + \frac{\sigma_z}{E}\right) - \alpha_l \Delta T = 0 \quad (x \text{ 方向胀缩受限制}) \tag{5.138}$$

$$\varepsilon_z = \frac{\sigma_z}{E} - \mu\left(\frac{\sigma_x}{E} + \frac{\sigma_y}{E}\right) - \alpha_l \Delta T = 0 \quad (z \text{ 方向胀缩受限制}) \tag{5.139}$$

$$\varepsilon_y = \frac{\sigma_y}{E} - \mu\left(\frac{\sigma_x}{E} + \frac{\sigma_z}{E}\right) - \alpha_l \Delta T \tag{5.140}$$

解之得

$$\sigma_x = \sigma_z = \frac{\alpha_l E}{1 - \mu} \Delta T \tag{5.141}$$

在时间 $t = 0$ 的瞬间，$\sigma_x = \sigma_z = \sigma_{\max}$，若恰好达到材料的极限抗拉强度 σ_f，则前后两表面将开裂破坏，代入式（5.141）得材料所能承受的最大的温度差：

$$\Delta T_{\max} = \frac{\sigma_f(1 - \mu)}{E\alpha_l} \tag{5.142}$$

式中：σ_f 为材料抗拉强度；E 为材料弹性模量；μ 为材料泊松比；α_l 为材料膨胀系数。

对于其他非平面薄板制品，可加上一形状因子 S，式（5.142）成为

$$\Delta T_{\max} = S \frac{\sigma_f(1-\mu)}{E\alpha_l} \tag{5.143}$$

由以上讨论知,迅速冷却时产生的热应力比迅速加热时产生的热应力的危害性更大。

5.5.3 抗热冲击性能

抗热冲击性能对于不同类别的无机材料是不同的性能指标,分别为抗热冲击断裂性能和抗热冲击损伤性。

1. 抗热冲击断裂性能

通常有三种热应力断裂抵抗因子用以表征材料抗热冲击断裂性能,它们是第一热应力断裂抵抗因子 R、第二热应力断裂抵抗因子 R'、第三热应力因子 R'' 或 R_a。下面分别介绍定义的条件和应用的判据。

(1) 第一热应力断裂抵抗因子 R

在 5.5.2 小节中已经讨论过,只要材料中最大热应力值 $\sigma_{\max}$(常产生在表面或中心部位)不超过材料的强度极限 σ_f,则材料就不会断裂。显然材料所能承受的 $\Delta T_{\max}$ 愈大,也就是材料所能承受的温度差愈大,则材料的热稳定性就愈好。因此,定义第一热应力断裂抵抗因子为

$$R = \frac{\sigma_f(1-\mu)}{\alpha_l E} \tag{5.144}$$

式中各符号意义同 5.5.2 小节所述,表 5.20 列出了第一热应力断裂抵抗因子 R 的经验值。

表 5.20 第一热应力断裂抵抗因子 R 的经验值

材 料	σ_f/MPa	μ	$\alpha_l \times 10^6$/K^{-1}	E/GPa	R/℃
Al$_2$O$_3$	345	0.22	7.4	379	96
SiC	414	0.17	3.8	400	226
RSSN[1]	310	0.24	2.5	172	547
HPSN[2]	690	0.27	3.2	310	500
LAS[3]	138 (35 抗弯强度)	0.27 (0.27)	1.0 (1.0)	70 (20)	1 460 (1 750)

注:① 反应烧结 Si$_3$N$_4$;② 热压烧结 Si$_3$N$_4$;③ 锂辉石(LiOAl$_2$O$_3$·4SiO$_2$),括号内为另一组数据。

(2) 第二热应力断裂抵抗因子 R'

上述的 R 大小虽然可在一定程度上反应材料抗热冲击断裂性能,但是把热应力抵抗因子认为只与 $\Delta T_{\max}$ 有关似乎有些过于简单,因为热应力引起断裂还与下列因素有关:

(1) 材料的热导率 κ

κ 愈大,传热愈快,热应力持续一定时间后会因导热而缓解,所以对热稳定性有利。

(2) 传热的途径

材料或制品的厚薄不同,达到热平衡的时间不同,材料愈薄,愈易达到温度均匀。

(3) 材料表面散热率

表征材料表面散热能力的系数为表面热传递系数 h,其定义:材料表面单位面积、单位时间每高出环境温度 1 K 所带走的热量。表面热传递系数 h 大,对热稳定性不利,如窑内进风,会使降温的制品产生炸裂等。原因是表面吹风增大了材料内外温差,增大热应力。如令

r_m 为材料样品的半厚（cm），且 $\beta=\dfrac{hr_m}{\kappa}$，则称 β 为毕奥（Biot）模数（单位为 1），式中 κ 为热导率。显然 β 大对热稳定不利。表 5.21 是实测的 h 值。在无机材料的实际应用中，不会实现理想骤冷条件，即瞬时产生最大热应力 σ_{max}，而且由于散热等因素使 σ_{max} 滞后达到，且数值也折减。设折减后的实测应力为 σ，令 $\sigma^* = \dfrac{\sigma}{\sigma_{max}}$，称为无因次表面应力，其随时间变化规律如图 5.97 所示。由图可知，β 值不同，其最大应力的折减程度不同，β 愈小，应力折减愈大，且随 β 减小，实测最大应力滞后也愈严重。对于一般的对流及辐射传热条件下观察到比较低的表面传热系数。S S Manson 发现

$$[\sigma_{max}^*] = 0.31 \frac{r_m h}{\kappa} \tag{5.145}$$

表 5.21　不同条件下的表面热传递系数 h

条件		$h/[\mathrm{J\cdot(S\cdot cm^2\cdot ℃)^{-1}}]$
空气流过圆柱体	流率 287 kg/(s·m²)	0.109
	流率 120 kg/(s·m²)	0.050
	流率 12 kg/(s·m²)	0.011 3
	流率 0.12 kg/(s·m²)	0.001 1
	从 1 000 ℃ 向 0 ℃ 辐射	0.014 7
	从 500 ℃ 向 0 ℃ 辐射	0.003 98
	水淬	0.4～4.1
	喷气涡轮机叶片	0.021～0.08

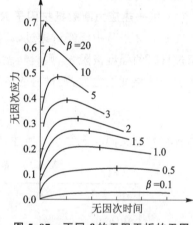

图 5.97　不同 β 的无限平板的无因次表面应力随时间的变化

考虑了表面热传递系数 h 和热导率 κ，使表征材料热稳定性的理论更接近实际情况。为此，把式（5.145）和式（5.142）结合起来成为

$$[\sigma_{max}^*] = \frac{\sigma_f}{\dfrac{E\alpha_l}{1-\mu}\Delta T_{max}} = 0.31\frac{r_m h}{\kappa}$$

$$\Delta T_{max} = \frac{\kappa \sigma_f (1-\mu)}{E\alpha_l} \times \frac{1}{0.31 r_m h} \tag{5.146}$$

定义：

$$R' = \frac{\kappa \sigma_f (1-\mu)}{E\alpha_l} \quad [\mathrm{J\cdot(cm\cdot s)^{-1}}] \tag{5.147}$$

称为第二热应力断裂抵抗因子。

$$\Delta T_{max} = R'S \times \frac{1}{0.31 r_m h} \tag{5.148}$$

式中，S 为非平板样品的形状系数。不同形状的 S 值不同。

图 5.98 表示了一些材料在 400 ℃（其中 Al_2O_3 分别为 100 ℃ 和 1 000 ℃）时的 $\Delta T_{max} - r_m h$ 的计算曲线。由图可见在 $r_m h$ 较小时，ΔT_{max} 与 $r_m h$ 成反比，当 $r_m h$ 值较大时，ΔT_{max} 趋于恒值。另外几种曲线交叉的材料（如 BeO）值得注意的是当 $r_m h$ 值较小时具有很大 ΔT_{max}，即热稳定性很好，仅次于石英玻璃和 TiC 金属陶瓷，而当 $r_m h$ 值很大时（如大于 1）抗热震性很差，仅优于 MgO，因此不能简单地排列各种材料抗热冲击性能的顺序。

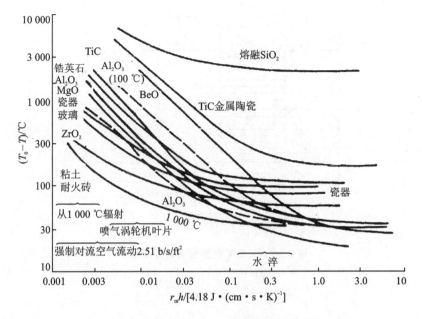

图 5.98　不同 $r_m h$ 传热条件下，材料淬冷断裂的最大温差

从讨论第二热应力因子 R' 中可见，仅就材料而言，具有高热导率 κ，高的断裂强度 σ_f，且膨胀系数 α_l 和弹性模量 E 低的材料，则具有高热冲击断裂性能。例如，普通钠钙玻璃的 α_l 约为 9×10^{-6} K^{-1}，对热冲击特敏感，从而降低了 CaO 和 Na_2O 的含量并加入足够的 B_2O_3 的硼磷酸玻璃，因 α_l 降到 3×10^{-6} K^{-1} 就能适合于厨房烘箱内的加热和冷却条件。另外在陶瓷样品中加入大的孔和韧性好的第二相，也可能提高材料的抗热冲击能力。

(3) 第三热应力断裂抵抗因子

在 5.3.1 小节中讨论过导温系数，并且导温系数 α 愈大，样品内温差愈小，产生的热应力也愈小，则对热稳定性有利，因此定义第三热应力抵抗断裂因子 R''（或 R_a）为

$$R'' \equiv \frac{\sigma_f(1-\mu)}{E\alpha_l} \cdot \alpha = \frac{\sigma_f(1-\mu)\kappa}{E\alpha_l dc_p} = \frac{R'}{dc_p} \tag{5.149}$$

第三热应力抵抗断裂因子 R'' 主要应用于确定材料所能允许的最大冷却速率。现仍以无限大的平板陶瓷为例予以讨论，假设平板厚为 $2r_m$，在降温过程中，内、外温度的变化见图 5.99，其温度分布呈抛物线形，则有方程

$$T_c - T = \lambda x^2$$

取温度变化率得

$$-\frac{dT}{dx} = 2\lambda x, \quad -\frac{d^2 T}{dx^2} = 2\lambda \tag{5.150}$$

式中：λ 为与材料有关的系数；T_c 为平板中心温度。

在平板的表面，根据图 5.99 所示的温度分布及所标符号的意义，有

$$T_c - T_s = \lambda r_m^2 = T_0 \quad \Rightarrow \quad \lambda = \frac{T_0}{r_m^2}$$

代入式(5.150)，得

$$-\frac{d^2 T}{dx^2} = 2\frac{T_0}{r_m^2} \tag{5.151}$$

将式(5.151)代入温度随时间变化方程式(5.102)，得

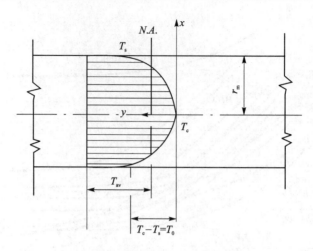

图 5.99 无限平板剖面上的温度分布

$$\frac{\partial T}{\partial t} = \frac{\kappa}{dc_p}\left(\frac{-2T_0}{r_m^2}\right) \tag{5.152}$$

$$T_0 = T_c - T_s = \frac{\frac{dT}{dt}r_m^2 \times 0.5}{\alpha} \tag{5.153}$$

式中，α 为热扩散率。由式（5.153）可见，材料确定后由于 $\frac{dT}{dt}$ 不同而导致表面与中心温差 T_0 不同，且表面温度 T_s 小于中心温度 T_c 时，将在表面引起拉伸应力，其大小正比于表面温度与平均温度 T_{av} 之差。

由图 5.99 可见

$$T_{av} - T_s = \frac{2}{3}(T_c - T_s) = \frac{2}{3}T_0 \tag{5.154}$$

由式（5.142）知，在临界温差时有

$$T_{av} - T_s = \frac{\sigma_f(1-\mu)}{E\alpha_l} \tag{5.155}$$

将式（5.154）和式（5.155）代入式（5.153），得

$$-\left(\frac{dT}{dt}\right)_{max} = \frac{\kappa}{dc_p} \cdot \frac{\sigma_f(1-\mu)}{E\alpha_l} \cdot \frac{3}{r_m^2} \tag{5.156}$$

式中：κ 为热导率；d 为密度；c_p 为比定压热容；E 为弹性模量；α_l 为线膨胀系数；σ_f 为材料断裂强度；μ 为泊松比；r_m 为材料样品半厚度；负号表示降温。

将式（5.156）化简，得

$$-\left(\frac{dT}{dt}\right)_{max} = R'' \times \frac{3}{r_m^2} \tag{5.157}$$

式（5.157）就是材料样品所能允许的降温时的最大冷却速度。陶瓷在烧成冷却时不得超过此值，否则样品会产生炸裂。有人计算过 ZrO_2 的 $R''=0.4 \times 10^{-4}$ m^2 · K/s，当平板厚 10 cm 时，能承受的降温速率为 0.048 3 ℃/s(172 K/h)。

2. 抗热冲击损伤性

一些含孔或非均质的金属陶瓷等在热冲击下产生裂纹，而且裂纹产生在表面也不会导致样品完全断裂。以高炉用耐火砖为例，当其气孔率为 10%～20% 时，具有最好的抗热冲击损

伤性。若按照强度-应力理论,其 R 和 R' 值都小,抗热冲击性能理应不好,该理论不能解释这样的事实。因此,产生了处理材料热震性的第二种评价方式,这就是从断裂力学观点出发,以应变能-断裂能为判据的理论。按断裂力学观点,材料的破坏不仅是裂纹的产生(包括原材料中的裂纹),而且还包括裂纹的扩展和传播。尽管有裂纹,但当把它抑制在一个很小的范围内时,也不可能导致材料样品的完全破坏。

通常在实际材料中都存在一定大小、数量的微裂纹。在热冲击情况下,这些裂纹产生、扩展以致传播,其程度与材料积存的弹性应变能和裂纹扩展的断裂表面能有关。若材料中的应变能较小,则原有的裂纹扩展的可能性也小;裂纹传播时需要的断裂表面能大,则裂纹传播困难,传播程度就小,其热稳定性好。因此,抗热应力损伤性正比于断裂表面能,反比于应变能释放率。这样就提出了两个抗热应力损伤因子 R''' 和 R'''':

$$R''' = E/\sigma^2(1-\mu) \tag{5.158}$$

$$R'''' = E \times 2r_{\text{eff}}/\sigma^2(1-\mu) \tag{5.159}$$

式中:σ 为材料断裂强度;E 为材料弹性模量;μ 为材料泊松比,$2r_{\text{eff}}$ 为断裂表面能(形成两个断裂表面)。R''' 实际上是材料的弹性应变能释放率的倒数,用于比较具有相同断裂表面能的材料。而 R'''' 用于比较具有不同断裂表面能的材料。显然,材料的 R''' 和 R'''' 高,则材料抗热应力损伤性好。

与 R 和 R' 比较发现,热稳定性好的材料判据完全不同。从 R''' 和 R'''' 观点,热稳定性好的材料应该 σ 低,E 高。这与 R 和 R' 的情况完全相反。产生这种情况是因为双方判据不同。在抗热应力损伤性评价中,认为高强度的材料原有的裂纹在热应力作用下容易扩展、传播,对热稳定性不利。对晶粒大的样品尤其如此。

D P H Hasselman 试图统一上述两种理论。他将热应力断裂抵抗第二因子 R' 中的应力 σ 用弹性应变能释放率 G 表示。

因为

$$G = \frac{\pi C \sigma^2}{E} \quad 即 \quad \sigma = \sqrt{\frac{GE}{\pi C}} \tag{5.160}$$

式中:G 为应变能释放率;C 为裂纹初始长度;E 为弹性模量;σ 为断裂强度。将其代入 R',得

$$R' = \frac{1}{\sqrt{\pi C}} \sqrt{\frac{G}{E}} \times \frac{\kappa}{\alpha_l}(1-\mu) \tag{5.161}$$

式中:$\sqrt{\dfrac{G}{E}} \times \dfrac{\kappa}{\alpha_1}$ 表示裂纹抗破坏能力。

Hasselman 提出了热应力裂纹安定性因子 R_{st},其定义为

$$R_{\text{st}} = \left(\frac{\kappa^2 G}{\alpha_l^2 E_0}\right)^{\frac{1}{2}} \tag{5.162}$$

式中:E_0 为材料无裂纹时的弹性模量;其他符号意义不变。R_{st} 大,裂纹不易扩展,热稳定性好。这实际上与 R 和 R' 考虑的是一致的。这一理论已在热应力损伤方面获得了应用。

由于精确地测定材料存在的微小裂纹及其分布以及裂纹扩散过程,目前在技术上还有不小的困难,因此还不能对理论做直接的验证。另外,材料中微裂纹远非完全一致,而且热稳定性的影响因素是多方面的,还涉及热冲击的方式、条件和材料的应力分布,并且材料物理性能也会因条件而改变,因此这个理论有待进一步发展。

读者在这里可以就提高材料的热稳定性总结一下可能采取的措施(涉及材料的强度、弹性

模量、热导率 κ、线膨胀系数 α_l、表面热传递系数 h,样品的有效厚度 r_m 以及断裂表面能 r_{eff} 等七个参量,此外还有材料的显微组织)。

5.6 材料热导率的测量方法

热导率是重要的物理参数。在宇航、原子能、建筑材料等工业部门都要求对有关材料的热导率进行预测或实际测定。但在物理冶金研究方法中应用得较少。热导率测试方法可以分为稳态测试和动态测试,下面分别予以介绍。

5.6.1 稳态测试

常用的方法是驻流法。该方法要求在整个试验过程中,试样各点的温度保持不变,以使流过试样横截面的热量相等,然后利用测出的试样温度梯度 dT/dx 及热流量计算出材料的热导率。驻流法又分为直接法和比较法。

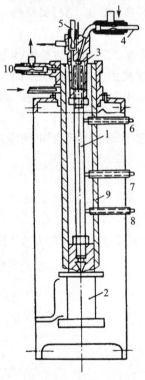

图 5.100 热导率测试装置结构示意图

1. 直接法

将长圆柱状试样的一端用小电炉加热,并使样品此端温度保持在某一温度上。假设炉子的加热功率 P 没有向外散失,完全被试样吸收,则试样所接收的热量就是电炉的加热功率。如果试样侧面不散失热量,只从端部散热,那么当热流稳定时(即样品二端温差恒定),测得试样长 L,两点温度为 T_1、T_2($T_2 > T_1$),根据式(5.99)可以得出

$$\frac{P}{S} = \kappa \frac{T_2 - T_1}{L}$$

即 $$\kappa = \frac{PL}{S(T_2 - T_1)} \quad [W \cdot (cm \cdot K)^{-1}] \quad (5.163)$$

式中:P 为电功率(W);S 为试样截面积(cm^2);T_1、T_2 为热力学温度(K)。

图 5.100 为测试较高温度下材料热导率的装置结构示意图。试棒 1 的下端放入铜块 2 内,其外有电阻丝加热。试棒的上端紧密地旋入铜头 3,并以循环水冷却。入口水的温度用温度计 4 测量,出口水温用温度计 5 测量。假若所有的热量在途中无损耗,全部被冷却水带走,则可知了水的流量和它的注入、流出之温差,就可以计算单位时间中经过试样截面的热量。图中 6、7、8 为三个测温热电偶。为了减少试棒侧面的热损失,围绕它有保护管 9,保护管上部由水套 10 冷却,使沿保护管的总温度降落和试样的一样。若已知注入水的温度为 t_1,出水温度为 t_2,水流量为 G,试样横截面积为 S,其距离为 L,两点的温度为 T_1、T_2,则热导率为

$$\kappa = \frac{QL}{S(T_2 - T_1)} = \frac{cG(t_2 - t_1)L}{S(T_2 - T_1)} \quad (5.164)$$

式中,c 为比热容。

这种用度量冷却器带走热量的方法,不如以度量电炉加热试样所消耗的电功率的方法优越。为了准确估计消耗的电能,电炉(具体指就是电阻丝)不是置于试样外,而是置于内部,这样可以减少无法估计的热损失。图 5.101 就是这种结构简单示意图,其试样同样以保护管围绕。即采用图 5.100 的装置结构可有效减少试样侧面的热损失,以使热导率测定更准确。

2. 比较法

将某热导率已知的材料做成一个标样。待测试样与标样的尺寸完全一样,同时将其一端加热到一定温度,然后测出标样和待测试样上温度相同点的位置 x_0 和 x_1。热导率可按下式计算:

$$\frac{\kappa_0}{\kappa_1} = \frac{x_0^2}{x_1^2} \qquad (5.165)$$

式中:下标"0"表示标样;下标"1"表示待测试样。距离 x_0 和 x_1 都是从热端算起。

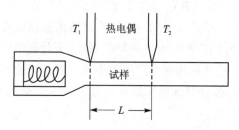

图 5.101　内热式测热导率结构示意图

静态测试热导率最难于解决的问题是如何减少热损失。为此,对于金属可以采用测定样品电阻率来估计其热导率,精度约为 10%,或者采用动态测试方法。

5.6.2　动态测试

动态(非稳态)测试主要是测量试样温度随时间变化率,从而直接得到热扩散系数。若已知材料比热容,则可算出热导率。这种测试方法主要有闪光法(flash method)。下面介绍这种方法所使用的设备——激光热导仪,以说明动态测试方法的特点。

激光热导仪是 1961 年以后才发展起来的。图 5.102 为激光热导仪装置示意图。图中激光器多为钕玻璃固体激光器,作为瞬时辐照热源。炉子既可以是一般电阻丝绕的中温炉,也可以是以钽管为发热体的高温真空炉。测温所用温度传感器可以是热电偶或硫化铅红外接收器。在 1 000 ℃以上可以使用光电倍增管,由于测试时间一般都很短,故记录仪多用响应速度极快的光线示波器等记录。试样为薄的圆片状。

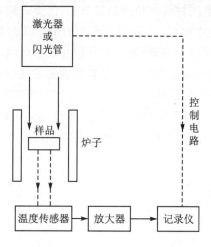

图 5.102　激光热导仪结构示意图

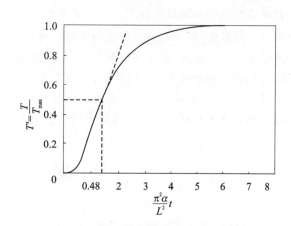

图 5.103　试样背面温度随时间变化曲线

试样正面受到激光瞬间辐照之后,在没有热损失的条件下,其背面的温度随时间变化的理论规律如图 5.103 所示。其中纵坐标表示背面温度与其最高温度 T_{max} 的比值,水平坐标表示时间（乘以 $\pi^2\alpha/L^2$ 因子，α 是热扩散系数，L 为试样厚度）。理论研究表明，当 $T/T_{max}=0.5$ 时，$\pi^2\alpha t/L^2=1.37$。那么，热扩散系数为

$$\alpha = \frac{1.37L^2}{\pi^2 t_{1/2}} \qquad (5.166)$$

式中，$t_{1/2}$ 表示试样背面温度达到其最大值一半时所需要的时间。

由式（5.166）可见，只要测出被测试样背面温度随时间变化的曲线，找出 $t_{1/2}$ 的值，代入式（5.166）即可求出热扩散系数，然后利用式（5.101）算出热导率。

计算热导率所用比热容 c 往往可在同一台设备上用比较法测出。设已知标样比热容为 c_0，标样与试样质量分别为 m_0 和 m，最大温升分别为 T_{m0} 和 T_m，吸收的辐射热量分别为 Q_0 和 Q，则

$$c = c_0 \frac{m_0 T_{m0} Q}{m T_m Q_0} \qquad (5.167)$$

激光热导仪测热导率较稳态法速度快，试样简单，高温难熔金属及粉末冶金材料都可测试。由于加热时间极短，往往热损失可以忽略，据报道一般 2 300 ℃时的测试精度可达 ±3%。缺点是对所用电子设备要求较高，当热损失不可忽略时，往往会引入较大误差。尽管如此，该方法仍日益获得广泛应用。

本章小结

对于材料热性能的理解，首先需要理解晶格振动和声子的概念。在此基础上，定性理解材料热容、热膨胀、热传导的物理本质；掌握表征上述性能的物理参量（摩尔热容、线膨胀和体膨胀系数，热导率和热扩散率）的物理意义、影响因素、变化规律以及造成金属与无机非金属材料差别的原因。其次介绍了三种热物理参量的主要测试方法，其中由于直接测试热容在绝热技术上较为困难，导致工程上广泛使用的热分析方法主要是 DTA 和 DSC。最后介绍了材料热稳定性评价因子。本章结合物性介绍的功能材料是膨胀合金、负热膨胀材料和热障涂层材料，简要介绍了以上热效应的机理和材料的应用。由于高聚物耐受的温度较低，人们的主要关心的是其热性能熔融与分解性能，以及提高其温度稳定性的途径。值得注意的是，高聚物虽然在较长时间上的耐高温能力不如金属，但是在短时耐高温上，金属反而不如高聚物。一个典型的例子是导弹及宇宙飞船在返回地面时，其头锥部几秒钟内至几分钟内经受 11 000 ℃～16 700 ℃的高温，这时金属已经熔化，而高聚物尽管表面也因达到 10 000 ℃以上而分解，但其内部却很少受影响。原因是高聚物的导热性差。金属和无机非金属材料的主要热性能评价理论基本相同。

复 习 题

1. 德拜热容理论取得了什么成功？
2. 何谓德拜温度？有什么物理意义？对它有哪些测试方法？
3. 何谓差热分析？画出共析钢差热分析曲线，并分析与亚共析钢差热分析曲线的区别。
4. 试计算铜在室温下的自由电子摩尔热容，并说明其为什么可以忽略不计。

5. 试用双原子模型说明固体热膨胀的物理本质。

6. 已知亚共析钢"921"的临界温度 A_{c1}(725 ℃)和 A_{c3}(800 ℃),试用膨胀法确定(图解定量)750 ℃和 780 ℃高温淬火钢的 α 相含量(淬火态组织为 M+α)。

7. 证明六方晶体的体膨胀系数 $\beta=2\alpha_{\perp}+\alpha_{//}$。已知镁单晶体在垂直于[001]或[0001]方向 $\alpha=24\times10^{-6}℃^{-1}$,镁晶体在平行于[001]或[0001]方向 $\alpha=27\times10^{-6}℃^{-1}$,计算镁单晶体在 20 ℃体膨胀系数。

8. 膨胀的反常行为有什么实际意义?举例说明之。

9. 利用膨胀法测量得某合金钢试样的实验曲线如图 5.104 所示(加热速度很慢),试求:

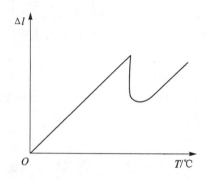

图 5.104　题 9 图

① 找出材料的相变点。

② 如果加热速度较快,曲线有什么变化?请绘出示意图。

③ 如果改用差热分析测定此试样的相变温度,那么实验曲线大概是什么样子?

10. 试分析材料导热机理,并说明金属、陶瓷和透明材料导热机制有什么区别?

11. 已知镁在 0 ℃的电阻率 $\rho=4.4\times10^{-6}$ Ω·cm,电阻温度系数 $\alpha=0.005$ ℃$^{-1}$,请根据魏德曼-夫兰兹定律计算镁在 400 ℃的导热系数 κ。

12. 何谓导温系数?它在工程上有何意义?

13. 试述热导率的测试方法。

14. 为了读出蠕变机上两臂的相对位移,用长 0.5 m 的棒与百分表连接。假定室内温度最大波动为 10 ℃,试求:

① 如果此棒用纯铁制造可能产生多大误差?

② 如果改用因瓦合金制造,误差将是多少?

15. 硅酸铝玻璃具有下列性能参量:$\kappa=0.021$ J/(cm·s·℃),$\alpha_l=4.6\times10^{-6}$/℃,$\sigma_f=0.069$ GPa/mm^2,$E=66$ GPa/mm^2,$\mu=0.25$,求第一及第二热应力断裂抵抗因子。

第6章 材料的磁性能

磁性不只是一个宏观的物理量,而且与物质的微观结构密切相关。它不仅取决于物质的原子结构,还取决于原子间的相互作用——键合情况和晶体结构。因此,研究磁性是研究物质内部结构的重要方法之一。

随着现代科学技术和工业的发展,磁性材料的应用越来越广泛。特别是电子技术的发展,对磁性材料(体材和膜材)提出了新的要求。因此,研究有关铁磁性理论,发现新型磁性材料也是材料科学的一个重要方向。

本章主要介绍磁学基本量、材料的磁性分类及特点、铁磁性基本原理、材料中磁与力、热、光、电等物性相关联的耦合效应及一些典型的磁性材料。最后简要介绍主要的磁性测量方法及其在材料科学与工程中的应用。

6.1 磁学基本量及磁性分类

6.1.1 磁学基本量

由物理学可知,环形电流周围的磁场与条形磁铁周围的磁场类似。环形电流在其运动中心处产生一个磁矩 m(或称磁偶极矩),其周围的磁场情况与条形磁铁的磁场相同。因此,可用 m 来代替环形电流与条形磁铁。

一个环形电流的磁矩定义为

$$m = IS \tag{6.1}$$

式中:I 为环形电流的强度;S 为环形电流所包围的面积;m 的方向可用右手定则来确定。

将磁矩 m 放入磁感应强度为 B 的磁场中,它将受到磁场力的作用而产生力矩,其所受力矩为

$$T = m \times B \tag{6.2}$$

此力矩力图使磁矩 m 处于位能最低的方向。磁矩与外加磁场的作用能称为静磁能。处于磁场中某方向的磁矩,所具有的静磁能为

$$U = -m \cdot B \tag{6.3}$$

式(6.3)是分析磁体相互作用以及磁体在磁场中所处状态是否稳定的依据。

磁矩 m 在不均匀磁场中,还要受到一个净力(不平衡的力)的作用,一维情况可由 $F_x = \dfrac{\mathrm{d}U}{\mathrm{d}x}$ 推导得出:

$$F_x = m\mathrm{d}B/\mathrm{d}x \tag{6.4}$$

磁场在真空中的磁感应强度为 B_0,其磁场强度 H 与 B_0 的关系如下:

$$B_0 = \mu_0 H \tag{6.5}$$

式中 $\mu_0 = 4\pi \times 10^{-7} \mathrm{H/m}$,称为真空磁导率。将材料放入磁场 H 的自由空间,材料中的磁感应

强度为

$$B = \mu H \tag{6.6}$$

式中,μ 为材料的绝对磁导率。式(6.6)还可以写成如下形式:

$$B = \mu_0 H + \mu_0 M = \mu_0(H + M) \tag{6.7}$$

式中,M 为材料的磁化强度。

任何材料在外磁场作用下都会或大或小地显示出磁性,这种现象称为材料被磁化。由式(6.7)可看出,材料内部的磁感应强度 B 可看成是由两部分的场叠加而成的:一部分是材料对自由空间磁场的反映 $\mu_0 H$;另一部分是材料对磁化引起的附加磁场的反映 $\mu_0 M$。

一个物体在外磁场中被磁化的程度用单位体积内磁矩多少来衡量,称为磁化强度 M。若物质是均匀磁化,在体积 V 内含有磁矩 $\sum m$,则由定义可得

$$M = \sum m / V \tag{6.8}$$

材料的磁化强度 M 可以认为是材料在磁场中显示出净磁矩的结果。那么,作用在体积为 V 的材料上的力 F_x 与磁化强度 M 的关系,可用整块材料的磁矩 VM 在磁场中受力来表示,由式(6.4)及式(6.8)可得

$$F_x = VM(\partial B / \partial x) \tag{6.9}$$

从宏观看,物体在磁场中被磁化的程度与磁化场的磁场强度有关,其公式为

$$M = \chi H \tag{6.10}$$

式中,χ 称为单位体积磁化率。根据 M 与 H 的方向,χ 可取正(若 M 与 H 同向),可取负(若 M 和 H 反向),这与物质的磁性本质有关。在理论工作中,多采用摩尔磁化率 $\chi_A = \chi V$(V 为摩尔原子体积),有时采用单位质量磁化率 $\chi_d = \chi / d$(d 为密度)。三者关系为

$$\chi_A = \chi V = \chi_d A_r \tag{6.11}$$

式中,A_r 为摩尔原子质量。

比较式(6.6)与式(6.5),可得相对磁导率为

$$\mu_r = B / B_0 = \mu / \mu_0 \tag{6.12}$$

还可由式(6.7)、式(6.10)导出

$$\mu_r = 1 + \chi \tag{6.13}$$

这三个磁性参量 μ_r、μ、χ 实质上是描述同一客观现象的,已知其中一个,就可以确定其他两个。

6.1.2　原子本征磁矩

材料的磁性来源于原子磁矩。原子磁矩包括电子轨道磁矩、电子自旋磁矩和原子核磁矩。实验和理论都证明原子核磁矩很小,只有电子磁矩的几千分之一,通常在考虑它对原子磁矩贡献时可以略去不计。

电子绕原子核运动,犹如一环形电流,此环流也应在其运动中心处产生磁矩,称为电子轨道磁矩。设 r 为电子运动轨道的半径,L 为电子运动的轨道角动量,ω 为电子绕核运动的角速度,e 为电子的电量,m 为质量,根据磁矩等于电流与电流回路所包围面积的乘积的原理,电子轨道磁矩的大小为

$$m_e = iS = e\left(\frac{\omega}{2\pi}\right)\pi r^2 = \frac{e}{2m} m\omega r^2 = \frac{e}{2m} L \tag{6.14}$$

该磁矩的方向垂直于电子运动轨迹平面,并符合右手螺旋定则。它在外磁场方向上的投影,即

电子轨道磁矩在外磁场方向上的分量,满足量子化条件:

$$m_{ez} = m_l \mu_B \quad (m_l = 0, \pm 1, \pm 2, \cdots, \pm l) \tag{6.15}$$

式中: m_l 为电子运动状态的磁量子数,下角 z 表示外磁场方向; μ_B 为玻尔磁子。由理论计算得 $\mu_B = e\hbar/2m = 9.273 \times 10^{-24}$ J/T,它是电子磁矩的最小单位。

电子除了做轨道运动还有自旋,因此具有自旋磁矩。实验测定电子自旋磁矩在外磁场方向上的分量恰为一个玻尔磁子:

$$m_{sz} = \pm \mu_B \tag{6.16}$$

其符号决定于电子自旋方向,一般取与外磁场方向 z 一致的为正,反之为负。

为了确定材料是抗磁性还是顺磁性,要把它放入外磁场中观察其磁性表现。

原子的电子的轨道磁矩和电子的自旋磁矩构成了原子固有磁矩,也称本征磁矩。如果原子中所有电子壳层都是填满的,由于形成一个球形对称的集体,则电子轨道磁矩和自旋磁矩各自相抵消,此时原子本征磁矩 $m = 0$。

6.1.3 物质的磁性分类

根据物质磁化率,可以把物质的磁性大致分为五类。按各类磁体磁化强度 M 与磁场强度 H 的关系,可做出其磁化曲线。图 6.1 为其磁化曲线示意图。

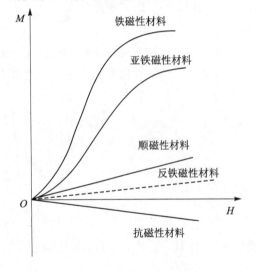

图 6.1 磁化曲线示意图

(1) 抗磁体

抗磁体磁化率 χ 为甚小的负数,大约在 10^{-6} 数量级。它们在磁场中受微弱斥力。金属中约有一半简单金属是抗磁体。根据 χ 与温度的关系,抗磁体又可分为两类:① "经典"抗磁体,其 χ 不随温度变化,如铜、银、金、汞、锌等。② 反常抗磁体,其 χ 随温度变化,且其大小是前者的 $10 \sim 100$ 倍,如铋、镓、锑、锡、铟、铜-锆合金中的 γ 相等。

(2) 顺磁体

顺磁体磁化率 χ 为正值,约为 $10^{-3} \sim 10^{-6}$。它们在磁场中受微弱吸力,又根据 χ 与温度的关系可分为两类:① 正常顺磁体,其 χ 随温度变化,符合 $\chi \propto 1/T$ 关系(T 为温度),如金属铂、钯、奥氏体不锈钢、稀土金属等属于此类;② χ 与温度无关的顺磁体,如锂、钠、钾、铷等金属。

(3) 铁磁体

铁磁体在较弱的磁场作用下就能产生很大的磁化强度。其磁体率 χ 是很大的正数,且与外磁场呈非线性关系变化。具体金属有铁、钴、镍等。铁磁体在温度高于某临界温度后变成顺磁体,此临界温度称为居里温度或居里点,常用 T_c 表示。这类磁体是我们要重点介绍的磁性物质。

(4) 亚铁磁体

亚铁磁体有些像铁磁体,但 χ 值没有铁磁体那样大。通常所说的磁铁矿(Fe_3O_4)、铁氧体等属于亚铁磁体。

（5）反铁磁体

反铁磁体的 χ 是小的正数，在温度低于某温度时，它的磁化率同磁场的取向有关；高于这个温度，其行为像顺磁体。这类磁体包括 $\alpha - Mn$、铬以及氧化镍、氧化锰等。

6.1.4 抗磁性和顺磁性

除抗磁性外，其余四种磁性状态在材料研发和应用时经常涉及。还可以根据原子磁矩的空间分布特点更直观地来认识这四种磁性。在顺磁性状态中，原子磁矩取向无序且随机，称之为磁无序状态。铁磁性、亚铁磁性和反铁磁性状态中的原子磁矩均以某种方式有序排列，统称为磁有序状态。在铁磁性状态中，相邻原子磁矩大小相等、方向相同，具有很高的磁化强度。在亚铁磁性状态中，相邻原子磁矩大小不等且方向相反，磁矩部分抵消后，仍能具有较高的磁化强度。在反铁磁性状态中，相邻原子磁矩大小相等，但方向相反，磁矩之间完全互相抵消，磁化强度为零。材料处于磁有序状态还是处于磁无序状态，取决于相邻磁矩之间的相互作用与热扰动作用之间的竞争关系，将在 6.3.1 小节"自发磁化理论"中详细介绍。

上述铁磁、亚铁磁和反铁磁三种磁有序结构，由于相邻磁矩间平行或反平行排列，还被称为共线磁结构。除此之外，在某些晶态及非晶态的新型材料中，还发现了磁矩分布在空间各个方向上的散铁磁、散亚铁磁和散反铁磁结构，以及磁矩排列成螺旋形、正弦形、方波形等多种特殊的磁结构。这些新发现的磁结构的磁矩是以某种规则有序分布的，也都属于磁有序状态，但是由于某些或所有的相邻磁矩间不是平行或反平行排列，因此属于非共线的磁结构。实际应用所说的磁性材料，主要是指具有共线磁结构的铁磁性和亚铁磁性材料，又被称为强磁性材料，也是本章叙述的重点。

1. 抗磁性

理论研究证明，抗磁性来源于电子轨道运动，故可以说任何物质在外磁场作用下均应有抗磁性效应。但只有原子的电子壳层完全填满了电子的物质，抗磁性才能表现出来，否则抗磁性就被别的磁性掩盖了。

凡是电子壳层被填满了的物质都属于抗磁性物质。例如：惰性气体；离子型固体，如氯化钠、钠离子和氯离子等；共价键的碳、硅、锗、硫、磷等通过共有电子而填满了电子层，故也属于抗磁性物质；大部分有机物质也属于抗磁性物质。金属的行为比较复杂，要具体分析，其中属于抗磁性物质的有铋、铅、铜、银等。

2. 顺磁性

材料的顺磁性来源于原子的固有磁矩。

产生顺磁性的条件就是原子的固有磁矩不为零。在如下几种情况下，原子或正离子具有固有磁矩应满足以下条件之一：

① 具有奇数个电子的原子或点阵缺陷。

② 内壳层未被填满的原子或离子。金属中主要有过渡族金属（d 壳层没有填满电子）和稀土族金属（f 壳层没有填满电子）。

正离子的固有磁矩 m 在外磁场方向上的投影，形成原子的顺磁磁矩。在通常温度下，原子在不停地振动，其振动频率约为 $10^{12} \sim 10^{15} \ s^{-1}$。随着温度的升高振幅增加，根据经典统计理论可知，原子的动能 E_k 正比于温度：

$$E_k \propto kT \tag{6.17}$$

由于热运动的影响,原子磁矩倾向于混乱分布,在任何方向上原子磁矩之和为零,即对外不显示磁性。这就是顺磁性物质在 $B_0=0$ 时,宏观磁特性 $M=0$ 的原因。

当加上外磁场时,外磁场要使原子磁矩 m 与 B_0 的夹角 θ 减小,使原子磁矩转向外磁场方向。温度要使原子磁矩趋于混乱分布,而磁场要使原子磁矩趋于规则取向。当外磁场逐渐增加到使能量 $U=-m \cdot B_0 \cos\theta$ 的减少能补偿热运动能量时,原子磁矩就排列一致了,这时

$$kT = mB_0$$

所以
$$B_0 = kT/m \tag{6.18}$$

式中:T 为温度(K),k 为玻耳兹曼常数,m 为原子磁矩。通过计算可知,当 $T=10^3$K 和磁场为 79.6 kA/m 时,由式(6.18)可得顺磁性物质的磁化强度约为 0.1 A/m。足以说明顺磁性物质是十分难磁化的。由此可求出单位体积内金属顺磁磁化率为

$$\chi = M/H = n\mu_0 m/3kT = C/T \tag{6.19}$$

这就是居里定律。式(6.19)中:n 为单位体积中的原子数;$C=n\mu_0 m^2/3k$ 为常数,是与原子磁矩 m 有关的物理量。通过测量磁化率与温度的依赖关系,可求出物质的原子磁矩。

顺磁性物质的磁化率是抗磁性物质磁化率的 $1\sim10^3$ 倍,因此在顺磁性物质中抗磁性被掩盖了。

大多数物质都属于顺磁性物质,如室温下的稀土金属,居里点以上的铁、钴、镍,还有锂、钠、钾、钛、铝、钒等。此外,过渡族金属的盐也表现为顺磁性。

6.2　铁磁性和亚铁磁性材料的特性

铁磁性材料铁、钴、镍及其合金,稀土族元素钆、镝,以及亚铁磁性材料铁氧体等都很容易磁化,在不是很强的磁场作用下,就可得到很高的磁化强度。如纯铁 $B_0=10^{-6}$ T 时,其磁化强度 $M=10^4$ A/m,而顺磁性的硫酸亚铁在 10^{-6} T 下,其磁化强度仅有 0.001 A/m。另外,磁学特性与顺磁性、抗磁性物质不同,主要特点表现在磁化曲线和磁滞回线上。

6.2.1　磁化曲线

铁磁性物质的磁化曲线(M-H 或 B-H)是非线性的,如图 6.2 中 OKB 曲线所示。随磁化场的增加,磁化强度 M 或磁感强度 B 开始时增加较缓慢,然后迅速地增加,再转而缓慢地增加,最后磁化至饱和。M_s 称为饱和磁化强度,B_s 称为饱和磁感应强度。磁化至饱和后,磁化强度不再随外磁场的增加而增加。

前述公式采用的是国际单位制(SI),但在工程及测量中,磁学的公式及单位常习惯使用高斯单位(CGS)。在国际单位制中磁场常用自由空间的磁感应强度 B_0 表示,而在高斯单位制中用磁场强度 H 表示。为了方便使用和阅读,在此介绍有关高斯单位制的计算公式并附上单位换算关系(见表 6.1)。

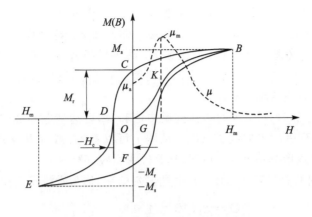

图 6.2　铁磁体的磁化曲线和磁滞回线

表 6.1　单位换算关系

项　目	高斯单位制	国际单位制	换算关系
磁场强度 H	奥斯特(Oe)	安/米(A/m)	$1 \text{ A/m} = 4\pi \times 10^{-3} \text{ Oe}$
磁化强度 M	高斯(Gs)	安/米(A/m)	$1 \text{ A/m} = 10^{-3} \text{ Gs}$
磁感应强度 B	高斯(Gs)	特斯拉(T)	$1 \text{ T} = 10^4 \text{ Gs}$
磁化率 χ	量纲为 1	量纲为 1	$\chi_{国际} = 4\pi \chi_{高斯}$
磁导率 μ	量纲为 1	亨利/米(H/m)	$\mu_{国际} = (4\pi \times 10^{-7} \text{ H/m}) \mu_{高斯}$

在高斯单位制中,式(6.7)应为

$$B = H + 4\pi M \tag{6.20}$$

式中各物理量均应采用高斯单位,其真空磁导率 $\mu_0 = 1$。式(6.20)表示了三个矢量 B、H 和 M 之间的关系。当 $M = M_s$ 时,B 也达到 B_s,根据 $M = \chi H$ 关系,式(6.20)可写为

$$B = H + 4\pi \chi H = (1 + 4\pi \chi) H = \mu H$$
$$\mu = 1 + 4\pi \chi = B/H \tag{6.21}$$

式(6.21)为高斯单位制中磁导率的表达式,其量纲为 1,即在磁化曲线上任何点 B 和 H 的比值称为磁导率。在磁化曲线上,一些特殊点的磁导率都有特殊名称。

(1) 起始磁导率

起始磁导率定义为

$$\mu_i = \lim_{\substack{H \to 0 \\ \Delta H \to 0}} \frac{\Delta B}{\Delta H} \quad \text{或} \quad \mu_i = \lim_{H \to 0} \frac{\mathrm{d}B}{\mathrm{d}H} \tag{6.22}$$

相当于磁化曲线起始部分的斜率。技术上规定在 $0.1 \sim 0.001$ Oe 磁场的磁导率为起始磁导率。它是软磁材料的重要技术参量。

(2) 最大磁导率 μ_m

最大磁导率 μ_m 是磁化曲线拐点 K 处的斜率(见图 6.2)。它也是软磁材料的重要技术参量。

6.2.2　磁滞回线

将一个试样磁化至饱和,然后慢慢地减小 H,则 M 也将减小,这个过程叫退磁。但 M 并

不按照磁化曲线反方向进行,而是按另一条曲线改变,见图6.2中的**BC**段。当**H**减小到零时,$M=M_r$(或$B_r=4\pi M_r$)。M_r、B_r分别为剩余磁化强度和剩余磁感应强度(简称剩磁)。如要使$M=0$(或$B=0$),则必须加上一个反向磁场H_c,称为矫顽力。当使用$_MH_c$符号标注时,称为内禀矫顽力。通常把曲线上的**CD**段称为退磁曲线。从这里可以看出,退磁过程中**M**的变化落后于**H**的变化,这种现象称为磁滞现象。

当反向**H**继续增加时,最后又可以达到反向饱和,即可达到图6.2中的**E**点。如再沿正方向增加**H**,则又得到另一半曲线**EFGB**。从图上可以看出,当**H**从$+H_m$变到$-H_m$再变到$+H_m$,试样的磁化曲线形成一个封闭曲线,称为磁滞回线。

磁滞回线所包围的面积表征磁化一周时所消耗的功,称为磁滞损耗Q,其大小为

$$Q = \oint H\mathrm{d}B \quad \text{(J/m}^3\text{)} \quad \text{(SI)} \tag{6.23}$$

6.2.3　磁晶各向异性和各向异性能

在单晶体的不同晶向上,磁性能是不同的,称为磁性各向异性。为了使铁磁体磁化,需要

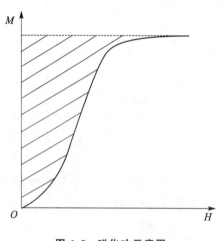

图6.3　磁化功示意图

消耗一定的能量,它在数值上等于图6.3中阴影部分的面积,称为磁化功。从图6.4可见,对于铁单晶体沿立方体棱边方向的磁化功最小,而沿空间对角线方向磁化功最大。因此铁的[100]方向为易磁化方向,而[111]方向为难磁化方向。镍单晶体与铁正好相反,它是面心立方结构,易磁化方向为[111]。钴是六角晶体,易磁化方向是[0001]方向,即与六边形柱体轴的方向重合。

沿不同方向的磁化功不同,反映了磁化强度矢量(M_s)在不同方向取向时的能量不同。M_s沿易磁化轴时能量最低(通常取此能量为基准),沿难磁化轴时能量最高。磁化强度矢量沿不同晶轴方向的能量差代表磁晶各向异性能,用E_k表示。磁晶各向异性能是磁化矢量方向的函数。对于立方晶体,设α、β、γ分别是磁化强度与三个晶轴方向的余弦,即$\alpha=\cos\alpha_1,\beta=\cos\alpha_2,\gamma=\cos\alpha_3$,根据晶体的对称性和三角函数的关系式可得

$$E_k = K_0 + K_1(\alpha^2\beta^2 + \beta^2\gamma^2 + \gamma^2\alpha^2) + K_2\alpha^2\beta^2\gamma^2 \tag{6.24}$$

式中:K_0代表主晶轴方向磁化能量,与变化的磁化方向无关的常数;K_1、K_2与方向有关,称为磁晶各向异性常数,由物质结构决定。一般情况下,K_2较小可忽略,把K_1写为K,代表晶体各向异性能常数。铁在20℃时的K_1值约为4.2×10^4 J/m³,钴的K_1值为4.1×10^5 J/m³,镍的K_1值为-0.34×10^4 J/m³,负号表示镍的易磁化方向是[111],而难磁化方向是[100]。比较可知,六方点阵对称性差,各向异性常数较大。

6.2.4　铁磁体的形状各向异性及退磁能

铁磁体在磁场中的能量为静磁能,包括两种:铁磁体与外磁场的相互作用能、铁磁体在自身退磁场中的能量(常称为退磁能)。

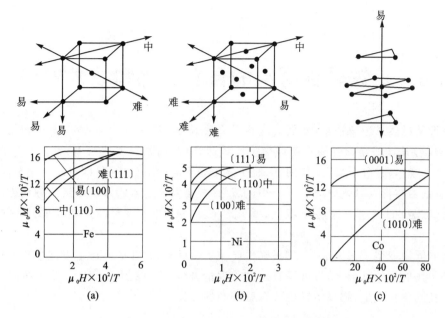

图 6.4　铁、镍、钴沿不同晶向的磁化曲线

非取向的多晶体并不显示磁的各向异性,把它做成球形则是各向同性的。实际应用的铁磁体一般都不是球形的,而是棒状的、片状的或其他形状的。形状对磁性有重要影响。一个如图 6.5(a)所示的长片状试样,沿不同方向测得的磁化曲线是不同的(见图 6.5(b)),说明其磁化行为是不同的,这种现象称为形状各向异性。

铁磁体的形状各向异性是由退磁场引起的。铁磁体表面出现磁极后,除在铁磁体周围空间产生磁场外,在铁磁体的内部也产生磁场。这一磁场与铁磁体的磁化强度方向相反,它起到退磁的作用,因此称为退磁场,如图 6.6 所示。

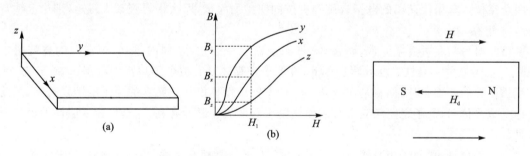

图 6.5　铁磁体的形状各向异性　　　　　　**图 6.6　铁磁体的退磁场**

退磁场强度的表达式为

$$\boldsymbol{H}_d = -N\boldsymbol{M} \text{(CGS)} \tag{6.25}$$

$$(\boldsymbol{B}_0)_D = -D\boldsymbol{M} \text{(SI)} \tag{6.26}$$

式中,N 和 D 称为退磁因子,说明退磁场与磁化强度成正比;负号表示退磁场的方向与磁化强度的方向相反。退磁因子的大小与铁磁体的形状有关。例如,长棒状铁磁体试样越短越粗,N 越大,退磁场越强,于是试样需在更强的外磁场作用下才能达到饱和。单位体积的退磁能可表示为

$$E_d = -\int_0^M H_d \,\mathrm{d}M = \int_0^M NM \,\mathrm{d}M = \frac{1}{2}NM^2 \quad \text{(CGS)}$$

$$E_D = \frac{1}{2}DM^2 \quad (\text{SI}) \tag{6.27}$$

6.3 铁磁性材料的自发磁化和技术磁化

铁磁现象虽然发现得很早,然而对这些现象的本质原因和规律却是在 20 世纪初才开始认识的。1907 年法国科学家外斯系统地提出了铁磁性假说,其主要内容有:铁磁物质内部存在很强的"分子场",在"分子场"的作用下,原子磁矩趋于同向平行排列,即自发磁化至饱和,称为自发磁化;铁磁体自发磁化分成若干个小区域(这种自发磁化至饱和的小区域称为磁畴),由于各个区域(磁畴)的磁化方向各不相同,其磁性彼此相互抵消,所以大块铁磁体对外不显示磁性。

外斯的假说取得了很大成功,其正确性已被实验证实,并在此基础上发展了现代铁磁性理论。在分子场假说的基础上,发展了自发磁化理论,解释了铁磁性的本质;在磁畴假说的基础上发展了技术磁化理论,解释了铁磁体在磁场中的行为。

6.3.1 自发磁化理论

铁磁性材料的磁性是自发产生的。所谓磁化过程(又称感磁或充磁)只不过是把物质本身的磁性显示出来,而不是由外界向物质提供磁性的过程。

1. 铁磁性产生的原因

实验证明,铁磁质自发磁化的根源是原子(正离子)磁矩,而且在原子磁矩中起主要作用的是电子自旋磁矩。与原子顺磁性一样,在原子的电子壳层中存在没有被电子填满的状态是产生铁磁性的必要条件。例如,铁的 $3d$ 状态有四个空位,钴的 $3d$ 状态有三个空位,镍的 $3d$ 态有两个空位。如果使充填的电子自旋磁矩按同向排列起来,那么将得到较大磁矩,理论上铁有 $4\mu_B$,钴有 $3\mu_B$,镍有 $2\mu_B$。

可是对另一些过渡族元素,如锰在 $3d$ 态上有五个空位,若同向排列,则它们的自旋磁矩应是 $5\mu_B$,但它并不是铁磁性元素。因此,在原子中存在没有被电子填满的状态(d 或 f 态)是产生铁磁性的必要条件,但不是充分条件。产生铁磁性不仅在于元素的原子磁矩是否高,还要考虑形成晶体时,原子之间相互键合的作用是否对形成铁磁性有利,这是形成铁磁性的第二个条件。

根据键合理论,原子相互接近形成分子时,电子云要相互重叠,电子要相互交换位置。对于过渡族金属,原子的 $3d$ 状态与 s 态能量相差不大,因此它们的电子云也将重叠,引起 s、d 状态电子的再分配。这种交换便产生一种交换能 E_{ex}(与交换积分有关),从而可能使相邻原子内 d 层未抵消的自旋磁矩同向排列起来。量子力学计算表明,当磁性物质内部相邻原子的电子交换积分 A 为正($A>0$)时,相邻原子磁矩将同向平行排列,从而实现自发磁化。这就是铁磁性产生的原因。这种相邻原子的电子交换效应,其本质仍是静电力迫使电子自旋磁矩平行排列,作用的效果好像强磁场一样。外斯分子场由此得名。理论计算证明,交换积分 A 不仅与电子运动状态的波函数有关,而且强烈地依赖于原子核之间的距离 R_{ab}(点阵常数),如图 6.7 所示。由图可见,只有当原子核之间的距离 R_{ab} 与参加交换作用的电子距核的距离(电子壳层半径)r 之比大于 3 时,交换积分才有可能为正。铁、钴、镍以及某些稀土元素满足自发磁化的条件。铬、锰的 A 是负值，不是铁磁性金属，但通过合金化作用，改变其点阵常数，使得 R_{ab}/r 之比大于 3，便可得到铁磁性合金。

综上所述，铁磁性产生的条件：① 原子内部要有未填满的电子壳层；② R_{ab}/r 之比大于 3 使交换积分 A 为正。前者指的是原子本征磁矩不为零，后者指的是要有一定的晶体结构。根据自发磁化的过程和理论，许多铁磁特性得以解释。例如，温度对铁磁性的影响：当温度升高时，原子间距加大，降低了交换作用，同时热运动不断破坏原子磁

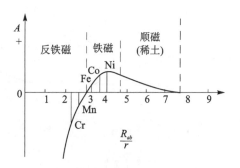

图 6.7　交换积分 A 与 R_{ab}/r 的关系

矩的规则取向，故自发磁化强度 M_s 下降；直到温度高于居里点，以致完全破坏了原子磁矩的规则取向，自发磁矩就不存在了，材料由铁磁性变为顺磁性。同样，可以解释磁晶各向异性、磁致伸缩等。

2. 反铁磁性和亚铁磁性

由前面的讨论可知，邻近原子的交换积分 $A>0$ 时，原子磁矩取同向平行排列时能量最低，自发磁化强度 $M_s \neq 0$，从而具有铁磁性。当交换积分 $A<0$ 时，原子磁矩取反向平行排列能量最低。如果相邻原子磁矩相等，那么由于原子磁矩反平行排列，故原子磁矩相互抵消，自发磁化强度等于零。这种特性称为反铁磁性。研究发现，纯金属 α-Mn、Cr 等属于反铁磁性。还有许多金属氧化物（如 MnO、Cr_2O_3、CuO、NiO 等）也属于反铁磁性。这类物质无论在什么温度下，其宏观特性都是顺磁性的，χ 相当于通常强顺磁性物质磁化率的数量级。温度很高时，χ 很小；温度逐渐降低，χ 逐渐增大；降至某一温度，χ 升至峰值；再降低温度，χ 又减小；当温度趋于 0 K 时，χ 趋于定值，见图 6.8(b)。χ 峰值点的温度称为奈耳（Néel）点，用 T_N 表示。在温度在 T_N 以上时，χ 服从居里-外斯定理，即 $\chi = \dfrac{c}{T+\Theta}$。请注意图 6.8(a)中铁磁性变成顺磁性后，磁化率 χ 与温度关系服从居里-外斯定律，即 $\chi = \dfrac{c}{T-T_c}$，但式中 T_c 前面是减号。奈耳点是反铁磁性转变为顺磁性的温度（有时也称为反铁磁物质的居里点 T_c）。在奈耳点附近普遍存在热膨胀、电阻、比热容、弹性等反常现象。正是由于这些反常现象的存在使得反铁磁物质可能成为有实用意义的材料。例如，近几年来正在研究具有反铁磁性的 Fe-Mn 合金作为恒弹性材料。

亚铁磁性物质由磁矩大小不同的两种离子（或原子）组成，相同磁性的离子磁矩同向平行排列，而不同磁性的离子磁矩反向平行排列。由于两种离子的磁矩不相等，故反向平行的磁矩就不能恰好抵消，二者之差表现为宏观磁矩，这就是亚铁磁性。具有亚铁磁性的物质绝大部分是金属的氧化物，是非金属磁性材料，一般称为铁氧体（又称磁性瓷或铁淦氧）。按其导电性属于半导体，但常用作磁介质。它不易导电，其高电阻率的特点使其可以应用于高频磁化过程。亚铁磁性的 χ-T 关系如图 6.8(c)所示。图 6.8 中还示出了铁磁性、反铁磁性、亚铁磁性原子（离子）磁矩的有序排列方式。

3. 磁　畴

外斯假说认为，自发磁化是以小区域磁畴存在的。各个磁畴的磁化方向是不同的，所以大块磁铁对外不显示磁性，见图 6.9。磁畴已为实验观察所证实。在对磁畴组织的观察中，可以

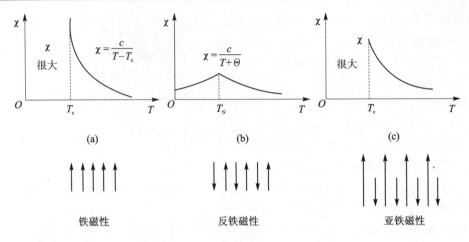

图 6.8 三种磁化状态示意图

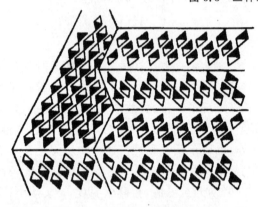

图 6.9 磁畴示意图

看到有的磁畴大而长,称为主畴,其自发磁化方向必定沿晶体的易磁化方向;小而短的磁畴叫副畴,其磁化方向就不一定是晶体的易磁化方向。

相邻磁畴的界限称为磁畴壁,主要分为两种:一种为 $180°$ 磁畴壁,另一种称为 $90°$ 磁畴壁。图 6.10 给出了两种壁的示意图。磁畴壁是一个过渡区,有一定的厚度。磁畴的磁化方向在畴壁处不能突然转一个很大角度,而是经过畴壁的一定厚度逐步转过去的,即在这过渡区中原子磁矩是逐步改变方向的。若在整个过渡区中原子磁矩都平行于畴壁平面,则这种壁称为布洛赫(Bloch)壁,见图 6.11。铁中这种壁厚大约为 300 个点阵常数。

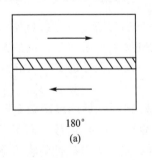

180°
(a)

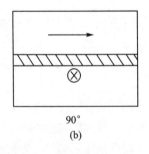

90°
(b)

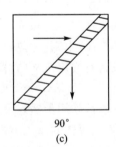

90°
(c)

图 6.10 磁畴壁的种类

磁畴壁具有交换能、磁晶各向异性能及磁弹性能。畴壁是原子磁矩方向由一个磁畴的方向转到相邻畴的方向的逐渐转向的一个过渡层,原子磁矩逐渐转向比突然转向的交换能小,但仍然比原子磁矩同向排列的交换能大。若只考虑降低畴壁的交换能 E_{ex},则畴壁的厚度 N 越大越好。但原子磁矩的逐渐转向,使原子磁矩偏离易磁化方向,因而使磁晶各向异性能(E_k)增加,所以磁晶各向异性能倾向于使畴壁变薄。综合考虑这两方面的因素,可知单位面积上的畴壁能 W 与壁厚的关系(如图 6.12 所示)。畴壁能最小值所对应的壁厚 N_0

便是平衡状态时壁的厚度。由于原子磁矩的逐渐转向，各个方向上的伸缩难易不同，因此便产生磁弹性能。

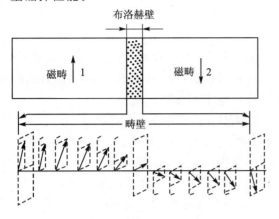

图 6.11　磁畴壁是一过渡区

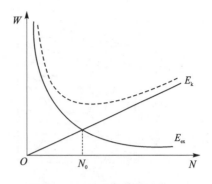

图 6.12　畴壁能与壁厚的关系

综上所述，畴壁内部的能量总比畴内的能量高，壁的薄厚和面积都使它具有一定的能量。

磁畴的形状、尺寸、畴壁的类型与厚度总称为磁畴结构。同一磁性材料，如果磁畴结构不同，则其磁化行为也不同。因此，磁畴结构类型的不同是铁磁性物质磁性千差万别的原因之一。

磁畴结构受到交换能、各向异性能、磁弹性能、磁畴壁能、退磁能的影响。平衡状态时的畴结构，这些能量之和应具有最小值。

下面从能量的观点来研究磁畴的形成过程。

以单晶体为例，交换能力图使整个晶体自发磁化至饱和，磁化方向沿着晶体易磁化方向，这样就使交换能和磁晶各向异性能都达到最小值。但必然在其端面处产生磁极，如图 6.13(a) 所示。有磁极存在就必然产生退磁场，从而增加了退磁场能。这个退磁场将要破坏已形成的自发磁化，两个矛盾相互作用使大磁畴分割为小磁畴，如图 6.13(b)、(c)、(d)所示。减小退磁能是分畴的基本动力。分畴后退磁能虽然减小，却增加了畴壁能，因此不能无限制地分畴。随磁畴数目的增加，退磁能减小，畴壁能增加。当达到畴壁能与退磁能之和为最小值时，分畴就停止了，从而达到一种平衡状态的畴结构。

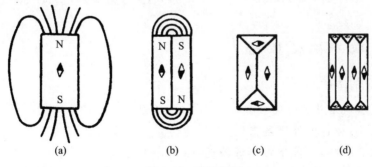

(a)　　　　　(b)　　　　　(c)　　　　　(d)

图 6.13　磁畴起因

实验观察到铁磁体中存在如图 6.13(c)所示的三角形封闭畴。封闭畴的出现与退磁场有关，当表面出现交替磁极时，将产生局部的退磁场（散磁场）。在这些局部的退磁场的作用下，要出现三角形畴（副畴）使片状的主磁畴路闭合，从而减小了退磁能，但增加了磁晶各向异性能、磁弹性能等。当各种能量之和具有最小值时，即取得了平衡状态的磁畴结构。

以上从能量角度分析了单晶体的磁畴结构。但实际使用的铁磁质大多数是多晶体。多晶体的晶界、第二相、晶体缺陷、夹杂、应力、成分的不均匀性等对畴结构有显著影响,实际晶体的畴结构十分复杂。在多晶体中,每一个晶粒都可能包括许多磁畴。在一个磁畴内磁化强度一般都沿晶体的易磁化方向,如图 6.14 所示。

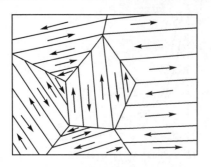

图 6.14 多晶体中的磁畴示意图

对于非织构的多晶体,各晶粒的取向是不同的,故在不同晶粒内部磁畴的取向是不同的,因此磁畴壁一般不能穿过晶界。

如果晶体内部存在着夹杂物、应力、空洞等不均匀性,就会使畴结构复杂化。一般来说,夹杂物和空洞对畴结构有两方面的影响。由于在夹杂处磁通连续性遭到破坏,故势必出现磁极和退磁场能。为减小退磁场能,往往要在夹杂物附近出现楔形畴或者附加畴,如图 6.15(c)、图 6.16 所示。而当畴壁切割夹杂物或空洞时,一方面畴壁能降低,因为畴壁的一部分被夹杂物占据,有效面积减小了,见图 6.15(b);另一方面是夹杂物处的退磁能进一步降低。所以,夹杂物有吸引畴壁的作用。在平衡状态时,畴壁一般都跨越夹杂物或空洞。内应力对畴壁也有同样的影响。由于材料内部存在不均匀应力,使材料内部的磁化不均匀,某些局部区域的磁化强度矢量偏离易磁化方向,因此便出现了散磁场。为了减弱散磁场,磁畴壁的位置应使散磁场能降到最小值。

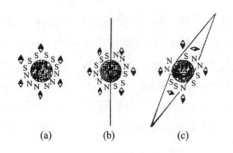

图 6.15 磁畴经过夹杂物的情况

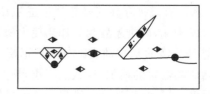

图 6.16 主磁畴壁经过一群夹杂物形成楔形磁畴

6.3.2 技术磁化理论

1. 技术磁化的本质

技术磁化过程就是外加磁场对磁畴的作用过程,也就是外加磁场把各个磁畴的磁矩方向转到外磁场方向(或近似外磁场方向)的过程。它与自发磁化有本质的不同。技术磁化是通过两种方式进行的:一种是磁畴壁的迁移;另一种是磁畴的旋转。磁化过程中有时只有其中一种方式起作用,有时是两种方式同时作用。磁化曲线和磁滞回线是技术磁化的结果。

图 6.17 为技术磁化过程分区示意图。Ⅰ区称为磁畴壁可逆迁移区,Ⅱ区为不可逆迁移区,又称巴克豪森跳跃区,Ⅲ区称为磁畴旋转区。一般铁磁质的磁化过程总是遵循图 6.17 所示的普遍规律,即开始一段磁化曲线斜率是由小逐步增大,然后斜率达到最大值,而后又开始

246

减小,并逐步过渡成为一条接近水平的直线。但各个阶段磁化所采取的方式到底是以畴壁迁移为主还是以磁畴旋转为主,或者两者重叠进行,这要视具体磁性材料而定。

图 6.18 示意说明了畴壁的迁移过程。在未加外磁场时,材料是自发磁化形成的两个磁畴,磁畴壁通过夹杂相(见图 6.18 (a))。当外磁场 H 逐渐增加时,与外磁场方向相同(或相近)的那个磁畴壁将有所移动,壁移的过程就是壁内原子磁矩依次转向的过程,最后可能变为几段圆弧线(如图 6.18(b)中阴影线所示),但它暂时还离不开夹杂物。如果此时取消外磁场,由于原

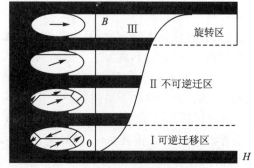

图 6.17　磁化曲线分区示意图

位状态能量最低,则畴壁又会自动迁回原位。这就是所谓可逆迁移阶段。由这里还可以看出,虽然一个畴的面积加大,另一个畴面积减小,但变化都不大,这就相当于虽然外磁场增加,但材料的磁化强度增加不多,此时磁化曲线较为平坦,磁导率不高。

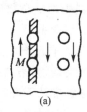
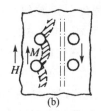
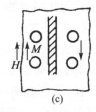
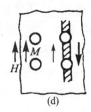

图 6.18　磁畴壁迁移示意图

外磁场继续增强,一旦弧形磁畴壁的总长超过不通过夹杂物时的长度(如图 6.18(b)中点划线)时,则畴壁就会脱离夹杂物而迁移到点划线位置,从而自动迁移到下一排夹杂物的位置,处于另一稳态(见图 6.18(c)、(d))。完成这一过程后,材料的磁化强度将有一个较大的变化,相当于磁化曲线上的陡峭部分,磁导率较高。畴壁的这种迁移不会由于磁场取消而自动迁回原始位置,故称不可逆迁移,也就是巴克豪森跳跃,磁矩瞬时转向易磁化方向。不可逆迁移的结果是整个材料成为一个大磁畴,其磁化强度方向即晶体易磁化方向。

继续增加外磁场,将促使整个磁畴的磁矩方向转向外磁场方向。这个过程称为畴的旋转,即曲线第Ⅲ区。旋转的结果使磁畴的磁化强度方向与外磁场方向平行,此时材料的宏观磁性最大,达到了饱和。以后再增加外磁场,材料的磁化强度也不会再增加,因为磁畴的磁矩方向都转到外磁场方向上去了。

图 6.17 的左半部绘出了由四个畴构成的铁磁体,在外磁场作用下技术磁化达到饱和的过程。由图可见,在磁场中静磁能最小的畴(即与横坐标表示的磁场方向相近的畴)开始长大,"吃掉"能量上不利的畴,最后磁畴的磁矩方向与外磁场方向一致,材料磁化到饱和。

影响磁畴壁迁移的因素很多,首先是铁磁材料中夹杂物、第二相、空隙的数量及其分布;其次是内应力起伏大小和分布,起伏愈大,分布愈不均匀,对畴壁移的阻力愈大,为提高材料磁导率,就必须减少夹杂物的数量,减小内应力;再次是磁晶各向异性能的大小,因为壁移实质上是原子磁矩的转动,它必然要通过难磁化方向,故降低磁晶各向异性能也可提高磁导率;最后,磁致伸缩和磁弹性能也影响壁移过程,因为壁移也会引起材料某一方向的伸长,另一方向则要缩短,故要增加磁导率,应使材料具有较小的磁致伸缩和磁弹性能。

2. 磁滞理论

前面讨论的技术磁化理论说明了起始磁化曲线,而磁滞理论用来说明退磁曲线(反向磁化、反向迁移过程)。

铁磁性材料磁化到饱和后,其饱和磁化强度 M_s 的方向,一般是不与晶体的易磁化方向重合的,当取消外磁场之后,就要发生磁畴的旋转,其磁化方向转向晶体的易磁化方向(与外磁场最近的)。此时材料的磁化程度在外磁场方向的投影就是所谓的剩磁 M_r,因此 $M_r \leqslant M_s$。

为提高 M_r,可采取如下措施:

① 使材料的易磁化方向与外磁场方向一致,这样就不会有旋转过程,可以得到 $M_r \approx M_s$。例如,高度拉伸的15%镍铁细丝,其磁化方向便与拉伸方向相同。

② 进行磁场热处理。例如,让材料在外磁场中从高于居里温度向低温冷却,可以造成磁畴排列的有序取向,即磁织构。这种材料由于磁畴已使在室温磁化时所要伸长的方向(设具有正磁致伸缩)预先进行了伸长,因而使样品的磁化容易,从而提高了磁导率 μ_m。

要消除剩磁,必须加反向磁场,以推动磁畴壁的反向迁移。这就是磁滞回线中退磁曲线那一段形成的原因。结合技术磁化的分析,可以判断,矫顽力 H_c 的大小取决于畴壁反向迁移的难易程度。一般说来,迁移和反迁移进行的难易程度是一致的,材料中的夹杂物等比较多,弥散度大,则迁移困难,反迁移也较难,H_c 就较大。反之,材料愈纯,H_c 就愈小。

当然,反向迁移能否进行的先决条件是,在已经磁化的材料中是否有反向磁畴,或者说是否有畴壁。在一般材料中,反向畴是一定会存在的,因为材料中总有夹杂物、第二相、空隙等质点,在它们的四周相应地出现磁极,形成退磁场。这些退磁场在外磁场推动下可以发展为反向磁畴,出现磁畴壁。也有一些材料,只有当反向磁场足够大时才出现反向磁畴。这些材料的磁滞回线是矩形的。

6.3.3 影响合金铁磁性和亚铁磁性的因素

从铁磁性理论可知,磁性材料的铁磁和亚铁磁性与相、组织的状态有关。实际上,凡是与自发磁化有关的参量都是组织不敏感的,如饱和磁化强度 M_s、饱和磁致伸缩系数 λ_s、磁各向异性常数 K 等只与成分、原子结构、组成合金的各相的数量比有关,还有居里点 T_c 只与相的结构和成分有关。凡与技术磁化有关的参量(如矫顽力 H_c、磁导率或磁化率 χ、剩磁 B_r 等)都是组织敏感的,而这些参量主要与晶粒的形状和弥散度、它们的位向及相互的分布、点阵的畸变、内应力等有关。

1. 温度对铁磁和亚铁磁性影响

图 6.19 所示为几种铁磁性材料的铁磁性与温度的关系曲线。由图可见,高于某一温度后,饱和磁化强度 M_s 降低到零,表示铁磁性消失,材料变成顺磁性材料。这个转变温度称为居里温度,它是决定材料磁性能温度稳定性的一个十分重要的物理量。

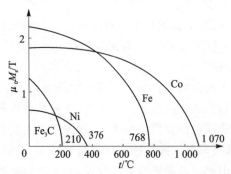

图 6.19　饱和磁化强度随温度的变化

到目前为止,人类所发现的元素中:仅有四种金属元素在室温以上是铁磁性的,即铁、钴、镍和钆;在极低温度下,有五种元素是铁磁性的,即铽、镝、钬、铒和铥。表 6.2 列出了几种材料的居里温度。

亚铁磁性是由不同相且磁矩方向相反的磁结构构成的,故形成亚铁磁性。每个磁结构因磁性来源不同,因此当温度增加时,每种磁结构对温度反应不会完全相同。例如,开始时处于 B 位置的磁结构的磁化强度 M_B 大于处于 A 位置的磁结构 M_A,但由于对温度增加反应不同形成了如图 6.20(a)所示的 $M-T$ 曲线。那么,在某一温度下,亚铁磁性材料的磁化强度 $M=0$,该温度被称为补偿温度 T_{comp}(亦称补偿点)。这种效应在磁光记录中得到了应用。亚铁磁性 $M-T$ 关系也可能有另外的情况,如图 6.20 (b)、(c) 所示。

表 6.2　几种材料的居里温度

材　料	Fe	Ni	Co	Fe$_3$C	Fe$_2$O$_3$	Gd	Dy
居里温度/℃	768	376	1 070	210	578	20	−188

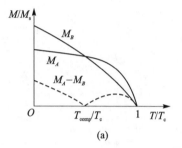
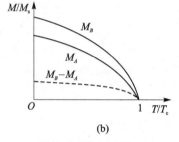
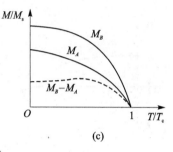

(a)　　　　　　　　　　(b)　　　　　　　　　　(c)

图 6.20　亚铁磁性与温度的关系曲线

在低于居里温度的条件下,各类铁磁和亚铁磁性均随温度升高而有所下降,直到居里温度附近,有一个急剧下降。图 6.21 所示为温度对铁的矫顽力 H_c、磁滞损耗 Q、剩余磁感应强度 B_r、饱和磁感应强度 B_s 的影响。除 B_r 在 $-200\sim20$ ℃加热时稍有上升外,其余皆为下降。在多相合金中,如果各相都是铁磁相,则其饱和磁化强度由组成各相的磁化强度之

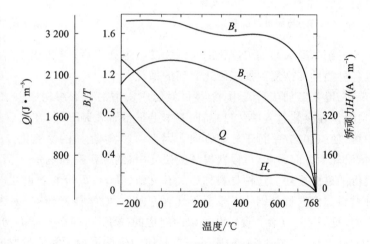

图 6.21　温度对铁的磁性参数的影响

和来决定(即相加定律)。合金的总磁化强度为

$$M_s V = M_1 V_1 + M_2 V_2 + \cdots + M_n V_n$$

$$M_s = M_1 \frac{V_1}{V} + M_2 \frac{V_2}{V} + \cdots + M_n \frac{V_n}{V} = M_1 \varphi_1 + M_2 \varphi_2 + \cdots + M_n \varphi_n \quad (6.28)$$

式中:$M_1,M_2,\cdots,M_n$ 为各相饱和磁化强度;$V_1,V_2,\cdots,V_n$ 为各相的体积,且 $V=V_1+V_2+\cdots+V_n$;$\varphi_1,\varphi_2,\cdots,\varphi_n$ 为各相的体积分数。其中各铁磁相均有各自的居里温度。图 6.22 所示为由两种铁磁相组成合金的饱和磁化强度与温度的关系曲线(即热磁曲线)图中 Δ_i 正比于 $M_i\varphi_i$。利用这个特性可以研究合金中各相的相对含量及析出过程。

2. 加工硬化的影响

加工硬化引起晶体点阵扭曲,晶粒破碎,内应力增加,从而引起与组织有关的磁性改变。图 6.23 所示为含 0.07%C 的铁丝,经不同压缩变形后铁磁性的变化。冷加工变形在晶体中引起滑移而形成滑移带和内应力,将不利于金属的磁化和去磁过程。磁导率 μ_m 随冷加工形变而下降,而矫顽力 H_c 相反,随压缩率增大而增大。磁滞损耗和 H_c 一样在加工硬化下增加。饱和磁化强度与加工硬化无关。剩余磁感应强度 B_r 的变化比较特殊,在临界压缩程度下(5%～8%)急剧下降,而在压缩率继续增大时,B_r 也增大。

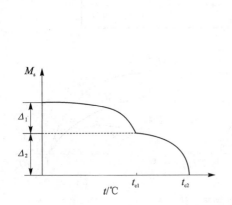

图 6.22　两铁磁相组成的合金磁化强度
与温度的关系

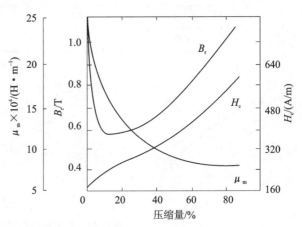

图 6.23　冷加工变形对铁丝
($w_C = 0.07\%$)磁性的影响

再结晶退火与加工硬化的作用相反。退火之后,点阵扭曲恢复,晶粒长大成为等轴状,所以各种磁性又恢复到加工硬化之前的情况。

在冷变形加工过程中,某些材料形成所谓的变形织构。以 Fe - Si 合金为例,其滑移面为 {110}。在冷轧过程中(211)晶向基本上平行于轧制平面,在以后的退火过程中,又形成再结晶织构,使<100>平行于轧制方向。因为<100>是铁的易磁化方向,所以在以后使用这种材料时,沿轧制方向磁化,可以获得高的磁导率(约为没有织构的 2 倍以上)、高的饱和磁化强度和较低的磁滞损耗。这种材料称为具有戈斯(Goss)织构的硅钢片,也是电力工业不可缺少的一种材料。但这种硅钢片在垂直于轧制方向上,磁学性能较差,因为(110)不是硅钢晶体易磁化方向,见图 6.24(a)。现已获得双向织构的硅钢片,即在轧制方向和其垂直方向上都有优良磁性的硅钢片,如图 6.24(b)所示。单晶体的磁性依赖于晶体学取向(各向异性),具有特殊取向(织构)的多晶体材料性能也将依赖于方向。

纯金属及部分固溶体合金多用作高导磁性材料,利用的是其较高的纯度、粗大的晶粒并呈等轴状以及较小的内应力的特点。有时采用在磁场中退火的方法以提高其磁导率。如果使晶粒细化,晶粒愈细,则矫顽力和磁滞损耗愈大,而磁导率愈小。这是晶粒边界阻碍磁化进行的缘故,因为晶界处晶格扭曲畸变。晶粒愈细化,相当于增加了晶界的总长,这和加工硬化对磁性起到了相同的作用。

3. 合金元素量的影响

合金元素(包括杂质)的含量对铁的磁性有很大影响。绝大多数合金元素都将降低饱和磁化强度(见图 6.25),只有钴例外。例如 49%～51%钴、1.4%～1.8%钒为典型代表的国产

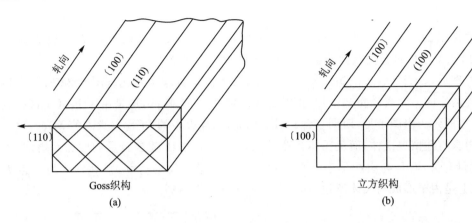

图 6.24　硅钢的织构示意图

1J22 高饱和磁化强度材料,其 $\boldsymbol{M}_s$ 可高达 2.2T(22 000 Gs)。阿波耶夫(Апаев)给出计算马氏体的饱和磁化强度与含碳量关系的经验公式:

$$\boldsymbol{M}_s = 1\ 720 - 74 w_C \quad (\text{Gs}) \tag{6.29}$$

式中,w_C 为碳钢的含碳量,且 $w_C \leqslant 1.2\%$。α - Fe 的饱和磁化强度为 1 720 Gs。

在固溶体型磁合金中,间隙固溶体要比替换固溶体的磁性差,因此要尽量减少有害的间隙杂质(如气体等)。

图 6.26 所示为镍含量对 Fe - Ni 合金磁性的影响。由图可见,μ_m 和 μ_i 的最高值对应于 78% 的镍含量,正是著名的高导磁软磁材料坡莫合金的成分。此成分的 λ_s、K 都趋于零,因而合金具有最高的 μ_m、μ_a 值。在 30%Ni 附近,发生由 α 到 γ 的相变,致使许多磁学性质发生改变。

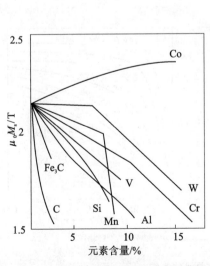

图 6.25　合金元素对铁的磁化强度的影响

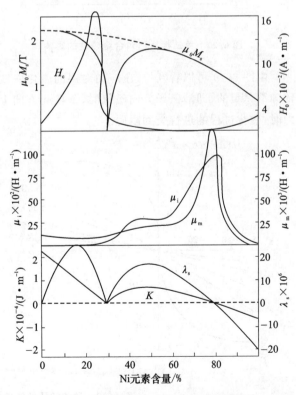

图 6.26　镍含量对 Fe - Ni 合金磁性的影响

合金中析出的第二相及其形状、大小、分布对组织敏感的各磁性能影响极为显著。图 6.27 给出了第二相对合金磁性的影响示意图（图中 θ 代表 T_c）。

经热处理后，铁磁性合金的组织发生了变化，其磁性也将发生变化。图 6.28 所示为热处理对钢磁性的影响。随含碳量的增加，钢的饱和磁化强度 M_s 降低，这是由于 Fe_3C 相（弱铁磁性相）的存在所致。由图可见，对同一含碳量的钢而言，淬火态的 M_s 比退火态的 M_s 低，这是因为淬火钢中含有残留奥氏体，而奥氏体为非铁磁相。矫顽力 H_c 随含碳量的增加而增加，不仅与 Fe_3C 含量有关，而且与组织形态有关。对同一含碳量的钢的矫顽力，在淬火后比退火后高，这基本上是由于形成马氏体所致，且淬火马氏体具有很高的内应力。

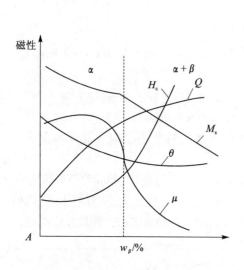

图 6.27　第二相析出对合金磁性的影响　　　图 6.28　热处理对钢磁性的影响

由图 6.29 可以看到拉、压应力对镍的磁化曲线的影响。产生这种影响的原因是：镍的磁致伸缩是负的，即沿磁场方向磁化时，镍在此方向上是缩短而是不伸长。因此，当外加拉伸应力时，磁化过程的进行受到阻碍。

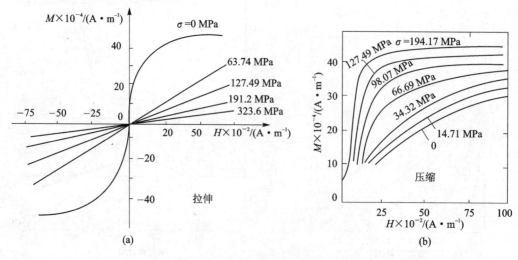

图 6.29　拉伸和压缩对镍磁化曲线的影响

6.4　铁磁性材料的动态特性

前面介绍的磁性材料的性能主要是在直流磁场下的表现,称为静态(或准静态)特性。但磁性材料(如制作电力变压器用的硅钢片)的工作条件就是在工频交变磁场下,这是一个交流磁化过程。随着信息技术的发展,许多磁性材料工作在高频磁场条件下,因此研究磁性材料(特别是软磁材料)在交变磁场条件下的表现更为重要。磁性材料在交变磁场甚至脉冲磁场作用下的性能,统称为磁性材料的动态特性。由于大多数是在交流磁场下工作,故动态特性早期亦称交流磁性能。

6.4.1　交流磁化过程与交流回线

软磁材料的动态磁化过程与静态的或准静态的磁化过程不同。静态过程只关心材料在该稳恒状态下所表现出的磁感应强度 B 对磁场强度 H 的依存关系,而不关心从一个磁化状态到另一个磁化状态所需要的时间。

在交流磁化过程中,由于磁场强度是周期对称变化的,所以磁感应强度也跟着周期性对称地变化,变化一周即构成一曲线,称为交流磁滞回线。若交流幅值磁场强度 H_m 不同,则有不同的交流回线,交流回线顶点的轨迹就是交流磁化曲线或简称 $B_m - H_m$ 曲线。B_m 称为幅值磁感应强度。图 6.30 就是 0.10 mm 厚的 6Al-Fe 软磁合金在 4 kHz 下的交流回线和磁化曲线。当交流幅值磁场强度增大到饱和磁场强度 H_s 时,交流回线面积不再增加,该回线称为极限交流回线,由此可以确定材料饱和磁感应强度 B_s 和交流剩余磁感应强度 B_r 与静态磁滞回线相同,由此也可以确定动态参量最初幅值磁导率 μ_{ai},最大幅值磁导率 $\mu_{a,m}$ 以及 B_{ra},H_{ca}。

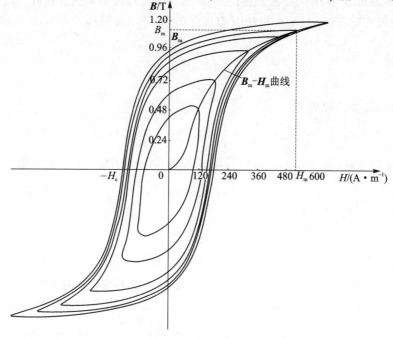

图 6.30　6Al-Fe 软磁合金的磁化曲线和交流回线(0.1厚,4 kHz)

尽管动态静态磁化曲线和磁滞回线形状相似,但是研究表明动态磁滞回线有以下特点:
① 交流回线形状除与磁场强度有关外,还与磁场变化的频率 f 和波形有关;② 在一定频率
下,交流幅值磁场强度不断减少时,交流回线逐渐趋于成椭圆形状;③ 当频率升高时,呈现椭
圆回线的磁场强度的范围会扩大,且各磁场强度下回线的矩形比 B_{ra}/B_{mt} 会升高。这点在
图 6.31 所示的 79Ni4MoFe 材料在不同频率下的交流回线形状比较中有所体现。

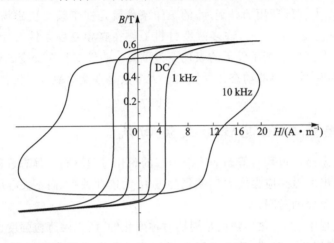

图 6.31　79Ni4MoFe 材料(厚 0.06 mm)的直流和不同频率下的交流回线比较

6.4.2　复数磁导率

　　前面提到,在交变磁场中磁化时,要考虑磁化态改变所需要的时间,具体讲应考虑 $\boldsymbol{B}$ 和 $\boldsymbol{H}$
的相位差。在交流情况下,我们希望磁导率 μ 不仅能反映类似静态磁化的那种导磁能力的大
小,而且还要体现出 $\boldsymbol{B}$ 和 $\boldsymbol{H}$ 间存在的相位差,那么只能采用复数形式。这就是复数磁导率。

　　设样品在弱交变场磁化,且 $\boldsymbol{B}$ 和 $\boldsymbol{H}$ 具有正弦波形,并以复数形式表示,$\boldsymbol{B}$ 与 $\boldsymbol{H}$ 存在的相位
差为 δ,则

$$\left.\begin{array}{l} \boldsymbol{H} = H_m e^{i\omega t} \\ \boldsymbol{B} = B_m e^{i(\omega t - \delta)} \end{array}\right\} \tag{6.30}$$

则由磁导率定义得复数磁导率:

$$\mu = \frac{\boldsymbol{B}}{\boldsymbol{H}} = \frac{B_m}{H_m}\cos\delta - i\frac{B_m}{H_m}\sin\delta$$

引入与 $\boldsymbol{H}$ 同相位分量 $B_{1m} = B_m\cos\delta$,引入与 $\boldsymbol{H}$ 落后 $90°$ 分量 $B_{2m} = B_m\sin\delta$,则

$$\left.\begin{array}{l} \mu' = \dfrac{B_m}{H_m}\cos\delta \\[2mm] \mu'' = \dfrac{B_m}{H_m}\sin\delta \end{array}\right\} \tag{6.31}$$

$$\mu = \mu' - i\mu'' \tag{6.32}^*$$

　　复数磁导率的模为 $|\mu| = \sqrt{(\mu')^2 + (\mu'')^2}$,称为总磁导率或振幅磁导率(亦称幅磁导率)。
除振幅磁导率外,还把 μ' 定义为弹性磁导率,代表了磁性材料中储存能量的磁导率;把 μ'' 称为

---

　　* 此处 μ 表示为复数磁导率,复数相对磁导率应为 $\mu_r = \dfrac{\mu}{\mu_0} = \dfrac{\mu'}{\mu_0} - \dfrac{i\mu''}{\mu_0} = \mu_1 - i\mu_2$。

损耗磁导率(或称黏滞磁导率),与磁性材料磁化一周的损耗有关。

磁感应强度相对于磁场强度落后的相位角的正切称为损耗角正切,即

$$\tan \delta = \frac{\mu''}{\mu'} \qquad (6.33)$$

$\tan \delta$ 的倒数称为软磁材料的品质因数。事实上,与磁场 H_m 变化落后 $90°$ 的相位分量 $B_m \sin \delta$ 或 μ'' 是由基波定义而来,因此式(6.33)只适用于非线性不严重的弱磁场情况。由于复数磁导率虚部 μ'' 的存在使得磁感应强度 $\boldsymbol{B}$ 落后于外加磁场 $\boldsymbol{H}$,进而引起铁磁材料在动态磁化过程中不断消耗外加能量。对于处于均匀交变磁场中的单位体积铁磁体,单位时间的平均能量损耗或磁损耗功率密度 $P_耗$ 为

$$P_耗 = \frac{1}{T}\int_0^T H dB \qquad (6.34)$$

式中,T 为周期。将式(6.30)代入式(6.34)中,得

$$P_耗 = \frac{1}{2}\omega H_m B_m \sin \delta$$

利用式(6.31),得

$$P_耗 = \pi f \mu'' H_m^2 \qquad (6.35)$$

式中,f 为外加交变磁场频率。由此式可见,单位体积内的磁损耗功率与复磁导率的虚部 μ'' 成正比,与所加频率 f 和磁场峰值的平方成正比。

同理可导出一周内铁磁体储存的磁能密度:

$$W = \frac{1}{2}\mu' H_m^2 \qquad (6.36)$$

由式(6.36)可知,磁能密度与复数磁导率的实部成正比,与外加交磁场的峰值 H_m 的平方成正比。

综上所述,复数磁导率的实部与铁磁材料在交变磁场中储能密度有关,而其虚部却与材料在单位时间内损耗的能量有关。

6.4.3　交变磁场作用下的能量损耗

磁芯在不可逆交流磁化过程中所消耗的能量,统称铁芯损耗,简称铁损。它由磁滞损耗 W_1、涡流损耗 W_e 和剩余损耗 W_c 三部分组成,即总磁损耗率为

$$P_m = P_n + P_e + P_c \qquad (6.37)$$

式中,P_n、P_e 和 P_c 分别为磁滞损耗功率、涡流损耗功率和剩余损耗功率。

1. 趋肤效应和涡流损耗

根据法拉第电磁感应定律,磁性材料在交变磁化过程中会产生感应电动势,因而会产生涡流。显然,涡流大小与材料的电阻率成反比。因此,金属材料的涡流比铁氧体要严重得多。除了宏观的涡流以外,磁性材料的磁畴壁处还会出现微观的涡流。涡电流的流动在每个瞬间都会产生与外磁场产生的磁通方向相反的磁通,越到材料内部,这种反向的作用就越明显,致使磁感应强度和磁场强度沿样品截面严重不均匀。等效来看,就像材料内部的磁感应强度被排斥到材料表面,这种现象叫趋肤效应。这就是金属软磁材料要轧成薄带使用的原因——减小涡流的作用。正是这种趋肤效应产生了所谓的涡流屏蔽效应。

2. 磁滞损耗

在交流磁化条件下,涡流损耗与磁滞损耗是相互依存的,不可能把它们完全分开,但在实

际测量中，为满足材料研究的需要，总结了不少分离损耗的方法。在弱磁场范围中，即磁感应强度 B 低于其饱和值 1/10 时，瑞利总结了磁感应强度 B 和磁场强度 H 的实际变化规律，得到了它们之间的解析表示式，这一弱磁场范围被称为瑞利区。按瑞利的说法，弱磁场的磁滞回线可以分为上升支和下降支，如图 6.32 中 $B'(1)B$ 为上升支，$B(2)B'$ 成为下降支。分别得到磁感应强度的解析式：

$$B_{(1)} = (\mu_i + \nu H_m)H - \frac{\nu}{2}(H_m^2 - H^2) \tag{6.38}$$

$$B_{(2)} = (\mu_i + \nu H_m)H + \frac{\nu}{2}(H_m^2 - H^2) \tag{6.39}$$

式中：μ_i 为初始磁导率；$\nu = \dfrac{d\mu}{dH}$ 称为瑞利常量，其物理意义表示磁化过程中能量不可逆部分的大小。由式(6.38)和式(6.39)可求得样品单位体积中磁化一周所消耗的磁滞损耗：

$$W_h = \oint H dB = \int_{B'}^{B} H dB_{(2)} - \int_{B'}^{B} H dB_{(1)} \approx \frac{4}{3}\nu H_m^3 \tag{6.40}$$

那么，在交变场中每秒内的磁滞损耗(功率)为

$$P_h = fW_h \approx \frac{4}{3}f\nu H_m^3 \tag{6.41}$$

由此可见，磁滞损耗功率与频率 f、瑞利常量 ν 成正比，与磁化振幅的三次方成正比。表 6.3 给出一些磁性材料的初始磁导率 μ_i 和瑞利常量 ν 值。

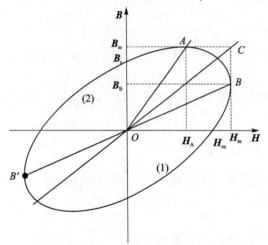

图 6.32 瑞利磁滞回线的上升和下降支

表 6.3 一些铁磁材料的初始磁导率和瑞利常量

铁磁材料	初始磁导率 μ_i	瑞利常量 $\nu/(A \cdot m^{-1})$
纯铁	290	25
压缩铁粉	30	0.013
钴	70	0.13
镍	220	3.1
45 坡莫合金	2 300	201
47.9Mo 坡莫合金	20 000	4 300
超坡莫合金	100 000	150 000
45.25 坡明伐	400	0.001 3

制造电子仪器的工程师更关心的是铁磁材料的品质因数 Q 和波形失真度，电力工业领域的工程师更关心磁性材料的能量损耗。如果所施外磁场是一简谐振动，即 $H = H_m\cos\omega t$，则由式(6.38)和式(6.39)便可得由于磁感应强度 B 落后于磁场强度 M 的 δ 相位角，所引起的损耗角正切以及波形失真系数 K 计算如下：

$$\tan\delta = \frac{4}{3\pi} \cdot \frac{\nu H_m}{\mu_i + \mu H_m} \tag{6.42}$$

$$K = \frac{4}{5\pi} \cdot \frac{\nu H_m}{\mu_i + \nu H_m}\cos\delta \approx \frac{4}{5}\frac{\nu H_m}{5\pi\mu_i} \tag{6.43}$$

注意磁性材料自身的 Q 值和含磁性材料谐振回路及电抗元件的 Q 值的区别。显然，在相同工

作条件下,磁性材料的 Q 值越高,则其谐振回路和电抗元件的 Q 值也越高。

3. 剩余损耗及磁导率减落现象

由式(6.37)知,除磁滞损耗、涡流损耗外的其他损耗均归结为剩余损耗。引起剩余损耗的原因很多,而且不完全清楚,因此很难写出其具体解析式。在低频和弱磁场条件下,剩余损耗主要是磁后效引起的。

所谓磁后效,就是处于外磁场为 H_{t_0} 的磁性材料突然受到外磁场的阶跃变化到 H_{t_1},此时磁性材料的磁感应强度并不是立即全部达到稳定值,而是一部分瞬时到达,另一部分缓慢趋近稳定值,如图 6.33 所示。其中:图(a)表示外磁场从 t_0 时的 H_m 阶跃到 t_1 的 H 值时,磁性材料 B 值的变化;图(b)表示外磁场从 t_0 时的 H 值阶跃上升到 t_1 的 H_m 值时,磁性材料 B 值的变化。由于磁后效机制不同表现也不同。

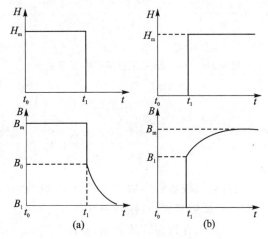

图 6.33　磁后效示意图

一类重要的磁后效现象是由于杂质原子扩散引起的可逆后效,通常称为里希特(Richter)后效。描述磁后效进行所需时间的参数称为弛豫时间 τ,满足下列方程:

$$\frac{\mathrm{d}B}{\mathrm{d}t} = \frac{(B_\mathrm{m} - B)}{\tau} \tag{6.44}$$

设 $t=0$,$B=0$,而当 $t=\infty$ 时,$B=B_\mathrm{m}$(稳恒值),则式(6.44)的解为

$$B = B_\mathrm{m}(1 - \mathrm{e}^{-t/\tau}) \tag{6.45}$$

由式(6.45)可知,τ 代表磁感应强度 B 到达其平衡值 $B_\mathrm{m}(1-\mathrm{e}^{-1})$ 倍时所需的时间。在非晶态磁合金研究中发现,τ 与材料的稳定性密切相关。这类磁后效与温度和频率关系密切。

另一类重要的磁后效现象是由热起伏引起的不可逆后效,常称为约旦(Jordan)后效,其特点是几乎与温度、磁化场的频率无关。

在实际所观察到的大多数材料的磁后效现象并不是简单地服从李希特磁后效,因此应当把不同机制引起的弛豫过程的弛豫时间看成是一种分布函数,这样许多磁后效现象可以得到解释。例如,永磁材料经过长时间放置,其剩磁逐渐变小,也是一种磁后效现象,称为减落。放置的永磁铁由于退磁场的持续作用,通过磁后效过程引起永久磁铁逐渐退磁。

磁导率的减落现象也是一种与磁后效有关的问题。实验发现,几乎所有软磁材料(如硅钢、铁镍合金、各类铁氧体)在交流退磁后,其起始磁导率 μ_i 都会随时间而降低,最后达到稳定值,这就是通称的磁导率减落。表征磁导率减落的参量为磁导率减落系数 DA,定义式为

$$DA = \frac{\mu_{\mathrm{i}1} - \mu_{\mathrm{i}2}}{\mu_{\mathrm{i}1}^2 \lg(t_2/t_1)} \tag{6.46}$$

通常的做法是先采用交流退磁方法使样品中性化,且为了方便,通常取时间 $t_1 = 10\ \mathrm{min}$,时间 $t_2 = 100\ \mathrm{min}$,其相应的初始磁导率分别为 $\mu_{\mathrm{i}1}$、$\mu_{\mathrm{i}2}$。显然,希望实际使用的磁性材料 DA 越小越好。图 6.34 所示为 Mn – Zn 铁氧体的减落曲线,由图可知减落系数与温度关系密切,同样对磁性振动也十分敏感。目前人们认为磁导率减落是由于材料中电子或离子扩散后效造成的。电子或离扩散后效的弛豫时间为几分钟到几年,其激活能为几个电子伏特。由于磁性材料退磁时处于亚稳状态,随着时间推移,为使磁性体的自由能达到最小

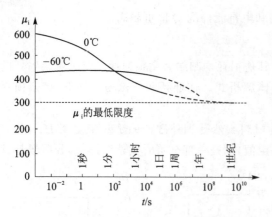

图 6.34   Mn-Zn 铁氧体磁导率减落曲线

值,电子或离子将不断向有利的位置扩散,把畴壁稳定在势阱中,导致磁中性化后,铁氧体材料的起始磁导率随时间而减落。当然时间足够长时,扩散才趋于完成,起始磁导率也就趋于稳定值。考虑到减落的机制,在使用磁性材料前应对材料进行老化处理,还要尽可能减少对材料的振动、机械冲击等。

深入研究剩余损耗将会发现,磁后效的弛豫时间 τ 确定后,在某特定频率下的损耗显著增大,这是一种共振损耗,包括材料尺寸共振损耗、复数磁导率虚部 μ'' 共振损耗等,在高频时应当注意。限于篇幅,此处略去。

6.5   磁性材料

磁性材料按矫顽力的大小可分为硬磁和软磁材料两种。按材料特性分为矩磁材料、磁致伸缩材料、磁阻材料等;按功能又可分为热磁合金、磁存储材料。

本节首先介绍传统的软磁、硬磁材料,之后进一步阐述磁性材料相关的磁性能。

6.5.1   软磁材料

软磁材料的特点是高磁导率、低矫顽力(一般 H_c<100 A/m)和低铁芯损耗。多年的基础研究已经明确了磁性材料技术性能与磁学基本参量的关系,并把磁畴结构及其移动变化作为它们相互联系的机制。下面说明软磁材料是如何实现这种联系的。

1. 组织结构与性能关系

基础研究对于寻找新材料和优化加工过程给予了很多指导。现已证明,一般情况下,畴壁含有不均匀相(如沉淀相和杂质),这些相对于畴壁运动将起钉扎作用,结果提高了矫顽力,降低了磁导率,提高了铁芯损耗。因此,软磁材料冶金过程的主要目标是降低材料的不均匀性。可通过使用高纯的原料、改善熔炼铸造工艺条件及其后的加工过程等手段提高材料的均匀性。

可通过降低磁各向异性能来改善初始磁导率。例如合金 Ni-Fe-Mo 三元系列,在成分接近 4%Mo-79%Ni-17%Fe 处具有极高的初始磁导率,原因是磁晶各向异性能为零,磁致伸缩为零。类似的情况是非晶态合金同样具有高的磁导率,因为在非晶态结构中没有磁晶各向异性。另外,最高的磁导率是电力变压器应用磁性材料的理想指标。铁-硅合金系统中磁晶各向异性占主导地位,控制结晶的结构是最重要的。镍-铁合金中可能存在几种类型各向异性,情况比较复杂,并且由于结构和加工过程之间的相互作用,使情况更加复杂。

减小各向异性,增加纯度,可降低 50 周或 60 周低频的铁芯损耗。这主要是降低磁滞损耗。可通过增加电阻率、减小芯片的厚度来降低其涡流损耗。同样,由于不存在磁晶各向异性,电阻率高,故非晶态合金有特别低的铁芯损耗。对于硅钢,磁晶各向异性是不可避免的,但可以通过增加 180°磁畴壁的结构来达到降低铁芯损耗的目的。通过变形形成{110}<001>结构并控制最佳晶粒尺寸,以便得到更好的性能。

高频应用(如一些通信元件和开关态电源)中的涡流损失成为主要因素。因此,要求磁性材料具有更高的电阻率,限制高频电流。由于铁氧体材料的电阻率是金属的 10^6 倍,故在频率高于 100 kHz 下使用,是其主要优点。

2. 软磁材料的工程应用

软磁材料主要有纯铁、低碳钢、铁-硅合金、铁-铝和铁-铝-硅合金、镍-铁合金、铁-钴合金、软磁铁氧体,以及新开发的一类由熔融金属迅速淬火得到的非晶态合金以及由此形成的纳米晶软磁合金。表 6.4 列出了几种典型的软磁工程材料。具有代表性的直流磁化曲线见图 6.35,下面分别予以介绍。

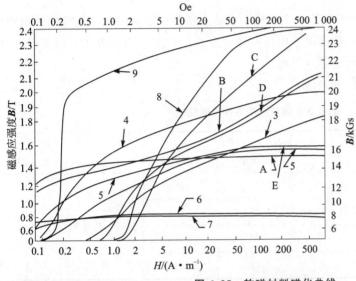

A—德尔塔马克斯高导磁金(50% Ni-Fe);

B—经 H_2 退火处理的纯铁;

C—海帕科 27 高导磁合金;

D—磁铁;

E—45 坡莫合金;

其余数字与表 6.4 中数字所指合金牌号相同

图 6.35　软磁材料磁化曲线

表 6.4　典型的软磁工程材料

名　称	成分/%	相对磁导率		矫顽力 H_c/ (A·m⁻¹)	剩磁 B_r/ T	最大磁感应强度/T	电阻率/ (μΩ·cm)
		初始	最大				
工业纯铁	99.8Fe	150	5 000	80	0.77	2.14	10
低碳钢	99.5Fe	200	4 000	100	0.77	2.14	112
硅钢(无织构)	3Si 余 Fe	270	8 000	60	0.77	2.01	47
硅钢(织构)	3Si 余 Fe	1 400	50 000	7	1.20	2.01	50
4750 合金	48Ni 余 Fe	11 000	80 000	2	1.2	1.55	48
4-79 坡莫合金	4Mo79Ni 余 Fe	40 000	200 000	1	1.2	0.80	58
含钼超磁导率合金	5Mo80Ni 余 Fe	80 000	450 000	0.4	1.20	0.78	65
帕明杜尔铁钴系高磁导率合金	2V49Co 余 Fe	800	8 000	160	1.20	2.30	40
苏帕门杜尔软磁合金	2V49 Co 余 Fe	800	100 000	16	2.00	2.30	26
金属玻璃 2605SC	$Fe_{81}B_{13.5}Si_{3.5}C_2$	800	210 000	14	1.46	1.6	125
金属玻璃 2605-3	$Fe_{79}B_{16}Si_5$	800	30 000	8	0.30	1.58	125

续表 6.4

名　称	成分/ %	相对磁导率		矫顽力 H_c/ $(A \cdot m^{-1})$	剩磁 B_r/ T	最大磁感应 强度/T	电阻率/ $(\mu\Omega \cdot cm)$
		初始	最大				
MnZn 铁氧体	H5C2*	10 000	30 000	7	0.09	0.40	15×10^6
MnZn 铁氧体	H5E*	18 000	30 000	3	0.12	0.44	5×10^6
NiZn 铁氧体	K5*	290	30 000	80	0.25	0.33	20×10^{13}

注：* TDK 铁氧体牌号。

（1）纯铁和碳钢

通常纯铁的纯度要求在 99.9％以上，主要用于直流应用的电磁铁极头。其性能是饱和磁化强度高，矫顽力低，电阻率低。我国电工用纯铁牌号为 $DT_3 \sim DT_8$，其中在 DT 后又标注 A、E、C 分别标志的高级、特级、超级等磁性等级。

表 6.5 所列为国产电工纯铁的磁性。

表 6.5　国产电工纯铁的磁性

磁性等级	牌　号	H_c/$(A \cdot m^{-1})$ (不大于)	μ_m (不小于)	磁感应强度/T（不小于）				
				B_{400}^*	B_{800}^*	B_{2000}^*	B_{4000}^*	B_{8000}^*
普通	DT_3、DT_4、DT_5、DT_6、DT_8	96	6 000	1.4、1.5、1.67、1.71、				1.80
高级	DT_3A、DT_4A、DT_5A、DT_6A、DT_8A	72	7 000					
特级	DT_4E	48	9 000					
超级	DT_4C、DT_6C	32	12 000					

注：* B 下角标数值表示磁场强度。

电工用纯铁只能在直流磁场下工作，因在交变磁场下工作时，涡流损耗太大。为此，加入少量硅（0.38％～4％）形成固溶体，从而提高合金电阻率。若硅含量高于 4％，则太脆。硅钢片按生产方法、结晶织构和磁性能可分为以下四类：① 热轧非织构（无取向）硅钢片；② 冷轧非织构（无取向）；③ 冷轧高斯织构；④ 冷轧立方织构（双取向）。

目前我国生产的电工用硅钢片有热轧（D11、D31）、冷轧无取向（DW270、DW310 - 35）、冷轧取向（DQ122G - 30，DQ133G - 30）三种，也生产特殊用途硅钢片（DG41、DH41、DR41）。各符号意义请参见冶标电工热轧硅钢薄板规定及国标冷轧钢片牌号意义的规定。

为取得高的磁性能，多年来对电工钢做了大量研究工作，取得了极大成果。图 6.36 所示为硅钢片铁损下降曲线。其主要指导思想是按要求得到应有的组织，以改善性能。其中最主要的是建立了{110}<001>织构，产生高的磁感应强度。表面处理使 180°磁畴密度增加。在这种结构中，α-铁晶格的易磁化方向[100]轴与轧制方向吻合，难磁化方向[111]轴与轧制方向成 55°角，而中等磁化轴[110]与轧制方向成 90°角。这种织构以符号(110)[100]代表。(110)面与轧制面吻合，见图 6.37。为了获得这种织构，采用了不同的晶粒生长抑制剂、加工程序以及应力涂层。一般的取向钢一次冷轧到要求厚度，在中间有一再结晶退火，采用 MnS 作晶粒长大抑制剂。而高磁感应强度钢使用了含有 MnS 的 AlN 晶粒生长抑制剂。这种强的抑制剂，允许采用大的压下量一次压制成型获得(110)[100]织构。

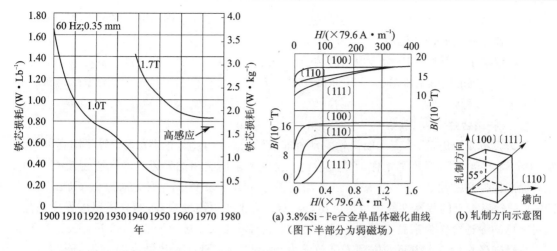

图 6.36 硅钢片铁损下降曲线

(a) 3.8%Si-Fe合金单晶体磁化曲线
（图下半部分为弱磁场）

(b) 轧制方向示意图

图 6.37 硅钢单晶的磁化与轧制方向的关系

为了降低铁损,采用了低热膨胀无机磷酸盐涂层。在钢表面产生强的拉应力,研究表明细小的 180°畴模式可以降低铁芯损耗。研究表明各种表面处理,如机械划线法（mechanical scribing）和激光辐射,可进一步降低 10% 的损耗。

降低涡流损失可采用降低硅钢片厚度的方法,现已发展一种薄规格材料,厚度已减至 0.23 mm,与厚度为 0.30 mm 比较,损失减少 10%。

后来又发展了一种立方织构的硅钢片,即立方体的(100)面与轧制面相吻合,而立方体的棱[100]轴沿轧制方向取向。在立方织构条件下,立方体的棱即易磁化方向是沿着或垂直轧制方向取向的,中等难磁化轴[110]与轧制方向成 45°角,而最难磁化轴[111]则是偏离磁化平面。尽管性能优越,但工艺困难,故没有广泛应用。

非取向硅钢和低碳钢常用于发电机和电动机上。人们关心其铁芯损耗从而促进研制高纯低杂质的钢以及给定成分下的最佳晶粒尺寸,同时发展具有{100}片状织构的硅钢。Shimanaka 等人以加入 0.04%Sb 的办法研制出接近{100}<ovw>织构的 2%Si-Fe 合金退火热轧板和一次冷轧板。也有人利用快速淬火制成{100}<ovw>织构且铁芯损耗更低的 Si-Fe 合金钢带。

(2) 镍-铁合金

与电工钢比较,镍-铁合金有高的磁导率和低的饱和磁感应强度,低的损耗,但价格高昂。这些材料用于高质量要求的电子变压器、电感器和磁屏蔽。它们有足够的延展性,可轧成 0.000 3 cm,常用于高达 500 kHz 的高频应用的带绕磁芯。由于磁场退火和变形时可以诱发很强的各向异性以及磁晶各向异性,因此通过加工可获得不同磁导率和矫顽力相结合的形状不同的磁滞回线。图 6.38 所示为 65%Ni-2.5%Mo-Fe 合金板材料磁场热处理的磁滞回线。当与磁场方向平行热处理时,得到

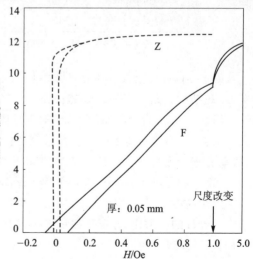

图 6.38 65%Ni-2.5%Mo-Fe 合金磁滞回线
（Z 为纵向磁场热处理;F 为横向热处理）

矩形磁滞回线,应用于磁放大器中。当与磁场方向垂直时,得到歪斜形状的磁滞回线,这种材料用于制作单极的脉冲变压器。

上面仅举了一个 Ni-Fe 合金应用的例子,其他还有不随温度变化几乎具有恒定磁导率的材料可应用于不同的电流变压器、失误阻断器(fault interrupter)。低温下具有高磁导率的材料可直接用于液氮、液氦的气氛中。

(3) 铁-钴合金

航天飞机集成电源、宇宙飞船涡轮发动机非接触磁力轴承、核电动力系统等要用到可在高温(一般高于 500 ℃)环境下工作的软磁材料。这就要求所选用的软磁材料居里温度高,并且在高温能保持高磁性,特别是高磁化强度和高磁导率等。表 6.6 所列为居里温度(T_C)超过 700 ℃ 的软磁合金的基本性能。可以看出,Fe-Co 合金居里温度最高,饱和磁感应强度最高,是目前已知最适合作为高温应用的软磁合金体系。特别是 Co 含量为 35% 的 $Fe_{65}Co_{35}$ 合金拥有迄今已知磁性材料中最高的饱和磁感应强度,达到 2.45 T。Co 含量为 50% 时,$Fe_{50}Co_{50}$ 合金兼具高初始磁导率、最大磁导率以及高的饱和磁感应强度,是目前高温软磁合金开发的主要基础成分。

表 6.6 $T_C \geqslant 700$ ℃ 的软磁合金的基本性能

材　料	T_C / ℃	B_s / T	λ_s / $\times 10^{-6}$	ρ / ($\mu\Omega \cdot cm$)
纯 Fe(c)	770	2.15	—	10
3Si-Fe(c)	740	2.01	无取向 7~9 *	45
6.5Si-Fe(c)	700	1.8	—	82
27Co-Fe(c)	940	2.36	35	20
35Co-Fe(c)	970	2.45	50	30
50Co-2V-Fe(c)	980	2.35	70	40
94Co-Fe(c)	1 050	1.83	0	16
Hit perm(NA) ($Fe_{44}Co_{44}Zr_7B_4Cu_1$)	>965	2.0	<30	>100

注:c 为传统结晶态材料;NA 为纳米晶材料;* 取向硅钢的 λ_s 取决于织构。

软磁 $Fe_{50}Co_{50}$ 合金具有体心立方结构(BCC),在 730 ℃ 以下会发生有序化反应($\alpha \rightarrow \alpha'$),产生 B2 超结构。这种有序化合物会使 $Fe_{50}Co_{50}$ 合金脆化,增加其 BCC 结构对解理开裂的敏感性,导致 $Fe_{50}Co_{50}$ 合金的脆性大,冷加工性差。此外,$Fe_{50}Co_{50}$ 合金的电阻率较低,交流磁化时涡流损耗大,不适合高频应用。大量合金化分析表明,在 $Fe_{50}Co_{50}$ 合金中添加少量钒(V)元素,最能有效降低其有序化温度,从而提高其加工性能,并能有效提高其电阻率。由此,形成了 1J21、1J22 等牌号的 Fe-Co-2V 高温软磁合金。

除满足高温环境应用需求外,采用具有高饱和磁感应强度、高磁导率的 Fe-Co 合金,对电子电力器件的小型化、轻量化和集成化也具有重要意义,特别是对航空航天应用尤为重要。

(4) 磁性陶瓷材料

20 世纪 40 年代,磁性陶瓷材料已成为重要的磁性材料领域,由于它有强的磁性耦合,高的电阻率和低损耗,并且种类繁多,应用广泛。多年来发展的铁氧体磁性材料(磁性瓷)主要有两类:

一类是具有尖晶石结构,化学结构式为 MFe_2O_4 的铁氧体材料。结构式中 M 在锰锌铁氧体中代表 Mn、Zn 和 Fe 的结合,而在镍锌铁氧体中镍代替了锰,其结构见图 6.39。铁氧体材料主要用于通信变压器和电感器,以及偏置磁轭和阴极射线管用变压器。最近也用于制作开关电源中的变压器。MnZn 铁氧体通常使用频率高达 1 MHz,若高于这个频率则使用 NiZn 铁氧体,这是因为后者电阻率更高。目前在设计开关电源中工作频率为 10^5 Hz,三种材料正在竞争:坡莫合金、铁氧体和非晶态合金。铁氧体另一个应用领域是用于制作微波器件,如隔离器(isolator)和环行器(circulators)。工作在旋磁频率附近,大约为 1~100 GHz。

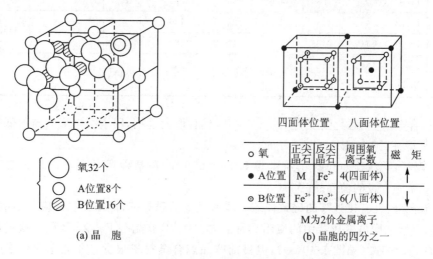

图 6.39 尖晶石型铁氧体晶体结构

另一类是石榴石磁性结构,其化学式为 $R_3Fe_5O_{12}$,其中 R 代表铱或稀土元素。它们也用于微波器件。它们比尖晶石结构铁氧体的饱和磁化强度低,用于 1~5 GHz 频率范围。在非磁性基片上外延生长薄膜石榴石铁氧体作为磁泡记忆材料。几种代表性软磁铁氧体材料性能见表 6.7。

表 6.7 几种软磁铁氧体材料性能

材料体系	起始磁导率 μ_i	B_s/T	H_c/(A·m^{-1})	T_c/K	电阻率/(Ω·cm)	适用频率/MHz
Mn-Zn 系	>15 000	0.35	2.4	373	2	0.01
Mn-Zn 系	4 500	0.46	16	573		0.01~0.1
Mn-Zn 系	800	0.40	40	573	500	0.01~0.5
Ni-Zn 系	200	0.25	120	523	5×10^4	0.3~10
Ni-Zn 系	20	0.15	960	>673	10^7	40~80
Cu-Zn 系	50~500	0.15~0.29	30~40	313~523	$10^{6\sim7}$	0.1~30

(5) 非晶态合金

具有成分接近 $(Fe,Co,Ni)_{80}(B,C,Si)_{20}$ 的过渡族金属和类金属的合金显示了非晶态结构。当把液态金属快速冷凝时,即可得到非晶态材料。1973 年首次非晶态合金带材商品化,其后有较大发展。非晶态合金大致可分为三组,见表 6.8。

表 6.8　一些非晶态磁性合金的性能

合　金		B_s/T	H_c/ (A·m^{-1})	λ ×10^6	ρ /($\mu\Omega$·cm)	T_c/℃	芯损	
							60 Hz,1.4 T (W·kg^{-1})	20 kHz,0.2 T (mW·cm^{-3})
铁基	$Fe_{81}B_{13.5}C_2$	1.61	3.2	30	130	370	0.3	300
	$Fe_{78}B_{13}Si_9$	1.56	2.4	27	130	415	3.23	
	$Fe_{67}Co_{18}B_{14}Si_1$	1.80	4.0	35	130	415	0.55	
	$Fe_{79}B_{16}Si_3$	1.58	8.0	27	125	405	1.2	58
Fe–Ni基	$Fe_{40}Ni_{38}Mo_4B_{18}$	0.88	1.2	12	160	353		200
Co基	$Co_{67}Ni_3Fe_4Mo_2$ $B_{12}Si_{12}$	0.72	0.4	0.5	135	340		43

① 铁基合金:饱和磁化强度为 1.6～1.8 T,代替取向硅钢,用于配电变压器的低损耗软磁材料,其频率特性(到 50 kHz)也是好的。

② 铁-镍基合金:其饱和磁化强度为 0.75～0.9 T,在某种意义上可以认为是 4%Mo-79%Ni-Fe 晶体合金的仿制品。

③ 钴基合金:具有接近零的磁致伸缩。具有最高的磁导率,低损耗且对应力不敏感。

非晶态合金在配电变压器中的应用具有潜力。例如,非晶态 $Fe_{86}Zr_7B_6Cu_1$ 损耗只有常见取向硅钢的 1/5～1/3(见图 6.40(a)),但目前非晶态合金材料很贵。非晶态薄带在电子工业中的应用占有绝对优势,因为金属铁芯都要用薄带缠绕。400 Hz 的航空变压器和开关电源都要用矩形和斜歪形铁芯。非晶态合金的磁滞回线与铁镍合金一样,形状可由磁场热处理进行控制。图 6.40(b)所示为 $Fe_{39}Ni_{39}Mo_4Si_6B_{12}$ 非晶态合金在不同热处理条件下的三种磁滞回线。非晶态合金的其他应用包括磁屏、磁机传感器、电动机铁芯、记录磁头等。

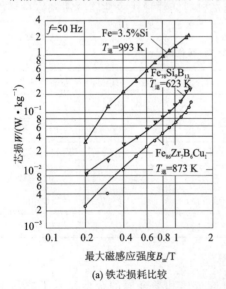

(a) 铁芯损耗比较

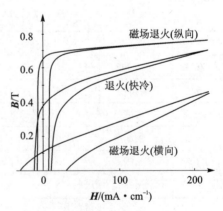

(b) $Fe_{39}Ni_{39}Mo_4Si_6B_{12}$非晶态合金在 不同热处理条件下的磁滞回线

图 6.40　部分非晶软磁合金的铁损和磁带性能

我国已经开始研制并生产非晶态合金,并大力开发其应用。例如,艾乡文用(Fe_4Co_{93}

$Cr_3)_{74}Si_8B_{18}$ 非晶态合金制成用于 100 kHz 以上的开关电源,其性能良好,使 DC/DC 变换器工作频率从 50 kHz 提高到 150 kHz 左右,而且效率仍高于 85%。与 20 kHz 的变换器相比,体积和质量减小约 50%。又如,我国有人用 0.04 mm 厚的非晶态软磁合金代替 0.1 mm 厚的铁-镍合金来制作彩色摄像管偏转聚焦线圈导磁筒,其效果很好。此外用 $Fe_{75}Cr_5P_{13}C_7$ 非晶态合金细丝,将高岭土净化为只含 0.7%Fe_2O_3 的特级高岭土等。但要注意非晶态合金具有以下缺点:温度对磁的不稳定性影响比较大,尤其当开始出现结晶态时,矫顽力增加,随之将引起铁损及磁导率的急剧变化。

(6) 纳米晶软磁材料

纳米晶软磁材料是指材料中晶粒尺寸为纳米量级(一般≤50 nm),而获得的高起始磁导率($\mu_i≈10^5$)和低矫顽力($H_c≈0.5$ A/m)。一般是在 Fe－B－Si 基合金中加少量 Cu 和 Nb,在制成非晶材料后,再进行适当热处理,利用 Cu 和 Nb 的作用,增加晶核数量、抑制晶粒长大,从而获得纳米级晶粒结构。此类材料是新开发的一类磁性材料。

6.5.2　硬磁材料

硬磁材料又称永磁材料,是指材料被外磁场磁化后,去掉外磁场仍然保持着较强剩磁的磁性材料。显而易见,作为磁场应用的永磁体总是希望剩余磁感应强度 B_r 和矫顽力 H_c 大,才能使永磁体在各种环境下具有稳定的磁性能。下面,首先从组织结构上分析一下提高硬磁材料的性能的途径。

1. 组织结构与磁性能关系

硬磁材料通常作为磁场源或磁力源,也即为对象提供磁空间。假设磁铁是一个闭合回路(如环状),在磁化后取消外磁场,则在磁铁中有剩磁(B_r),但它不能对外提供可利用的磁空间。如果在环上开一个空气隙(见图 6.41),在磁铁上出现二极,并在此空气隙中建立了磁场。但有了磁极,便产生退磁场,降低了 B_r 的值。这种退磁关系是按照磁滞回线在第二象限内的曲线变化的(见图 6.42 的左半部)。

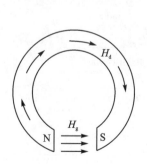

图 6.41　永久磁铁的空气隙

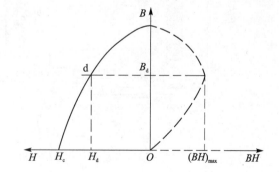

图 6.42　磁铁的最大磁能积

由电磁学可知,空气隙的磁场为

$$H_g = \left(\frac{B_d H_d V_d}{\mu_0 V_g}\right)^{\frac{1}{2}} \tag{6.47}$$

式中:H_d 为退磁场强度;B_d 为退磁场磁感应强度;μ_0 为真空磁导率;V_d 为磁铁体积;V_g 为空气隙体积。由式(6.47)可知,提高空气隙的磁场强度必须提高 B_d、H_d,其 BH 乘积代表磁铁的能量。开路(有缺口)永磁体的退磁曲线上各点随 B 的变化如图 6.42 所示,其中 BH 之最大点为 H_dB_d 之积,称为最大磁能积,以 $(BH)_m$ 表示。最大磁能积(简称磁能积)越大,在气隙产生的磁场越大,因此要求硬磁材料的磁能积越大越好。性能优异的硬磁材料具有三个高的磁性能指标,即矫顽力 H_c、剩磁 B_r、最大磁能积 $(BH)_m$,号称"三高"。为了使材料在环境变化时磁性能稳定,常选择居里温度 T_c 高的硬磁材料。改进材料的组织结构更有利于提高硬磁材料的三个磁性能指标,是改善硬磁材料性能的途径之一。

外磁场去掉之后,磁感应强度下降,变化的机制有两种:一种是磁畴协调转动,所有的自旋一致转动;另一种是非一致转动,即样品分成几个有规则的空间转动区域;还有一种机制是反向畴成核和生长。一般认为,当形状各向异性的静磁能是畴转的主要障碍(位垒)时,非一致转动模式占主导地位。在大多数材料里,磁晶各向异性是畴反转的位垒,反向畴成核和生长是主要模式,因此退磁曲线的控制机制可能是反向畴成核或第二相粒子以及晶粒边界在畴壁造成的钉扎。然而,畴变化细节常常是不清楚的。微观组织研究表明,一般是矫顽力随针状沉淀粒子而增加,矫顽力大小成了晶粒尺寸或沉淀粒子尺寸的函数,并且具有最大值。人们正是通过改变成分、热处理、技术磁化等方法得到合适的微观组织,以提高硬磁材料的性能。

图 6.43 所示为人们在硬磁材料的发展过程中,为提高其磁能积的奋斗足迹。

图 6.44 所示为有代表性的硬磁材料的退磁曲线。

下面分别介绍具体材料系,并讨论各体系的特点和提高性能的机制。

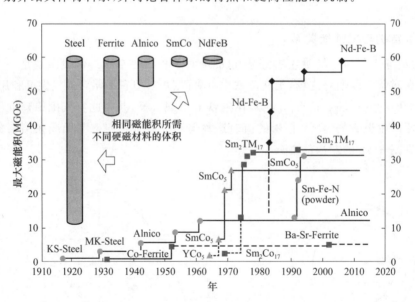

图 6.43 硬磁材料磁能积的进展

2. 硬磁材料

硬磁材料有铁氧体、铝镍钴、稀土钴以及稀土-铁类合金。扬声器是这类材料的主要使用者(约占 50%)。

表 6.9 列出了一些磁性材料的磁性能。

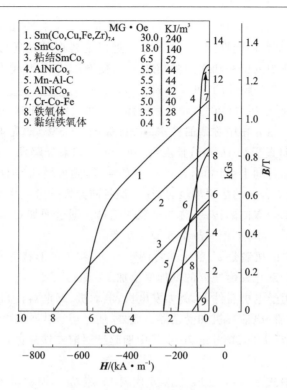

图 6.44 硬磁材料的退磁曲线

表 6.9 一些硬磁材料的性能

材 料	B_r/T	$H_c/(kA \cdot m^{-1})$	$(BH)_{max}/(kJ \cdot m^{-3})$
17%Co 钢(18.5Co, 3.75Cr, 5W, 0.75C 余 Fe)	1.07	13	6
AlNiCo2 (10Al, 19Ni, 13Co, 3Cu, 余 Fe)	0.75	45	14
AlNiCo5 (8Al, 14Ni, 24Co, 3Cu, 余 Fe)	1.28	51	44
AlNiCo9 (7Al, 15Ni, 35Co, 4Cu, 5Ti, 余 Fe)	1.05	120	72
Ba 铁氧体（$BaO_6 \cdot Fe_2O_3$）	0.43	170	36
Sr 铁氧体（$SrO_6 \cdot Fe_2O_3$）	0.42	250	36
$SmCo_5$	0.87	640	144
Sm $(Co_{0.68}Cu_{0.10}Fe_{0.21}Zr_{0.01})_{7.4}$	1.10	510	240
路德克硬磁合金 32 (19.2Fe, 10.8Co, 63Pb, 7Sb)	0.74	75	28
Cunife (60Cu, 20Ni, 余 Fe)	0.54	44	12
钒合金 (10V, 52Co, 余 Fe)	0.84	19	7
开勒敏杜尔钴钒合金 11 (10.5Co, 28Cr, 余 Fe)	0.98	30	16
23Cr, 15Co, 3V, 2Ti, 余 Fe	1.35	44	44
77Pt, 23Co	0.65	360	73
70Mn, 29.5Al, 0.5C	0.56	180	44

(1) 铝-镍-钴合金

铝-镍-钴合金具有高的$(BH)_{max}$（$=40 \sim 70 \ kJ/m^3$），高的剩余磁感应强度（$B_r = 0.7 \sim$

1.35 T)，适中的矫顽力($H_c = 40 \sim 160$ kA/m)。它们是含有 Al、Ni、Co 加上 3%Cu 的铁基系合金。AlNiCo1～4 型是各向同性的，而 AlNiCo5 型以上各型号是通过磁场热处理可得到各向异性的硬磁材料。适中的价格和实用的$(BH)_{max}$，使 AlNiCo5 型成为该合金系中使用最广泛的合金。铝-镍-钴合金是脆性的，可以用粉末冶金方法生产。

Al-Ni-Co 合金属于析出(沉淀)硬化型磁体。当由高温冷却时，从体心立方相变为在弱磁基或非铁磁的Ni-Al富 α 相中弥散的铁磁 α' 相，属 Fe-Co 系，这是调幅分解。α' 趋于形成像针状，在<100>方向直径约 10 nm，长度约 100 nm。如果分解发生在居里温度以下(各向异性铝镍钴)，所加磁场有利于<100>方向 α' 针的生长，则可增加$(BH)_{max}$。在这方面钴起着关键作用，因为它提高了合金的居里温度，以至于使各向异性分解发生在磁场退火条件下。通过定向凝固，生产<100>取向的铸锭，称为柱状铝镍钴。通过增加 Co 或 Ti 或 Nb 的量，矫顽力可以增加到典型值的 3 倍，如铝-镍-钴 8 型和 9 型。

铝-镍-钴中矫顽力的机制是 α' 粒子非协调转动，α' 粒子是形状各向异性。矫顽力随针的方向比和二相间的饱和磁化强度之差的增加而增加。

铝-镍-钴被广泛用于电机器件上，例如发电机、电动机、继电器在和磁电机；电子行业中的应用包括扬声器、行波管、电话耳机和受话器。此外，还可用于各种夹持装置。与铁氧体相比，它的价格较高，因此市场上自 20 世纪 70 年代中期起已逐渐被铁氧体代替。

(2) 硬磁铁氧体

硬磁铁氧体的一般式是 $MO \cdot 6Fe_2O_3$，M 代表 Ba 或 Sr。钡铁氧体已批量生产。研究表明，锶铁氧体具有优良性质并已获得了市场认可。由于铁氧体磁性材料是以陶瓷技术生产，所以常称为陶瓷磁体。

硬磁铁氧体具有六方晶体结构，其磁晶各向异性常数高($K_1 = 0.3$ MJ/m³)，低的饱和磁化强度($M_s = 0.47$ T)。矫顽力$_M H_c = 200 \sim 320$ kA/m。磁化强度反向转换的机制可能是晶界畴壁钉扎畴的形核。由于居里点温度只有 450 ℃，远低于铝-镍-钴材料(钴-镍-钴 5 型的居里点温度为 850 ℃)，所以磁性能对温度十分敏感。减小粒子尺寸形成单畴和磁场模压处理皆可提高$(BH)_{max}$和B_r。

(3) 稀土永磁材料

稀土永磁材料是 20 世纪 60 年代出现的新型金属永磁材料。它分为两大类：钴基稀土永磁体和铁基稀土永磁体(见图 6.45)。钴基稀土永磁材料又称稀土钴永磁材料。它包括两种永磁体。第一种是 1:5 型 R-Co 永磁体。R 代表稀土原子，其他金属原子用 TM 代表。由于起主要作用的金属间化合物的组成是1:5 的比例，故称为 1:5 型 R-Co 永磁体。它们又分单相和多相两种。单相是指从磁学原理上为单一化合物的RCo₅永磁体，如 SmCo₅、(SmPr) Co₅烧结永磁体。多相的 1:5 型 Sm-Co 永磁体是指以 1:5 相为基体，有少量的 2:17 型沉淀相的 1:5 型永磁体。第二种是 2:17 型 R-Co(或 R-TM)永磁体。因为起主要作用的金属间化合物的组成比例是 2:17(R/TM 原子数比)，故称为 2:17 型永磁体。单相、多相之分与 1:5 型永磁体类似。

SmCo₅金属化合物具有CaCu₅型的六方结构。饱和磁化强度适中($M_s = 0.97$ T)，极高的磁晶各向异性($K_1 = 17.2$ MJ/m³)。由 SmCo₅构成的磁体是单相磁体。实验室已获得 $B_r = 1$ T，$_M H_c = 3\,200$ kA/m，$(BH)_{max} = 200$ kJ/m³，典型的商品值$(BH)_{max} = 130 \sim 160$ kJ/m³。矫顽力来源机制是基于畴的成核和晶界处的畴壁钉扎。矫顽力最大值只在细化的小晶粒(1～10 μm)中才能达到，或者以这样细的粉烧结细小的晶粒磁体。

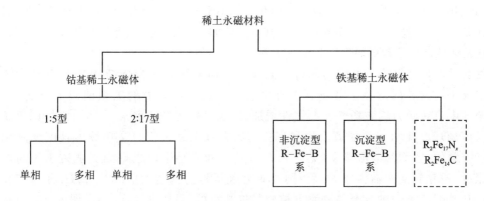

图 6.45　稀土永磁材料分类图

金属间化合物 Sm_2Co_{17} 同样是六方晶体结构,较高的饱和磁化强度($M_s=1.20$ T),但各向异性常数较低($K_1=3.3$ MJ/m^3)。以 Sm_2Co_{17} 为基的磁体是多相沉淀硬化型的磁体。最早是在 $SmCo_5$ 系列中以 Cu 代替部分 Co 而发现的。与单相磁体不同,矫顽力来源机制是沉淀粒子在畴壁的钉扎。因为它有高的饱和磁化强度,故期望得到比 $SmCo_5$ 高的 $(BH)_{max}$。以 Sm_2Co_{17} 为基的 $Sm(Co_{0.65}Fe_{0.28}Cu_{0.05}Zr_{0.02})_{7.69}$ 已得到 $(BH)_{max}=265$ kJ/m^3。可塑黏结 Sm_2Co_{17} 的磁体磁积能已达 120 kJ/m^3。与铁氧体材料类似,树脂粘结稀土磁体已得到普遍应用,因为已成型的复杂零件可具有精确的尺寸,尽管磁性能稍低一点(见聚合物基复合材料)。此处沉淀硬化合金明显比单相材料更抗时效,因为单相材料更具有氧化倾向。由 $Sm(Co_{0.672}Cu_{0.08}Fe_{0.22}Zr_{0.028})_{8.35}$ 成分构成的树脂黏结性磁体材料,$B_r=0.85$ T,$_MH_c=760$ kA/m,$(BH)_{max}=132$ kJ/m^3。这已可与某些致密烧结的 $SmCo_5$ 单相磁体相比拟了。

除了钐以外,其他稀土元素已获使用。以 Pr 代替部分 Sm 提高 M_s 和 $(BH)_{max}$ 值。使用含铈的稀土元素降低了原材料价格。在沉淀硬化型磁体中,用 Ce 代替部分 Sm 已经实际应用。加 Gd 可改善使用器件的剩余磁感应强度的温度系数。在加工方面除了熔融金属成为合金以外,在 Co 作催化剂的情况下,钙热法还原稀土氧化物已成为低成本制成 $SmCo_5$ 粉的新方法。表 6.10 列出了主要的沉淀硬化稀土钴磁性材料,从中可以看出这个系统材料的发展趋势。

表 6.10　沉淀硬化稀土钴磁体

合　　金	B_r/T	$_MH_C/(kA \cdot m^{-1})$	$(BH)_{max}/(kJ \cdot m^{-3})$
$(Co_{0.73}Cu_{0.27})Sm$	0.64	480	
$(Co_{0.65}Cu_{0.25}Fe_{0.1})_{5.35}Sm$	0.69	800	
$(Co_{0.75}Cu_{0.14}Fe_{0.1})_{6.8}Sm$	1.05	500	210
$(Co_{0.68}Cu_{0.1}Fe_{0.21}Zr_{0.01})_{7.4}Sm$	1.10	520	240
$(Co_{0.65}Cu_{0.05}Fe_{0.28}Zr_{0.02})_{7.67}Sm$	1.20	1 040	264

另一类铁基稀土永磁材料的代表是 Nd - Fe - B 系合金,是 1983 年日本住友特殊金属株式会社的佐川真人(Sagama)等人用粉末冶金方法研制的。目前,$(BH)_{max}=430.6$ kJ/m^3(54 MGsOe),$B_r=1.48$T(14.8 kGs),$_MH_c=684.6$ kA/m(8.6 kOe),20~100 ℃ 范围内磁可逆温度系数已降到 $\alpha=-0.01\%\sim-0.035\%$ ℃$^{-1}$。目前正在取代 Sm - Co 永磁体和铸造永磁材料。能否取代铁氧体,取决于其成本是否可进一步降低。

Nd-Fe-B系硬磁材料主要以金属间化合物 $Nd_2Fe_{14}B$ 为基体,但必须含有适当的富 Nd 相和富 B 相,含氧量要低于 $1\,500\times10^{-6}$,其他杂质如 Cu 也要很低,非磁相体积小于 1%,磁体才能获最佳性能。性能对加工工艺十分敏感。

目前对这种材料矫顽力的起源有不同看法。但多数人认为烧结 Nd-Fe-B 合金的矫顽力取决于反磁畴的形核扩散场。这可由其磁化场与矫顽力的关系曲线加以初步判断。若合金的内禀矫顽力随磁场增加而线性增加,并且当磁化场达到某一 H_{sat} 值时,则矫顽力达到最大值$_MH_{c\,max}$,称 H_{sat} 为矫顽力饱和场。这种曲线关系说明合金矫顽力是由反磁化畴的形核场控制的,或称其为形核型(见图 6.46(a))。如果合金内禀矫顽力随磁化场的增加而增加很少,磁化到某一临界值 H_P 后,则矫顽力跳跃地达到最大值$_MH_{c\,max}$(H_P 称为钉扎场),而且$_MH_{c\,max}<H_{sat}$,这种合金的矫顽力控制是钉扎型的(见图 6.46(b))。图 6.46(c)是烧结Nd-Fe-B 系合金矫顽力与磁化场的关系曲线。它与图 6.46(a)、(b)均不同,但更接近于形核型关系曲线。当然,形核场理论解释不了快淬 Nd-Fe-B 和非取向烧结 Nd-Fe-B 合金的矫顽力机制,就这一点来说更接近钉扎场理论。

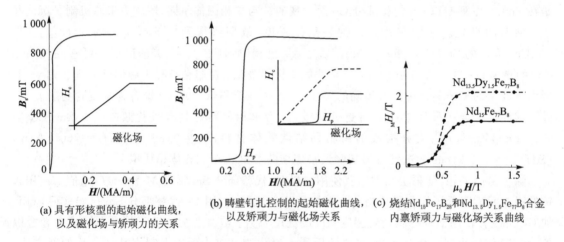

(a) 具有形核型的起始磁化曲线,以及磁化场与矫顽力的关系　　(b) 畴壁钉扎控制的起始磁化曲线,以及矫顽力与磁化场关系　　(c) 烧结$Nd_{15}Fe_{17}B_{28}$和$Nd_{13.5}Dy_{1.5}Fe_{77}B_8$合金内禀矫顽力与磁化场关系曲线

图 6.46　矫顽力与磁化场关系曲线

表 6.11 所列为各种硬磁材料温度稳定性比较。Nd-Fe-B 系稍差一点。在腐蚀和潮湿条件下应用Nd-Fe-B系硬磁材料,表面应加以保护。

表 6.11　Nd-Fe-B 三元合金与其他永磁合金温度特性的比较

合　金	居里温度 $T_c/℃$	磁感应温度系数 $\alpha/(\%\cdot℃^{-1})$ (20~100 ℃)	矫顽力温度系数 $\beta/(\%\cdot℃^{-1})$ (20~100 ℃)	最高工作温度 $T/℃$
$SmCo_5$	720	−0.045	−(0.2~0.3)	250
2∶17 型 SmCo 合金	820	−0.025	−(0.2~0.3)	350
NdFeB 三元合金	310	−0.126	−(0.5~0.7)	100
AlNiCo 合金	800	−0.02	−0.03	500
铁氧体材料	450	−0.2	−0.40	300
MnAlC 合金	310	−0.12	−0.4	120

图 6.47 中虚线部分表示正在研究开发的稀土铁基硬磁材料,它们是 R-Fe-C 系和 R-Fe-N。据报道,$R_2Fe_{17}N_x$ 的磁化转变温度比 $R_2Fe_{14}B$ 有较大提高,其各向异性场可达 20 T 或更高。

(4) 非稀土金属永磁材料

第一类,Cu-Ni-Fe 合金国外商品名称为 Cunife,其成分为 60%Cu、20%Ni、20%Fe。合金在硬磁状态也可冲压。磁硬化机制似乎是在非磁的富铜基体调幅分解富铁粒子的非一致旋转。最大磁能积为 12 kJ/m^3。尽管磁性能极为普通,但常用于速度表和计时马达。这些零件承受高速冲击,要求其工作精确。铜-镍-铁合金锭不能热加工,而且其直径限制在 3 cm 以下。

第二类,Cr-Co-Fe 合金是 1971 年 Kaneko 等人研制的永磁材料,在冶金结构和磁性能方面类似 AlNiCo,但具有好的延展性,用较少的 Co 达到等效的磁性能。其代表性能值见表 6.12。

表 6.12　铬钴铁硬磁材料

合金(余为铁)	B_r/T	H_c/(kA·m^{-1})	$(BH)_{max}$/(kJ·m^{-3})
23Co-28Cr-1Si	1.30	46	42
23Co-33Cr-2Cu(a)	1.30	36	78
15Co-23Cr-3V-2Ti	1.35	44	44
15Co-22Cr	1.56	51	66
15Co-24Cr-3Mo(b)	1.54	67	76
10.5Co-28Cr(c)	0.98	30	16
11.5Co-33Cr(a)	1.20	62	44
6Co-30Cr	1.34	42	42

注:(a)变形时效;(b)<100>针状晶粒;(c)各向同性。

Cr-Co-Fe 系合金含有 20%~25%Cr、3%~2.5%Co。它们在 1 200 ℃ 以上高温具有铁磁性体心立方晶格的 α 相结构。大约在 700 ℃,α 相和 γ 相(面心结构,无磁)二相共存。在这个温度范围内,当 Cr 含量较高时,出现脆的、非磁性的 δ 相。在较低温度下,α 相进行调幅分解,产生富铁的高磁 α_1 相和低磁性富铬的 α_2 相。对于 Fe-30%Cr 的二元合金,分解温度 550 ℃;对于 Fe-30%Cr-20Co 三元系合金,分解温度增加到 650 ℃。与各种 AlNiCo 磁体类似,Co 提高了分解温度,动力学过程加快,但仍仅为 AlNiCo 磁体的动力学过程的 1/10 左右。

透射电镜研究表明,分解的组织具有锯齿状边界畴,证明矫顽力来源于钉扎机制。最大矫顽力相应的晶粒尺寸是 50 nm。粒子拉长并排列成直线,对于提高 H_c 和 B_r 值以及使退磁曲线矩形化都具有重要作用。磁场热处理和变形加工可达到所要求的晶粒形状。

最初这种材料的研究集中于高 Co 区域,典型代表为 23%Co-28%Cr-1%Si-Fe 合金。加入 Si 以改善其延展性,随后把注意力转移到减少 Co 上,使之成为 15%Co 通常加入 Nb、Al、V、Ti 和 Zr,以抑制非磁相 γ 的形成,典型合金成分为 15%Co-30Cr-Fe 合金的磁性能几乎与 AlNiCo5 性能相同。

形变-时效技术已广泛用于生产高磁能积 Cr-Co-Fe 系统磁性材料。23%Co-2%Cu-33%Cr-Fe 合金的 $(BH)_{max}=78$ kJ/m^3。Homma 等人用定向凝固和磁场退火已获得 $(BH)_{max}=76$ kJ/m^3 的 15%Co-24%Cr-3%Mo-Fe 合金,它具有<100>柱状的晶粒结构,Mo 的加入有利于类针状分解产物定向于<100>方向。

根据应用,Cr-Co-Fe 合金几乎可以一对一地代替所有 Al-Ni-Co 磁性材料。因其具有良好的延展性并可成型,故正在成为 Cunife 和 Vicalloy 合金的代用品,作为冲压件、薄带材及线材。成分为 10.5%Co-28Cr%-Fe、名为 Chronindur 的合金已代替 Remalloy(12%Co-28%Mo-Fe)作为电话受话器的偏置磁体。由于 Cr-Co-Fe 的冷加工变形允许高速室温成型成杯状,这比 Remalley 合金 1 250 ℃下慢慢成型在经济上优越。

(3) Mn-Al 合金

理论上具有高达 12.64 MGOe 的磁能积,磁各向异性场为 38 kOe,而且价格极为低廉,在填补稀土永磁材料(性能高且价格高)和铁氧体永磁材料(价格低且性能低)之间的空白、研制高性价比非稀土永磁材料方面有巨大潜力。

在 Mn 含量为 50%~60% 的 Mn-Al 合金中存在一个亚稳态的 τ 相,是 Mn-Al 合金中唯一具有铁磁性的相。τ 相是位于高温 ε 相(六角密排结构,非磁性相)和室温稳定相 Al_8Mn_5(γ_2)相及 β 相之间的一个中间相,具有体心四方结构(BCT),这决定了其具有很强的单轴磁晶各向异性,c 轴是易磁化轴。由高温 ε 相以 10 ℃/s 的速度冷却,或由高温 ε 相高温淬火后回火热处理,均能得到 τ 相。但 τ 相不稳定,很容易分解为稳态的 γ_2 相和 β 相。之后,有研究发现,在 Mn-Al 合金中加入少量 C 元素能稳定 τ 相,并能改善 Mn-Al 合金的硬磁性能和机械性能,因而出现了 Mn-Al-C 硬磁合金。适量 C 元素的加入使得 τ 相 BCT 晶格的四方度 c/a 增大,从而提高了磁晶各向异性,对于提高磁性能是有利的。C 元素的加入还提高了 Mn-Al 合金的有序度,这也是有利于磁性能提高的。另外,相对 Mn 和 Al 原子来说,原子半径小的 C 原子不是处在间隙位置而是占据在晶位上,这可使内应力减小以利于机械性能的改善。目前 Mn-Al-C 磁体的最大磁能积达到 8 MGOe,这与目前已经实际应用的 AlNiCo 硬磁材料性能相当,而且 Mn-Al 合金则更适合在动态应力作用下使用,可满足对于高可靠性和耐蚀性的要求,因此有很大的发展潜力。

(5) 纳米复合永磁材料

高磁能积是永磁材料永恒的追求目标。这要求永磁材料既具有高的矫顽力,又具有高的剩磁。一百多年来,永磁材料的磁能积呈现指数增长的趋势。然而,自 20 世纪 80 年代第三代稀土永磁材料 Nd-Fe-B 合金出现以来,永磁材料的磁能积一直难以取得突破。近些年,纳米复合的新思路被提出来。有计算预测,纳米复合磁体的理论磁能积高达 100 MGOe,远高于 Nd-Fe-B 合金(~60 MGOe),有望成为高性能永磁材料研发的新途径。

高磁能积要求永磁材料既具有高的矫顽力 H_c,又具有高的剩磁 B_r。纳米复合思路的出发点之一是,稀土永磁材料由于磁晶各向异性强,容易具有高的矫顽力,但饱和磁感应强度偏低,限制其具有更高剩磁,也就成为限制其获得更高磁能积的关键;软磁材料具有高的饱和磁感应强度,例如,具有体心立方结构的纯铁软磁,即 α-Fe,饱和磁感应强度可达 2.16 T,而 6.5.1 小节介绍的 $Fe_{65}Co_{35}$ 合金饱和磁感应强度高达 2.45 T,均远高于 Nd-Fe-B(1.6 T),具有获得高剩磁的潜力,如果将稀土永磁材料与软磁材料以某种方式复合到一起,集二者优点于一身,则将有极大潜力得到一种具有更高磁能积的新型永磁材料。

纳米复合思路的另一个出发点是,当永磁材料的颗粒尺寸减小到形成单畴颗粒时,如果颗粒间存在相互耦合作用,会存在一个临界颗粒尺寸,此时矫顽力最大。在这种情况下,以软磁相为基,辅以硬磁纳米颗粒,形成纳米双相结构,或由纳米厚度软磁相包覆硬磁纳米颗粒形成核壳结构,或者形成纳米薄膜结构,软磁相与硬磁相界面处的原子磁矩间会存在很强的交换耦合作用。这种交换耦合作用的结果是,具有强磁晶各向异性的硬磁相原子磁矩约束了软磁相中的原子磁矩取向,从而阻止软磁相内反磁化核的形成和长大,使复合材料兼有高剩磁、高矫顽力及高磁能积。

纳米尺度微结构精确控制是制备纳米复合永磁体的难点,也是导致目前采用各种物理和化学方法所制备的纳米复合永磁体磁能积远低于理论值的关键。

(6) 聚合物基永磁复合材料

永磁磁粉与某一基体的复合物是兼有磁粉的磁性和基体的机械加工特性的功能复合材料,通常也称之为粘结型磁体(Bonded Magnets)。所用基体主要有两类:聚合物如橡胶、热塑性或热固性树脂;低熔点金属,如 Zn、Sn、Cu、Al 及其合金等。当前树脂粘结磁体在永磁复合材料中居主导地位,故这里介绍聚合物基永磁复合材料。黏结磁体相对于烧结磁体发展较快的事实,主要原因是它的加工性优越,可加工成异型材,易二次加工,尺寸精度高;韧性好,易批量生产;价格低廉;质量又轻,故而受到人们重视,特别是稀土永磁材料中的 NdFeB 出现之后,其黏结磁体的磁性可超过烧结铁氧体及 AlNiCo 合金。因此,塑料黏结磁体的产量每年以 $10\% \sim 30\%$ 的速度增长。

永磁复合材料的磁性来自复合的磁粉,表 6.13 列出了一些稀土永磁体的主要性能、$(BH)_m$ 的理论值和黏结磁体的磁能积值。

表 6.13　稀土永磁体的磁性能及其黏结磁体实际 $(BH)_m$ 值

永磁材料种类	B_s/T	$H_c/(MA \cdot m^{-1})$	$(BH)_{max}$ 理论值 $/(kJ \cdot m^{-3})$	$(BH)_{max}$ 实际值* $/(kJ \cdot m^{-3})$
$SmCo_5$	1.14	22	259	96(A)
$Sm_2Fe_{17}N_3$	1.57	20	493	176(A)
$Nd_2Fe_{14}B$	1.60	5.6	509	175(A)
$(Sm, Zr)(Fe, Co)_{10}N_x$	1.70	6.2	575	
$SmCo_5/SmCo_{17}$	1.48		436	164(A)
$Fe_3B/Nd_2Fe_{14}B$	1.60		300(I)	66.1(I)
$\alpha-Fe/Nd_2Fe_{14}B$	1.85		400(I)	93.4(I)
$\alpha-Fe/SmFe_7N_x$				80(I)

注:*(A)表示各向异性;(I)表示各向同性。

显然要使磁粉能够充填在基体中,达到填充率高、分散均匀、与基体有良好的黏结性,并在磁场中易于达到良好取向,磁粉表面处理是十分重要的。稀土磁粉表面处理同样要提高其抗氧化性。

最常用的表面处理方法是包覆处理。常用的包覆剂为有机试剂,如偶联剂(硅烷、钛酸酯等)、表面活性剂、聚合物、无机物、金属及其化合物等。还有一种不常用的包覆剂是包覆在表面形成氧化物、氮化物或氟化物薄层,起到阻隔氧气的作用,具体办法是把磁粉置于含氧、氮、氟的气氛中进行微氧化、氮化、氟化处理。

永磁复合材料的基体是树脂。它可以是橡胶、热固性树脂、热塑性树脂,研究表明树脂基体的种类对黏结磁体、磁性能影响不大,但对于材料加工方法、机械性能、耐热、耐化学试剂性有显著影响。表 6.14 列出了几种黏结磁体用热塑性树脂基体的主要性能。

表 6.14　黏结磁体用热塑性树脂的性能评议

树　脂	优　点	缺　点
聚烯烃	易加工,耐溶剂,吸湿性低,价格低廉	性能一般,耐环境应力开裂较差
聚酰胺(PA)	机械性能、耐热性好,阻燃,耐脂肪烃(汽油、润滑油等),电性能良好	易吸水,酸加速磁粉生锈,耐候性一般,不耐酸,重复加工性差
聚碳酸酯(PC)	冲击强度、耐蠕变性突出,可在−100～400 ℃使用,吸水性低,易加工	耐疲劳强度、耐应力开裂、耐磨性、耐溶剂性较差,易老化
聚酯(PBT,BET)	耐磨,阻燃,耐候,吸水性很低,耐应力开裂,熔体流动性好,易加工	不耐酸、碱、热水,未改性时,耐热性和机械性能较差
聚苯撑硫(PPS)	耐蠕变,耐磨,阻燃,耐热(使用温度>180 ℃),耐化学药品,耐候,耐辐射,与填料及其他聚合物的共混性好	冲击强度较低,熔体黏度大,成型加工困难
氟树脂	优异的耐热性、化学稳定性、介电性、自润滑性及耐老化性	机械性能一般,易磨损,成型加工困难
聚酰亚胺(PI)	机械性能优异,耐蠕变,耐热,耐溶剂,耐辐射,一些品种可注射、挤出	一些品种不熔不溶,难加工或耐酸碱性差,遇强氧化剂降解
热致液晶聚合物(TLCP)	优异的物理机械性能、加工流动性和耐热性	价格高昂
PPO、PEEK、PES 等	机械性能、耐热性优良	高熔点,流动性差,难加工

目前 PA 是常用的黏结剂,原因是其性能良好、易加工。高聚物如 PPO、PPS、PEEK,TLCP 等虽然具有良好的综合性能,但由于加工困难及高昂的价格使应用受到了限制。磁粉加入使聚合物基体性能下降,主要是对流动性和力学性能产生直接影响。为了改善流动性,也可以采用粒径分布宽或者二种晶粒磁粉混用。注射、挤出成型的热塑性永磁体是高填充体系,流动性差,加入适当的加工助剂有助于降低黏度并减小机器的磨损。对于干混法热固性树脂体系,流动性更为重要。据报道,在带有多硫化合物的复合材料中,加入适当的 SiO_2 或 SiC 颗粒或者加入含 NHCONH−等官能团的化合物可以改进粉体流动性并获得好的磁性、机械性能和耐热性。

6.6　磁记录材料

磁信息存储技术可视为磁学的应用,与磁性材料的发展关系十分密切。自 1898 年丹麦人浦尔生(Poalsen)制造了一台录音电话机起,到现在磁信息存储的发展已有 100 多年的历史了。它已经在以下各方面有广泛应用:

① 录音技术中的应用。这是最早应用的领域。录音技术正在向数字式方向发展,以进一步提高信噪比和其他性能。

② 计算机技术中的应用。磁盘存储器和磁带存储器作为计算机外存储设备具有容量大、成本低等优点。

③ 录像技术中的应用。1956 年前后,广播录像机试制成功不久,彩色录像机也成了商品。由于录像磁带可以快速显示,剪接加工与编辑等都比传统制版方法效率高,而且可以消磁重复使用,所以很快成为电视广播的关键设备。

④ 科学研究中的应用。多速模拟记录装置可以将记录下来的信号进行时间放大或缩小工作,从而使数据处理更为方便、灵活。

⑤ 日常生活中的应用。磁性卡片可用于存取款、图书保存以及乘坐交通工具的票证等。

磁信息存储的基本技术是磁记录技术。其分类方法很多,可以按输入信号的形式,也可以按介质的形状,更可以按应用的领域。例如,计算机应用的硬盘、软盘或磁带,其输入的信号都是二进位数字信号,因此可以称它们为数字记录应用。其特点是高的数据可靠性和快的存储速度。而在音频磁带、录像磁带、卫星传输信号应用等方面,使用的输入信号是频率调制信号或数字编码(digital encoding),以及线性模拟技术,它们统称模拟记录应用。其特点是高的信噪比、低的畸变和单位使用时间的低成本。二者虽有上述差别,但都属于磁信息存储系统。磁信息存储系统涉及许多技术,包括磁芯记忆系统、磁感应记录系统、磁光记录系统、磁泡记忆系统。20 世纪 70 年代初,计算机用磁芯记忆系统已被半导体元件代替。磁泡记忆元件只在个别地方使用,主要是作为不易失的固态存储器应用,但成本高。因此,这里只介绍电磁感应为主的磁记录系统相关磁信息存储材料。

6.6.1 磁感应记录的一般原理

磁盘/磁带记录系统概括地分,可以包括以下四个基本单元:存储介质、换能器、介质或磁头的驱动系统以及相匹配的电子线路系统。存储介质也就是磁记录介质,涂(镀)在带或盘上;换能器就是常说的磁头,正是靠它把电信号变成磁信号,再把信息记录在磁介质中(写入)或者把磁信号变成电信号(读出)的。图 6.47 所示为磁感应记录的两种方式:水平记录(longitudinal recording)和垂直记录(perpendicular recording)模式。目前采用的多为水平记录。

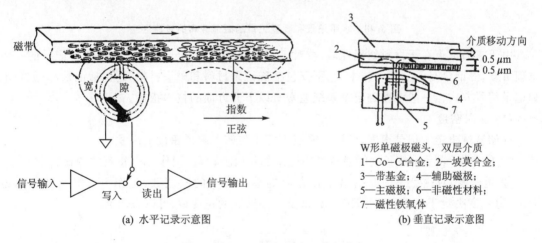

(a) 水平记录示意图

W形单磁极磁头,双层介质
1—Co-Cr合金;2—坡莫合金;
3—带基金;4—辅助磁极;
5—主磁极;6—非磁性材料;
7—磁性铁氧体

(b) 垂直记录示意图

图 6.47 水平记录和垂直记录示意图

现以水平记录过程为例简单说明其工作过程。由图 6.47(a)可见,来自麦克风、摄像机的电信号或者微机的数据经过电子线路调制处理后,进入环形记录磁头的绕阻线圈,同时在磁头铁芯产生磁通,此磁通经过铁芯空气隙形成闭合回路。当磁带紧贴磁头的表面匀速通过时,磁介质被空气隙的磁场所磁化,当它离开磁头时仍保留剩余磁化强度。由于空气隙的磁场是随记录的信号电流的方向和幅值大小而变化的,所以磁带中的磁介质的剩余磁化强度的变化记录了信号随时间的变化。记录信号的电流在一个变化周期内,使记录磁头的磁场方向改变一次并在介质上产生方向相反的两个剩余磁化区,在两个区域之间存在一个磁化过渡区。这两个磁化方向相反的区域和过渡区构成了一个记录周期,或称为记录波长。磁介质上记录的磁性图形的变化波长 λ 与记录信号的频率 f、磁头/磁带的相对速度 v 之间存在如下关系:

$$\lambda = \frac{v}{f} \tag{6.48}$$

图 6.48 所示为水平记录和垂直记录的磁介质中剩磁的分布方向及其过渡区。记录波长是一周期信号所占磁迹的长度。由式(6.53)可以看出,记录波长 $\lambda \propto v$,且由于磁介质本征磁性和制造技术的限制,记录波长的缩短受到限制,那么为记录视频信号,提高记录密度,现大多采用垂直记录模式,其最大优点是可解决水平记录密度愈高、退磁场愈严重的问题。

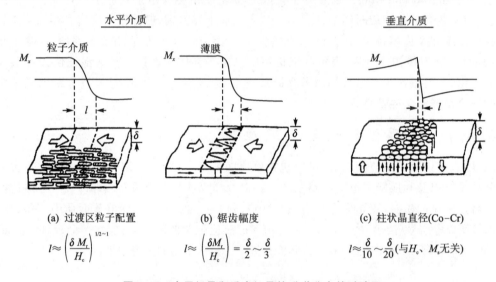

图 6.48　水平记录和垂直记录的磁道分布的过渡区

由于本书重点在于材料物理性能,故对于记录原理只作初步介绍。由磁感应记录的一般原理可知,磁记录是一门综合技术,它不仅包括磁记录材料和磁头材料,还包括记录/重放系统和记录编码方式。一般考察磁记录系统通常有以下五方面的技术指标。

(1) 记录密度

存储容量决定于记录密度,而记录密度则等于位密度与道密度的乘积。

① 位密度,表示单位长度的磁道所能记录的位(比特)数,记作 bpi(每英寸的比特数)。

② 道密度,对磁盘来说是指沿半径方向的单位长度的磁道数,记作 tpi(每英寸的磁道数)。道密度决定于磁道之间的距离 W 以及磁头铁芯的宽度 G,可以表示为

$$F = \frac{1}{W + G} \quad \text{(tpi)}$$

(2) 存储容量

所谓存储容量,是指磁记录介质所能存储的"位"数或字节数(一个字节由八个位组成)。根据记录格式差异可将存储容量分为非格式化容量和格式化容量两种表示方式。非格式化容量是按正常记录条件,根据位密度确定每条磁道的总位数,再将总位数乘磁道数得到容量大小。例如,一直径为 8 英寸的单面单密度软盘的非格式化容量为 A,则

$A=$ 每个磁道能记录的总位数×每盘道数

　　$=2\pi\times$ 最内部的磁道半径×最内部磁道位密度×每盘磁道数

　　$=2\pi\times51.537\text{mm}\times128.7$ 位$/\text{nm}\times77$ 道

　　$=3.2$ 兆位$=0.4$ 兆字节

格式化容量是按寻址或其他方面的需要,按一定的格式写入数据。也就是将磁盘分为若干个扇形区,每个区之间要留下间隔,以便写入地址。这就是说要在磁盘上占有一定的空间。所以,格式化容量总是低于非格式化容量。

(3) 数据传输速度

数据传输速度表示单位时间内由磁盘机或磁带机向主存储器传送数码的位数或字节数。记录密度愈高,数据传输速度就愈快。数据传输速度决定于位密度和介质与磁头之间的相对速度。对于磁带来说,如果有 8 条磁道同时传送数据,则

$$\text{数据传输速度} = \text{位密度(位/英寸)}\times\text{带速(英寸/秒)}\times8$$

(4) 数据存取时间

数据存取时间是指磁头从起始位置到达指定位置并完成记录或重放所需的时间。对于可动磁头系统来说,包括磁头移到指定的磁道所需的时间和等待磁道上的正确记录位到达磁头位置所需的旋转时间两部分,即

$$t_{\text{存取}} = t_{\text{搜索}} + t_{\text{旋转}}$$

(5) 误码率

误码率是衡量数字记录介质工作可靠性重要指标。它表示有错误的二进制数码位数与存储容量之比。由于介质缺陷所造成的误码是不可恢复的,称为硬错误;凡是由偶然性因素造成的误码称为软错误,只要排除偶然性因素(如灰尘)即可纠正。由驱动器引起的错误属于检测性错误,这是引起误码率的主要部分。

6.6.2　颗粒涂布记录介质

磁记录介质之一是用颗粒涂布方法制成的。它是将磁粉与非磁性粘合剂等含少量添加剂形成的磁浆,涂布于聚酯薄膜(又称涤纶)基体上制成的。为了得到理想的记录特性,必须控制磁记录介质的下列技术条件:① 矫顽力 H_c;② 剩余磁感应强度;③ 磁层厚度;④ 表面光洁度;⑤ 磁层特性的均匀度。下面分别予以介绍。

(1) 合适的矫顽力

磁介质最重要的材料特征是磁粉的畴结构,为了提高磁粉的矫顽力,必须消除磁畴壁,使粒子尺寸达到单畴的尺寸。这种磁粉的矫顽力来源于两个方面。

① 由磁晶各向异性所决定的内禀矫顽力 $_MH_c$,可以表示为

$$_MH_c = H_K = 2K_1/M_s \tag{6.49}$$

式中:H_K 代表想像中的磁晶各向异性能磁场;K_1 为各向异性常数;M_s 为饱和磁化强度。

② 由形状各向异性所决定的内禀矫顽力 $_MH_c$ 可以表示为

$$_MH_c = (D_1 - D_2)M_s \tag{6.50}$$

式中,D_1 和 D_2 表示沿磁粉不同方向上的退磁因子。如果磁粉是圆柱形,则 D_1 表示沿半径方向上的退磁因子,D_2 表示沿轴向的退磁因子。形状各向异性大的磁粉所制成的磁记录介质的矫顽力与单畴之间的相互作用场有关。其规律是,介质内磁粉所占比例愈多,磁粉之间的距离愈近,相互作用场愈强,从而使介质的矫顽力降低。可用公式表示为

$$H_c = {}_M H_c (1 - P) \tag{6.51}$$

式中，P 为磁粉含量。当磁粉同时存在磁晶各向异性和形状各向异性时，总矫顽力就由这两种各向异性决定，可用下式表示：

$$H_c = (2K_1 / M_s) + (D_1 - D_2) M_s \tag{6.52}$$

式中符号意义同式(6.49)和式(6.50)。对于大多数磁粉，总是其中一项起主要作用。若是由形状各向异性起主要作用，则只要选用适当的 M_s 和 D 值，就可得到较高的矫顽力。为了避免退磁效应，高密度要求高的矫顽力，但由于磁头写入开关场的限制又不能太高，一般在 $25 \sim 150 \ kA \cdot m^{-1}$。

（2）剩余磁感应强度 B_r

磁记录介质具有剩余磁感应强度 B_r（简称剩磁）。B_r 愈高，读出信号就愈大，系统的信噪比愈高，但同时退磁场强度也高。因此，必须兼顾考虑剩磁和退磁场对记录系统的综合影响。B_r 取决于磁粉特性和磁粉在介质中所占的体积（或质量）分数，磁记录介质的磁感应强度值随磁粉比例减少而线性下降，一般磁粉体积分数达到 40% 是可能的，因为体积分数太高，对介质复合材料的力学性能要求会太高。因此，使用的磁粉的比磁化强度要高以减小体积或质量分数。

这里要强调的是，用于磁记录的磁性材料的磁滞回线还要有合适的矩形性。表征回线矩形性的参量有两个：剩磁比（有人称开关矩形比）S 和记忆矩形比 S^*。定义如下：

① 剩磁比

$$S = M_r / M_s \tag{6.53a}$$

S 越大表示读出时磁通量越大。S 值一般为 $0.8 \sim 0.9$。

② 矫顽矩形比

$$S^* = 1 - \frac{M_r / H_c}{dM/dH(H - H_c)} \tag{6.53b}$$

S^* 表征磁介质保持记录过渡过程尖锐的程度（过渡区的概念见图 6.48）。S^* 值一般为 $0.7 \sim 0.9$，可以用于低的噪声系统。图 6.49 所示为磁记录介质的典型磁滞回线，并图示其矩形性两参数的定义方法，请读者理解它的物理意义。

此外，磁粉在加工成磁带时其分散性、涂布工艺和磁粉颗粒的取向都会影响磁介质的磁感应强度。

（3）磁层厚度

磁层愈厚，退磁愈严重，从而使记录密度降低。而且磁层愈厚，愈不容易得到均匀化，从而容易引起读出过程的峰值位移，降低读出信号幅度，引起读出误差。要提高记录密度就要减小厚度，但厚度减小，读出信号下降且涂布工艺也很难做到均匀，为此必须综合各种矛盾选择最适当的厚度层。

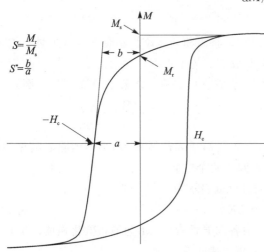

图 6.49　磁记录介质的典型磁滞回线

（4）磁层的表面光洁度和均匀性

磁层表面条件决定于磁浆的分散性和流动性、基体的表面特性以及涂布过程中的工艺与机械公差等。

研究表明，为得到单畴的磁粉，必须减小磁粉粒子的尺寸。对于铁磁晶体，当尺寸缩小到某一值时，整个晶粒以一个单畴存在时其能量为最低，这个尺寸称为临界尺寸。颗粒大于临界尺寸时，晶体包含多个畴，小于临界尺寸则以单畴存在，所以临界尺寸是铁磁体成为单畴结构的最大尺寸。可以证明，临界尺寸 R_0 具有以下关系：

$$R_0 = \frac{9\gamma_{\pi/2}}{\mu_0 M_s^2} \tag{6.54}$$

式中：$\gamma_{\pi/2}$ 为 90°畴壁能密度；M_s 为磁粉饱和磁化强度；μ_0 为真空磁导率。

磁单畴结构有利于提高磁介质的矫顽力，但是并不是颗粒尺寸越小越好。当颗粒半径减小到 $2R_0$ 以下时，热扰动作用相对明显，$_M H_c$ 逐渐下降；当减小到某一临界值 D_P 时，热扰动能量大于交换能，则自发磁化被完全破坏，矫顽力降到零，出现超顺磁性。此时磁粒子的行为像顺磁性，但在微观粒子上是有磁有序的，含有的玻尔磁子数仍比一般顺磁质多，故用"超顺磁性"来描述这种体积很小颗粒的磁性。图 6.50 所示为理论研究的颗粒尺寸与 H_c 的关系曲线，图 6.51 所示为各种磁粉的粒子尺寸与 H_c 实验的关系曲线。表 6.15 列出了磁带、磁盘所用的磁粉的主要性能。

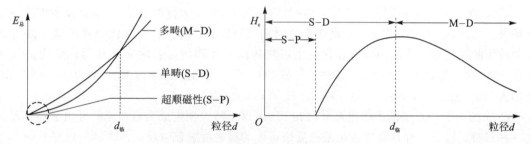

图 6.50　颗粒尺寸与 H_c 的关系曲线

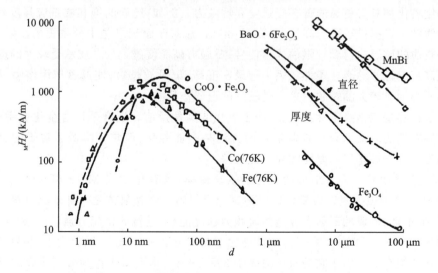

图 6.51　几种磁粉的 $_M H_c$ 随颗粒直径的变化曲线

表 6.15 磁带、磁盘常用磁粉主要性能

特征参数	γFe_2O_3	CrO_2	BaFe*	MP*
矫顽力 H_c/(kA·m^{-1})	20	60	50～150	75～160
粒子长度/nm	270～500	190～400	50～200	120～300
粒子体积×10^5/μm^{-3}	30～200	10～100	2～90	3～45
粒子形状	针状	针状	六角片状	针状
比饱和磁感应强度/(A·m^2·kg^{-1})	73～75	76～84	55～60	125～170
居里温度/K	860	390	590	1 050
饱和磁致伸缩系数 λ_s	-5×10^{-6}	$+1\times10^{-6}$		4×10^{-6}
矩形比 S	0.8	0.8	0.9	0.8

注：* BaFe—改性钡铁氧体粉；MP—金属粉。

下面对主要磁粉予以说明。

① $\gamma-Fe_2O_3$ 磁粉　最早用于磁带、磁盘的磁粉就是 $\gamma-Fe_2O_3$。这种材料具有良好的记录表面。在音频、射频、数字记录以及仪器记录中都能得到理想的效果，而且价格便宜，性能稳定。$\gamma-Fe_2O_3$ 是亚铁质，通常制成针状颗粒，长度为 0.1～0.9 μm，长度与直径比为 3∶1～10∶1，具有明显的形状各向异性，为立方尖晶石结构，内禀矫顽力为 15.9～31.8 kA/m，饱和磁化强度约为 0.503 Wb/m^2。

② CrO_2 磁粉　为提高记录密度，必然导致更尖锐的、更密排的过渡区，这使介质中的退磁场增大。为此，必须使用矫顽力更高的磁粉材料，CrO_2 是 20 世纪 60 年代为满足这一要求而首先使用的铁磁质。它们的各向异性是由形状各向异性和磁晶各向异性共同贡献的。CrO_2 是在 400～525 ℃，50～300 MPa 条件下分解 CrO_3 而制得的。CrO_2 粉末的 H_c 为 31.8 kA/m，若加入（Te+Sn）、（Te+Sb）等复合物，则 H_c 可达 59.7 kA/m。

CrO_2 的一个特点是低的居里温度（125 ℃）。这个特点使它成为目前唯一可用于热磁复制的一种材料。这是一种具有比磁记录速度快得多的高密度复制方法。

③ 金属磁粉　这是 20 世纪 80 年代成为商品的磁记录材料。由表 6.14 可见，这类材料的特点是比氧化物具有更高的磁感应强度和矫顽力。例如，纯铁的饱和磁感应强度达 1.3 T，小针状的铁粒子可提供矫顽力高达 80 kA·m^{-1}。这对于磁记录是十分重要的。磁感应强度高可以在较薄的磁层内得到较强的读出信号；矫顽力高能使磁记录介质承受较大的退磁作用。这是实现高密度记录的必要条件。因为记录密度高、记录波长短，使退磁作用增强，因此要求磁记录介质必须有较大的矫顽力来承受较强的退磁作用。

金属磁粉的缺点是稳定性差，它们趋于氧化或其他反应。通常采用合金化或用有机膜保护办法控制它们的表面氧化。控制氧化的方法是表面钝化，但常常降低了粒子的磁化强度。其降低幅度取决于钝化层的厚度和粒子的尺寸。

④ 钡铁氧体磁粉　六方结构的氧化物铁氧磁体，具有化学式 $MO·6Fe_2O_3$。M 可能是 Ba、Pb 或 Sr。其中钡铁氧体磁粉可以作为磁记录材料。钡铁氧体是一种永磁材料，由于材料来源丰富，成本低，制成的磁粉有较高的矫顽力和磁能积，且抗氧化能力强，所以成为应用广泛的永磁材料。与其他陶瓷材料一样，磁性能除了与成分有关外，还与晶粒大小、晶界状态、气孔率以及微观结构有关。由于它的矫顽力高于 398 kA/m，本不适于作为磁记录介质，但近年来由于高密度磁记录的发展需要及钡铁氧体材料本身的改进已使它可用作磁记录介质。钡铁氧体的主要特点如下：其六方形平板结构和垂直于平板平面的易磁化轴，使它适合作垂直记录介

质；用 Co^{2+} 和 Ti^{4+} 离子取代部分 Fe^{3+}，降低了磁晶各向异性，从而降低了矫顽力；制成了直径小于 $0.1~\mu m$，厚度为 $0.01~\mu m$ 的粒子。后面两点已使它成为理想的高密度磁记录材料。但是目前并没有完全取代金属磁粉的应用。

钡铁氧体具有的磁晶各向异性和形状各向异性两种机制，使它具有发展的潜力。现在采用加 Sn 控制矫顽力与温度的关系，用加 Zn 的办法也可改善其他磁性能。尽管它已取得了很大发展，但磁化强度低限制了它的应用。

6.6.3　高密度磁膜

提高磁信息存储系统的记录密度是人们一直追求的目标之一，其途径是提高道密度和位密度。目前，提高道密度的途径主要是改进磁头驱动器的伺服定位技术，而提高位密度是与改进磁介质的性能和磁带、磁盘的制造工艺方法有直接关系。提高位密度，记录波长 λ 将缩短，因此要提高磁介质的 H_c，以抵抗因退磁场增加带来的影响，这就要求不断改进磁粉的 H_c 性能。另外，因退磁场的退磁因子与记录介质的厚度有关，在记录波长 λ 一定的条件下，减小厚度即可减小退磁场，例如直径 90 mm、内存为 1 MB 的软盘芯片的磁层厚度为 $3~\mu m$，同样直径而内存为 2 MB 的芯片磁层厚度只有 $1~\mu m$。正是由于颗粒涂布介质存在的缺点——磁带饱和磁通密度受到限制，才促使人们采用薄膜磁介质结构，以提高记录密度。

1. 连续磁膜的磁性特点

金属薄膜没有有机黏结材料，而且有比颗粒磁介质高的剩磁，是最理想的磁记录介质。目前计算机中的硬盘广泛使用的是溅射沉积在铝基片上的金属膜，厚度为 $0.03 \sim 0.1~\mu m$。其信号输出比厚的氧化物膜好，原因是薄膜的填充因子（packing factor）为 1，而且没有本征退磁场。虽然以金属蒸镀方法制备的薄膜含有大量的孔隙，但比金属粒子制备的磁介质孔隙要低得多。图 6.52（a）所示为金属粒子涂布磁带（MP）、改性钡铁氧体涂布磁带（BaFe）和蒸镀金属膜磁带（ME）微观组织示意图。图 6.52（b）所示为蒸镀金属薄膜的生产过程。

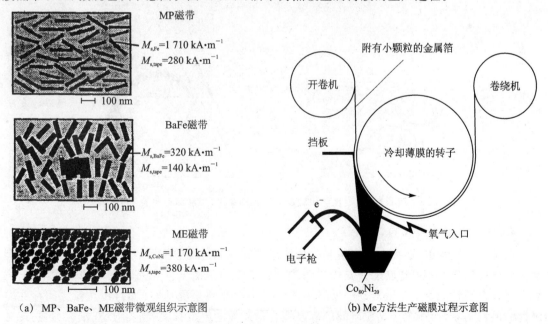

（a）MP、BaFe、ME磁带微观组织示意图　　（b）Me方法生产磁膜过程示意图

图 6.52　磁带微观组织和生产过程示意图

由图 6.52 可见,ME 的饱和磁化强度远高于其他两种磁带的,而且 ME 中的粒子取向十分均匀,几乎是颗粒涂布磁带无法达到的。

这种组织特征不仅具有极高的剩磁而且有窄的开关场分布,使记录过渡区长度减小,过渡更加尖锐,以降低噪声。但是金属膜也存在一些问题,主要是易氧化,易腐蚀,并且膜面易擦伤磨损,此外还有制造技术难度大、价格高等缺点。

磁记录膜的磁性与同质块材磁性特征有明显不同,而且膜的磁性能与膜的制备工艺关系十分密切。为了获得易磁化轴与膜平面相互垂直的磁性膜,要求垂直于膜面方向的各向异性场 H_K 必须大于退磁场,这时磁性薄膜应满足以下条件:

$$H_K \geqslant 4\pi M_s$$

但 $H_K = 2K_1/M_s$,由此得

$$Q = \frac{k_1}{2\pi M_s^2} \geqslant 1 \tag{6.55}$$

式中:H_K 为垂直各向异性场;K_1 为材料各向异性常数;Q 为品质因数,具有垂直各向异性的磁性膜的 Q 值为 7.5。

1978 年,*Iwasaki* 和 *Quchi* 用射频溅射方法将含 18%*Cr* 的 *CoCr* 膜沉积在聚酯上。膜具有柱状结构和垂直方向的各向异性。图 6.53 表示磁性能、沉积条件和磁反转过程的关系。图中的 M_s 由成分控制;矫顽力 H_c、矫顽矩形性 S^* 由 M_s、微观晶粒偏析、晶粒取向和基片温度控制。各向异性场 H_K、各向异性常数 K_1 和剩余磁感应 M_r 取决于 H_c、偏析、位向、气压以及气体不纯度。这些研究结果表明,存在的多种因素使制造薄膜磁记录介质存在一定的困难。本征磁性能取决于成分、偏析和温度,而非本征磁性能(H_c、M_r、S、S^*)与厚度、密度、微观组织以及尺寸、形状、取向、晶粒的孤立性、缺陷杂质浓度、微观应力分布情况有关。为了获得厚度成分均匀、取向一致的具有良好微观组织、高矫顽力、高矩形性和低噪声的薄膜,必须认真控制沉积条件,以便制造成本低、无缺陷、高质量的产品,且其静摩擦力要低,摩擦系数要小,抗磨抗蚀性要高。

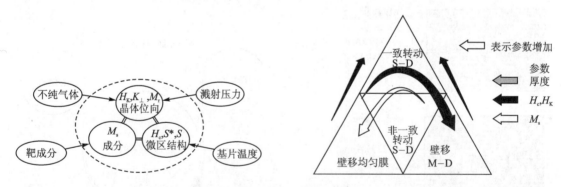

图 6.53 沉积条件、磁性能和磁反转过程的关系(射频溅射垂直 CoCr 膜)

2. 连续磁膜的磁化特性

在磁记录过程中,连续介质在信号磁场作用下的磁化过程包括形成反磁化核、产生畴壁运动以及磁畴矢量的不可逆转动。其中磁畴的不可逆转动是由于存在晶粒之间的磁性耦合,从而引起各个晶粒的磁矩一致转动。实际上连续膜中的晶粒是混乱取向的,在晶粒之间存在非磁性的晶粒间界,而存在于晶粒之间的静磁耦合与晶界的厚度有关,晶界愈薄,耦合愈强,剩磁愈高,磁滞回线的矩形度就愈好,同时磁性薄膜的矫顽力愈低,甚至沉积气体的入射方向也影

响膜的矫顽力(见图 6.54)。

计算机模拟还证明,存在于静磁耦合的晶粒之间所形成的磁畴壁图是不规则的,其分布状态如图 6.55 所示。实验和理论都证明,在磁化过程中,这种不规则的磁畴壁要产生较大的噪声。与颗粒涂布型介质相同,连续膜介质在磁化的初始阶段和接近饱和阶段存在可逆磁化过程,而在这两个过程之间的磁化过程是不可逆的。对于颗粒涂布型介质,各个磁粉之间存在黏结剂,使它们的间隔比较远,磁粉之间的静磁耦合比较弱,所以磁层的磁滞回线的矩形度较差,剩磁亦低。而在连续膜介质中,晶粒间界

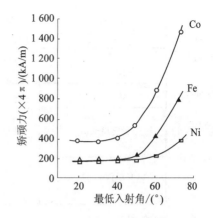

图 6.54　Co、Fe、Ni 的矫顽力与入射角的关系

较薄,晶粒之间的磁性耦合比较强,故磁滞回线的矩形度好,剩磁高。理论证明,噪声强弱与颗粒尺寸成正比,所以颗粒涂布型介质的噪声与磁粉的平均直径成正比,而连续膜介质的噪声则与晶粒的平均尺寸成正比。一般说来,在一个记录位的空间范围内,连续膜所包含的晶粒数量是颗粒涂布型介质的 10~50 倍,因而连续膜的噪声电平要低得多。

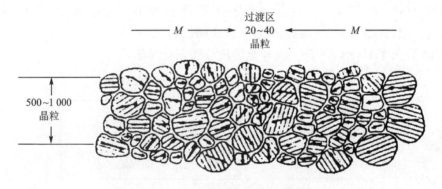

图 6.55　存在于多晶薄膜中的不规则磁畴壁

3. 典型硬盘膜结构分析

图 6.56 所示为典型硬盘的膜结构,图中间部分为磁盘截面各部分组成,左侧标出了相应部分的作用,右侧标出了相应部分的厚度。膜的支撑基片可以是铝-镁(质量分数为 4%~5%)合金或玻璃陶瓷。基片要平整并要抛光。为了增加膜和基片的结合强度,在基片上用化学镀镀上 Ni - P 硬膜(接近工具钢的硬度),厚度为 10~25 μm 的玻璃或玻璃陶瓷基片不用镀 Ni - P。溅射铬缓冲层的目的首先是增加后面沉积磁膜的矫顽力和矩形性,因为铬和沉积的钴合金可实现晶格常数的匹配;第 2 个目的是改善磁膜的抗腐蚀性。研究已经证实,六方结构的钴晶体在体心立方铬的(110)面沿轴外延生长。在铬层厚度为 50 nm 时,钴的 c 轴与铬(110)平面成 28°角,其铬(110)面的晶格常数为 0.204 nm,钴平行 c 轴的(002)面的晶格常数为 0.203 nm。

磁膜层的性能(如矫顽力 H_c、剩磁 M_r、磁膜厚度 δ、矩形性参数 S 与 S^* 等)都根据应用的系统差别有不同的要求。满足这些条件的材料大都是钴基合金,原因是它具有大的磁晶各向异性,从而具有很大的矫顽力。各向异性粒子的矫顽力由下式决定:

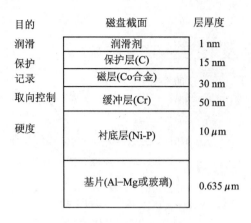

目的	磁盘截面	层厚度
润滑	润滑剂	1 nm
保护	保护层(C)	15 nm
记录	磁层(Co合金)	30 nm
取向控制	缓冲层(Cr)	50 nm
硬度	衬底层(Ni-P)	10 μm
	基片(Al-Mg或玻璃)	0.635 μm

图 6.56 典型的磁盘薄膜结构

$$H_c = 2\frac{K_u}{M_s} = 2\frac{K_{ua} + K_{us}}{M_s} \quad (6.56)$$

式中：K_{ua} 为磁晶各向异性；K_{us} 为形状各向异性；M_s 为饱和磁化强度。代入钴晶体的相应数值，计算得 H_c 为 14.72×10^3 Oe。该值明显高于薄膜显示的矫顽力。已查明的原因是在膜中相反磁化方向的畴团蔟降低了晶粒的本征矫顽力。正是在这种理论的指导下，钴合金薄膜磁记录介质中都会加入非磁性成分，以得到孤立的磁晶粒。

满足上述条件的合金有 Co-Cr-Ta 和 Co-Cr-Pt。一般只有三种成分，钴是基本成分，铬是第二种普遍使用的成分，其作用是偏析在晶粒边界，以形成孤立的钴晶粒，增加矫顽力和降低噪声；铬的另一作用是减少膜的腐蚀，通过形成薄的氧化膜以保护膜免受水和湿气的腐蚀。Ta 的作用与 Cr 类似，也是偏析在晶界，包围 Co 晶粒，增加矫顽力。Pt 是非常贵的材料，但研究 Pt-Co 合金表明，在成分为等原子比时形成四方结构，具有极大的磁晶各向异性，可达 172×10^{-2} J/cm³。在合金中，即使 Pt 的百分数很小，也可对矫顽力的增加有很大的贡献，这是因为形成的堆垛层错阻碍畴的移动。

表 6.16 给出了 Co-Cr-Ta-Pt 合金的成分和主要性能。

表 6.16　Co-Cr-Ta-Pt 钴合金的成分和主要性能

成分（a原子百分比）		性　能	
Co	70～85	H_c	1 200～3 500/(Oe)
Cr	12～20	$M_r \times \delta$	0.7～1.6/(memu/cm²)*
Pt	12～24	S	0.8～0.9
Ta	2～4	S*	0.7～0.9

注：* δ—膜厚，单位为 cm；M_r—剩余磁化强度，单位为 erg/(Oe·cm³)。

为了保护磁性记录薄膜免遭腐蚀和机械损坏，提高其使用寿命，往往需要加保护膜如 SiO_2、CrRh 以及类金刚石薄膜。保护膜厚度约 25 nm，应尽可能薄，以节约磁头和介质的空间。

几十年来，磁盘的存储密度一直遵循摩尔定律，但随着记录单元的不断减小，磁记录介质材料的超顺磁效应逐渐显现，受此影响，现有磁盘的信息记录密度已达到 1 TB/in² 的极限。仅依靠缩小记录单元的尺寸，已经难以进一步提高磁盘的记录密度。因此，出现了多种新的磁记录技术，包括热辅助磁记录技术(heat-assisted magnetic recording，HAMR)、微波辅助磁记录(microwave-assisted magnetic recording，MAMR)、比特模式磁记录(bit patterned magnetic recording，BPMR)、叠瓦式磁记录(singled magnetic recording，SMR)、交错式磁记录(interlaced magnetic recording，IMR)。采用这些新的磁记录方式，目前的磁记录密度已经达到 TB 量级。

6.7　磁关联耦合效应及相关磁功能材料

通过前面的介绍,我们知道材料在磁场作用下磁化时,磁有序的变化是其产生不同磁性以及开发软磁材料和硬磁材料的物理基础。除此之外,在某些情况下,材料中磁有序的变化还将影响材料的力、热、电、光等物理性能,产生磁弹、磁热、磁电阻、磁光等多种磁关联耦合物理效应。基于这些物理效应,人们已经开发出一批具有独特功能的新材料,在驱动、传感、能源、信息等高新技术方面发挥了重要作用。特别是进入 21 世纪以来,磁关联物理效应及其新材料已经成为功能材料的重要发展方向。本节简要介绍上述四类磁关联耦合效应及相关功能材料。

6.7.1　磁弹性效应及磁弹性材料

磁弹性效应是磁性与弹性的耦合效应。材料中磁有序状态发生变化,导致其晶格参数或晶格对称性发生变化,在宏观上表现出热膨胀系数反常、弹性常数反常、磁致伸缩、磁性形状记忆等效应,统称为磁弹性效应。前两种反常的磁弹性效应分别在 5.2.3 小节和 7.4 节中介绍。本节主要简述后两种磁弹性效应,这二者都具有很高的实用价值。

1. 磁致伸缩效应及磁致伸缩材料

磁致伸缩效应是指铁磁性材料在磁化过程中发生的尺寸或形状变化,包括线性磁致伸缩和体磁致伸缩。

磁致伸缩效应与自发磁化密切相关,即自发磁化伴随自发磁致伸缩。通过前面的叙述,我们知道,与磁无序的顺磁态相比,铁磁状态发生自发磁化的结果是在每一个磁畴内的所有原子磁矩一致取向,这就在原子磁矩方向上磁畴的两端形成两极,产生明显的极化。此时,磁畴内部存在退磁场,增加了退磁场能。磁畴将在极化方向上自发形变,以降低退磁场能,即为自发磁致伸缩。图 6.57 以一个球形单畴颗粒为例,示意了当温度降至居里温度以下时,由于原子

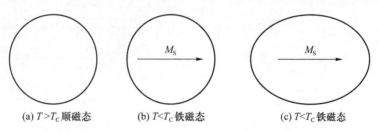

(a) $T>T_C$ 顺磁态　　　(b) $T<T_C$ 铁磁态　　　(c) $T<T_C$ 铁磁态

图 6.57　单畴球形颗粒的自发磁致伸缩效应

磁矩平行排列,发生自发磁化,此时为降低退磁场,球形颗粒将在自发磁化的方向上自发伸长,从而降低退磁场,即为自发磁致伸缩。

对于多畴材料来说,在施加外磁场,使磁畴取向均向外磁场方向转动的同时,每个磁畴所具有的自发磁致伸缩应变将在宏观上表现为实验中能观察到的材料的形状或尺寸变化,即为磁体的磁致伸缩效应。

设铁磁体原来的尺寸为 l_0,当在磁场中磁化时,其尺寸变为 l,长度的相对变化为

$$\lambda = \frac{l - l_0}{l_0} \tag{6.57}$$

式中,λ 称为线磁致伸缩系数。$\lambda > 0$ 时,表示沿磁场方向的尺寸伸长,称为正磁致伸缩;$\lambda < 0$ 时,表示沿磁场方向的尺寸缩短,称为负磁致伸缩。所有铁磁体均有磁致伸缩的特性。但对不同的铁磁体,其磁致伸缩系数不同,一般在 $10^{-6} \sim 10^{-3}$ 范围内,铁、钴、镍等的磁致伸缩系数随磁场的变化如图 6.58 所示。随着外磁场的增强,铁磁体的磁化强度增强,这时 $|\lambda|$ 也随之增大。当 $H = H_s$ 时,磁化强度达到饱和值 M_s,此时 $\lambda = \lambda_s$,称为饱和磁致伸缩系数。对于一定的材料,λ_s 是个常数。

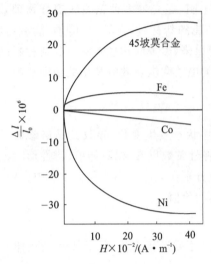

图 6.58 铁、钴、镍等的 $\lambda - H$ 关系

如果铁磁体原来的体积为 V_0,磁化后体积变为 V,则体积的相对变化为

$$W = (V - V_0)/V_0 \qquad (6.58)$$

W 称为体积磁致伸缩系数,除因瓦合金具有较大的体积磁致伸缩系数外,其他的铁磁体的体积磁致伸缩系数都非常小,其数量级约为 $10^{-8} \sim 10^{-10}$。在一般的铁磁体中,仅在自发磁化或顺磁化过程(即 M_s 变化时)才有体积磁致伸缩现象发生。当磁化场小于饱和磁化场 H_s 时,只有线磁致伸缩,而体积磁致伸缩非常小。因此,对于正磁致伸缩的材料,当它纵向伸长时,横向要缩短。多晶体与磁化方向成 θ 角的磁致伸缩系数的计算公式如下:

$$\lambda_\theta = \frac{3}{2}\lambda_s\left(\cos^2\theta - \frac{1}{3}\right) \qquad (6.59)$$

单晶体的磁致伸缩也具有各向异性。图 6.59 所示为铁、镍单晶体沿不同晶向的线磁致伸缩系数。

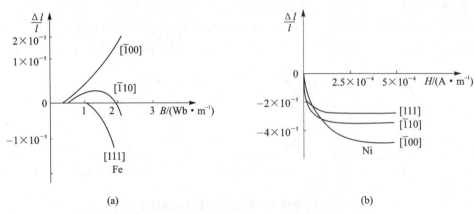

图 6.59 铁、镍单晶体不同晶向的磁致伸缩系数

在非取向的多晶体材料中,其磁致伸缩是不同取向的晶粒的磁致伸缩的平均值,用 $\bar{\lambda}_s$ 表示。对于立方晶体,$\bar{\lambda}_s$ 与单晶体的 λ_s 关系如下:

$$\bar{\lambda}_s = \frac{2\lambda_s < 100 > + 3\lambda_s < 111 >}{5} \qquad (6.60)$$

物体在磁化时要伸长(或收缩),如果受到限制不能伸长(或缩短),则在物体内部产生压应力(或拉应力)。这样,物体内部将产生弹性能,称为磁弹性能。因此,物体内部缺陷、杂质等都可能增加其磁弹性能。

对多晶体来说,磁化时由于应力的存在而引起的磁弹性能可由下式计算:

$$E_\sigma = \frac{3}{2}\lambda_s\sigma\sin^2\theta \qquad (6.61)$$

式中:θ 是磁化方向和应力方向的夹角;σ 是材料所受应力;λ_s 为饱和磁致伸缩系数;E_σ 是单位体积中的磁弹性能。

由上面论述可以看出,磁致伸缩效应是铁磁性和亚铁磁性材料普遍具有的物理效应。对于磁性材料的工程应用来说,磁致伸缩效应有可以利用的情况,也有不利的情况。软磁材料作为铁芯应用于变压器等电子电力器件,铁芯和绕组受磁致伸缩效应、麦克斯韦力和洛伦兹力的共同作用,将产生振动噪声,其中软磁铁芯的磁致伸缩被认为是辐射噪声的主导振动源。在一些场合,这些噪声已是关键的环境污染源。这要求软磁材料的磁致伸缩系数越小越好。反之,利用材料的磁致伸缩效应可以实现电磁能(或磁场能)与机械能之间的能量转换,在驱动、传感、换能等方面有重要应用,是一个非常重要的技术发展方向。

一般来说,材料的磁致伸缩系数很小,仅有几至几十 ppm(ppm,百万分之一),应用困难。近年来,两种具有大磁致伸缩的材料被开发出来。利用稀土元素 4f 电子云各向异性特点开发的稀土巨磁致伸缩材料 Terfenol - D,磁晶各向异性强,磁致伸缩系数比一般的材料高出一个数量级以上,最大可达 2 000 ppm,能量密度高,转换效率高,在步进马达、高精度微位移控制、传感器、换能器等方面已经实现重要应用,在国防和民用高技术领域都是一种有战略意义的功能材料。与 Terfenol - D 相比,不含稀土的磁致伸缩材料 Gafenol - D 力学性能和机加工性能好,驱动磁场低,成本低。研究发现,Gafenol - D 的磁致伸缩效应来源于纳米析出相诱导基体立方晶格发生四方畸变,是"纳米异质结构磁致伸缩效应"机理,不同于稀土材料等的均质结构磁致伸缩效应机理,因此有望开辟一条高性能磁致伸缩材料设计的新途径。

2. 磁控形状记忆效应及磁控形状记忆材料

早在 20 世纪 70 年代,人们发现具有热弹性马氏体相变的材料在低温马氏体相进行机械变形后,先加热到高温奥氏体相,再冷却到低温马氏体相,材料能恢复变形前的形状,这称为形状记忆效应,是一种热致形状记忆效应。在高温奥氏体相对材料施加单轴应力还可以诱发马氏体相变,表现出超弹性效应。这类材料被称为形状记忆材料,包括 Ni - Ti、Cu - Mn - Al、Fe - Mn - Si 等,已经在航空航天、生物医学、精密加工方面发挥了重要作用。然而,无论是热致形状记忆效应,还是应力诱发超弹性,都存在工作频率太低的问题。

1996 年,美国麻省理工学院的 R. C. O'Handley 等发现了一种铁磁性的形状记忆材料 Ni - Mn - Ga 合金,这种合金的形状记忆效应可以由磁场驱动,应变超大,可达 6~8%,是 Terfenol - D 稀土磁致伸缩材料应变量的 30 倍,而且由于是磁场驱动故可以在较高频率下输出超大应变。之后,Ni - Mn - In、Ni - Mn - Sn、Ni - Mn - Ti、Fe - Pd、Mn - Co - Ge 等磁控形状记忆材料也被开发出来。

经过二十余年的广泛研究,目前已经明确,磁控形状记忆材料有两种机理均可产生磁控形状记忆效应。

(1) 磁场驱动孪晶变体再取向

磁场诱发孪晶再取向与传统形状记忆合金的应力诱发孪晶再取向相似,均为在外驱动力作用下通过孪晶界移动实现位向择优变体的长大,进而实现孪晶再取向。1998 年 R. C. O'Handley 提出了磁场诱发孪晶再取向的唯象理论,指出磁场诱发孪晶再取向的根源在于铁磁马氏体相的强磁晶各向异性,如图 6.60 所示。磁性形状记忆合金的马氏体相具有强磁晶各向异性，易磁化方向严格平行于马氏体晶格的某一个晶向轴（或晶面）。施加外磁场时，易磁化方向偏离磁场方向的孪晶变体，其磁晶各向异性能升高。为降低磁晶各向异性能，孪晶界将以切变方式向取向偏离磁场的孪晶变体推进，使择优变体的体积分数不断增加，从而实现孪晶再取向。通过这种机理产生的磁致应变可高达 6%。这一效应的驱动力是磁晶各向异性能，数量级为 10^{-5} J/m³。这导致其驱动力小于 10 MPa，故其应用受到一定限制。

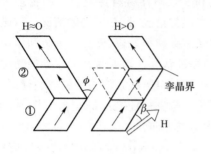

(a) 磁性形状记忆合金中磁场驱动孪晶变体再取向机制示意图

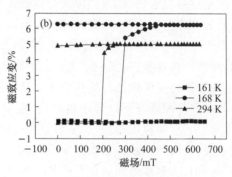

(b) 磁控形状记忆效应的应变曲线

图 6.60　磁性形状记忆合金中磁场驱动孪晶变体再取向机制及磁控形状记忆效应曲线

(2) 磁场驱动马氏体相变

某些磁性形状记忆合金中存在一种特殊的热磁耦合马氏体相变，即从顺磁或若此马氏体到铁磁奥氏体的相变。在这种情况下，施加外磁场稳定铁磁奥氏体相，相变温度升高，进而磁场诱发从马氏体相转变为奥氏体相，即磁场驱动逆马氏体相变，如图 6.61 所示。由于高温奥氏体相和低温马氏体相晶体结构和晶格参数的巨大差异，通过磁场驱动逆马氏体相变，可以产生大的应变，即磁控形状记忆效应。

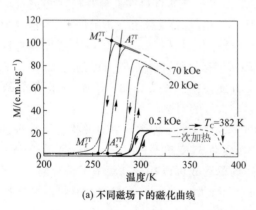

(a) 不同磁场下的磁化曲线

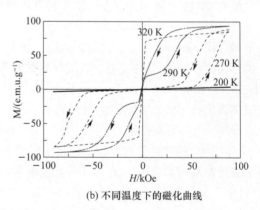

(b) 不同温度下的磁化曲线

图 6.61　通过测量(a)和(b)，均已证明磁控形状记忆合金中磁场驱动逆马氏体相变

6.7.2　磁热效应及磁制冷材料

磁热效应（Megnetocaloric Effect，MCE）是磁性材料在磁场作用下由于磁化状态变化而产生的吸热或放热现象。磁热效应最早是由 E Watburg 于 1881 年在纯铁中发现的，之后陆续在各种磁性材料中普遍观察到了磁热效应。

材料的磁热效应本质上是磁场对磁性材料的熵作用的结果。根据热力学第二定律，对一

个温度为 T 的等温系统,系统的吸热和放热与它的熵变 ΔS 成正比,即

$$\Delta S = \frac{\Delta Q}{T} \tag{6.62}$$

材料中的熵通常由声子(晶格)系统熵 S_{ph} 和电子系统熵 S_{el} 两部分组成,声子对熵的贡献在非常低的温度(远低于德拜温度)下就已经超过电子熵 S_{el}。然而,在金属中,尤其是在磁性转变温度附近,传导电子的单粒子激发可以通过磁性的贡献来增强,因此这部分的熵就变得不可忽略,称为磁熵 S_{mag}。磁性系统的熵可以表示为声子熵 S_{ph}、磁熵 S_{mag} 和电子熵 S_{el} 的总和。

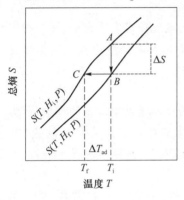

磁熵与电子磁矩取向度相关联。在恒温条件下,零磁场时,材料中磁矩取向随机分布,杂乱无序,此时磁熵较大;外加磁场后,磁矩趋向于沿磁场方向有序排列,有序度提高,磁熵降低,向外界释放热量;撤去磁场,材料再次回到磁矩杂乱取向的状态,磁熵升高,将从外界吸收热量。如果将材料置于绝热条件下,撤去磁场时,磁熵的升高将导致材料温度升高。图 6.62 表示了这一过程。

图 6.62　磁热效应原理示意图

从热力学的角度,可以推导出外磁场变化引起的磁熵变化。

系统参量变化时内能的变化为

$$dU = TdS + \mu_0 HdM - PdV \tag{6.63}$$

式中:U 为系统内能;T 为温度;S 为熵;H 为磁场;M 为磁化强度;P 为压强;V 为体积。

对于绝大多数材料,系统的体积效应可以忽略,由此得到

$$d(U - TS - \mu_0 HM) = -SdT - \mu_0 MdH \tag{6.64}$$

由全微分关系得

$$\left(\frac{\partial S}{\partial H}\right)_T = \mu_0 \left(\frac{\partial M}{\partial T}\right)_H \tag{6.65}$$

因此,在等温情况下外磁场的变化引起的磁熵变为

$$\Delta S = \mu_0 \int_{H_i}^{H_f} \left(\frac{\partial M}{\partial T}\right)_H dH \tag{6.66}$$

材料的磁热效应可应用于新型磁制冷技术,特别是室温磁制冷。与目前工业生产和日常生活中使用的气体制冷技术完全不同,磁制冷技术具有很高的制冷效率,没有环境污染和温室效应,噪声也小,应用前景广阔。开发具有大磁热效应的材料对于磁制冷应用至关重要。1976 年,首次利用纯 Gd 的磁热效应实现了磁制冷。1997 年,发现了 Gd-Si-Ge 体系,磁熵变是纯 Gd 的 2 倍。近些年,在 La-Fe-Si、Mn-Fe-P-As、Ni-Mn-X(X=Ga、In、Sn)、Mo-Co-Ge 等材料中也发现了显著的磁热效应。研究发现,这些化合物材料的磁相变为一级相变,磁性变化的同时晶胞体积也发生变化,因此表现出极大的磁熵变。现有磁制冷材料的磁热性能依然难以完全满足高效率磁制冷需求,而新颖的磁制冷技术是一个系统工程,需要材料、机械、控制、能源等学科通力合作。虽然国内外已经研制出几款磁制冷样机,但与实际应用还有距离。

6.7.3　磁光效应及磁光记录材料

磁光(MO)记录的特点是兼有光记录的大容量和磁记录的可重写性。因为一个位码仅占

1 μm×1 μm 的面积,预测磁光盘使用蓝光写入时,最终存储容量在 5×1/4 的 MO 盘上容量达 1.3~5 Gb。由于为非接触存取,没有磨损,可靠性高,使用寿命长,一个磁光盘可重写达数百次。磁光记录系统的主要缺点是存取速度比固定磁盘小 0.5~1 个数量级;而且存储容量对于存储复杂图像信息仍然不够高,至少需要扩大 10 倍以上。

目前磁光盘主要应用于广播电视和计算机系统。1993 年日本推出用于录音的袖珍唱机,可录放高保真立体声音乐。为了理解磁性材料是如何完成磁光记录的,先来介绍磁光效应。

1. 磁光效应

材料在外加磁场作用下呈现光学各向异性,使通过材料的光波偏振态发生改变,称为磁光效应。磁光效应种类很多,如法拉第效应、克尔效应、磁双折射效应和塞曼效应等。这里只介绍与磁光记录有关的效应。

(1) 法拉第磁光旋转效应

偏振光通过某些透明物质,如水晶、含糖溶液时,偏振光的偏振面将发生旋转的现象,称为旋光效应。用人工方法产生旋光的方法之一就是磁致旋光,通常称为法拉第旋转效应(见图 6.63)。平行于磁场方向入射的线偏振光,通过磁场中透明样品时,其偏振面的旋转角为

$$\varphi = V_e l B \tag{6.67}$$

式中:φ 为旋转角(′);l 为长度(cm);B 为磁感应强度(Oe);V_e 为材料的费尔德常数,单位是(′)/Oe·cm,一般随波长的增大而迅速减小。

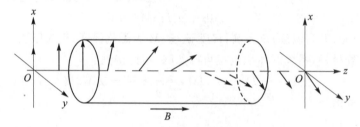

图 6.63 法拉第磁光旋转效应

(2) 磁光克尔效应

一束线偏振光在磁化了的介质表面反射时,反射光将成为椭圆偏振光,且以椭圆的长轴为标志的偏振面相对于入射线的偏振面将旋转一定的角度,这种现象称为磁光克尔效应。根据光入射面与介质磁化方向的关系,可分为极向克尔效应、横向克尔效应和纵向克尔效应。每种克尔效应偏振面的具体变化参见图 6.64,图中 M 为介质磁化强度,箭头表示其方向;E_0 为入射偏振光的电矢量。

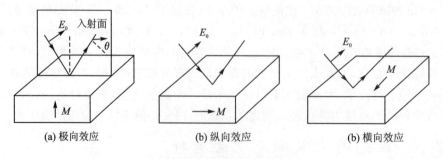

(a) 极向效应　　　　　(b) 纵向效应　　　　　(b) 横向效应

图 6.64 磁光克尔效应

(3) 磁光晶体材料及其主要应用

目前实用磁光晶体主要为立方晶体和光学单轴晶体。一些含有磁性元素的铁氧体具有很高的法拉第旋转效应，而且有较好的透明波段，其中稀土石榴石型、钙钛矿和磁铅矿型铁氧体的晶体性能较好。如钇铁石榴石（YIG）晶体，在近红外波段，其法拉第旋转可达 $200°/cm$ 左右，是该波段最好的磁光晶体。YIG 晶体在超高频场中的磁损耗比其他品种铁氧体要低几个数量级。除 RIG（其中 R 代表稀土元素）外，钆镓石榴石（$Gd_3Ga_5O_{12}$）也是重要的磁光晶体，而且还有激光超低温磁致冷性质，并可用作人造宝石。

磁光晶体主要应用是制作光隔离器。图 6.65 是磁光隔离器的原理图，图中：$\theta_F l$ 为经过 l 长的磁光晶体后的法拉第旋转角；β 为两个偏振片偏振面的夹角。

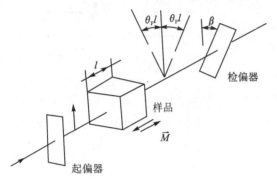

图 6.65　磁光隔离器原理图

2. 磁光记录原理

图 6.64 为磁光记录系统原理图。它基本上由磁光盘（玻璃或高质量塑料基片上镀上具有磁光效应的磁性薄膜）、偏置磁场（亦称记录磁场）、二极管、激光器和一套偏光系统组成。下面具体分析其记录信息的过程。

磁光盘薄膜材料的磁畴易磁化方向垂直于膜面，其磁矩排列方向向上或向下。记录信息时，磁光薄膜处于一个偏置磁场作用之下，由于磁场强度小于磁光薄膜的矫顽力，因此对于膜

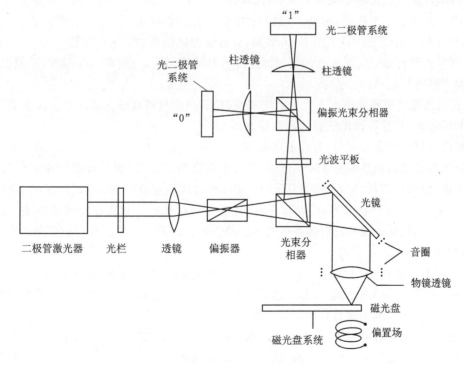

图 6.66　磁光记录系统原理图

磁矩排列没有影响。假设薄膜的磁矩方向与偏置磁场方向相反，取向下，记为"0"，信息信号控制的激光脉冲对磁光薄膜的道码进行照射（见图 6.67(a)）。受到辐照的薄膜区域温度升高，

导致该区域的矫顽力 H_c 下降(见图 6.67(b))。当矫顽力下降到低于外加的记录磁场时,该区域的磁矩就会和偏置磁场方向排列方向相同。当磁矩翻转为沿记录场方向排列时,即磁矩向上排列,相应的记录信号为"1"。这样,可以将光的强弱信号转变为不同方向排列的磁矩而记录下来。因此,磁光记录系统是以热磁效应原理写入和擦除的。具体写入方法有居里点写入法和补偿温度点写入法。

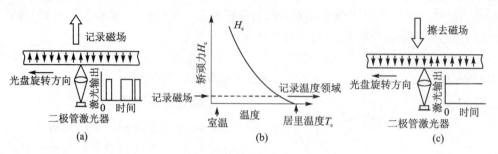

图 6.67 磁光记录过程

读出记录信息的原理是法拉第磁光旋转效应和极向克尔磁光效应。对于透明薄膜读取信息采用的是法拉第磁光效应,对于反射率大而不透明的磁光薄膜读取信息的原理是极向克尔效应。

3. 磁光记录薄膜材料

根据磁-光记录和读取原理,在选择磁光盘薄膜材料应注意以下参量:

① 薄膜材料易磁化轴必垂直于膜面,且具有垂直各向异性,这与磁盘薄膜材料要求相同。

② 由于要求记录密度高,故要求材料的饱和磁化强度 M_s 和矫顽力 H_c 乘积要大,以得到稳定的,尺寸较小的磁畴。且室温下 H_c 要高,以保证存储信息的温度稳定性。

③ 具有高于室温但又不太高的居里温度或者是补偿温度,一般在 $100\sim300$ ℃范围内,以便在室温下可进行记录。

④ 读出信息的信噪比正比于克尔效应和反射率,薄膜材料在磁光记录波长内应有大的克尔效应和反射率,以保证读出信息的高信噪比。

当然还有材料性能要均匀、易加工成膜等。

最早的磁光盘用磁性膜是 MnBi 合金,其居里温度为 200 ℃,克尔效应的克尔角为 0.7°,属于多晶膜,信噪比很低。后来发展了稀土(RE)和过渡族元素(TM)构成的非晶态薄膜(如 $Tb_{20}Fe_{74}Co_6$),由于不存在晶界,所以噪声低,具有高的信噪比。利用连续制膜方法一次制出包括 RE‐TM 膜、保护膜和反射膜在内的多层膜。存储在有保护膜的这类磁光盘的信息寿命达 10 年以上。

RE‐TM 合金属于亚铁磁性,存在补偿温度,此时 M_s 降到零,该温度一般在室温和居里温度之间。补偿点写入法正是利用了这类材料的性质,降低了写入加热温度,减小了热影响区,提高信噪比,而且利于保持材料性能不退化。

新一代磁光记录技术要求,开发在短波前(小于 780 nm)范围内具有大克尔效应的磁光材料。由 Nd、Pr、Ce 等稀土元素组成的 RE‐TM 非晶薄膜、Pt/Co 多层人工晶格薄膜和铁氧体磁性薄膜都可以认为是新型磁光材料,它们都具有较大的克尔角(见图 6.68),但是磁光存储技术由于驱动速度较磁盘系统慢且价格较高,因此应用受到限制。磁光存储技术在信息存储量和使用便利性等方面受到来自光存储技术的 CDs 盘(compact discs)和 DVDs(digital video disks)盘的威胁。

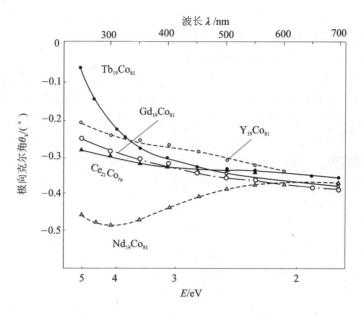

图 6.68　RE‑Co 薄膜克尔效应随波长的变化

6.7.4　磁(致)电阻效应和磁头材料

从录音机到电子计算机都要用磁头。磁头的基本功能是与磁记录介质构成磁性回路,起换能器的作用。对信息进行加工,包括记录(录音、录像、录文件)、重放(读出信息)、消磁(除信息)三种功能。完成这三种功能,根据设计,磁头可以有不同结构与形式。按其工作原理,目前磁头基本上为感应式磁头和磁阻式磁头两类,而且当前主要是感应式磁头,其工作原理已在6.6.1 小节中介绍过,本小节主要针对磁阻式磁头,介绍磁阻效应的由来和磁阻式磁头的工作原理。

1. 磁致电阻效应

磁性材料的电阻率随磁化状态而改变的现象称为磁致电阻效应(简称磁阻效应)。具有这种效应的磁性材料为磁(致)电阻材料。表征磁电阻材料性能的参数是磁阻比 β,它满足

$$\beta = (R_H - R_0)/R_0 = \Delta R/R_0 \tag{6.68}$$

式中:R_H、R_0 分别为材料在存在外磁场和不存在外磁场时的电阻;β 可为正,可为负。

磁阻材料技术不仅应用于制备磁头,还可用于磁传感器和磁记忆元件,目前属于磁性材料研究的热点。已发现的磁阻效应有以下四类:① 一般金属的磁阻效应;② 铁磁金属的各向异性磁阻效应;③ 金属多层膜的巨磁阻(giant magnetoresistance)效应;④ 钙钛矿结构锰酸盐的庞磁阻(colossal magnetoresistance)效应。

一般金属磁阻效应产生的原因是当外磁场存在时,金属中的传导电子受到洛伦兹力的作用而进行螺旋线式的运动,电阻较高;而没有磁场时,电子是自由直线运动,电阻很小。显然磁场引起的这种电阻变化是很小的,没有应用价值。对于铁磁性金属和它们的合金的各向异性磁阻效应可达 2% 左右。研究发现,磁场平行于电流方向和垂直于电流方向的电阻是不同的,前者电阻高于后者,原因是当平行于电流方向加上磁场时,增加了对电子的散射截面,导致电阻增加。各向异性磁致电阻效应较早地应用于磁阻式磁头上。

1986 年,Baibich 在一些多层膜系统(如 Fe/Cr 超薄多层膜)上发现,磁场引起其电阻变化在 50% 以上。这种现象称为巨磁电阻效应,这种材料称巨磁阻(GMR)材料。GMR 材料是由非磁性膜隔开的磁性膜组成的多层膜系统,当过渡族金属(Fe、Co、Ni)与薄的非铁磁金属(Cr、Cu、Ag、Au)隔层组成多层膜系统时,一般都有巨磁阻现象。图 6.69 所示为当年测试的电阻随外磁场变化曲线。当巨磁阻多层膜系统具有图 6.70(a)所示的结构时,没有磁场便具有高阻态,原因是此时自旋向上的电子被自旋向下的电子所散射,反之亦然,故有高阻态。当加上磁场具有图 6.70(b)所示的结构时,系统具有低阻态。低阻态产生的原因是,当所加磁场足够克服反铁耦合时,膜层具有一致的铁磁性,此时自旋相容的导电电子在异质结构中受到较小的散射,故材料电阻降低。铁磁层和反铁磁层自由电子受到散射的不同,可以由电子自旋的带结构来理解(参见图 6.71)。关于降低 GMR 材料应用的外磁场的自旋阀概念,请参阅相关参考文献。

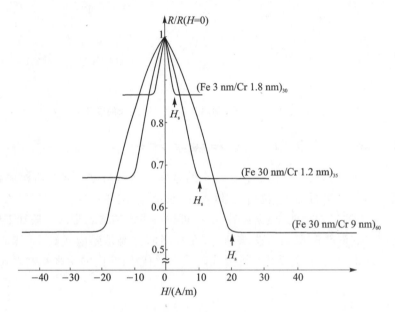

图 6.69　Fe/Cr 三种超晶格结构膜的磁阻变化(磁场沿膜面〔110〕方向,4.2 K)

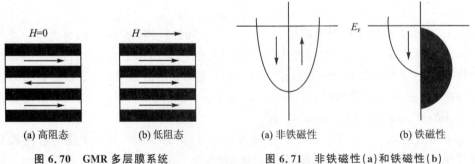

图 6.70　GMR 多层膜系统　　　　图 6.71　非铁磁性(a)和铁磁性(b)
高阻态(a)和低阻态(b)示意图　　　　金属电子自旋态结构示意图

当磁场使电阻率变化达到更高量级时,称之为庞(colossal)磁电阻材料,但庞磁电阻一般是在很高的磁场(约 1 T)中产生的。在实际中应用必须降低其工作磁场,这就必须研究和制成低磁场(0.1 T)的庞磁电阻材料。最近研究钙钛矿型的 $(Nd_{1-y}Sm_y)_{1/2}Sr_{1/2}MnO_3$ 的单晶磁性和磁电阻性能时,观察到显著的低磁场庞磁电阻现象。当 $y=0.94$,略高于居里温度 T_c 时,在0.4 T的外磁场中得到磁电阻率变化 $\rho(0)/\rho(H)>10^3$ 的庞磁电阻。这为庞磁电阻材料的应用开辟了光明的前景。

2. 磁阻磁头(MRH)概述

用磁电阻材料制作的磁头可以做得很薄,在外电磁场的影响下,它的电阻率将下降。这个外磁场可来自磁带的记录过渡区,特别是其垂直分量。设该磁场引起磁电阻元件的电阻变化为 R,通过该磁阻的恒电流是 i,那么外磁场垂直分量在磁电阻元件引起的电压变化为 iR。这个电压变化,恰是复制了磁带记录的信号变化,因此利用磁电阻做的磁头(MRH)就读出了磁带中的信号。1971 年,Hunt 提出了利用磁电阻材料——FeNi 合金制作只有读出功能的磁头。

用于 MRH 的材料主要是 $Ni_{81}Fe_{19}$ 合金,其 $\rho(0)/\rho(H)$ 达 2.5%,而磁致伸缩系数却只有 5×10^{-7}。另一些 MRH 材料就是前面已述的由铁磁性过渡族元素和非铁磁性元素构成的多层膜系统,即 GMR 材料,如 NiFe/Ag,NiFe/Cu/Co 等。

这种磁头的优点是灵敏度高、分辨率高、输出信号与磁带速度无关。它的缺点是只能读出,不能记录,而且工作时必须有足够大的电流和偏置磁场,但是随着 MRH 结构的不断改进,20 世纪 80 年代初 IBM 首次将 MRH 和 TH 共同用于 QIC 驱动机构中。

在巨磁电阻材料发现之后,法国和美国分别使用 NiFe/Ag 和 NiFe/Cu/Co 制造了 GMRH(1994 年)。1998 年,美国 IBM 公司使用这类磁头已读出密度高达 10 Gb/in^2 的磁盘。

MRH 存在的问题其中之一是极薄(50 nm)的元件含有 Fe,往往易被腐蚀。另外,与导电膜接触易造成短路,故需加保护膜。图 6.72 所示的用于窄道的矩形 DMRH(双面磁电阻磁头)就解决了这个问题。

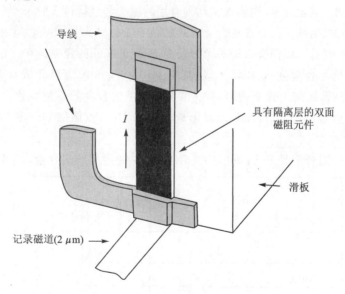

图 6.72　用于窄道的矩形 DMRH

3. 磁感应式磁头材料

为了确保磁头的功能,选择磁头材料是十分重要的,选择参量应包括:高的磁导率 μ_r,以提高磁头使用效率;低的矫顽力 H_c,以降低磁滞损耗,同时得到低的剩磁;高的电阻率 ρ,以减小涡流损失;在同样的电阻率情况下,叠层使用时,减小每片的厚度 d,也可以降低涡损。

由于涉及加工,故当然应选易加工成型且耐磨的材料。表 6.17 列出了国际上常用的磁头的芯材料。

表 6.17　磁头的芯材料

材料牌号	成　分	μ_i	$H_c/$ Oe	$B_{sat}/$ kGs	$\sigma/$ $(\mu\Omega\cdot cm)$	$\varepsilon/$ $(\mu m\cdot m^{-1}\cdot ℃^{-1})$	$T_c/$ ℃
坡莫合金	Ni79Fe17Mo4	20 000	0.05	8.7	25	13.2	460
HyMu80	Ni80Fe15MoMnSi	40 000	0.02	7.5	25	12.9	460
韧性坡莫合金	NiFeTi	40 000	0.02	5.0	90		280
铁铝硅合金	Fe85Al6Si9	10 000	0.06	10.0	90	15	500
Vacodur 16	FeAl	8 000	0.06	8.0	145	15	350
金属玻璃	FeCo	20 000	0.01	5.5	130	12.5	250
MnZn 铁氧体	MnOZnOFeO	4 000	0.1	5.5	10^7	11.1	170
NiZn 铁氧体	NiOZnOFeO	3 000	0.2	3.0	10^{10}	9	100～210
FeRuGaSi*	Fe68Ru8Ga7si17	1 500	0.5	14	130	14.0	
Fe/FeCrB**	Fe73Cr7B20	3 000	0.5	19			
FeN	Fe16N2	>1 000	10	28			

注: * 叠层:2 μm/100 nm; * * 多层:10 nm/3 nm。

(1) 磁性合金

最早应用的磁头是用磁性合金片叠成的,最重要的两种合金系列是铁-镍合金和铁-铝合金。

铁-镍基合金加入其他元素,则构成了几种有用的磁头合金材料。加入 4%～5%Mo,则初始磁导率和电阻率增加,俗称 4-79 坡莫合金和超坡莫合金。如果加入 5%Cu 和 2%Cr 则可以使材料易于轧制成极薄的片,以便叠成磁头。牌号为 HyMu-80Ⅱ的合金具有极好的高频磁性能。

HyMu-800 牌号合金分 A、B、C 三级,其中 HyMu-800A 级可轧成 0.001 英寸的薄片。B 级加入少量的磨料,提高了合金硬度,图 6.73 所示是该合金的磁导率谱。C 级深冲变形性好,用于屏蔽。向合金中加入 Ti、Nb 元素形成间隙结构,可以增加 Ni-Fe 合金强度,成为韧性坡莫合金。

最初应用的铁-铝合金是 Fe84%Al16%合金,是一种硬度较高合金,具有中等磁导率和高

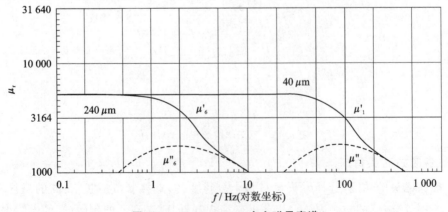

图 6.73　HyMu-800B 合金磁导率谱

的磁通密度,难于加工。加入 $9\%Si$ 虽然性能改善,但加工仍困难,通常放在坡莫或锆氧体磁头的顶尖处(见图 6.74),以增加耐磨性。

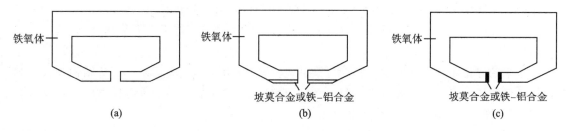

铁氧体　　　　　　铁氧体　　　　　　铁氧体

坡莫合金或铁–铝合金　　　坡莫合金或铁–铝合金

(a)　　　　　　　(b)　　　　　　　(c)

图 6.74　三种记录磁头的设计

(2) 非晶态磁性合金

随着磁记录向高频、高密度方向发展,要求介质的矫顽力高,磁头的磁感应强度高,磁导率高,当介质的矫顽力从原来的 24 kA/m 提高到 80 kA/m 时,原有的磁头材料(如坡莫合金、铁硅铝和铁氧体)的性能就难以满足要求,故必须开辟新材料,非晶态磁性材料就是一种。目前主要的非晶态材料有两类:① 铁基非晶态材料,如 $Fe_{72}Cr_8P_{13}C_7$,具有 $B_s \approx 0.9$ T,$\lambda_s = 10 \times 10^{-6}$。由于 B_s 高,硬度 $HV \approx 850 \sim 900$,比铁铝硅还高,成本低,所以非晶态磁性材料是理想的视频磁头材料。

② 钴基非晶态材料。此类材料磁导率高,λ_s 为 0,B_s 相当高,居里温度也高,很适宜用作磁头材料,但价格高,在加工和其后处理过程中易产生各向异性。在磁头加工过程中,要严格控制温度,以防再结晶。音频磁头应控制在 200 ℃ 以下,视频磁头控制在 240 ℃ 以下。

尽管非晶态磁性合金具有一系列优点,但是必须注意其性质的稳定性,即由非晶态向晶态转化问题。另一个问题是加工过程中的各向异性问题,对于非晶态材料比晶态材料更严重。

(3) 铁氧体

目前广泛应用的高磁导率铁氧体有两种类型:一种是 Ni – Zn 铁氧体,它的成分为 $(NiO)_x$ $(ZnO)_{1-x}(Fe_2O_3)$;另一种是 Mn – Zn 铁氧体,成分为 $(MnO)_x(ZnO)_{1-x}Fe_2O_3$。这两种材料具有尖晶石晶格结构,它们的磁性随 Ni/Zn 比或 Mn/Zn 比而变化。加入少量 Zn,其磁导率和磁感应强度增大,而矫顽力和居里温度下降,当 x 在 $0.3 \sim 0.7$ 范围内时,磁特性最佳。

Ni – Zn 铁氧体具有更高的电阻率,应用频率比 Mn – Zn 铁氧体的高。另外,Mn – Zn 铁氧体在几十兆赫时有较高的磁导率、较低的矫顽力以及较高的饱和磁感应强度,所以应用广泛。

铁氧体材料的加工应注意降低气孔率。气孔率低,加工和耐磨性好。热压铁氧体的晶粒尺寸约为 70 μm,气孔率可降到 1% 或更少。但由于居里温度较低而限制了它们的使用。

(4) 薄膜磁头材料

薄膜磁头属于微电子器件。薄膜磁头几乎都

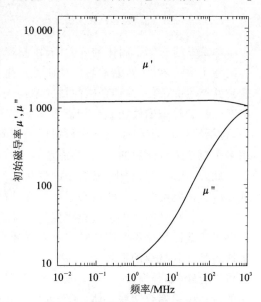

图 6.75　纳米晶体 FeCoSiB 多层膜磁导率和频率关系曲线

是镍–铁合金制成的,其质量分数为 80%Ni,20%Fe。它与块材 Ni–Fe 有很大差别,其性能更多依赖于制膜工艺、薄膜厚度、热处理工艺。它可以由真空蒸发、溅射或电解工艺来制作 Ni–Fe 薄膜。最佳沉积条件下得到的 Ni–Fe 薄膜性能如下:各向异性场 H_K 为 200~400 A/m,饱和磁感应强度接近 1.0 T,低频相对磁导率约为 2 000~4 000。若不计涡流损耗,则其工作频率可以超过 16 MHz。

未来的磁记录将是高密度、高频率、接触式、高矫顽力介质上的记录。层状结构和人造超晶格结构将成为未来关键的磁头材料。例如,FeCoSiB 纳米晶体合金具有优秀的磁导率和频率关系(见图 6.75)并具有 16 kGs 的磁化强度。

磁电阻效应还在磁性随机存储器(Magnetic Random Access Memory, MRAM)中有重要应用。MRAM 是一种非挥发性随机存储器。所谓"非挥发性"是指关掉电源后,仍可以保存记忆。与闪存相比,MRAM 的特点是读取速度极快,可达纳秒(ns)级别,并且不需要持续供电以保留记忆,功耗低,在物联网和大数据等新兴领域有重要应用。

MRAM 的基本结构是磁性隧道结,即底下一层薄膜是铁磁材料(钉扎层),其磁自旋方向固定;中间一层是隧穿层;上面一层是自由层,其自旋方向可以在外加应力的情况下改变。如果自由层的自旋方向和钉扎层的自旋方向一致,则隧道层处在低电阻的状态;反之,则处于高阻状态。综上,MRAM 是利用磁性隧道结的电阻变化实现存储。

※ **"磁性测量及其在材料科学与工程中的应用"内容请扫描二维码阅读。**

磁性测量及其在材料科学与工程中的应用

本章小结

本章概括介绍了固体的五大磁性:抗磁性、顺磁性、亚铁磁性、铁磁性和反铁磁性,带领读者定性了解抗磁性、顺磁性和反铁磁性产生的机理和在磁场中的表现,着重介绍了铁磁性和亚铁磁性产生的条件,并结合磁性材料掌握表征铁磁性和亚铁磁性材料的物性特点。注意掌握静态磁性和动态磁性能的差别以及测试方法。信息存储磁性材料是目前发展最快的领域之一,包括感应磁记录、磁光记录材料以及旋磁材料。它们虽然以硬磁或软磁材料应用,但其应用多是以粒子或薄膜的形式,要注意其特殊的性能要求及其实现的途径。

此外,在某些材料中,磁有序的变化还产生磁弹、磁热、磁电阻、磁光等多种磁关联耦合物理效应。由此可开发一些具有重要特殊功能的新材料,也需了解。

磁性材料当前仍以金属和陶瓷铁氧体材料为主,聚合物磁性材料的主要应用是黏结磁体。在电子工业微型化和空间科学技术发展要求轻质磁性材料的推动下,1984 年开始出现非铁有机铁磁性及其材料的报告,如二炔烃类衍生物丁二炔、热解聚丙烯腈等。此外,还有磁性金属有机聚合物(如金属酞菁、席夫碱等系列)具有顺磁性,主要用于吸波材料。我国已合成可以应用的有机金属聚合物铁磁体,其饱和比磁化强度为 16~20 A·m²/kg。利用这种材料制成实验性 300 MHz 的低通滤波器及约 50 MHz、860~960 MHz 移动通信天线都取得较好效果。

最后,极为简要地概括介绍了三类智能材料的物理相似性,供读者参考。本教材第三章和第六章分别介绍了铁电材料和铁磁材料。还有一类智能材料是形状记忆材料。它们的共性是,在外场激励下,通过功能单元的变化实现微观矢量再取向,产生宏观强度,输出应变,实现驱动效应,并能实现电/磁/热能与机械能之间的能量转换,具有感知、驱动、换能等特性。这三类智能材料在微观量、宏观参量、功能单元、物理效应和功能特性等方面都具有相似性,列于表6.18中。

表 6.18　三类智能材料的相似性

项　目	铁电材料	铁磁材料	形状记忆材料
外场	电/力	磁/力	热/力
微观量	电偶极矩	磁矩	晶格应变
宏观量	极化强度	磁化强度	形变
功能单元	铁电畴	铁磁畴	孪晶变体
特征相变	铁电-顺电	铁磁-顺磁	马氏体-奥氏体
能量转换	电能-机械能	电磁能/磁能-机械能	热能-机械能
物理效应	电致伸缩效应/压电效应	磁致伸缩效应/压磁效应	形状记忆效应/超弹性

复 习 题

1. 试说明下列磁学参量的定义和概念:磁化强度、矫顽力、饱和磁化强度、磁导率、磁化率、剩余磁感应强度、磁滞损耗、磁各向异性常数、饱和磁致伸缩系数。

2. 试绘图说明抗磁性、顺磁性、铁磁性物质在外磁场 $B_0=0$, $B_0\neq0$ 中的磁行为。比较其磁化率 χ 大小和符号,并表示出 μ、μ_r、χ 之间的关系。

3. 分析抗磁性、顺磁性、反铁磁性、亚铁磁性的磁化率与温度的关系。

4. 什么是自发磁化?铁磁体形成的条件是什么?有人说"铁磁性金属没有抗磁性",对吗?为什么?

5. 试用磁畴模型解释软磁材料的技术磁化过程。

6. 磁畴大小和结构由哪些条件决定(请从能量角度加以分析)?

7. 哪些磁性能参数是组织敏感的?哪些是不敏感的?举例说明成分、热处理、冷变形、晶粒取向等因素对磁性的影响。

8. 弱磁物质磁化率的测试原理及方法。

9. 铁棒中一个碳原子的磁矩是 1.8×10^{-23} A·m²,铁的密度是 7.8×10^{-3} kg/cm³,相对原子质量 55.85,阿伏伽德罗常数 6.023×10^{23}。试求:

① 一个达到磁饱和的铁棒(10 cm×1 cm×1 cm),平行于长轴方向磁化,其磁矩是多少?

② 假设①问棒中的磁矩方向平行于长轴永久固定,为了保持棒垂直于 50 000 Gs 作用下的磁场所需要的力矩是多少?

10. 一个合金中有两种铁磁性相,用什么实验方法证明(绘出实验曲线说明)?

11. 铁原子具有 2.2 玻尔磁子,试求铁的饱和磁化强度 M_s(铁的相对原子质量为 55.9,密度为 7.87 g/cm³)。

12. 工厂中发生"混料"现象,某钢的淬火试样又经不同温度回火后混在一起了。用什么方法可将各不同温度回火试样、淬火试样区分开来(不能损伤试样)?

13. 计算机逻辑与记忆元件用的坡莫合金线圈是用坡莫合金带子绕起来之后再退火,为什么不在绕之前退火?

14. 面心立方结构的奥氏体是顺磁性的,奥氏体不锈钢从 1 000 ℃急冷淬火也是顺磁性的。但奥氏体不锈钢经冷卷或严重变形就会变成铁磁性的;或从 1 000 ℃缓冷,奥氏体不锈钢也表现出铁磁性。试解释之。

15. 能否利用纯镍的磁致伸缩效应控制直线位移 5 mm 的阀?

16. 试说明稀土永磁材料强化机制,以及钕铁硼永磁材料的特点。

17. 图 6.72 所示为三种记录磁头铁芯的设计方式,试分析每种情况下的磁性能和力学性能的差别。

18. 磁记录用薄膜材料有哪些物性特征?

19. 为什么涂布或磁记录方式经久不衰?

20. 试简述目前磁记录信息存储的主要方式、简单工作原理及对材料物性的要求。

第 7 章　材料弹性与内耗(阻尼)性能

众所周知,弹性理论在机械结构设计和计算中占有重要地位。材料的弹性是人们选择和使用材料的依据之一;作为减振元件或结构则要求材料应变能要高。近代航空、航天、无线电及其精密仪器仪表工业对材料的弹性有更高要求,不仅要有高的弹性模量,而且还要恒定。同时,准确测定材料的弹性常量,对于研究材料间原子的相互作用和相变都具有工程和理论意义。本章在大学普通物理的基础上介绍了弹性的广义胡克定律、宏观弹性的表征及微观的物理本质、弹性模量的影响因素、无机材料的弹性模量以及动态法测定弹性模量,并在此基础上介绍滞弹性、黏弹性以及内耗概念、内耗产生机制及其测试方法和应用等。

7.1　胡克定律及弹性的表征

7.1.1　广义胡克定律

物体所具有的恢复形变前的形状和尺寸的能力,称为弹性;相应的可立即恢复的变形称为弹性变形。对于各向同性物体单向拉伸实验已经证明,应力 σ 和应变 ε 之间具有线性关系,这就是著名的胡克(HooKe)定律:

$$\sigma = E\varepsilon \tag{7.1}$$

式中的系数 E 称为弹性模量。在单向切变条件下,切应力 τ 和切应变 γ 有线性关系,即 $\tau = G\gamma$,其中 G 为切变模量。由材料力学知,在一般受力情况下,内应力状态由 6 个应力分量(即正应力 σ_{xx}、σ_{yy}、σ_{zz} 和剪切应力 τ_{xy}、τ_{yz}、τ_{zz})决定,一点的应变状态也应由 6 个应力所对应的应变分量(即正应变 ε_{xx}、ε_{yy}、ε_{zz} 和切应变 γ_{xy}、γ_{yz}、γ_{zz})决定。以下对正应力、正应变只用单下标表示。对于理想弹性体,应力和应变关系的一般式可以写为

$$\left.\begin{aligned}
\sigma_x &= f_1(\varepsilon_x, \varepsilon_y, \varepsilon_z, \gamma_{xy}, \gamma_{yz}, \gamma_{zx}) \\
\sigma_y &= f_2(\varepsilon_x, , \varepsilon_y, \varepsilon_z, \gamma_{xy}, \gamma_{yz}, \gamma_{zx}) \\
\sigma_z &= f_3(\varepsilon_x, \varepsilon_y, \varepsilon_z, \gamma_{xy}, \gamma_{yz}, \gamma_{zx}) \\
\tau_{xy} &= f_4(\varepsilon_x, \varepsilon_y, \varepsilon_z, \gamma_{xy}, \gamma_{yz}, \gamma_{zx}) \\
\tau_{yz} &= f_5(\varepsilon_x, \varepsilon_y, \varepsilon_z, \gamma_{xy}, \gamma_{yz}, \gamma_{zx}) \\
\tau_{zx} &= f_6(\varepsilon_x, \varepsilon_y, \varepsilon_z, \gamma_{xy}, \gamma_{yz}, \gamma_{zx})
\end{aligned}\right\} \tag{7.2}$$

在弹性范围内,ε 和 $\gamma \ll 1$,并假设应变为零,应力也为零。此时把式(7.2)中各等式按泰勒级数展开,并略去应变分量二次及其以上的项。例如,取式(7.2)中的第一等式进行上述操作,得

$$\sigma_x = \frac{\partial f_1}{\partial \varepsilon_x}\varepsilon_x + \frac{\partial f_1}{\partial \varepsilon_y}\varepsilon_y + \frac{\partial f_1}{\partial \varepsilon_z}\varepsilon_z + \frac{\partial f_1}{\partial \gamma_{xy}}\gamma_{xy} + \frac{\partial f_1}{\partial \gamma_{yz}}\gamma_{yz} + \frac{\partial f_1}{\partial \gamma_{zx}}\gamma_{zx} \tag{7.3a}$$

为了便于采用矩阵符号表示应力张量、应变张量以及应力应变关系的弹性系数,通常的做法是把 x、y、z 分别以 1、2、3 替换,并采用第 3 章中 3.4.1 小节的做法,把 $yz(zy)$、$zx(xz)$、$xy(yx)$ 分别以 4、5、6 代替,且也用符号 σ 表示切应力,即只用下标加以区别是正应力或切应力、

线应变或切应变,则式(7.3a)成为

$$\sigma_1 = C_{11}\varepsilon_1 + C_{12}\varepsilon_2 + C_{13}\varepsilon_3 + C_{14}\varepsilon_4 + C_{15}\varepsilon_5 + C_{16}\varepsilon_6$$

式中：$C_{11} = \dfrac{\partial f_1}{\partial \varepsilon_x}$，$C_{12} = \dfrac{\partial f_1}{\partial \varepsilon_y}$，$C_{13} = \dfrac{\partial f_1}{\partial \varepsilon_z}$，$C_{14} = \dfrac{\partial f_1}{\partial \gamma_{yz}}$，$C_{15} = \dfrac{\partial f_1}{\partial \gamma_{zx}}$，$C_{16} = \dfrac{\partial f_1}{\partial \gamma_{xy}}$。

按同样的规则和办法处理式(7.2)的其余各等式,则式(7.2)可写为

$$\left.\begin{array}{c} \sigma_1 = C_{11}\varepsilon_1 + C_{12}\varepsilon_2 + C_{13}\varepsilon_3 + C_{14}\varepsilon_4 + C_{15}\varepsilon_5 + C_{16}\varepsilon_6 \\ \vdots \\ \sigma_6 = C_{61}\varepsilon_1 + C_{62}\varepsilon_2 + C_{63}\varepsilon_3 + C_{64}\varepsilon_4 + C_{65}\varepsilon_5 + C_{66}\varepsilon_6 \end{array}\right\} \tag{7.3b}$$

采用简化的求和表示法,则

$$\sigma_i = C_{ij}\varepsilon_j \qquad (i, j = 1,2,3,4,5,6) \tag{7.4a}$$

同样每个应变也可以写成 6 个应力的函数:

$$\left.\begin{array}{c} \varepsilon_x = S_{11}\sigma_x + S_{12}\sigma_y + S_{13}\sigma_z + S_{14}\tau_{yz} + S_{15}\tau_{zx} + S_{16}\tau_{xy} \\ \vdots \\ \gamma_{xy} = S_{61}\sigma_x + S_{62}\sigma_z + S_{63}\sigma_z + S_{64}\tau_{yz} + S_{65}\tau_{zx} + S_{66}\tau_{xy} \end{array}\right\}$$

采用上述的简化数字下标,则有

$$\left.\begin{array}{c} \varepsilon_1 = S_{11}\sigma_1 + S_{12}\sigma_2 + S_{13}\sigma_3 + S_{14}\sigma_4 + S_{15}\sigma_5 + S_{16}\sigma_6 \\ \vdots \\ \varepsilon_6 = S_{61}\sigma_1 + S_{62}\sigma_2 + S_{63}\sigma_3 + S_{64}\sigma_4 + S_{65}\sigma_5 + S_{66}\sigma_6 \end{array}\right\}$$

同样采用简化的求和表示法,则上述各式以下式表示:

$$\varepsilon_i = S_{ij}\sigma_j \qquad (i, j = 1, 2, 3, 4, 5, 6) \tag{7.4b}$$

上述变换中值得注意的是 $\varepsilon_{23} = \varepsilon_4/2$，$\varepsilon_{31} = \varepsilon_5/2$，$\varepsilon_{12} = \varepsilon_6/2$，这是由于剪切应变的特殊性才出现系数 1/2。

式(7.4a)和式(7.4b)所表示的应力-应变关系称为广义胡克定律,其中 C_{ij} 称为刚度常数,S_{ij} 称为柔度常数,一般情况下 $C_{ij} \neq S_{ij}^{-1}$。两种系数统称为弹性常数。

从式(7.4a)和式(7.4b)可知,每种常数都有 36 个,不过可以证明 $C_{ij} = C_{ji}$，$S_{ij} = S_{ji}$，所以独立的系数只有 21 个,即

$$\begin{array}{cccccc} C_{11} & C_{12} & C_{13} & C_{14} & C_{15} & C_{16} \\ & C_{22} & C_{23} & C_{24} & C_{25} & C_{26} \\ & & C_{33} & C_{34} & C_{35} & C_{36} \\ & & & C_{44} & C_{45} & C_{46} \\ & & & & C_{55} & C_{56} \\ & & & & & C_{66} \end{array} \tag{7.5}$$

由于晶体自身结构对称性的提高,使其独立的弹性常数数量减少。对称性愈高,则独立弹性常数愈少。例如,立方晶体结构的对称性最高,是单晶体中独立弹性常数数量最少的,只有三个即 C_{11}、C_{12} 和 C_{44}。表 7.1 列出了不同晶体结构具有的独立弹性常数数量。表 7.2 列出一些单晶体和玻璃的弹性常数。

各向同性体中只有二个独立的弹性常数,即

$$
\begin{array}{cccccc}
S_{11} & S_{12} & S_{12} & 0 & 0 & 0 \\
S_{11} & S_{12} & 0 & 0 & 0 \\
& S_{11} & 0 & 0 & 0 \\
& & 2(S_{11}-S_{12}) & 0 & 0 \\
& & & 2(S_{11}-S_{12}) & 0 \\
& & & & 2(S_{11}-S_{12})
\end{array}
\tag{7.6}
$$

表 7.1 晶体结构的独立弹性常数数量

晶体结构	独立弹性常数个数
三斜晶系	21
单斜晶系	13
斜方晶系	9
四方晶系	6
六方晶系	5
立方晶系	3
各向同性体	2

表 7.2 一些单晶体和玻璃的弹性常数

对称性	材料	C_{11}	C_{12}	C_{44}	C_{33}	C_{13}	C_{14}
各向同性	二氧化硅玻璃	79.0	15.0				
立方	$MgAl_2O_4$	279.0	153.0	153.0			
	ZrO_2	410.0	110.0	60.0			
	ZnS	108.0	72.0	41.0			
	TiC	500.0	113.0	175.0			
	Al	106.78	60.74	28.21			
	Fe	233.10	135.44	117.83			
六方	Al_2O_3	465.0	124.0	233.0	563.0	117.0	
	Ti	162.4	92.0	46.7	18.07	69.0	
四方	$BaTiO_3$	158.0	64.0	44.0	153.0	63.0	
三方	SiO_2	87.0	8.0	57.0	108.0	15.0	17.0

由于多晶体金属材料、陶瓷和高分子聚合物通常都是各向同性体,因此下面就来介绍各向同性体的广义胡克定律的形式及其相关工程常用弹性常数的表征。

在各向同性体中,通常用柔度系数 S_{11} 和 S_{12} 定义以下工程常用的弹性常数:弹性模量 E、切变模量 G 和泊松比值 μ,即

$$
E = \frac{1}{S_{11}}, \quad G = \frac{1}{2(S_{11}-S_{12})}, \quad \mu = \frac{-S_{12}}{S_{11}}
\tag{7.7}
$$

由式(7.6)和式(7.7)可以得到

$$
\left.
\begin{aligned}
\varepsilon_x &= \frac{1}{E}\left[\sigma_x - \mu(\sigma_y + \sigma_z)\right] \\
\varepsilon_y &= \frac{1}{E}\left[\sigma_y - \mu(\sigma_z + \sigma_x)\right] \\
\varepsilon_z &= \frac{1}{E}\left[\sigma_z - \mu(\sigma_x + \sigma_y)\right] \\
\gamma_{yz} &= \frac{1}{G}I_{yz}\gamma_{xy} = \frac{1}{G}\tau_{yz} \\
\gamma_{zx} &= \frac{1}{G}\tau_{zx}
\end{aligned}
\right\}
\tag{7.8}
$$

在单轴拉伸只取 x 方向时,其 σ_y 和 σ_z 均为 0,则式(7.8)简化为

$$
\left.
\begin{aligned}
\varepsilon_x &= \frac{1}{E}\sigma_x \\
\varepsilon_y &= \varepsilon_z = -\frac{\mu}{E}\sigma_x
\end{aligned}
\right\}
\tag{7.9}
$$

由式(7.9)可见,即使在单轴加载条件下,材料不仅有受拉方向上的应变,而且还有垂直于受拉方向的横向收缩应变。

7.1.2 弹性的表征

前面的讨论都是对材料弹性的表征。除式(7.7)定义的 E、G、μ 以外,还可以由各向同性广义胡克定律特殊条件式(7.9)得到较为明确的物理意义:

① 弹性模量 E:在单向受力状态下 $E=\dfrac{\sigma_x}{\varepsilon_z}$,它反映材料抵抗应变的能力。

② 切变模量 G:在纯剪受力状态下 $G=\dfrac{\tau_{xy}}{\gamma_{xy}}$,它反映材料抵抗切应变的能力。

③ 泊松比 μ:在单向受力状态下,$\mu=-\varepsilon_y/\varepsilon_x$,它反映材料横向应变与受力方向应变的比值。

在理论研究和流体静压力三向受载情况下,还经常用到另一个弹性模量,即

④ 体积模量 K:它表示材料在三向压缩(流体静压力)下,压强 p 与体积变化率 $\Delta V/V$ 之间的线性比例关系。由式(7.8)中的前三式中的任一式可得

$$\varepsilon = \frac{1}{E}[-p-\mu(-p-p)] = \frac{p}{E}(2\mu-1)$$

而在 P 作用下的体积相对变化:

$$\Delta V/V = 3\varepsilon = \frac{3p}{E}(2\mu-1)$$

由定义,有

$$K = \frac{-p}{\Delta V/V} = \frac{E}{3(1-2\mu)} \tag{7.10}$$

由于各向同性材料的弹性常量只有 2 个是独立的,因此上述 4 个常量必然存在一定的关系,即

$$E = 3K(1-2\mu) \tag{7.11}$$
$$G = E/2(\mu+1) \tag{7.12}$$

一般金属材料的泊松比为 0.29～0.33,大多数无机材料为 0.2～0.25。弹性模量 E 随材料不同变化很大,金属材料 E 为 0.1～100 GPa,而无机材料 E 为 1～100 GPa。

工程上材料弹性模量 E 的意义通常是以零件的刚度表现出来。一般按引起单位应变的负荷为该零件的刚度,即

$$\frac{F}{\varepsilon} = \frac{\sigma S}{\varepsilon} = ES \tag{7.13}$$

式中:S 为零件的承载面积;F 为零件应变 ε 所承受的载荷;ES 为零件的刚度。由该式可知材料弹性模量大小的意义了,特别是对于细长的杆零件尤为重要。

另外一个工程用术语就是材料的"比弹性模量"。因为航空航天飞行器不但要求材料弹性好,而且质量也要轻,所以选材时还要用比弹性模量来衡量材料,即要求材料的弹性模量与材料密度的比值高。表 7.3 列出了几种常用材料的比弹性模量。

表 7.3　几种常用材料的比弹性模量

材　　料	Cu	Mo	Fe	Ti	Al	Be	Al_2O_3	SiC
比弹性模量 $\times10^8$ cm	1.3	2.7	2.6	2.7	2.7	16.8	10.5	17.5

7.2　弹性与原子间结合力等物理量的关系

7.2.1　弹性模量的微观分析

固体对所有作用力的反应的实质来自原子间相互作用的势能。一对相距为 r 原子的势能 U 可以写成

$$U(r) = -\frac{A}{r^n} + \frac{B}{r^m} \tag{7.14}$$

式中:A、B、m、n 是决定材料成分和结构的常数。

式(7.14)的第一部分表征的是势能的相吸部分,第二部分是势能的相斥部分。研究表明,$n < m$,意义是斥力对距离变化更敏感。原子间作用力 $F(r)$ 可以写为

$$F(r) = -\frac{\mathrm{d}U(r)}{r} = -\frac{nA}{r^{n+1}} + \frac{mB}{r^{m+1}} \tag{7.15}$$

解式(7.15),获得原子间平衡距离 r_0,即 $F = \dfrac{-\mathrm{d}U}{\mathrm{d}r} = 0$

$$r_0 = \left(\frac{mB}{nA}\right)^{1/(m-n)} \tag{7.16}$$

方程式(7.16)表明,若相对于原子间的排斥作用 B,来增加原子间的相吸作用 A,则原子间平衡距离减小。图7.1 绘出了双原子的势能曲线和原子间的作用力,并标明了相吸引和排斥的部分,以及稳定的原子间距 r_0。

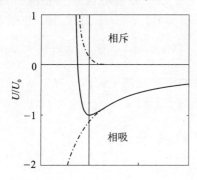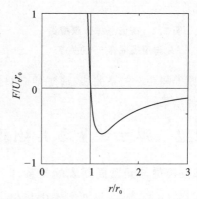

图 7.1　双原子的势能 $U(r)$ 及其相互作用力 $F(r)$ 曲线(离子固体 $n=1$, $m=9$, 且 $U_0 = -U(r_0)$;势能的相吸和排斥分量以点画线表示)

下面以上述的双原子势能曲线模型,讨论弹性模量的定量表达式。假设对双原子键合作用一微扰,使之偏离平衡,那么微力 $\mathrm{d}F$ 和微位移 $\mathrm{d}r$ 间有以下关系:

$$\mathrm{d}F = -\left(\frac{\mathrm{d}^2 U(r)}{\mathrm{d}r^2}\right)_{r=r_0} \mathrm{d}r \tag{7.17}$$

真实材料由许多键构成,那么在宏观应力和应变变量之间总是显示相似的线弹性关系,并且其比例系数——弹性模量相关于材料原子的键刚性(bond stiffness)。

同样,材料的体积模量 K 也与势能曲线的曲率有关:水静压力作用于原子每个键上的压

力与每一个键的横截面积成比例，即 $dF = pr_0^2$；固体的体应变整体上大约是单个键的线性应变的 3 倍，即 $\dfrac{dV}{V} = 3\dfrac{dr}{r_0}$，因此由式(7.17)和体积模量定义，则得

$$K = \frac{1}{3r_0}\left(\frac{d^2U(r)}{dr^2}\right)_{r=r_0} \tag{7.18}$$

式(7.18)再次表明宏观上弹性模量正是微观平衡态原子间距的原子间作用力的反映。这一理论已被在离子晶体上的实验观察所证实。

对于离子晶体，其相互间的斥力能可以忽略，那么电荷为 $+Ze$ 及 $-Ze$ 的一对离子形成离子键的静电引力为 $\dfrac{(Ze)^2}{r^2}$，当原子间距为平衡间距 r_0 时的引力能为

$$U = \int_\infty^{r_0} \frac{(Ze)^2}{r^2}dr = -\frac{(Ze)^2}{r_0}$$

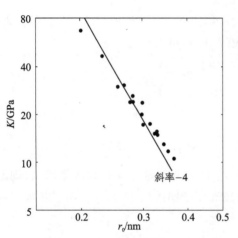

图 7.2　碱卤晶体体积模量 K 与原子间距 r_0 的关系

上式只是一对阴阳离子之间的引力能，也称晶格能。对于实际离子晶体，由于库仑场作用较远，在相当的离子排列范围内均有相互作用，因此必须考虑相当数量的离子相互作用的叠加进行计算。其叠加结果可以引入一个马德隆常数 M(Madelung Constant)，则晶格能可以按下式计算：

$$U_0 = -M\frac{(Ze)^2}{r_0} \tag{7.19}$$

马德隆常数与晶体结构有关，例如 NaCl、CsCl 和 ZnS 晶体结构的马德隆常数分别为 1.75、1.76、1.64。将式(7.19)代入式(7.18)便可得到 $K \propto \dfrac{1}{r_0^4}$。图 7.2 所示为碱卤晶体体积模量与原子间距 r 关系曲线，清楚地表明体积模量与原子间距 r 的四次方关系，斜率 -4 是对数作图的结果。

7.2.2　弹性模量与其他物理量的关系

1. 弹性模量与元素周期表的关系

克斯特尔(Köster)在早期工作中指出，常温下弹性模量是元素原子序数的周期函数，见图 7.3。从元素周期表第三周期元素中可以看出，钠、镁、铝及硅的弹性模量随原子序数一起增大，这与价电子的增加及原子半径的减小有关。在同一族中的元素(如铍、镁、钙、锶及钡)随原子序数的增加原子半径的增大，弹性模量减小。可以认为，弹性模量 E 随原子间距 a 的减小，近似地按下列关系式增大：

$$E = \frac{k}{a^m} \tag{7.20}$$

式中：k、m 是常数。

这个规律不能推广到过渡族金属中。在同一组过渡族金属中(如锇、钌、铁或铱、铑、钴)，

弹性模量同原子半径一起增大。过渡族金属的弹性模量比较高,其原因可认为是同原子的 d 壳层电子所引起的较大原子间结合力有关。带有 5～7 个 d 壳层电子的元素(铼、钌、铁、钼、钴等)具有高的弹性模量值。

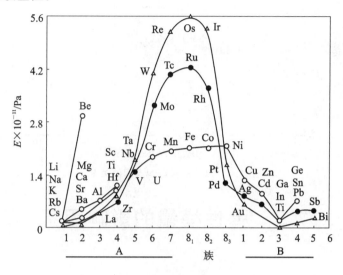

图 7.3　弹性模量的周期变化

2. 弹性模量与德拜特征温度

德拜温度 Θ_D 同晶体的原子振动有关,一般 Θ_D 愈高,原子间结合力愈强。弹性模量 E 也表征晶体原子间结合力强弱,因此二者有下列关系:

$$\Theta_D = \frac{h}{k}\left(\frac{3N_o}{4\pi A}\right)^{\frac{1}{3}} \rho^{\frac{1}{3}} c \qquad (7.21)$$

式中:h 是普朗克常数;k 为玻耳兹曼常数;N_o 是阿伏伽德罗常数;A 是相对原子质量,ρ 表示密度;c 为弹性波的传播速度。

又知

$$\frac{3}{c^3} = \frac{1}{c_l^3} + \frac{2}{c_\tau^3}; \quad c_l = \sqrt{\frac{E}{\rho}}^*; \quad c_\tau = \sqrt{\frac{G}{\rho}} \qquad (7.22)$$

式中:c_l 表示弹性波纵向传播速度;c_τ 表示弹性波横向传播速度。用式(7.21)可计算德拜温度。

由式(7.21)可见,德拜温度与弹性波速成正比。一般来说,弹性模量值高,其 Θ_D 温度也高。

3. 弹性模量与熔点的关系

材料的熔点高低反映其原子间结合力的大小,因此弹性模量与熔点有正比例的关系。例如,在 300 K 下,弹性模量与熔点 T_m 之间存在以下关系:

$$E = \frac{100kT_M}{V_a} \qquad (7.23)$$

式中:V_a 为原子体积或分子体积;k 为玻耳兹曼常数。图 7.4 为由 Frost 与 Ashby 总结出的 E 与 kT_M/V_a 之间的关系图。由图可见,二者具有良好的线性关系。

---

　* c_l 的精确表达式为 $c_l = \left[\dfrac{E(1-\mu)}{\rho(1+\mu)(1-2\mu)}\right]^{1/2}$,在细长试棒条件下可简化为 $c_l = (E/\rho)^{1/2}$。

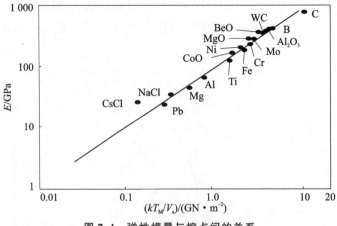

图 7.4 弹性模量与熔点间的关系

7.3 弹性模量的影响因素

7.3.1 温度的影响

从弹性模量的物理本质不难理解,随温度升高,原子间距增大,相互作用(结合力)减小,金属的弹性模量将降低,见图 7.5。

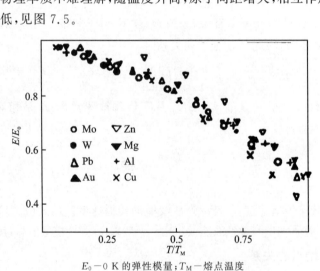

E_0—0 K 的弹性模量;T_M—熔点温度

图 7.5 金属弹性模量 E 与 T/T_M 关系

一般用弹性模量温度系数 β 表示弹性随温度的变化:

$$\beta = \frac{1}{E}\frac{\mathrm{d}E}{\mathrm{d}T} \tag{7.24a}$$

当 $\Theta_D < T < 0.5T_M$ 时,弹性模量同温度成一次方关系,即 $E = E_0(1-\beta T)$;当 $\Theta_D/T \gg 1$(低温)时,则 $E \propto T^4$。下面讨论弹性模量温度系数同热膨胀系数的关系。

现将式(7.20)对温度微分,得

$$\frac{\mathrm{d}E}{\mathrm{d}T}a^m + m\frac{\mathrm{d}a}{\mathrm{d}T}a^{m-1}E = 0 \tag{7.24b}$$

整理上式,各除以 Ea^m 得

$$\left(\frac{1}{E}\frac{\mathrm{d}E}{\mathrm{d}T}\right)+\left(\frac{\mathrm{d}a}{\mathrm{d}T}\cdot\frac{1}{a}\right)m=0 \tag{7.25}$$

由式(7.25)改写成

$$\beta+\alpha_1 m=0 \tag{7.26}$$

由式(7.26)可知,不同金属与合金的热膨胀系数与弹性模量温度系数之比是一个定值(4×10^{-2})。在一定温度范围内,上述定律已被实验结果所证实(见表7.4)。

表 7.4　一些金属与合金的 α_l/β 值(温度范围$-100\sim+100$ ℃)

名　称	$\alpha_l\times 10^5$	$\beta\times 10^5$	$(\alpha_l/\beta)\times 10^3$
Fe	1.1	27.0	40.1
W	0.4	9.5	41.1
18-8 不锈钢	1.6	39.7	40.0
黄铜	1.7	40.0	42.5
Al-4%Cu	2.3	58.3	39.4
Fe-5%Ni	1.05	26.0	40.4

不同材料的弹性模量温度系数是不同的,低熔点的轻金属和合金的 β 较大,即弹性模量随温度升高而下降的幅度大。高熔点的耐热金属及其碳化物和耐热合金的 β 较低,弹性模量随温度升高下降幅度小。例如,镁合金 MB3 由室温到 300 ℃弹性模量下降 17%,铝合金 LY12 在这个温度范围内下降 11%;耐热镍基合金 B-1900 和钴基合金 X-40 在这个温度范围内分别只下降 3.6% 和 8.3%;难熔碳化物只下降 2%。应注意到温度升到高温后,温度对弹性模量的影响急剧增加,原因是金属变形引起弹性模量大幅下降。因此,在计算弹性模量时,必须考虑零件所承受的载荷及服役条件造成的塑性变形对弹性模量下降的影响。

7.3.2　相变对弹性模量的影响

由于相变(包括有序转变、磁性转变和超导态转变),金属与合金的弹性模量将出现反常的变化,见图 7.6。图中的铁、钴弹性模量反常拐点与相变有关,而镍的反常拐点同磁性转变有关。

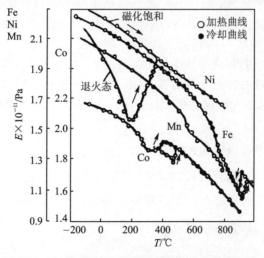

图 7.6　铁、镍、钴等金属弹性模量随温度变化曲线

铁加热到 910 ℃发生 $\alpha \rightarrow \gamma$ 转变,弹性模量反常增高(出现拐点),冷却时发生 $\gamma \rightarrow \alpha$ 转变;E 反常降低。在其他温度区间里,加热与冷却过程中所测得的弹性模量 E 值相重合。当钴加热到 480 ℃时,六方晶系钴转变为 β 立方晶系的钴,此时弹性模量也出现反常升高的拐点,冷却时 $\beta \rightarrow \alpha$ 转变是在 400 ℃进行的。

超导体的转变也对弹性模量有影响。图 7.7 所示为二种成分的 Nb - Ti 合金由超导态转变为正常态或由正常态转变为超导态时所伴随的弹性模量反常变化。

7.3.3　固溶体的弹性模量

在固态完全互溶的情况下,二元固溶体的弹性模量作为原子浓度的函数或直线地或几乎呈直线变化。这类连续固溶体有 Cu - Ni、Cu - Au、Ag - Cu 等。如组成合金中组元含有过渡族金属,则合金的弹性模量值同组元成分不成直线变化,而是曲线,对浓度轴向上凸出(见图 7.8)。这主要同过渡族元素的原子结构有关($3d$、$4f$ 电子壳层未填满)。

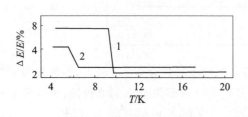

图 7.7　Nb - Ti 合金超导转变时的弹性模量变化　　图 7.8　Ag - Pd 及 Au - Pd 合金成分对 E 的影响

1—Nb - 25Ti；2—Nb - 80Ti

就有限固溶体而言,溶质对合金弹性模量的影响可能有如下几方面:

① 由于溶质原子的加入造成点阵畸变,使合金弹性模量降低。

② 溶质原子有可能阻碍位错线的弯曲和运动,这又削弱了点阵畸变对弹性模量的影响。

③ 当溶质和溶剂原子间结合力比溶剂原子间结合力大时,会使合金的弹性模量增加,反之会降低弹性模量。

综上,溶质可以使固溶体弹性模量增加,也可以使它降低。例如,在铜基和银基中加入元素周期表中与其相邻的元素(铜中加入砷、硅、锌,银中加入镉、锡、铟),由图 7.9 可看出,弹性模量随溶质含量的增加呈直线减小。溶质的价数愈高,弹性模量减小愈多,而且这种减小与溶质原子浓度 c 和价数差平方 Z^2 乘积呈直线关系,即 $dE/dc \propto cZ^2$。溶剂与溶质的原子半径差 ΔR 也有影响。理论上证明,溶剂与溶质原子半径差愈大,合金弹性模量下降也愈大,即 $dE/dc \propto \Delta R$。实验证明,若以同一组元为基的各种固溶体相比较,固相线的温度降低趋势(dT/dc)和弹性模量的降低趋势(dE/dc)成正比。此处 dT/dc 是状态图上固相线的斜率,固相线可近似地采用直线。

图 7.10 表示,在铌基合金中加入组元钨、钼、钒、钛对 E、G、Θ_D、$\sqrt{\overline{u^2}}$(原子位移均方根)的影响。图中清楚地表明,多数组元(钨、钼、钒)明显地提高合金的 E、G、Θ_D,降低 $\sqrt{\overline{u^2}}$,只有钛略降低合金的 E、G 值,当钛含量大于 3%(原子百分数)时,$\sqrt{\overline{u^2}}$ 也有所提高。

7.3.4　晶体结构的影响

弹性模量是依晶体的方向而改变的。多晶体中弹性模量不依方向而变化,其量可用单晶

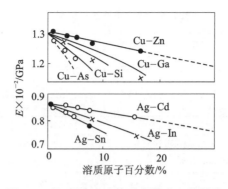

图 7.9 铜、银合金中溶质含量对 E 的影响

体的弹性模量取平均值的方法计算出来。

立方晶系的多数金属单晶体,其[111]晶向的弹性模量值最大,而沿[100]晶向的弹性模量值最小(见表 7.5)。最大切变模量 G 沿[100]晶向,最小切变模量沿[111]晶向。

如果通过冷变形(冷轧、冷拉、冷压、扭转),且冷变形量很大时,由于织构的形成,将导致金属与合金弹性模量的各向异性。经冷加工变形的金属与合金,在高于再结晶温度退火时,会产生再结晶织构,这时材料的性能也会出现各向异性。

有人研究了冷轧织构与再结晶退火织构对铜的弹性各向异性的影响(见图 7.11)。曲线①表示冷轧后铜板各向的弹性模量,曲线②表示再结晶退火的板材弹性模量同轧制方位的关系。铜的冷轧织构为(110)[112]或(112)[111],因[112]方向与[111]之间夹角很小,故经冷轧的铜板材沿轧向和横向弹性模量值最高;与轧向成 45°角的方向 E 值最低,这同[110]晶向的 E 值有关([110]晶向的 E 值居于[111]和[100]晶向 E 值之间)。铜的再结晶退火织构是(100)[001],故沿轧向和横向的弹性模量值最低。表 7.6 列出了不同变形量对黄铜和锡青铜的轧向和横向弹性常数的影响。

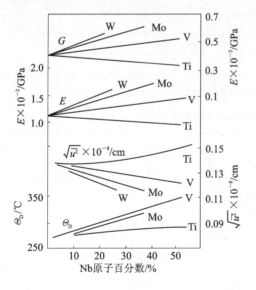

图 7.10 合金元素对铌基合金 E、G、Θ_D、$\sqrt{\overline{u^2}}$ 的影响

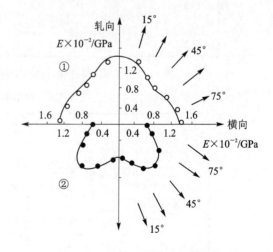

图 7.11 铜板材的弹性各向异性

(① 为冷轧织构;② 为再结晶退火织构)

表 7.5 弹性模量的各向异性[*]

晶系	材料	E_{max}/GPa		E_{min}/GPa		$E_{多晶}$/GPa
		单晶	晶向	单晶	晶向	
立方	Al	75.46(7 700)	[111]	62.72(6 400)	[100]	70.56(7 200)
	Au	137.20(14 000)	[111]	41.16(4 200)	[100]	79.38(8 100)
	Cu	190.22(19 400)	[111]	66.64(6 800)	[100]	118.58(12 100)
	Ag	114.66(11 700)	[111]	43.12(4 400)	[100]	79.40(8 000)
	W	392.00(40 000)	[111]	392.00(40 000)	[100]	347.90~392.00
	MgO	348.9	[111]	248.20	[100]	210(5%气孔)
	Fe	284.20(29 000)	[111]	132.30(13 500)	[100]	209.72(21 400)
六方	Mg	50.37(5 140)	0°	42.83(4 370)	53.5°	44.10(4 500)
	Zn	123.77(12 630)	70.2°	34.89(3 560)	0°	98.00(10 000)
	Cd	81.34(8 300)	90°	28.22(2 800)	0°	49.98(5 100)
四方	Sn	84.67(8 640)	[001]	26.26(2 680)	[110]	54.29(5 540)

晶系	材料	G_{max}/GPa		G_{min}/GPa		$G_{多晶}$/GPa
		单晶	晶向	单晶	晶向	
立方	Al	28.42(2 900)	[100]	24.50(2 500)	[111]	26.46(2 700)
	Au	40.18(4 100)	[100]	17.64(1 800)	[111]	27.44(2 800)
	Cu	75.46(7 700)	[100]	30.38(3 100)	[111]	43.12(4 400)
	Ag	43.61(4 450)	[100]	19.31(1 970)	[111]	26.46(2 700)
	W	151.90(15 500)	[100]	151.90(15 500)	[111]	130.34~151.90
	MgO	154.60	[100]	113.80	[111]	87.50
	Fc	115.64(11 800)	[100]	59.78(6 100)	[111]	82.32(8 400)
六方	Mg	18.03(1 840)	44.5°	16.76(1 710)	90°	17.64(1 800)
	Zn	48.71(4 970)	30°	27.24(2 780)	41.8°	36.26(1 800)
	Cd	24.60(2 510)	90°	18.03(1 840)	30°	21.56(2 200)
四方	Sn	17.84(1 820)	45.7°	10.39(1 060)	[100]	20.38(2 080)

注:* 表中括号内的数单位为 kgf/mm²,1 kgf/mm²＝9.8×10⁶ N/m²＝9.8×10⁶ Pa。

表 7.6 冷变形对黄铜和锡青铜弹性影响[*]

变形量 ε/%	$\sigma_{0.005}$/MPa		E/GPa	
	黄铜	锡青铜	黄铜	锡青铜
8	轧向 188 (19.2)	261(26.6)	100.45(10 250)	100.94(10 300)
	横向 203 (20.7)	285(29.1)	97.51(9 950)	99.96(10 200)
20	轧向 187 (19.1)	294(30.0)	101.43(10 350)	93.10(9 500)
	横向 274 (28.0)	326(33.3)	95.06(9 700)	100.94(10 200)
50	轧向 212 (21.6)	309(31.5)	95.84(9 780)	91.63(9 350)
	横向 343 (35.0)	459(46.9)	994.70(10 150)	106.33(10 850)
80	轧向 218 (22.3)	384(39.2)	90.16(9 200)	91.63(9 350)
	横向 400 (40.8)	602(61.4)	107.80(11 000)	110.74(11 300)
92	轧向 296 (30.2)	509(52.0)	93.10(9 500)	91.63(9 350)
	横向 457 (46.6)	670(68.4)	108.78(11 100)	113.19(11 550)

注:* 表中括号内的数值单位为 kgf/mm²。

定向结晶工艺研究结果表明,定向凝固的金属与合金的弹性性能表现出各向异性。图 7.12 给出了 K3 镍基铸造高温合金和定向凝固的合金的高温弹性模量 E、G 值。一般情况下,铸造 K3 合金在常温下的弹性模量 $E=194.73$ GPa,而沿[100]方向定向凝固 K3 合金的弹性模量 $E=126.40$ GPa。可见,定向凝固方向合金的弹性模量 E 比铸态合金 E 值低约 1/3。实验结果还指出,垂直于[100]方向定向凝固 K3 合金的切变模量 G 也比铸态 K3 合金低。

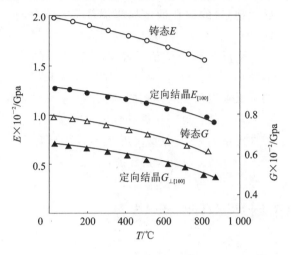

图 7.12　定向凝固对 K3 镍基合金高温弹性模量的影响

7.4　弹性的铁磁性反常现象(ΔE 效应)

未磁化的铁磁材料,在居里温度以下的弹性模量比磁化饱和状态的弹性模量低,这一现象称为弹性的铁磁性反常,又称 ΔE 效应。图 7.13 中 OA 直线表示已磁化饱和的铁磁材料的应力-应变关系(一般"正常"材料的应力-应变关系),OBC 曲线表示未磁化或未磁化到饱和材料的应力-应变关系。

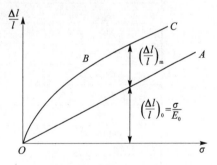

图 7.13　铁磁材料的应力-应变曲线

未经磁化的铁磁材料,由于自身存在自发磁化,它的各个磁畴的取向排列是封闭的。当这种材料在外力作用下发生弹性变形时,还将引起磁畴的磁矩转动,产生相应的磁致伸缩(力致伸缩)。在拉伸时,具有正的磁致伸缩的材料,其磁畴矢量将转向垂直于拉伸方向,同样在拉伸方向上产生附加伸长。由此,一个未磁化(或未磁化到饱和)的铁磁材料,在拉伸时的伸长是由两部分组成的:拉应力所产生的伸长 $\left(\dfrac{\Delta L}{L}\right)_0$ 和磁致伸缩产生的伸长 $\left(\dfrac{\Delta L}{L}\right)_m$。这样,铁磁材料的弹性模量应为

$$E = \frac{\sigma}{\left(\dfrac{\Delta L}{L}\right)_0 + \left(\dfrac{\Delta L}{L}\right)_m} \tag{7.27}$$

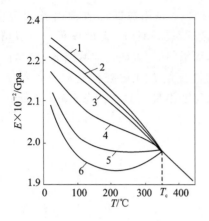

1—46 kA/m;2—8.48 kA/m;3—3.28 kA/m;
4—0.8 kA/m;5—0.48 kA/m;6—$H=0$

图 7.14 在磁场作用下镍的高温弹性模量

不难看出 $E_{f(铁磁材料)} < E_{0("正常"材料)}$,二者之差 ΔE 即由磁致伸缩引起的弹性模量降低,$\Delta E = E_0 - E_f$。

图 7.14 表示镍的弹性模量同温度、磁场的关系。磁场强度为 46 kA/m 时镍已被磁化饱和,故此时在任一温度的弹性模量按正常规律变化,而未磁化(未磁化饱和)的镍在低于居里温度都具有较低的弹性模量。

随温度升高 E_0 值下降,自发磁化也降低,磁致伸缩减小,因此 ΔE 值减小。如果温度升高,E_0 和 ΔE 的降低在数值上大体相同,则 E_f 接近一个常数,与温度无关。具有这一特征的合金称恒弹性合金,它们的弹性温度系数很小或接近于零。艾林瓦合金(Fe - Ni - Cr 合金)即属于此合金。

7.5 无机材料的弹性模量

通过前面的分析讨论可以看到,不同材料的弹性模量差别很大,主要是由于材料具有不同的结合键和键能。表 7.7 列出了不同材料的弹性模量值。

表 7.7 一些工程材料的弹性模量、熔点和键型

材 料	弹性模量 E/GPa	熔点 T_M/℃	键 型
铁及低碳钢	~207.00	1 538	金属键
铜	~121.00	1 084	金属键
铝	~69.00	660	金属键
钨	~410.00	3 387	金属键
金刚石	~1 140.00	>3 800	共价键
Al_2O_3	~400.00	2 050	共价键和离子键
石英玻璃	~70.00	T_g~1 150*	共价键和离子键
电木	~5.00		共价键
硬橡胶	~4.00		共价键
非晶态聚苯乙烯	~3.00	T_g~100	范德瓦耳斯力
低密度聚乙烯	~0.2	T_g~137	范德瓦耳斯力

注:* T_g 为玻璃化温度。

本节主要介绍多孔材料的弹性模量和复合材料的弹性模量。

7.5.1 多孔陶瓷材料的弹性模量

多孔陶瓷用途很多,它的第二相主要是气孔,其弹性模量为零。显然,多孔陶瓷材料的弹性模量要低于致密的同类陶瓷材料的弹性模量。图 7.15 给出了一些陶瓷材料的弹性模量与气孔体积分数的关系曲线。试图采用单一参量——气孔率来描述多孔陶瓷材料弹性模量的变化,但是材料的应力、应变在很大程度上取决于气孔的形态及其分布。Dean 和 Lopez 经过仔细研究,提出一个半经验公式来计算多孔陶瓷的弹性模量 E,即

$$E = E_0(1 - b\varphi_{气孔}) \tag{7.28}$$

式中:E_0 为无孔状态的弹性模量;$\varphi_{气孔}$ 为气孔体积分数;b 为经验常数,主要取决于气孔的形态。

从图 7.15 可见,对于 Al_2O_3 和 S_3iN_4 实验数据与拟合直线,有明显上凹的趋势。这可能是由于人为确定气孔形貌引起的误差。

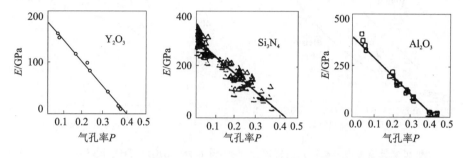

图 7.15　弹性模量 E 与气孔率关系,实线为最好的拟合直线

7.5.2　双相陶瓷的弹性模量

弹性模量取决于原子间结合力,即键型和键能。对组织状态不敏感,因此通过热处理来改变材料弹性模量是极为有限的。但是可以由不同组元构成二相系统的复相陶瓷,从而改变弹性模量。

总的模量可以用混合定律来描述。图 7.16 给出两相层片相间的复相陶瓷材料三明治结构模型图。

按 Voigt 模型假设两相应变相同,即平行层面拉伸时,则复相陶瓷的模量为

$$E_{/\!/} = E_1\varphi_1 + E_2\varphi_2 \tag{7.29}$$

图 7.16　三明治结构复相陶瓷

按 Reuss 模型,假设各相的应力相同,即垂直于层面拉伸时,给出二相陶瓷材料的弹性模量 $E_\perp$ 的表达式

$$E_\perp = \frac{E_1 E_2}{E_1\varphi_2 + E_2\varphi_1} \tag{7.30}$$

在式(7.29)、式(7.30)中,E_1、E_2 分别为二相的弹性模量,φ_1,φ_2 分别为二相的体积分数。

后来 Hashin 和 shtrikman 采取更严格的限制条件,利用复相陶瓷的有效体积模量和切变模量来计算两相陶瓷的弹性模量取得了更好的结果,由于计算比较复杂,本书略去,只在图 7.17 中列出了三种模型与实验数据的比较。该图表明混合定律是不能准确地计算复相陶瓷的弹性模量。因为等应力,故等应变假设不完全合理。

图 7.18 列出了 Al_2O_3 加入 ZrO_2 和 SiC_w 增韧时的弹性模量变化。由图可见,在其他性能允许的条件下,在一定范围内可以通过调整两相比例来获得所需的弹性模量。

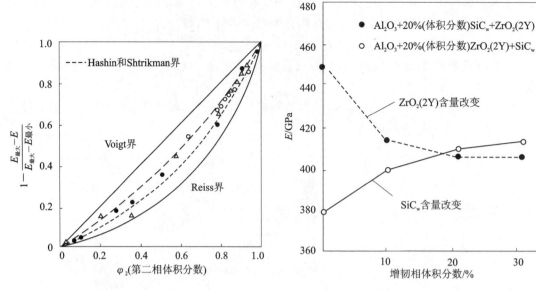

图 7.17　弹性模量计算模型与实验数据比较　　图 7.18　AlO₃＋ZrO₂＋SiC_w 气相陶瓷的弹性模量

7.6　材料滞弹性

7.6.1　黏弹性和滞弹性

　　一些非晶体甚至多晶体在比较小的应力作用下可同时表现出弹性和黏性,称之为黏弹性。前面讨论已知,理想弹性体受应力作用立即产生应变,与时间无关。一旦应力撤除,应变也随之立即消除。但实际固体材料的应变产生与消除需要有限时间。无机材料(含金属)的这种与时间有关的弹性称为滞弹性。而理想黏弹性来自理想黏性液体,其黏性服从牛顿定律,应力 σ 正比于应变速率 $\dfrac{\mathrm{d}\varepsilon}{\mathrm{d}t}$,即

$$\sigma = \eta \frac{\mathrm{d}\varepsilon}{\mathrm{d}t} \tag{7.31}$$

式中,比例系数 η 为黏度。

　　实验研究证明,高分子材料的力学行为表现为应力同时依赖于应变和应变速率,这种特性称为黏弹性。

　　现在认为聚合物的黏弹性仅仅是严重发展的滞弹性。

　　如果用弹簧表示胡克定律的弹性元件,用活塞在其中充满黏性液体来表示符合牛顿定律的黏性元件,则利用它们的组合就可以得到不同的模型,并用以讨论其力学行为。

7.6.2　滞弹性

　　把图 7.19 所示的模型组合成图 7.20 所示的形式,即构成"标准线性固体"的力学模型,通常以它来描述固体的滞弹性行为。可证明这种标准线性固体的应力应变方程,具有以下形式:

$$\sigma + \dot{\sigma}\tau_\varepsilon = M_R(\varepsilon + \dot{\varepsilon}\tau_\sigma) \tag{7.32}$$

式中：M_R 为弛豫模量；τ_ε 为在恒应变下，应力弛豫到接近平衡值的时间，称为应力弛豫时间；τ_σ 为在恒应力下应变弛豫到接近平衡值的时间，称为应变弛豫时间；t、σ、ε 分别为时间、应力、应变；$\dot{\sigma}$ 为应力对时间变化率 $\dfrac{d\sigma}{dt}$；$\dot{\varepsilon}$ 为应变对时间变化率 $\dfrac{d\varepsilon}{dt}$。

显然，式(7.31)告诉我们：在弹性范围内，实际弹性体由于其内部存在原子扩散、位错运动、各种畴及其运动等耗散能量因素，使得应变不仅与应力有关，而且还与时间有关。材料的这种滞弹性有很多表现形式，这取决于材料所受应力大小以及作用的频率。在大应力(在 10 MPa 以上)和低频条件下，即静态应用条件下，滞弹性表现为弹性后效、弹性滞后、弹性模量随时间延长而降低以及应力松弛 4 方面；在小应力(1 MPa 以下)和高频应力条件下，即动态应用使用时，滞弹性表现为应力循环中外界能量的损耗，表现为内耗、振幅对数衰减等。

1. 弹性后效

图 7.21 所示为应力和应变分别与时间的关系。当 $t=0$ 时，对材料作用应力为 σ_0，材料弹性应变立即达到 ε_0(图 7.19 中 $t=0$ 时应力和应变对应点)，ε_1 是在应力 σ_0 作用下继续产生的应变(见图 7.19(b))。当卸载时，相应于 $\sigma_0=0$，材料瞬时恢复的应变 $\varepsilon'=\varepsilon_0$，余下的继续恢复为 ε''。人们把 ε_1 称为反向弹性后效也称应变弛豫。应变弛豫曲线可以由滞弹性应变方程来求解。

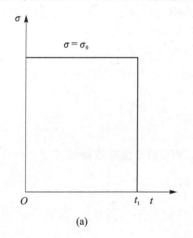
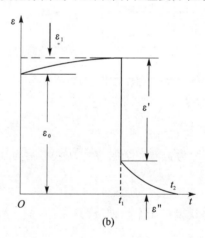

图 7.19　弹性后效

当 $t=0$ 时，$\sigma=\sigma_0$，式(7.32)可写为

$$\tau_\sigma \dot{\varepsilon} + \varepsilon = \frac{\sigma_0}{M_R} \tag{7.33}$$

解如下方程式，并利用初始条件 $t=0$，$\varepsilon=\varepsilon_0$ 则可得到应变 ε 随时间变化的解析式：

$$\varepsilon(t) = \frac{\sigma_0}{M_R} + \left(\varepsilon_0 - \frac{\sigma_0}{M_R}\right) e^{-\frac{t}{\tau_\sigma}} \tag{7.34}$$

当 $t \to \infty$ 时，$\varepsilon(\infty)=\sigma_0/M_R$，此为恒定应力 σ_0 作用下滞弹性材料最后趋于平衡的应变值。当 $t=\tau_\sigma$ 时，$\varepsilon(\tau_\sigma)-\varepsilon(\infty)=[\varepsilon_0-\varepsilon(\infty)]/e$，表示此时弛豫应变与最终应变差值变为开始偏离值 $[\varepsilon_0-\varepsilon(\infty)]$ 的 $1/e$，因此 τ_σ 的物理意义反映在恒应力作用下蠕变过程的快与慢。

2. 应力弛豫

实际弹性材料在应变保持恒定的条件下，应力随时间延长而减小的现象，称为应力弛豫，也有人称它为应力松弛。取两种加载速度对弹性材料加载：一种是速度极快，使外力作功产生的热来不及与环境交换，形成绝热条件加载；另一种加载速度缓慢，其外力做功产生的热能够与环境交换，形成等温加载。假设都产生同样的应变 ε_1，它们的应力-应变关系见图 7.20。由图可知，快速加载时，要保持在 ε_1 不变，则必须使材料处于高应力状态 σ_1，而在等温条件下，保持同样的变 ε_1，则只需要较低应力 σ_2。由此可知，在高温条件下，应力弛豫更显著。与应变弛豫类似，应力弛豫曲线解析式也可由滞弹性应力-应变方程求解。

当 $t=0$ 时，$\varepsilon=\varepsilon_0$（恒定常数），则有

$$\tau_\varepsilon \dot{\sigma} + \sigma = M_R \varepsilon_0 \qquad (7.35)$$

解方程式（7.35），再利用初始条件：当 $t=0$ 时，$\sigma=\sigma_0$，则式（7.35）的解为

$$\sigma(t) = M_R \varepsilon_0 + (\sigma_0 - M_R \varepsilon_0) e^{-t/\tau_\varepsilon} \qquad (7.36)$$

其应力弛豫曲线见图 7.21。

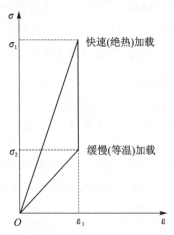

图 7.20 两种加载方式的应力-应变曲线图

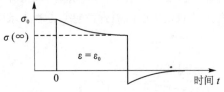

图 7.21 恒应变下的应力弛豫

类似于弹性后效中的 τ_σ 一样，可以导出弛豫时间的物理意义，它表示当 $t=\tau_\varepsilon$ 时，应力与其平衡值的差 $\sigma(\tau_\varepsilon) - \sigma(\infty)$ 变为开始偏离值的 $\sigma_0 - \sigma(\infty)$ 的 $1/e$，它反映了恒应变条件下应力弛豫过程进行的快慢。

由式（7.36）得：当 $t \to \infty$ 时，$\sigma(\infty) = M_R \cdot \varepsilon_0$，则

$$M_R = \frac{\sigma(\infty)}{\varepsilon_0} \qquad (7.37)$$

式中，$\sigma(\infty)$ 为弛豫完全的应力，故 M_R 称为弛豫模量，以区别未弛豫模量 M_u（完全弹性模量）：

$$M_u = \frac{\sigma_0}{\varepsilon_0} \qquad (7.38)$$

至此已经认识了 4 个物理量（即 τ_σ、τ_ε、M_R、M_u），它们彼此并不是独立的，存在一定的关系，可以证明

$$\frac{M_u}{M_R} = \frac{\tau_\sigma}{\tau_\varepsilon} \qquad (7.39)$$

3. 模量亏损（ΔE 效应）

实际弹性材料总是存在不同程度的滞弹性，形变依时间而变（如图 7.21 所示）。在 $\sigma=\sigma_0$ 恒应力下，其弹性模量 $E(t) = \dfrac{\sigma_0}{\varepsilon_0 + \varepsilon_1(t)}$，从而导致弹性模量随应力作用时间延长而降低。根据加、卸载方式不同，有以下三种情况：

① 单向快速加、卸载时，应变弛豫来不及产生，此时弹性模量为 $E=M_u=\dfrac{\sigma_0}{\varepsilon_0}$。

② 单向缓慢加、卸载时，应变来得及充分进行，此时 $E=M_R=\dfrac{\sigma_0}{\varepsilon_0 + \varepsilon_1(t)}$，称 M_R 为完全弛豫性模量。从能量交换充分来分析，又将 M_R 称为恒温弹性模量。显然 $M_u > M_R$。对于一般弹性合金，二者相差不超过 0.5%，如没有特殊要求，则可认为二者弹性模量相同。

③ 实际测定材料弹性模量时,加载速度常介于①和②之间,因此材料既不可能完全绝热,又不是完全恒温,这样实测材料的弹性模量 E 的大小介于 M_u 和 M_R 之间,即 $M_u > E > M_R$。此时的弹性模量 E 称为动力弹性模量。为了表征材料因滞弹性而引起的弹性模量下降,引入模量亏损或 ΔE 效应参量,定义为

$$\frac{M_u - E}{E} = \frac{\Delta E}{E} \tag{7.40}$$

模量亏损的表征还有其他方式,在 7.8.1 小节中作进一步讨论。

7.7　弹性模量的动态法测量

弹性模量的测定方法可分为静态法和动态法。静态法的测量原理是测量应力-应变曲线(弹性变形区),然后根据曲线计算弹性模量。这是一种经典的方法。但静态法有不足之处,其载荷大小、加载速度等都影响测试结果。在高温测试时,由于金属材料的蠕变现象导致降低了测定的材料弹性模量值。此外,对脆性材料,静态法也遇到极大的困难。与静态法相比,动态法测弹性模量精确。因动态法测试时试样承受极小的交变应力,试样的相对变形甚小($10^{-5} \sim 10^{-7}$),故用动态法测定 E、G 对在高温和交变复杂负荷条件下工作的金属零件、部件尤其重要。

一般情况下,静态法测定的结果较动态法低。若动态法加载频率很高,则可认为是瞬时加载,这时试样与周围的热交换来不及进行,即几乎是在绝热条件下测定的。而静态法的加载频率极低,可认为是在等温条件下进行的。二者的弹性模量存在如下关系:

$$\frac{1}{E_i} - \frac{1}{E_a} = \frac{\alpha_l^2 T}{c\rho} \tag{7.41}$$

式中:E_i 表示在等温条件下测得的弹性模量;E_a 表示在绝热条件下测得的弹性模量;ρ 是材料的密度;c 表示材料的比定压热容;α_l 为材料的热膨胀系数。

按加载频率范围,动态法分两种:声频法,频率为 10^4 Hz 以下;超声波法,频率为 $10^4 \sim 10^8$ Hz。目前声频法应用较为成熟。应该指出,由于材料科学和电子技术的发展,最近几年超声波法获得了广泛的应用。

7.7.1　动态法测弹性模量的原理

测试的基本原理可归结为测定试样(棒材、板材)的固有振动频率或声波(弹性波)在试样中的传播速度。由振动方程可推证,弹性模量与试样的固有振动频率平方成正比,即

$$E = k_1 f_l^2; \quad G = k_2 f_\tau^2 \tag{7.42}$$

式中:f_l 为纵向振动固有振动频率;f_τ 是扭转振动固有振动频率,k_1、k_2 是与试样的尺寸、密度等有关的常数。

关系式(7.42)是声频法测定弹性模量的基础,而式(7.22)则是超声波法测弹性模量的基础。

测试 E、G 所采用的激发试样振动的形式也不同,如图 7.22 所示。图(a)表示换能器激发试样做纵向振动(拉-压交变应力),图(b)为试样做扭转振动(切向交变应力),图(c)为试样做弯曲振动(也称横向振动)。

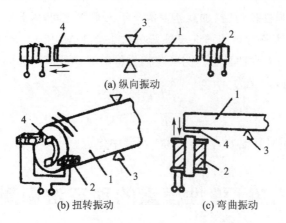

1—试样；2—电磁转换器；3—支点；4—铁磁性金属片

图 7.22 激发试样纵向、扭转、弯曲振动原理图

激发（或接收）换能器的种类比较多，常见的有电磁式、静电式、磁致伸缩式、压电晶体（石英、钛酸钡等）式。

（1）纵向振动共振法

用纵向振动共振法可以测定材料的弹性模量 E。设有截面均匀棒状试样，其中间被支撑，两端处自由（见图 7.22(a)）。试样两端安放换能器 2，其中一个用于激发振动，另一个用于接收试样的振动。以电磁式换能器为例，若磁化线圈通上声频交流电，则铁芯磁化，并以声频频率吸收和放松试样（如试样是非铁磁性的，需在试样两端面粘贴一小块铁磁性金属薄片），此时试样内产生声频交变应力，试样发生振动，即一个纵向弹性波沿试样轴向传播，最后由接收换能器接收。

当棒状试样处于如图 7.24(a)所示状态时，其纵向振动方程可写成 $\dfrac{\partial^2 u}{\partial t^2} = \dfrac{E}{\rho} \dfrac{\partial^2 u}{\partial x^2}$，其中 $u(x,t)$ 是纵向位移函数。解该振动方程（具体解法略），并取基波解，经整理可得

$$E = 4\rho l^2 f_l^2 \tag{7.43}$$

式中，l 为试样长度。由式(7.43)可以看出，为了求出 E，必须测出 f_l。利用不同频率的声频电流，通过电磁铁去激发试样做纵向振动，当 $f \neq f_l$ 时，接收端接收的试样振动振幅很小，只有 $f = f_l$ 时在接收端可以观察到最大振幅，此时试样处于共振状态。

（2）扭转振动共振法

扭转振动共振法用于测量材料的切变模量 G（见图 7.22(b)）。一个截面均匀的棒状试样，中间支撑，在棒的一端利用换能器产生扭转力矩，试样的另一端（图中只画出试样的半面，另半面略）装有接收换能器（结构与激发换能器相同），用以接收试样的扭转振动。同样可以写出扭转振动方程并求解，最后仍归结为测定试样的扭转振动固有频率 f_τ。G 的计算式为

$$G = 4\rho l^2 f_\tau^2 \tag{7.44}$$

（3）弯曲振动共振法

如图 7.22(c)所示，一个截面均匀的棒状试样，水平方向用二支点支起（图中只画出试样的半面）。在试样一端下方安放激发用换能器，使试样产生弯曲振动，另一端下方放置接收换能器，以便接收试样的弯曲振动。两端自由的均匀棒的振动方程为 $\dfrac{\rho S}{EI} \dfrac{\partial^2 u}{\partial t^2} = -\dfrac{\partial^4 u}{\partial x^4}$，是一个四

阶偏微分方程,其中 I 为转动惯量,S 是试棒截面。最后得到满足于基波的圆棒(直径为 d)的弹性模量计算式:

$$E = 1.262\rho \frac{l^4 f_{弯}^2}{d^2} \tag{7.45}$$

同样需测出试样弯曲振动共振频率 $f_{弯}$ 之后,代入式(7.45)计算 E。

在高温测试弹性模量时,考虑到试样的热膨胀效应,其高温弹性模量计算式如下:

纵向振动 $\qquad\qquad E=4\rho l^2 f_l^2 (1+\alpha_l T)^{-1} \qquad\qquad$ (7.46)

扭转振动 $\qquad\qquad G=4\rho l^2 f_\tau^2 (1+\alpha_l T)^{-1} \qquad\qquad$ (7.47)

弯曲振动 $\qquad E=1.262\rho l^4 f_{弯}^2 d^{-2} (1+\alpha_l T)^{-1} \qquad$ (7.48)

式中:α_l 是试样的热膨胀系数;T 为加热温度。

7.7.2 悬挂法测弹性模量

悬挂法测弹性模量是弯曲共振法的一种,国内使用广泛,且已列为国标(标准号 GB 2105—1991)。

悬挂法测弹性模量的装置示意图见图 7.23。圆棒试样(尺寸 $\varphi=3\sim8$ mm, $L=100\sim150$ mm)水平悬挂在位于其振动节点(距试样各端点为 $0.224l$ 处)的两根细丝上,两根丝的另一端分别固定在换能器的激振极和拾振极上,信号发生器输出的频率经激振换能器转换为同一频率的机械振动,再经细丝传递给试样,激起试样的弯曲振动。当激振频率同试样固有振动频率相同时,试样将处于共振状态,这时在示波器上可以观察到最大振幅。

利用式(7.45)可以计算出弹性模量 E。计算式中的试样密度 ρ 常以其他物理量来表征,这样式(7.45)经整理最后写成

圆棒试样 $\qquad E=1.606\,7\times19^{-9}\left(\dfrac{l}{d}\right)^3 \dfrac{m}{d} f_{弯}^2\, T_1 \qquad$ (GPa) $\qquad$ (7.49)

矩形截面试样 $\qquad E=0.946\,5\times10^{-9}\left(\dfrac{l}{h}\right)^2 \dfrac{m}{b} f_{弯}^2\, T_1 \qquad$ (GPa) $\qquad$ (7.50)

式中:l 为试样长度(mm);d 为圆棒直径(mm);m 为试样质量(g);h,b 为矩形截面试样的高和宽(mm);f 为频率(Hz);T_1 为试样基频共振时的修正系数,它与样品的尺寸和泊松比有关,查国家标准表可得。

如果将悬丝的端点固定(可用点焊等方法)在试样两侧(见图 7.23(b)),其两固定点的连线应为通过试样轴心水平面的对角线。此时试样将同时进行两种形式的振动,即弯曲振动和扭转振动。这种悬丝方法可以在一根试样上同时测出 E、G 值。同理,式(7.44)经整理可写成

圆棒试样 $\qquad\qquad G=5.093\times10^{-9}\dfrac{l}{d^2}m f_\tau^2 \qquad$ (GPa) $\qquad$ (7.51)

矩形截面试样 $\qquad G=4.00\times10^{-9}\dfrac{l}{b}\dfrac{m}{h}R f_\tau^2 \qquad$ (GPa) $\qquad$ (7.52)

式中:R 为形状因子,查国标可得数据;其他符号意义同式(7.49)、式(7.50)。

在试样尺寸的选择上,要求满足 $\dfrac{l}{d}\geqslant10$ 的条件,否则影响测试结果。悬丝材料应选择没有强谐振的细软丝,一般室温测试采用丝棉线、卡普龙线;高温测试用铂金丝效果较好;当温度低于 $600\sim700$ ℃ 时可采用细铜丝,直径为 $0.05\sim0.1$ mm。

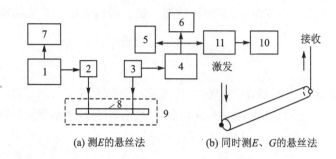

(a) 测E的悬丝法   (b) 同时测E、G的悬丝法

1—音频信号发生器；2—换能器（激发）；3—换能器（接收）；4—信号放大器；5—示波器；
6—真空管毫伏表；7—测频仪；8—试样；9—加热炉；10—光线示波器；11—跟随器

图 7.23 悬挂法测弹性模量装置示意图

7.7.3 超声波脉冲法

由于近代超声波技术的发展，目前超声波法可以应用在试样的测量上，这对稀贵金属、难加工材料和研究单晶体很重要。图 7.24 介绍了一种用超声波脉冲法测定超声波速度和衰减的原理图。

试样中超声波振动可以是连续波和脉冲波（直角形和钟形波）。超声波速度可以通过测定超声波在试样中的传播时间 τ 及已知试样的长度 L 而求得（$2L = c \cdot \tau$，其中 c 为波速）。根据超声波纵向传速和横向传速同试样弹性模量间关系，可求得 E、G、μ 值：

$$E = \left[3 - \frac{1}{(c_l/c_\tau)^2 - 1}\right]\rho\, c_l^2 \qquad (7.53)$$

$$G = \rho\, c_\tau^2 \qquad\qquad\qquad (7.54)$$

$$\mu = \frac{1}{2}\,\frac{(c_l/c_\tau)^2 - 2}{(c_l/c_\tau)^2 - 1} \qquad (7.55)$$

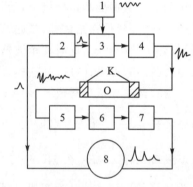

K—石英晶体换能器；O—试样
图 7.24 脉冲法测定超声波速度和衰减装置

由图 7.24 可见，脉冲信号发生器 2 给出直角形或钟形电脉冲，高频信号振动发生器 1 发生高频振动。借助于脉冲调制 3，将发生高频振动脉冲，经过放大器 4 放大后，送至试样一端 K 石英压电晶体，在此转换成超声波脉冲。再通过试样 O，每个超声波脉冲在试样中（试样底面间）多次反射。试样另一端的 K 石英压电晶体，把超声脉冲转换成电的振动信号，这些电的振动信号经过定标衰减器 5、放大器 6 和检波器 7，之后送至带触发扫描的示波器 8，并同脉冲信号发生器 2 的扫描发射同步。在示波器上观察到一组电的脉冲幅值衰减，即相对应在试样中超声波脉冲多次反射，见图 7.25。

由超声波法的原理可知，纵波和横波在试样中传播速度的测量精确度直接影响弹性模量的测试结果。

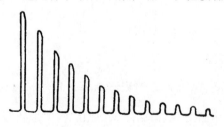

图 7.25 示波器上观察到的一组脉冲信号（检波）衰减

7.8　内　耗

7.8.1　内耗概述

1. 内耗分类

对于一个自由振动的固体,即使与外界完全隔离(如处于真空环境),它的机械能也会转化成热能,从而使振动逐渐停止;如果是强迫振动,则外界必须不断供给固体能量,才能维持振动。这种由于固体内部原因而使机械能消耗的现象称为内耗(Internal friction)或阻尼(Damping)。内耗变化的最大值称为内耗峰。

对于理想的弹性体(完全弹性体),由于应力与应变完全是同相位,因此在应力循环变化时不会消耗能量,显然只有在发生非弹性应变时才会产生内耗。内耗的量值以 Q^{-1} 表示。Q 代表系统的品质因数。测定样品内禀内耗时,通常对样品施加很小的应力(小于 $10^{-5}G$,G 为样品的切变模量),使之振动。测定样品振动一周损耗的能量为 ΔW,假定样品在一周内的振动能量为 W,则样品的内耗 Q^{-1} 定义为

$$Q^{-1} = \frac{\Delta W}{2\pi W} \tag{7.56}$$

若进一步假设,对样品施加的应力变化具有正弦波形式,即

$$\sigma = \sigma_0 \sin\omega t \tag{7.57}$$

那么,样品的应变 ε 由于滞弹性而滞后 φ 相位角(见图 7.26),即

$$\varepsilon = \varepsilon_0 \sin(\omega t - \varphi) \tag{7.58}$$

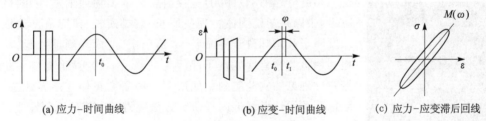

(a) 应力–时间曲线　　(b) 应变–时间曲线　　(c) 应力–应变滞后回线

图 7.26　滞弹性体

样品振动一周消耗的能量也就是回线的面积,即

$$\Delta W = \oint \sigma d\varepsilon = \int_0^{2\pi} \sigma_0 \varepsilon_0 \sin\omega t \, d\sin(\omega t - \varphi) = \pi\sigma_0\varepsilon_0 \sin\varphi \tag{7.59}$$

样品振动一周的振动能应为

$$W = \frac{1}{2}\sigma_0\varepsilon_0 \tag{7.60}$$

那么根据内耗的一般定义式,将式(7.59)和式(7.60)代入式(7.56),得

$$Q^{-1} = \frac{\Delta w}{2\pi W} = \sin\varphi \approx \tan\varphi \approx \varphi \quad (\text{当 } \varphi \text{ 角很小时}) \tag{7.61}$$

在上述论证中,样品在实验条件下表现了滞弹性,这是产生内耗的关键。假设滞弹性应变为 ε_1,一般可以分解为与应力 σ 同相位的应变分量 ε_1' 和落后应力 σ 相位 $90°$ 的应变分量 ε'',滞弹性应变 ε_1 以数学式可表示为

$$\varepsilon_1 = (\varepsilon'_1 - i\varepsilon''_1)e^{i\omega t} \tag{7.62}$$

进一步深入讨论可以证明,内耗的贡献来自不与应力同相位的应变分量 ε''_1,而与应力同相位的应变分量 ε'_1 产生模量亏损。

由于内耗产生的机制不同,内耗的表现形式有很大差异。按葛庭燧的分法,可以分为以下4种:① 线性滞弹性内耗,表现为只与加载频率有关;② 既与频率有关,又与振幅有关的内耗称为非线性滞弹性内耗,它来源于固体内部缺陷及其相互作用;③ 完全与频率无关而只与振幅有关的内耗称为静滞后型内耗;④ 形式上类似于线性滞弹性内耗,与频率有关,但与之最大区别是内耗峰对温度变化较不敏感,这种内耗称为阻尼共振型内耗,常与位错行为有关。

2. 内耗研究的发展

内耗研究是在 20 世纪 40 年代发展成为一个专门学科的。多年以来,内耗研究由于低频扭摆(torsionpendullim)的普遍应用和采用了自动化和微机程序而得到迅速发展。现在内耗测量仪器有正摆、倒扭摆、Collette 摆、多功能内耗仪、内耗频谱仪、动态热机械分析仪(DMA)、黏弹谱仪、薄膜内耗仪、液态内耗仪、粉末内耗仪、声频内耗仪等。适应内耗的研究对象已由晶体扩充到高分子聚合物和非晶物质(玻璃态)、固态高聚物、半导体、绝缘体(陶瓷、光学晶体)、纳米复合材料等。在研究材料内禀内耗的同时,大力开展研究外部驱动过程中的内耗,如范性变形过程中的内耗;研究的范围由试样的内部扩充到试样的表面,研究的层次由原子迁动扩充到电子和声子阻尼。这些年来超声衰减测量的技术也日益得到发展,从而内耗研究渗人了低温物理和量子声学的领域,内耗研究的对象深人到声子和电子的层次。液态和颗粒物质的内耗研究扩大了内耗研究领域。同时新型功能材料应用内耗技术并结合其他微观分析手段和数值计算方法,为高温超导材料、氧离子导体等材料中部分基础科学问题的解决提供了技术支撑。

葛庭燧(1913—2000)是我国著名金属物理学家,中国科学院院士,中国科学院固体物理所所长、名誉所长、研究员。他创造性地发明了被国际科学界命名为"葛氏摆"的内耗测量装置,并成功地利用该装置首次发现了晶界内耗峰——葛氏峰,奠定了非线性滞弹性理论的实验基础。他所领导的研究集体在晶界弛豫、位错阻尼和非线性滞弹性内耗研究方面取得了大量的原创性成果。

内耗研究大致可分为以下三方面:

① 内耗学科的基础研究。

② 内耗理论应用于固体缺陷及其相互作用的研究,丰富了固体缺陷理论。这种研究所用应力极小,样品不会产生塑性变形。

③ 应用内耗理论和技术,寻找适合工程应用有特殊阻尼性能的材料。如:飞机、船舶、桥梁用的金属材料常要求具有高阻尼特性;而机械类钟表、仪表等用金属材料要求具有极低的阻尼特性。研究方法基本上与材料使用条件下的振幅、频率等完全一致,以便确定材料最佳成分和热处理工艺等。

21 世纪以来,人们对双晶试样(其中只包含单一晶界)中的晶界内耗进行了比较细致的研究。实验结果表明,晶界内耗可以反映不同类型晶界的"个性",因而可以应用于"晶界的设计和控制"(或称"晶界工程")。此外,新近还发现了晶界内耗中的"耦合效应"和"补偿效应"。这些发现加深了对晶界内耗机制的认识。

7.8.2　弛豫型内耗

下面先来认识线性滞弹性内耗的典型情况——弛豫型内耗,以便理解内耗表现出的频率或振幅依赖关系特征。

若样品振动的应力-应变关系满足标准线性固体的应力-应变方程,那么,当样品承受周期变化的应力作用时,在一定条件下必然要产生内耗。设其应力变化满足 $\sigma=\sigma_0 e^{i\omega t}$,则应变为 $\varepsilon=\varepsilon_0^{i(\omega t-\varphi)}$,将其代入式(7.47)中得到 $(1+i\omega\tau_\varepsilon)\sigma=M_R(1+i\omega\tau_\sigma)\varepsilon$,由此可得复弹性模量:

$$\widetilde{M}=\frac{\sigma}{\varepsilon}=M_R\frac{1+i\omega\tau_\sigma}{1+o\omega\tau_\varepsilon}=\frac{M_R}{1+\omega^2\tau_\varepsilon^2}(1+\omega^2\tau_\varepsilon\tau_\sigma)\left(1+i\frac{\omega\tau_\sigma-\omega\tau_\varepsilon}{1+\omega^2\tau_\sigma\tau_\varepsilon}\right) \tag{7.63}$$

由式(7.63)实数部分得到

$$M(\omega)=\frac{M_R}{1+\omega^2\tau_\varepsilon^2}(1+\omega^2\tau_\varepsilon\tau_\sigma)=M_u-\frac{M_u-M_R}{1+\omega^2\tau^2}$$

因为金属 $\tau_\sigma\approx\tau_\varepsilon$,所以 $\tau=\sqrt{\tau_\sigma\tau_\varepsilon}$。令 $M_u-M_R=\Delta M$ 称为模量亏损,且定义 $\Delta_M=\frac{M_u-M_R}{\sqrt{M_u M_R}}$,称为弛豫强度 * 。故原式 $M(\omega)$ 改写为

$$M(\omega)=M_u\left(1-\Delta_M\frac{1}{1+\omega^2\tau^2}\right) \tag{7.64}$$

$M(\omega)$ 称为动力模量(动态模量),也就是仪器实际测得的模量。

由式(7.63)的虚数部分得

$$Q^{-1}=\tan\varphi=\frac{\omega(\tau_\sigma-\tau_\varepsilon)}{1+\omega^2\tau_\sigma\tau_\varepsilon}$$

整理后得

$$Q^{-1}=\frac{M_u-M_R}{M(\omega)}\frac{\omega\tau}{1+\omega^2\tau^2}=\Delta_M\frac{\omega\tau}{1+\omega^2\tau^2} \tag{7.65}$$

由式(7.65)可以看出,弛豫型内耗与应变振幅无关,这是式(7.47)线性的结果。把内耗、动力模量对 $\omega\tau$ 作图,可得到图 7.27。在 $\omega\tau=1$ 处内耗有极大值。$M(\omega)$ 和 Q^{-1} 是 $\omega\tau$ 乘积的对称函数。现分析以下几种情况:

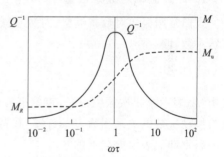

图 7.27　内耗、动力模量同 $\omega\tau$ 关系

① 当 $\omega\to\infty(\omega\tau\gg1,\frac{1}{\omega}\ll\tau)$ 时,振动周期远小于弛豫时间,因而实际上在振动一周内不发生弛豫,物体行为接近完全弹性体,则 $Q^{-1}\to0,M(\omega)\to M_u$。

② 当 $\omega\to0\left(\omega\tau\ll1,\frac{1}{\omega}\gg\tau\right)$ 时,振动周期远大于弛豫时间,故在每一瞬时应变都接近平衡值,应变为应力的单值函数,则 $Q^{-1}\to0,M(\omega)\to M_R$。

③ 当 $\omega\tau$ 为中间值时,应变弛豫跟不上应力变化,此时应力-应变曲线为一个椭圆,椭圆的面积正比于内耗。当 $\omega\tau=1$ 时,内耗达到极大值,即称内耗峰。

---

* 有的文献定义 $\Delta_M=\frac{M_u-M_R}{\sqrt{M_u M_R}}$ 或 $\Delta_M=\frac{M_u-M_R}{M_R}$。

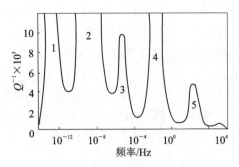

1—置换固溶体中不同半径的原子对引起的内耗;

2—晶界内耗;3—孪晶界内耗;

4—间隙原子扩散引起内耗;5—横向热流内耗

图 7.28　金属的弛豫谱(20 ℃)

在应力作用下,金属与合金中的弛豫过程是由不同原因引起的。这些过程的弛豫时间是材料的常数,并决定了这些弛豫过程的特点。每一过程有它自己所特有的弛豫时间,故改变加载的频率 ω,将在 $Q^{-1}-\omega$ 曲线上得到一系列内耗峰(见图 7.28),这些内耗峰的总体叫作弛豫谱。

若弛豫过程是通过原子扩散来进行的,则弛豫时间 τ 应与温度 T 有关,其关系遵循:

$$\tau = \tau_0 e^{H/RT} \tag{7.66}$$

式中:τ_0 为与物质有关的常数;H 为扩散激活能。此关系的存在对内耗的实验研究非常有利,因为改变频率测量内耗在技术上是困难的。利用关系式(7.66),采用改变温度的办法,也可得到改变 ω 的同样效果。因为 Q^{-1} 依从 $\omega\tau$ 乘积,所以测出 $Q^{-1}-T$ 曲线将同图 7.28 的 $Q^{-1}-\omega\tau$ 曲线特征相一致。对于两个不同频率(ω_1 和 ω_2)的曲线,峰巅温度不同,设为 T_1 和 T_2,且因峰巅处有 $\omega_1\tau_1=\omega_2\tau_2=1$,由关系式(7.66)可得

$$\ln\frac{\omega_2}{\omega_1} = \frac{H}{R}\left(\frac{1}{T_1} - \frac{1}{T_2}\right) \tag{7.67}$$

由此式可以很方便地求得扩散激活能。

7.8.3　内耗的表征(量度)

内耗常因测量方法或振动形式不同而有不同的量度方法,但它们之间存在着互相转换关系。

1. 计算振幅对数减缩量

人们常用振幅对数减缩量(对数衰减率)δ 来量度内耗大小,δ 表示相继两次振动振幅比的自然对数,即

$$\delta = \ln\frac{A_n}{A_{n+1}} \tag{7.68}$$

式中:A_n 表示第 n 次振幅;A_{n+1} 表示第 $n+1$ 次振动振幅。如果内耗与振幅无关,则振幅的对数与振动次数的关系图为一条直线,其斜率即为 δ 值;如内耗与振幅有关,则得到一条曲线,各点的斜率即代表该振幅下的 δ 值。

当 δ 很小时,它亦近似地等于振幅分数的减小,即

$$\delta = \ln A_n - \ln A_{n+1} \approx \frac{A_n^2 - A_{n+1}^2}{A_n^2} \approx \frac{1}{2}\frac{\Delta W}{W}$$

后一等式来自振动能量正比于振幅的平方。再根据 Q^{-1} 值的定义,得到

$$Q^{-1} = \frac{1}{2\pi}\frac{\Delta W}{W} = \frac{\delta}{\pi} = \frac{1}{\pi}\ln\frac{A_n}{A_{n+1}} \tag{7.69}$$

2. 建立共振曲线求内耗值

根据电工学谐振回路共振峰计算公式,有

$$Q^{-1} = \frac{\Delta f_{0.5}}{\sqrt{3}f_0} = \frac{\Delta f_{0.7}}{f_0} \tag{7.70}$$

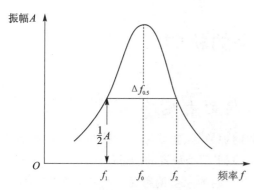

图 7.29　阻抗共振峰曲线示意图

式中,$\Delta f_{0.5}$ 和 $\Delta f_{0.7}$ 分别为振幅下降至最大值 $1/2$ 倍和 $1/\sqrt{2}$ 倍所对应共振峰宽,见图 7.29。

3. 超声波在固体中的衰减系数

超声波在固体中传播时由于能量的衰减,超声波振幅按以下公式衰减:

$$A(x) = A_0 \exp(-\alpha x) \qquad (7.71)$$

由此,超声波衰减系数为

$$\alpha = \ln(A_1/A_2)/(x_2 - x_1) \quad (\text{Np/cm}) \qquad (7.72)$$

式中,A_1 和 A_2 分别表示在 x_1 和 x_2 处的振幅。

4. 计算阻尼系数或阻尼比

高阻尼合金常用阻尼系数 ψ 或阻尼比 S. D. C(specific damping capacity)表示内耗,即

$$\psi\% = \text{S. D. C}\% = \frac{\Delta W}{W} \qquad (7.73)$$

前面介绍的内耗量度之间可相互转换:

$$\psi = 2\delta = 2\pi Q^{-1} = 2\pi \tan\varphi = 2\alpha/\lambda \qquad (7.74)$$

式中,λ 为超声波波长。

对高阻尼合金($\psi \geqslant 40\%$),式(7.74)加以修正可写成

$$\psi = \text{S. D. C} = 1 - \exp(-2\delta) \qquad (7.75)$$

7.8.4　静滞后型内耗

滞弹性材料中滞后回线的出现是实验的动态性质的结果,如果实验中应力的增加及去除都很慢,则不会出现内耗。因此这种滞后称为动态滞后。静态滞后的产生是由于应力和应变间存在多值函数关系,即在加载时,同一载荷下具有不同的应变值,完全去掉载荷后有永久形变产生。仅当反向加载时才能恢复到零应变,见图7.30。因应力变化时,应变总是瞬时调整到相应的值,故这种滞后回线的面积是恒定值,与振动频率无关。因此称为静态滞后,以区别于滞弹性的动态滞后。由于引起静滞后的各种机制没有相似的应力-应变方程,因此数学处理没有弛豫型内耗那样明确。要针对具体机制进行计算,求出回线面积 ΔW,再由公式 $Q^{-1} = \dfrac{\Delta W}{2\pi W}$ 算出内耗值。

图 7.30　静滞后型内耗应力-应变曲线

一般说来,静态滞后回线不是线性关系,其内耗与振幅有关,与频率无关是静滞后型内耗的特性。这种内耗与高阻尼合金的阻尼机制有密切关系,参见本章二维码内容"弹性合金和高阻尼合金"中的相关内容。

除上面两种类型内耗外,还有一种叫阻尼共振型内耗。这种内耗主要与晶体中位错线段的振动以及位错线有关,其内耗的特征和弛豫型内耗相似,但共振型内耗中的固有频率一般对温度不敏感。关于这方面更详细的讨论,请读者参阅有关文献。

7.9　内耗产生的机制

7.9.1　点阵中原子有序排列引起的内耗

点阵中原子指的主要是溶解在固溶体中孤立的间隙原子、替代原子。这些原子在固溶体中的无规律分布称为无序状态。当外加应力时,这些原子所处位置的能量即出现差异,因而原子要发生重新分布,即产生有序排列。这种由于应力引起的原子偏离无规则状态分布叫应力感生有序。

下面以 $\alpha-Fe$ 为例来说明体心立方结构中的间隙原子由于应力感生有序所引起的内耗。这里的间隙原子指的是处于铁原子之间的碳原子,见图 7.31。碳原子通常处在晶胞的棱边上或面心处,即(1/2, 0, 0),(0, 1/2, 0) 或 (0, 0, 1/2),(1/2, 1/2, 0)位置。如果沿 Z 方向加一个拉伸应力 σ_z,则弹性应力将引起晶胞的畸变,这时晶胞不再是理想立方体,沿 Z 方向原子间距拉长,而沿 X、Y 方向原子间距缩小。间隙原子将由 (1/2, 0, 0)位置跳跃到 (0, 0, 1/2)位置上,因为间隙原子跳到这一位置将降低晶体的弹性变形能。跳动的结果破坏了原子的无序分布状态,而变为沿受拉力方向分布,这种现象称为应力感生有序。由于间隙原子在受外力作用时存在着应力感生有序的倾向,对应于应力产生的应变就有弛豫现象。当晶体在这个方向上受交变应力作用时,间隙原子就在这些位置上来回地跳动,且应变落后于应力,导致能量损耗。在交变应力频率很高时,间隙原子来不及跳跃,即不能产生弛豫现象,故不能引起内耗。另一种情况是,交变应力频率很低时,这是一种接近静态完全弛豫过程,应力和应变滞后线面积为零,也不会产生内耗。

含有少量碳或氮的 $\alpha-Fe$ 固溶体,用 1 Hz 的频率测量其内耗,在室温(20～40 ℃)下得到的弛豫型内耗峰就是斯诺克(Snoek)峰。此峰与碳、氮间隙原子有关。

7.9.2　与位错有关的内耗

金属中一种普遍而重要的内耗源是位错。位错内耗的特征是它强烈地依赖于冷加工程度,因而可与其他内耗源相区分。退火的纯金属,即使有轻微的变形也可使其内耗增加数倍。相反,退火可使金属内耗显著下降。另外,中子辐照所产生的点缺陷扩散到位错线附近,将阻碍位错运动,也可显著降低内耗。位错运动有不同形式,因而产生内耗的机制也有多种。

某些金属单晶体的内耗-应变振幅曲线如图 7.32 和图 7.33 所示。其内耗可以分为两部分,即低振幅下与振幅无关的内耗 δ_I(也称背景内耗)以及高振幅下与振幅有关的内耗 δ_H,总内耗为

$$\delta = \delta_I + \delta_H \tag{7.76}$$

若内耗对冷加工敏感,可以肯定这种内耗与位错有关。δ_H 部分与振幅有关而与频率无关,可以认为是静滞后型内耗。δ_I 与振幅无关而与频率有关,但温度影响不如弛豫型内耗那样敏感,故寇勒(Koehler)首先提出钉扎位错弦的阻尼共振模型,并认为 δ_H 是位错脱钉过程所引起的。后来格拉那陀(Granato)和吕克(Lucke)进一步完善了这一模型,并称之为 K - G - L 理论。

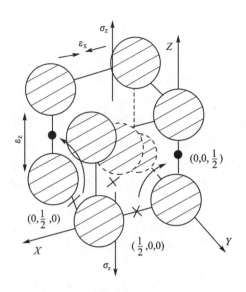

◎—铁原子;×—施加拉应力前的碳原子位置;
●—施加拉应力后碳原子位置

图 7.31　体心立方间隙原子位置

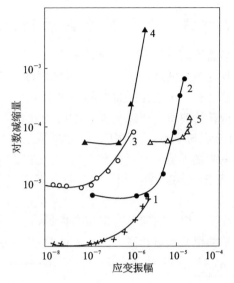

1—40 kHz,T=4.2 K;2—1 450 Hz,27 ℃;
3—40 kHz,T=21 ℃;4—1 450 Hz,380 ℃;5—40 kHz,20 ℃

**图 7.32　单晶体 Sn(5)和 Cu(1~4)
的内耗同应变振幅关系曲线**

根据这一理论,晶体中位错除了被一些不可动的点缺陷(一般位错网节点或沉淀粒子)钉扎外,还被一些可以脱开的点缺陷(如杂质原子、空位等)钉扎(见图 7.34)。前者称强钉,后者称弱钉。L_N表示强钉间距,L_C表示弱钉间距。当外加交变应力不太大时,位错段L_C像弦一样做“弓出”的往复运动(见图 7.34(a)、(b)、(c)),在运动过程中要克服阻尼力,因而引起内耗。当外加应力增加到脱钉应力

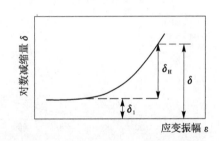

图 7.33　应变振幅-内耗曲线示意图

时,弱钉可被位错抛脱,即发生雪崩式的脱钉过程(见图 7.34(d)),继续增加应力,位错段L_N继续弓出(见图 7.34(e)),应力去除时位错段L_N做弹性收缩(见图 7.34(f)、(g)),最后重新被钉扎。在脱钉与缩回的过程中,位错的运动情况不同,对应的应力-应变曲线(见图 7.35)应当包含一个滞后回线,因而产生内耗。显然,前一种由于位错段L_C做强迫阻尼振动所引起的内耗应当是阻尼共振型的,内耗与振幅无关,但与频率有关。

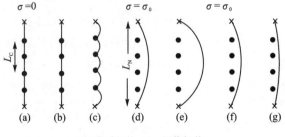

●—杂质钉轧;×—网络钉扎。

**图 7.34　在加载与去载过程中位错弦的“弓出”、
脱钉、缩回及再钉扎过程示意图**

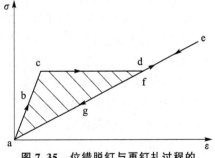

**图 7.35　位错脱钉与再钉扎过程的
应力-应变曲线**

7.9.3 与晶界有关的内耗

多晶体晶界的原子排列是相邻两个晶粒结晶位相的中间状态。它是一个有一定厚度的原子无规则排列的过渡带，一般晶界的厚度在几个到几百个原子间距范围内变化。晶界结构的特点使之表现出非晶体材料的一些性质。

内耗的测量为研究晶界力学行为提供了重要依据。曾纳（Zener）指出，晶界具有黏滞行为，并且在切应力的作用下产生弛豫现象。葛庭燧曾对晶界内耗进行了详细研究，他用 1 Hz 的频率测量了退火纯铝多晶内耗，发现在 280 ℃附近出现一个很高的内耗峰，用单晶测量则无此峰（见图 7.36(a)）。由此肯定该峰是晶粒间界面引起的，说明了晶界黏滞性流动引起的能量损耗。

在测量内耗的同时测定切变模量，其切变模量随温度变化曲线（见图 7.36(b)）表明，多晶试样铝的切变模量在高于某一温度时，便明显降低，这种降低与晶界的黏滞性有关。

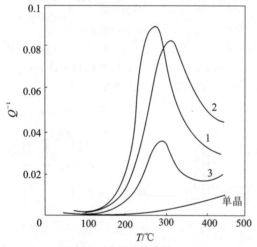

1－450 ℃退火 2 小时，晶粒直径 0.02 cm；
2－550 ℃退火 2.5 小时，晶粒直径 0.07 cm；
3－600 ℃退火 12 小时晶粒直径＞0.084 cm
（a）铝单晶和多晶体内耗随温度的变化

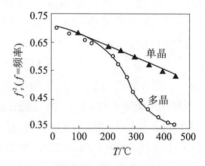

（b）铝单晶和多晶体的动态
切变模量随温度的变化

图 7.36　铝单晶和多晶体内耗、动态切变模量随温度的变化

由于温度升高，晶界的可动性增大，达到某一温度后在交变应力作用下便产生明显的晶界滑动，进而导致动态切变模量显著下降。

上述多晶体晶界引起内耗属于非共格晶界内耗，而共格界面内耗主要与热弹马氏体的相变及孪晶结构有关。例如，Mn－Cu（含 88％Mn）合金及 Cu－Zn－Si 合金，在降温进行的正马氏体相变和升温进行的反马氏体相变的温度范围内都出现一个内耗峰（参见第 2 章二维码内容"电性能测量及其应用举例"中的图 8）。研究表明，该内耗峰同马氏体面心四方的孪晶结构有关，即内耗峰由孪晶界面的应力感生运动引起。非共格晶界内耗对研制高阻尼合金有重要意义（参见本章二维码内容"弹性合金和高阻尼合金"）。

7.9.4 磁弹性内耗

磁弹性内耗是铁磁材料中磁性与力学性质的耦合所引起的。磁致伸缩现象提供了磁性与力学性质的耦合。其倒易关系是,施加应力可产生磁化状态的改变,因此除弹性应变外,还有由磁化状态而导致的非弹性应变和模量亏损效应。

磁性内耗一般分三类:宏观涡流、微观涡流与静滞后型。现简述如下:

1. 宏观涡流

在部分磁化试样上突然加一应力,除弹性应变外还会产生磁性的变化。这种变化会感生出表面涡流,而涡流又产生一个附加磁场使试样内部总磁通量瞬时保持不变,表面涡流逐渐向内,使内部磁场强度逐渐变到给定应力下的平衡磁化状态。这种趋向于平衡态的磁场变化,因磁致伸缩效应又产生附加的应变。因涡流(或磁通量)的扩散是弛豫过程,故可产生弛豫型内耗。

2. 微观涡流

对于退磁样品,应力虽不能产生大块的磁化,但由于存在磁畴结构,应力可在磁畴中产生磁性的局部变化,由此而产生的微观涡流也要引起内耗。

3. 静态滞后

当振动频率很低时,磁性变化是如此之慢,以致感生的涡流甚小,此时静滞后型的损耗成为主要的内耗。这是因为应力使畴壁发生了不可逆的位移,使应力-应变图上出现了滞后回线,见图 7.37。这种内耗强烈依赖于振幅的改变。内耗作为振幅的函数,开始遵从一次方关系,而后经过一个极大值,最后又遵从反平方关系(可参见本章二维码内

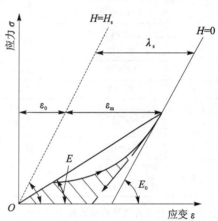

E—模量亏损存在时的弹性模量;
E_0—完全退磁状态下的弹性模量;
H—样品磁化状态;λ_s—饱和磁致伸缩系数
图 7.37　铁磁体的应力-应变曲线

容"弹性合金和高阻尼合金"中的图 1)。这些已在 Fe、Ni 和 Fe-Cr-Al 等铁磁材料中得到证实。目前已研制成的铁磁性高阻尼合金大都基于静态滞后损耗,即称为磁机械滞后损耗。

以上各种磁弹性内耗在饱和磁化的试样中不再出现,这是因为此时应力已不能感生磁畴的转动或畴壁的移动。

7.9.5　热弹性内耗

固体受热要膨胀,而热力学上的倒易关系是绝热膨胀时变冷。如加一弯曲应力在簧片状试样上,则凸出部分发生伸长而变冷,凹进部分因受压而变热。因此,热流便从热的部分向冷的部分扩散,使冷的部分温度升高而产生膨胀,也即引起附加的伸长应变。由于热扩散是一个弛豫过程,附加的非弹性应变必落后于应力,由此可产生弛豫型内耗。当使用多晶材料或单晶试样做横振动来研究其他内耗时,必须考虑热弹性内耗的贡献。

7.9.6　伪弹性和相变内耗

1. 形状记忆合金的伪弹性

为帮助大家理解伪弹性的概念,先简要说明一下热弹性马氏体的特点。这类马氏体在冷却转变和逆转变时呈现弹性式的长大与收缩,而且相变热滞很小,具有很好的可逆性。通常把高温相称为母相(俗称奥氏体),母相冷却时生成热弹性马氏体。典型且已获得广泛应用的热弹性马氏体就是 Ti-Ni 形状记忆合金。

表 7.8 所列为一些具有热弹性马氏体相合金的母相及产生马氏体的结构特征。

表 7.8 热弹性马氏体相变的相关参数

组　别	母相和马氏体相结构	等效对应的点阵数	等效的惯习面数	合　金
A	B2→9R DO₃→18R	12	24	Cu – Zn, Cu – Zn – X(X＝Al、Sn、Ga、Si) Cu – Au – Zn
	B2→2H DO₃→2H	6	24	Ag – Cd, Au – Cd Cu – Al – Ni; Cu – Sn
	B2→畸变的 B19	12	24	Ti – Ni
	B2→3R	3	24	Ni – Al
B	B2→R	3	3	Ti – Ni
C	FCC→FCT	4	4	In – Tl, In – Cd, Fe – Pd, Mn – Cu, Mn – Ni
D	L1₂→BCT	12	24	Fe – Pt
E	FCC(微细的超点阵相析出)→BCT	12	24	Fe – Ni – Ti – Co

注：表中符号所代表的相结构：B2—CsCl 或 β′CuZn 型立方有序结构；DO₃—BiF₃ 或 BiLi₃ 型面心立方有序结构；B19—β′AuCd 型正交晶格；FCT—面心正交晶格；L1₂—AuCu₃I 型立方有序结构；BCT—体心四方晶体。

在无应力条件下，典型热弹性马氏体合金共有四个相变点，分别是马氏体相变开始温度 M_s、结束温度 M_f、奥氏体开始相变温度 A_s、结束温度 A_f。

已知马氏体相变是一种无扩散相变，由母相向马氏体的转变伴随着原子平面排列的改变，可理解为原子排列面的切应变。由于剪切形变方向不同，因此产生结构相同、位向不同的马氏体。这种结构相同而位向不同的马氏体称为马氏体变态(变体)。根据晶体学计算，B2 型的母相向 18R 型马氏体转变可以有 24 种马氏体变体(18R 中的 R 代表晶体结构为菱方结构，原子面排列周期为 18 层)。实际情况表明，即使是同一合金，但冷却工艺不同，结构也有很大差异。大家知道，当马氏体相变发生在惯习面上时，所需的应变能最小。这种从惯习面上生长的马氏体其位向各不相同，这就是所谓的马氏体变态。

根据热力学分析可以理解，这类合金受外加应力作用时，也即给系统增加能量，那么其组织也会发生变化。当外力增大超过其临界应力时，母相 A 向马氏体 M 转变；当外力减小时，则会发生逆转变 M→A。这种由于应力作用而产生的马氏体为应力诱发马氏体。把由于温度改变而产生的马氏体为热诱发马氏体。

热弹性马氏体受应力的影响是因为应力改变了相变驱动力，因此可以诱发或抑制马氏体转变(表现为提高或降低马氏体点 M_s)，可以使马氏体晶面和马氏体内部孪晶(或层错)的界面移动，从而使马氏体长大或缩小，并导致马氏体再取向(称为去孪晶过程)，即可以使马氏体的一种结构变为马氏体另一种结构。

对母相加应力诱发马氏体，并产生应变；应力除去后，马氏体消失，应变回复；或者加应力诱发马氏体重新取向(变体)，产生应变，应力去掉后，应变回复，称这种现象为合金的伪弹性或称超弹性。

下面结合图 7.38 介绍伪弹性合金典型的应力-应变曲线。温度 $T > A_f$ 时,向合金施加应力,图中 AB 段为母相的纯弹性变形,B 点相当于应力 $\sigma_{T_1}^{A \to M}$,第一片马氏体开始形成,至 C 点相变完成,BC 的斜率反应相变进行的难易程度。其应变部分 $\varepsilon^{A \to M}$ 表示由相变时所形成的最大应变。CD 段表示马氏体的弹性应变,如在 CD 段的 C' 点卸载,则马氏体先做弹性回复(应变)$C'F$ 以后,再进行逆转变 $M \to A$,至 G 点母相完全回复,GH 段为母相弹性回复。

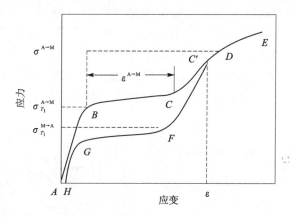

图 7.38　伪弹性合金典型的应力-应变曲线($T_1 > A_f$)

不同合金、不同温度和加载方式都有不同的应力-应变曲线,弹性的表现也不一样。图 7.39 示意地绘出了 Ti-Ni 合金不同温度下形成的应力-应变曲线,只有图(c)为典型的伪弹性应力-应变曲线。

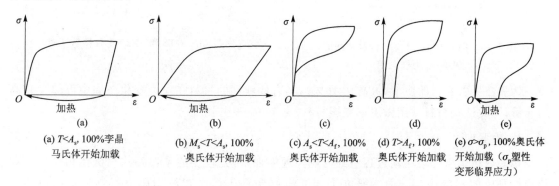

(a) $T < A_s$, 100%孪晶马氏体开始加载

(b) $M_s < T < A_s$, 100%奥氏体开始加载

(c) $A_s < T < A_f$, 100%奥氏体开始加载

(d) $T > A_f$, 100%奥氏体开始加载

(e) $\sigma > \sigma_p$, 100%奥氏体开始加载(σ_p 塑性变形临界应力)

图 7.39　Ti-Ni 形状记忆合金应力-应变曲线示意图

由上述分析知,温度和应力都会对热弹性马氏体的伪弹性行为有直接影响。在研究合金的伪弹性(英文缩写 PE)或形状记忆效应(英文缩写 SME)时,经常运用温度-应力状态图,说明合金内部组织变化过程和相变点的变化。图 7.40 所示为 Cu-14Al-4.2Ni(组成中的数字为质量分数,%)单晶体的温度-应力状态图。分析该相图可知,随着应力的增加,M_s 逐渐向高温方向移动。

研究这种合金发现,当急冷至 M_s 点以下时,首先生成的是 γ_1' 马氏体,此时若对其施加应力,则随应力的增大,γ_1'(2H)马氏体会逐渐转变成 β_1'(18R)马氏体和 α_1'(6R)马氏体,后两种马氏体仅在应力作用下才是稳定的,应力一旦取消,则 α_1' 又连续地逆转变为 β_1' 和 γ_1' 马氏体,即

$$\gamma_1'(2H) \underset{\text{应力减小}}{\overset{\text{应力增大}}{\rightleftharpoons}} \beta_1'(18R_2) \underset{\text{应力减小}}{\overset{\text{应力增大}}{\rightleftharpoons}} \alpha_1'(6R)$$

由此可见,应力改变热力学条件,诱发一种晶体结构的马氏体向另外一种结构的马氏体转变,这就是前面介绍的马氏体变体间的转变引起的伪弹性。

通过计算和实验研究,目前已找出产生 SME 和 PE 时所加应力、温度与 M_s 间的相互关系,如图 7.41 所示。图中从 M_s 点向右上方引出直线,表示温度高于 M_s 点时产生应力诱发马氏体所需的临界应力。这个直线斜率 $d\sigma/dT$(σ 为应力,T 为温度),在热力学上遵守 clausing-clapeyron 公式,即可用相变热函 ΔH、温度 T 和相变应变 $\Delta\varepsilon$ 表述。由于合金材料不同,故滑移变形的临界应力也不同。可以认为,产生 SME 和 PE 的条件必须是所加应力小于某一滑移变形的临界应力。如果合金的滑移变形临界应力很小(如图 7.41 中虚线 B 所示),那么合金只要加上应力,滑移便开始,则合金不会出现 PE。在 M_f 点以下温度变形样品,卸载后只能出现 SME,而不会出现 PE;反之,在 A_f 点以上温度变形样品,卸载时只会出现 PE,不会产生 SME。

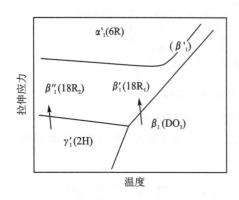

图 7.40 Cu-14Al-4.2Ni 合金单晶的
温度-应力状态图

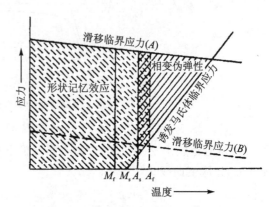

图 7.41 SME 和 PE 产生条件示意图

伪弹性可引起大的应变(可高达 16%),具有伪弹性的材料在应力变化一周中可储存较高的能量,因此这些材料常用做阻尼减振材料(见 7.10.3 小节)。

2. 相变内耗

相变内耗属于外力驱动过程中的内耗。近年来,研究较多的是爆发式马氏体相变内耗和热弹性马氏体相变内耗。内耗研究为相变机制和马氏体微观结构研究提供了新的思路。图 7.42 所示为 Fe-Mn 马氏体相变的内耗峰。由图可见,正、逆马氏体相变皆有内耗峰出现。研究表明,峰温与振动频率有关,峰高与升、降温速度有关。在整个相变温度范围内,模量(或频率)的变化维持正常规律,没出现软模效应。所谓软模效应,简单讲就是相变过程中晶格振动某种波长(振动模式)消失趋向于零,此模称为软模。

图 7.43 所示为密西尔(Mereier)和密尔顿(Melton)测定的 Ni-Ti 合金内耗和频率以及温度的关系曲线。由该图可见,出现了软模效应。在加热过程中,只有在约 350 K 处出现一个内耗峰 P_{H1} 并出现相应的软模。而在冷却过程出现两个内耗峰 P_{C2} 和 P_{C1},它们相应于 Ti-Ni 合金的 R 相变和马氏体相变。目前还不清楚在冷却过程中只有一次模量反常的原因。

很多人都在力图建立相变内耗模型,但受到普遍公认的不多,这里不再深入介绍,读者可参阅有关参考文献。

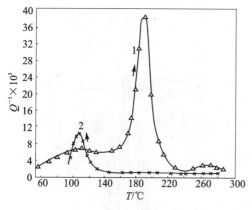

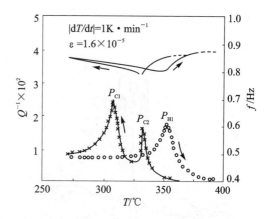

图 7.42　Fe - 1.75％Mn 合金正逆马氏体相变内耗　　　　图 7.43　Ti - Ni 合金内耗与频率、温度关系

7.10　内耗测量方法与应用

7.10.1　内耗测量方法

内耗测量方法在内耗量度部分已有概括说明。下面重点介绍扭摆法、共振棒法、超声脉冲法应用的频率范围、使用条件、研究对象、目前的发展及其局限性。

1. 低频扭摆法

低频扭摆法是我国物理学家葛庭燧在 20 世纪 40 年代首次建立的,用这种方法成功地研究了一系列金属与合金的内耗现象。国际通常把这种方法命名为葛氏扭摆法。扭摆法测内耗的装置原理如图 7.44 所示。所用试样一般为丝材($\phi=0.5\sim1.0$ mm, $l=100\sim300$ mm)或片材,扭摆摆动频率为 $0.5\sim15$ Hz。试样扭转变形振幅为 $10^{-7}\sim10^{-4}$。试样的上端被上夹头夹紧固牢,试样下端也被固定在与转动惯性元件为一体的下夹头上。可用电磁激发方法使试样连同转动惯性系统形成扭转力矩,从而引起摆动。当摆自由摆动时,其振幅衰减过程可借助于小镜子反射光点记录,利用式(7.68)计算内耗。如果 $\dfrac{\ln(A/A_n)}{n}$ 为预先指定值,则 $Q^{-1}=\dfrac{\ln(A/A_n)}{\pi \cdot n}$,可见只要记录振幅由 A 衰减到 A_n 的试样摆动次数 n 便很容易得到 Q^{-1}。

为了减少轴向拉力(高温测试时丝材试样易产生蠕变现象)的影响,后来设计了一种倒摆(倒置扭摆仪)见图 7.45。平衡砝码(平衡锤)可以减小轴向拉力,并达到更好的平衡摆动。

已知切变模量 G 与扭摆振动频率 f^2 成正比,故在测量内耗的同时也可测量试样的切变模量。低频扭摆仪的重要指标是仪器损耗水平,它引起背景内耗,致使直到目前仍不能研究 10^{-5} 以下的阻尼效应,但研究内耗值在 $10^{-4}\sim10^{-1}$ 数量级的阻尼效应是特别合适的。我国已制成微机控制多功能内耗仪,可同时用自由衰减法、受迫振动法及准静态方法进行测量,将进一步发展全息扭摆内耗仪。

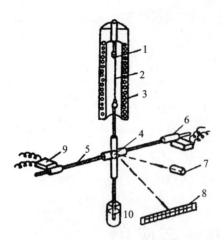

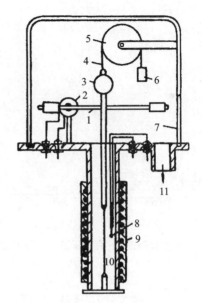

1—夹头；2—丝状试样；3—加热炉；
4—反射镜；5—转动惯性系统；6—砝码；
7—光源；8—标尺；9—电磁激发；10—阻尼油

图 7.44　扭摆法测内耗装置示意图

1—转动惯性系统；2—电磁激发；3—反向镜；
4—滑轮丝；5—滑轮；6—平衡砝码；7—真空罩；
8—热电偶；9—加热炉；10—试样；11—抽真空

图 7.45　倒置扭摆仪示意图

2. 共振棒法

试样为圆棒状，不附加惯性系统，而是在其振动的节点位置用刀口或螺丝夹持着，使其激发至共振状态，共振频率取决于试样材料和几何尺寸，一般使用频率范围为 $10^2 \sim 10^5$ Hz。测量所用的仪器设备同动态法（悬挂法）测棒材弹性模量的仪器设备（见图 7.25）。根据所用换能器的不同又可分为电磁法、静电法、涡流法和压电法等。

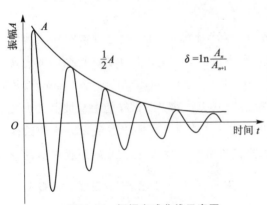

图 7.46　振幅衰减曲线示意图

目前共振棒法测内耗多用建立共振峰曲线（见图 7.31）或记录振幅衰减曲线（见图 7.46）来计算内耗。对于内耗值小的试样，用共振曲线法不易测准（峰宽窄），而用记录振幅衰减曲线计算内耗，准确且速度快。而记录振幅衰减曲线方法是将处于共振状态的棒状试样在瞬间切除振源，试样的振幅将自由衰减至最低值，根据衰减曲线，用式（7.68）计算。

共振棒的特点是没有辅助的惯性元件。由于系统抽真空，且支点在波节处，其外部损耗可低至 2×10^{-6} 数量级，因此可研究内耗值更低的阻尼效应。

3. 超声脉冲回波法

测量方法的原理见 7.7.3 小节。当信号脉冲穿过样品到达第二个晶片或反射回到脉冲源晶片时，测量脉冲振幅在样品中的衰减。测定的回波信号在示波器上显示了一系列随时间衰减的可见脉冲（见图 7.27）。脉冲振幅衰减的程序，表征了样品介质的超声阻尼效应。由于超声波法工作频率范围较宽,测试敏感性高,且实验安排较灵活,因此可能获得与其他测试方法不同的结果,以解决与晶体缺陷及其相互作用相关的材料科学与工程问题。特别是对于阻尼与频率关系以及低温下与电子内耗有关的阻尼效应。因超声脉冲法应变振幅很小,故不能研究与振幅相关的阻尼效应。由于超声波法是新发展起来的技术,因此对于测试结果的解释要慎重。对于超声波法测量内耗的基础研究,无论在理论和实验方面都需加强,以便更好地理解由于波长很短造成的散射等一系列问题。

7.10.2　内耗应用举例

内耗的应用研究已在以下 5 方面取得显著成效:

① 测定钢中的自由碳和氮。目的是避免出现明显屈服点从而导致轧制钢板的不均匀变形,以至于引起深冲破裂,应用的内耗现象是斯诺克(Snoek)峰。

② 确定稀土元素在钢中(固溶状态)存在方式:固溶状态引起斯诺克峰;聚集在位错附近引起寇斯特(Köster)峰;偏析到晶界降低葛峰的高度或改变峰温。

③ 研究钢的氢脆和回火脆性。应用寇斯特峰和 Gorsky 弛豫(即宏观应力导致的氢扩散)来测定氢的存在状态。已经证明磷在晶界的偏析引起钢的回火脆性。

④ 高阻尼材料和形状记忆合金的开发和应用,其依据就是热弹性马氏体相变内耗。

⑤ 高强度时效铝合金的开发。研究的内耗现象就是热处理时效过程中发生的扩散相变和沉淀时所引起的内耗。

下面具体介绍 4 项应用实例。

1. 内耗法确定自由碳和氮在固溶体中的浓度

斯诺克指出,碳、氮原子在 α-Fe 固溶体中所引起的弛豫内耗峰高度同这些在 α-Fe 固溶体中的浓度有关。这一规律对准确地测定固溶体的溶解度和研究固溶体的脱溶、沉积很有帮助。因为碳、氮原子在 α-Fe 固溶体中的内耗峰高度用 1 Hz 内耗摆还是容易测出的(对碳,峰温 40 ℃;对氮,峰温 24 ℃)。

曾给出碳、氮原子在 α-Fe 固溶体中的浓度与内耗峰高度的定量关系为

$$w_C = KQ_{40\,℃}^{-1} \tag{7.77}$$

式中,K 为常数,数值上等于 1.33。

$$w_N = K_1 Q_{24\,℃}^{-1} \tag{7.78}$$

式中,$K_1 = 1.28 \pm 0.04$。

进行定量分析时,要注意晶粒边界对间隙原子有吸附作用,晶界能牵制一定数量的间隙原子,故晶粒大小对固溶体中间隙原子浓度有一定影响。图 7.47 表示用几种不同物理方法确定碳、氮原子在 α-Fe 固溶体中的浓度实例。从图中可以比较明显地看出,内耗法测定固溶体的溶解度(尤其对低浓度固溶体)精确度较高。

2. 研究钢的多次形变热处理循环

在图 7.48 中简略地表示出 30 钢的四次形变热处理循环过程。用内耗法研究钢的多次形变热处理的结果示于图 7.49。图中的第一个内耗峰(120 ℃附近)与碳、氮原子在固溶体中弛豫过程有关,又称斯诺克峰;第二峰在 330 ℃左右,此峰随形变热处理循环次数增加,峰高度也增加,此峰与碳原子在应力作用下迁移到位错应力场附近有关,并称为寇斯特峰。研究结果表明,随着形变热处理循环次数的增加,固溶体中碳原子减少,则斯诺克峰值下降;由于迁移到位

错应力场附近的碳原子增加和位错密度增加,寇斯特峰值增大。

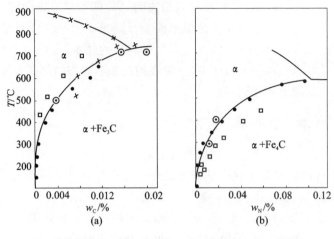

□—微量热计法;　●—内耗法;　⊙—电阻法;　×—扩散法

图 7.47　几种物理方法测定 C、N 在 α‐Fe 中固溶极限

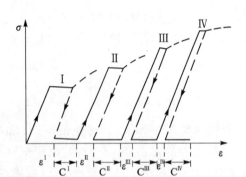

ε^{I}、ε^{II}、ε^{III}、ε^{IV}—对应于I、II、III、IV次形变热处理循环
后的塑性变形;C^{I}、C^{II}、C^{III}、C^{IV}表示相对应的时效热处理

图 7.48　30 钢形变热处理循环工艺图

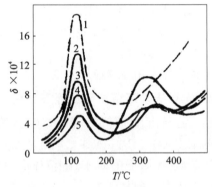

1—退火;2、3、4、5—I、II、III、IV次形变热处理循环

图 7.49　30 钢经不同形变热处理
循环内耗-温度曲线(频率 2 200 Hz)

3. 内耗法测量扩散系数和激活能

若弛豫过程是通过原子扩散来进行的,则弛豫时间与温度有关系,即 $\tau = \tau_0 e^{H/RT}$。

如果 H 和 ω 已给定,并且在内耗-温度曲线上满足条件 $\omega\tau = 1$,即 $\omega\tau_0 \exp\left(\dfrac{H}{RT}\right) = 1$,那么这时将出现内耗峰,由此

$$T = \frac{H}{R\ln(1/\omega\tau_0)}$$

如试验中选用两种频率 ω_1 和 ω_2,由式(7.67)可算出内耗峰将分别出现在 T_1 和 T_2 温度处,见图 7.50。经整理,激活能的计算公式为

$$H = \frac{RT_1T_2}{T_2 - T_1}\ln\frac{\omega_2}{\omega_1} \tag{7.79}$$

扩散系数 D 可以通过碳原子由某位置跳跃到另一位置的平均时间 $\bar{\tau}$ 表示:

$$D = \frac{Ka^2}{\bar{\tau}} \tag{7.80}$$

式中:a 为晶格常数;τ 为原子跳动频率的倒数;比例常数 K 与晶格类型有关,对于体心立方有 $K=1/24$,对于面心立方有 $K=1/12$。体心立方晶体的间隙原子 $\bar{\tau}=\dfrac{3}{2}\tau$,其中 τ 是间隙原子弛豫时间。由此可求出固溶体中间隙原子的扩散系数:

$$D = \frac{a^2}{36\tau} \tag{7.81}$$

当满足 $\omega\tau=1$ 时,在 $T=T_{峰}$ 温度出现弛豫内耗峰,式(7.80)可写成

$$D(T_{峰}) = a^2 \frac{\omega}{36} \tag{7.82}$$

在扩散系数和激活能确定之后,可以根据公式 $D=D_0\mathrm{e}^{\frac{-H}{RT}}$ 用作图法求出 D_0。改变测量频率可使内耗峰出现在不同的温度,因而可求得一定温度范围特别是低温的 D 值。通常的扩散测量方法只能测量高温的 D 值,两种方法结合起来可以测定较广范围内的 D 值,从而可以更精确地求出 D_0 和激活能 H 值。

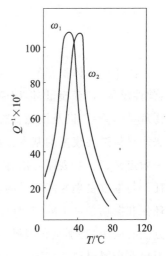

图 7.50　α - Fe 中碳原子弛豫内耗峰同频率关系

4. Fe - Cr 系合金阻尼(内耗)性能研究

目前已发展了一系列高阻尼合金(又称减振合金或无声合金)。图 7.51 表示在一定最大起始扭应力振幅($\gamma_m=80\times10^{-6}$)作用下,不同退火温度和合金成分对内耗影响。不难看出,Fe - 15%Cr 合金具有高内耗值,且随退火温度升高,内耗值也增大。Fe - Cr 合金是铁磁性合金,它的高阻尼性能是基于磁机械滞后型内耗。由静态滞后型内耗机制可知,这类内耗与应力振幅有明显的依赖关系。实验结果表明,随退火温度升高,这种依赖关系更强烈,见图 7.52。合金内耗随应力振幅增加而增大的特性,对考核材料在实际工程使用条件下的阻尼特性极为重要。

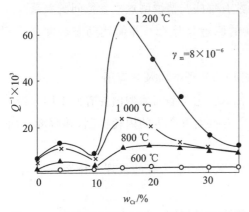

图 7.51　不同退火温度下 Fe - Cr 合金成分对合金内耗的影响(应变振幅 $\gamma_m=80\times10^{-6}$)

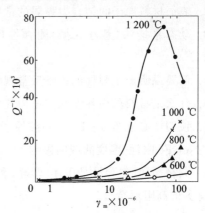

图 7.52　不同退火温度对 Fe - 15%Cr 合金的内耗-应力振幅曲线影响

※"弹性合金和高阻尼合金"内容请扫描二维码阅读。

※"拉胀材料"内容请扫描二维码阅读。

弹性合金和高阻尼合金

拉胀材料

本章小结

　　由固体内小体积元的平衡应力-应变状态得出广义胡克定律,进而导出材料弹性的表征参量:弹性模量、切变模量、体积模量和泊松比。描述了弹性模量的微观本质、影响因素及其与其他物理量的关系,以及铁磁状态的弹性反常。介绍了多孔陶瓷和双相陶瓷的弹性模量,以及动态法测材料弹性模量的基本方法。在材料的阻尼特性部分,从黏弹性和滞弹性出发,引入内耗的一般定义、类型、表征方法、内耗产生的机制。特别介绍了形状记忆合金的伪弹性及其相关内耗。与本章物理性能联系的功能材料介绍了弹性合金和减振合金(高阻尼合金)。减振合金在环保和振动条件下的应用(如飞机空中加油用导管等)具有关键作用。应注意掌握内耗的测试方法及应用,特别是我国科学家葛庭燧创建的低频扭摆法。高聚物的弹性表征参量与金属和无机非金属材料的相同。与无机材料一样,高聚物在纤维和薄膜形态下往往表现各向异性,具有取向性。但应注意以下两点:① 高聚物在其玻璃化温度以上具有独特的高弹态,其力学性能不同于无机材料的特点,并且这种高弹性属于熵弹性,并不是一般无机材料的能量弹性;② 在常温和通常加载条件下,高聚物经常表现出黏弹性。这些特点是与高聚物的微观结构特点紧密相连的。

复 习 题

　　1. 用双原子模型解释材料弹性的物理本质。

　　2. 表征材料原子间结合力强弱的常用物理参数有哪些? 请说明这些参数间的关系。

　　3. 动态悬挂法(悬丝共振)测弹性模量 E、G 的原理是什么? 并简述动态法测 E、G 的优点。

　　4. 简要说明产生弹性的铁磁反常现象(ΔE 效应)的物理本质及其应用。

　　5. 什么是材料的内耗? 弛豫型内耗的特征是什么? 它与静滞后型内耗有何不同之处?

　　6. 说明体心立方 $\alpha-Fe$ 中间隙原子碳、氮在应力感生下产生的内耗机制,并解释冷加工变形对 $\alpha-Fe$ 内耗-温度曲线的影响。

　　7. 共格晶面(热弹性马氏体、孪晶)和磁机械滞后效应引起内耗的机理是什么? 举例说明与其有关的高阻尼合金。

　　8. 内耗法测定 $\alpha-Fe$ 中碳的扩散(迁移)激活能方法和原理。

　　9. 已知 2Cr13 不锈钢在室温 20 ℃下的弹性模量 $E=224\ GPa$,泊松系数 $\mu=0.28$,热膨胀系数 $\alpha_{20\sim100℃}=10.5\times10^{-6}℃^{-1}$,密度 $\rho_{100℃}=7.75\ g/cm^3$,试计算 2Cr13 不锈钢在 100 ℃时的纵向弹性波 c_1(m/s)和横向弹性波 c_r(m/s)传播速度。

　　10. 表征材料内耗(阻尼)有哪些物理量? 它们之间的关系如何?

　　11. 已知某三元状态图的一角(见图7.53),需要测定固溶体的溶解度曲线,请问:

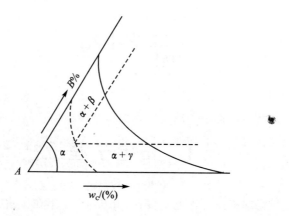

图 7.53　三元状态图一角

① 可用哪几种物性测试方法测量？
② 它们共同的原理是什么？
③ 以一个具体性能指标为例,说明其测量方法(简要说明并绘图)。

附　　录

附录 1　正电子湮没技术

1930 年狄拉克根据理论预言正电子存在,并于 1932 年在宇宙线云雾室照片上证实。它是电子的反粒子。当正电子进入固体时,速度减慢,与固体中的电子相碰撞,结果电子和正电子复合而转变为一对光子(双 γ 射线辐射)*,即

$$_{+1}e^0 + _{-1}e^0 \longrightarrow h\nu + h\nu$$

此过程称为正电子湮没(有人称为湮灭)。电子偶湮没时,它们的质量转换成 γ 射线的能量,湮没过程服从爱因斯坦质能方程:

$$E = m_0 c^2$$

式中,m_0 为正、负电子的静止质量;c 为光速。

由于湮没过程的特性受到正电子所遇到的原子环境的影响,因此正电子湮没实验可用来探测物质的微观结构。其方法被称为正电子湮没技术(positron annihilation technique,缩写 PAT)。能够与正电子发生湮没的通常是离原子核较远的电子,在金属中多是传导电子。正电子湮没技术应用的实验方法有以下三种:① 两个 γ 射线过程的 γ-γ 角关联;② 正电子湮没寿命谱;③ 湮没 γ 射线的能谱。

下面简单介绍前两种方法。

(1) γ-γ 角关联　正负电子对在湮没前后的动量和能量是守恒的,在发出两个 γ 射线时,每一个 γ 射线的能量是 511 keV,且其辐射方向的夹角接近 180°。正电子湮没前的动能是 kT 数量级,即 0.025 8 eV,而与正电子发生湮灭的电子动能是电子伏特量级,所以正电子的动能和动量与电子相比可以忽略。在实验室系统中,湮没前正、负电子对的动量等于湮没后发出的两个 γ 射线的动量,因此两个 γ 射线的夹角与 180°有一个小角度偏离。这个偏离就反映了物质的电子动量分布。正是利用这种 γ-γ 角关联实验来研究金属费密面的形状。

(2) 正电子寿命谱　在材料研究中最常采用的实验技术是正电子寿命谱测量。狄拉克证明,低速正电子和电子在单位时间发生 2γ 湮没的速率为

$$\lambda = \pi r_0^2 c n_e \approx \tau^{-1}$$

式中,r_0 为经典电子半径;c 为光速;n_e 为正电子所处位置的电子密度;τ 为正电子寿命。

上式说明正电子湮没的几率正比于发生湮没位置处的电子密度。湮没几率决定了在实验中测量到的正电子寿命谱。附图 1 给出了测量正电子湮没寿命的方框图。测定正电子寿命的仪器称为正电子寿命谱仪。

实验一般要求使用两块同样工艺条件的样品(见附图 1),每块至少有一面磨平并经电化学抛光。样品厚度为 0.1～1.0 mm,大小以 20 mm×20 mm～30 mm×30 mm 或 ϕ20～

---

* 除这种双 γ 射线辐射外,还可能发生(几率很小)三 γ 射线辐射。

30 mm为宜。采用 $_{11}Na^{22}$ 放射性同位素作为正电子源，$_{11}Na^{22}$ 衰变到 $_{10}Ne^{22}$ 产生一个正电子（能量为540 keV），同时也产生一个 1.28 MeV 的 γ 射线。探测 1.28 MeV 的 γ 射线作为正电子产生的信号。探测到 1.28 MeV 的时间和正电子湮没后产生的 0.511 MeV 的 γ 射线的时间间隔用电子学仪器来测量，便可测得正电子寿命谱，见附图2。

材料中空位型缺陷带有等效负电荷，它能够捕获正电子，使正电子所在处的电子密度变低，从而延长了正电子寿命 τ。例如完整铝单晶中 τ 为 170 ps（1 ps=10^{-12} s），而在铝空位中 τ 为 240 ps，在包含 5 个空位的空位团中 τ 约为 350 ps。因此，正电子寿命值的大小能够反映样

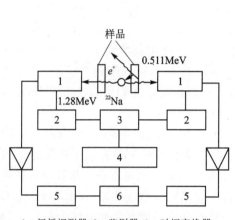

1—闪烁探测器；2—鉴别器；3—时幅变换器；
4—多道振幅分析器；5—单道分析器；6—符合电路

附图1　正电子寿命谱仪方框图

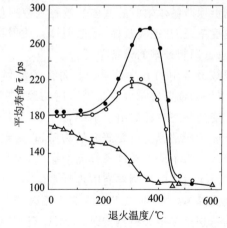

×—Co^{60}；o—Au（20 ℃）

附图2　正电子在金中的寿命谱

品中缺陷种类，而相应的长寿命值的强度则可与该缺陷的浓度联系起来。材料中缺陷越多，正电子平均寿命越长。此外，被空位捕获的正电子接触高动量核心电子的机会更少了，于是与被正电子湮没的电子的平均动量变小，引起 γ-γ 角关联曲线和湮没 γ 射线能谱曲线变化。这些变化的数据为材料微观结构提供了一些有用的信息。附图3所示为实测的纯镍等金属形变后，退火温度与正电子平均寿命的关系。曲线的变化反映了空位缺陷数量的变化。

正电子湮没技术的特点是，对微观结构、缺陷有独到的敏感性，实验方法也较为简单，因此它在固体物理、化学、医学领域都有应用。据报道，材料研究中的重要课题（如测定金属及合金的空位形成能、形变以及退火过程）对材料缺陷的影响、辐射效应、疲劳、蠕变、无损探伤、钢的氢脆、马氏体相变、非晶态以及合金中的 G. P. 区、沉淀过程

△—冷轧纯镍（ε=90%）；o—Ni - 0.03%（原子）- Sb；
●—Ni - 0.1%（原子）- Sb

附图3　平均正电子寿命 τ 和等时退火温度之间的函数关系（误差线段表示标准偏差）

等都有人用正电子湮没技术进行研究,获得了较满意的结果。

附录 2　穆斯堡尔效应

穆斯堡尔(Mössbauer)是德国一位物理学家的名字。他在 1957 年发现了原子核对 γ 射线的无反冲共振吸收现象,后来便把这种现象称为穆斯堡尔效应(Mössbauer effect)。目前,该项研究已经发展成为波谱学的一个分支——穆斯堡尔谱学(Mössbauer spectroscopy)。

已经证明原子核中的质子和中子都有自旋,因此核具有自旋角动量,自旋状态也是量子化的。若自旋量子数取 I,则它们在外磁场方向上的分量(以磁量子数 m_I 表示),只能取 I,$(I-1)$,…,$(-I+1)$,…,$(-I)$。例如 $I = 3/2$,则 m_I 能取 $+3/2$,$+1/2$,0,$-1/2$,$-3/2$。与电子一样,也具有能级,核处于最低能级为基态,否则为激发态,各能级间能量差远比电子能级差大,在几万到几十万电子伏特之间。在有些情况下,不同的 m_I 值态处于简并状态,但在外磁场或原子核环境处的磁场与核作用下,有可能消除简并态。这是人们借以研究核环境的手段之一。

假设一个原子核处于能量为 E_e 的激发态,当跃迁到能量为 E_g 的基态时,便发射一个能量为 $E_0 = E_e - E_g$ 的 γ 光量子;在一定条件下,等于 E_0 的能量子可以全部为一个基态的全同核(中子数目相等,质子数目也相等的同类核)所吸收,于是此核跃迁到激发态。这种现象就叫作 γ 射线的核共振吸收。但是由于原子核在发射或吸收 γ 射线时会产生反冲,自由原子发射的 γ 射线能量比共振吸收所需的能量少 $2E_R$(E_R 为原子核的反冲动能),因此破坏了核对 γ 射线的共振吸收条件,也就难以观察到 γ 射线的共振吸收了。

若把发射和吸收 γ 射线的原子核牢牢地束缚在晶体点阵内,则在原子核发射和吸收 γ 射线时产生反冲的是质量很大的整个晶体,此时反冲动能的损失可忽略,也就有可能观察到无反冲共振吸收现象。目前可观察到穆斯堡尔效应的元素有 40 余种,分属 80 种同位素。其中最常用的有 ^{57}Fe、^{119}Sn、^{121}Sb 等。

测量穆斯堡尔效应的实验装置称为穆斯堡尔谱仪(见附图 4),包括四个基本单元:γ 射线源与速度单元、共振吸收体(或散射体)、放射线的检测与计数装置以及对发生共振吸收(或散射)的总量调制处理的设备单元。

源核最常用的方法是采用长寿命的放射性源,通过蜕变变为另一种可放射 γ 光子的源。例如,对铁的穆斯堡尔效应观测所用的源核就是 $^{57}_{27}Co$,它经俘获电子而成为 $^{57}_{26}Fe$,处于激发态的 $^{57}_{26}Fe$ 变为基态时释放出 γ 射线,称 $^{57}_{27}Fe$ 为母放射体。

吸收体通常就是所要研究的物质,它必须含有与源相同的同位素且处于基态,以便能发生共振吸收。为了研究条件对样品的影响,往往要用冷阱或加热炉,有时甚至要加上磁场。

记录 γ 射线的探测器有闪烁计数器等。闪烁计数器的前端是一片约 $0.5 \sim 1$ mm 厚的碘化钠荧光晶体,当 γ 射线照射在它上面时便会发出微弱的荧光。此荧光经光电倍增管转化为脉冲信号送至多道分析器记录,也可送至专用计算机处理。记录下来的就是原子核 γ 射线的共振吸收情况。显然,在共振吸收期间,计数率应该减小(指透射谱)。这种记录所形成的曲线即为穆斯堡尔谱。

为了将无反冲共振吸收在图谱上清楚地反映出来,目前大多利用多普勒效应。附图 4 中所示的速度单元,恰是为了使源核上有不同的运动速度(以往复振动实现),以调制 γ 射线能量,使吸收体的核对γ射线发生共振吸收,测量核的共振效应与γ射线能量的关系。因此,穆斯堡尔谱的横坐标为源的运动速度,纵坐标为吸收计数(即强度)。附图 5 所示为 α-铁的标准穆斯堡尔谱。为了准确算出峰的位置、峰宽、面积,通常要对谱进行计算机曲线拟合,找出谱的所有特征参数。

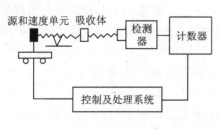

附图 4　穆斯堡尔谱仪结构示意图

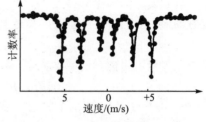

附图 5　α-铁的标准穆斯堡尔谱

　　由于实现无反冲核共振吸收的条件极为严格,发出的γ射线和原子核能级所要吸收的能量之差有百万分之一乃至千万分之一电子伏特都会破坏共振吸收,其灵敏度可达 10^{-9} eV。因此,核环境的任何微小变化都足以引起穆斯堡尔谱线的形状(包括峰宽,峰的数量、形状等)、共振吸收位置、强度等的改变,从而推测样品物质结构的变化。附图 6 所示为 Mn-Si-V 钢在不同状态下的穆斯堡尔谱,这两种条件下谱的特征显然是不同的,图中γ处为残余奥氏体产生的峰。

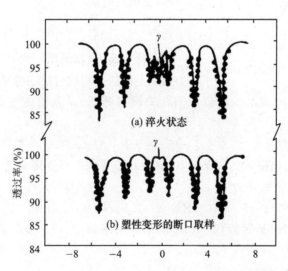

附图 6　0.12%C-1.70%Mn-0.58%Si-0.043%V 钢的穆斯堡尔谱

　　穆斯堡尔效应观测所用设备结构不算复杂,样品不需要特别抛光,也可使用粉末样品,但要求样品较薄,如对于铁,要求在 20 μm 左右。加之这种方法在某些情况下具有 X 光、电镜无法得到的信息(如研究沉淀新相形成过程中原子的分布等),因此它已成为常规检验手段之一,在固体物理、固体表面、生物、地质学等方面都有应用。在物理冶金研究有序-无序转变、马氏体相变和马氏体回火过程、残余奥氏体的测量、过冷奥氏体的中温分解(贝氏体形成)、不同类型的沉淀过程、晶体缺陷等都有过应用报告。

　　同时,这种方法也受到穆斯堡尔同位素种类的限制,而且完成一次观测谱的测试花费时间较长。

附录 3　核磁共振

物质一般状态下的核磁共振是 1945 年首次发现的。所谓核磁共振就是具有磁矩的原子核在直流磁场(包括内磁场或者更广义地包括有梯度的电场)作用下,对射频电磁波的共振吸收。

核磁矩是矢量。由磁学的基本原理,核磁矩 $\boldsymbol{\mu}$ 在磁场 $\boldsymbol{H}$ 中的能量为

$$E = -\boldsymbol{\mu} \cdot \boldsymbol{H} = -\gamma H \hbar M_I$$

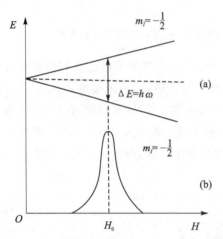

附图 7　连续波扫场法核磁共振原理$(I = 1/2)$

式中:M_I 是核的磁量子数;γ 为磁矩对角动量之比,称为核旋磁比。M_I 表征核磁矩 $\boldsymbol{\mu}$ 在磁场方向上分量的大小,对于自旋量为 I 的核,M_I 可取 $2I+1$ 个值,即 $-I$,$(-I+1)$,$\cdots$,$(I-1)$,I。也就是说,在磁场 $\boldsymbol{H}$ 的作用下,核能级分裂为$(2I+1)$个能级,这称为塞曼(Zeeman)分裂。对于 $I = 1/2$ 的核,例如${}_1^1 H$ 的能级可分裂为二个能级,如附图 7 所示。$M_I = -1/2$ 态核处于较高能级,$M_I = 1/2$ 态的核处于低能级,二能级差为

$$\Delta E = E_{-1/2} - E_{1/2} = \frac{1}{2}\gamma H\hbar + \frac{1}{2}\gamma H\hbar = \gamma H\hbar$$

在这种情况下,如果用一束电磁波照射原子核系统,则处于低能态的就可以吸收电磁波的能量而跃迁到高能态(吸收的能量值可由射频电磁波消耗的能量测出)。若电磁波的角频率 ω 满足下列条件:

$$\omega = \gamma H$$

就会发生原子核系统对电磁波的共振吸收,这就是核磁共振吸收现象。对于质子,旋磁比 γ 为 $2.675 \times 10^8 \ \mathrm{s}^{-1} \cdot \mathrm{T}^{-1}$,故频率为

$$\nu(\mathrm{MHz}) = 42.58H \ (\mathrm{T})$$

实验中最方便的做法是射频场(电磁波)的角频率 ω_0 保持不变,而连续地改变所加磁场 H 的值,当磁场值变为

$$H_0 = \omega_0/\gamma$$

时便发生共振吸收,此法称为核磁共振的连续波扫场法。由于存在所谓弛豫现象,故能量吸收不只发生在 $H=H_0$ 处,而是在 $H=H_0$ 处具有最大吸收,并在这一点的两边吸收逐渐减小,形成具有一定线宽和线形的吸收峰,如附图 7(b)所示。

连续型波谱仪(见附图 8)适用于研究溶液和非导电固体。而脉冲核磁共振谱仪——射频功率是不连续地以脉冲的形式加到系统中,这种设备是广泛应用于磁性材料研究的波谱仪。

核磁共振所用样品多为箔材或粉末。

由于核环境中电场、磁场、电荷密度和自旋密度都对核的能级有影响,核波谱仪处理的就是这些能级间跃迁期间所发射或吸收的辐射。任何一种使核能级位置发生变化的影响都将改变跃迁的共振能量,因此核波谱仪可以给出关于这些影响因素的结果。据报道,核磁共振可用

于材料的超精细场测量(对于金属,超精细场主要指价电子与核偶极矩和四偶极矩的相互作用)、合金有序-无序化的研究、金属与合金电子结构的研究,以及在铁磁体畴结构、材料缺陷、沉淀、扩散现象等方面的研究中都有应用。

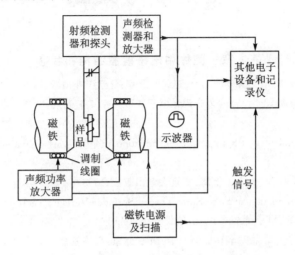

附图 8　连续型核磁共振谱仪方框图

与穆斯堡尔效应一样核磁共振也是微观分析中广泛采用的一种技术。二者往往共同使用,互相补充信息,各取所长。一般在允许条件下,先进行穆斯堡尔谱观测,然后用核磁共振做进一步细致研究。对于浓度高的合金,核磁共振可能失效,而穆斯堡尔效应更为适用。

主要参考文献

第1章　固体中电子能量结构和状态

[1] C 基泰尔. 固体物理导论[M]. 项金钟,吴兴惠,译. 北京:化学工业出版社,2005.

[2] 沈兵. 铁基超导体和重费米子材料的角分辨光电子能谱研究[D]. 北京:中国科学院大学(中国科学院物理研究所),2017.

[3] H Luth H. Ibach Solid-State Physics—An introduction to principles of materials science. New York: Springer,2003.

[4] 谢希德,陆栋. 固体能带理论[M]. 上海:复旦大学出版社,1998

[5] Otfried Madelung Introduction to Solid-State Theory Springer-Verlag 3rd edition Amsterdan,1996.

[6] 溝口中正. 物性物理学[M]. 东京:裳华房株式会社,1990.

[7] 何宇亮,陈光华,张仿清. 非晶态半导体物理学[M]. 北京:高等教育出版社,1987.

[8] Б Г Лившщц,В С Крапошин,Я Линецкий, Физические свойства металлов и сплавов М., Металлургиздат 1980.

[9] 苟清泉. 固体物理学简明教程[M]. 北京:人民教育出版社,1979.

[10] C 基泰尔. 固体物理导论[M]. 杨顺华,译. 北京:科学出版社,1979.

[11] 郭敦仁. 量子力学初步[M]. 北京:人民教育出版社,1978.

[12] A H 科垂耳. 理论金属学概论[M]. 肖纪美,等译. 北京:冶金工业出版社,1961.

第2章　材料的导电性能

[1] 刘恩科,朱秉升,罗晋生. 半导体物理学[M]. 7 版. 北京:电子工业出版社,2011.

[2] 陈治明. 半导体概论[M]. 北京:电子工业出版社,2008.

[3] 孙光飞,强文江. 磁功能材料[M]. 北京:化学工业出版社,2007.

[4] J L Macmanus-Driscoll, S R Foltyn, Q X Jia, et. al. Stongly Enhanced Current Densities in Superconducting Coated Conductors of $YBa_2Cu_3O_{7-x}+BaZrO_3$[J]. Nature Materials, 2004,(3)7:439-443.

[5] Neeraj Khare. Handbook of High-Temperature Superconductor Electronics[M]. New York: MARCEL DEKKER, INC. , 2003.

[6] Miller J H,Claycomb J R. Classical and High Temperature Superconductivity in Proceedings of the 10th Physics Summer School[M]. Singapore: World Scientific, 1999.

[7] Waldram J R. Superconductivity of Metals and Cuprates, Bristal and Philadelphia[M]. [S. l.]: LOP Publishing Ltd. , 1996.

[8] Masato Murakami. Processed High-temperature Superconductor[M]. Singapore: World Scientific, 1992.

[9] Hench L L,West J K. Principles of Electronic Ceramics [M]. New York: John Wiley & Sons, Inc. , 1990.

[10] 王江. 现代计量测试技术[M]. 北京:中国工业出版社,1990.

[11] 叶良修. 半导体物理学(上册)[M]. 北京:高等教育出版社,1983.

[12] 马莒生. 精密合金及粉末冶金材料[M]. 北京:机械工业出版社,1982.

[13] 宋学孟. 金属物理性能分析[M]. 北京:机械工业出版社,1981.

第3章　材料的介电性能

[1] Saito Y,Takao H,Tani T,et al. Lead-free piezoceramics[J]. Nature,2004,432: 84-87.

[2] 南策文.多铁性材料研究进展及发展方向[J].中国科学:技术科学,2015,45(4):339-357.

[3] Li F,Cabral M J,Xu B,et al. Giant piezoelectricity fo Sm-doped Pb(Mg1/3Nb2/3)O3-PbTiO3 single crystals[J]. Science,2019,364:264-268.

[4] Qiu C,Wang B,Zhang N,et al. Transparent ferroelectric crystals with ultrahigh piezoelectricity[J]. Nature,2020,577:350-354.

[5] Gorur G. Raju Dielectrics in Electric Fields[M]. New York:Marcel Dekker Inc. ,2003.

[6] Devendra P Garg, Gary L. Anderson Research in active composite materials and structures:an overview Proceedings of SPIE. 2000(3992):2.

[7] 倪尔瑚. 材料科学中的介电谱技术[M]. 北京:科学出版社,1999.

[8] 钟维烈. 铁电物理学[M]. 北京:科学出版社,1998.

[9] Seung-Eek Park,Thomas R Shrout. Relaxor Based Ferroelectric Single Crystals for Electro-mechanical Actuators[J]. Mat. Res. Innovat. ,1997,1:20-25.

[10] L Eric Cross. Ferroelectric Ceramics:Tailoring Properties for Specific Application in Ferroelectric Ceramics[M]. Boston:Birkhäuser Verlag, 1993.

[11] 关振铎,张中太,焦金生. 无机材料物理性能[M]. 北京:清华大学出版社,1992.

[12] Xu Yuhuan. Ferroelectric Materials and Their Application[M]. New York:North Holland, 1991.

[13] 孙宝元,张贻恭. 压电石英传感器及动态切削测力仪[M]. 北京:北京计算出版社,1985.

第4章 材料的光学性能

[1] 郭绍庆,等.金属激光增材制造技术发展研究[J].中国工程科学,2020,22(3):56-62.

[2] 刘墨南,等.3D飞秒激光纳米打印[J].激光与光电子学进展,2018,55:011410.

[3] Yablonovitch E. Inhibited spontaneous emission in solid-state physics and electronics [J]. Phys. Rev. Lett. ,1987(58):2059-2062.

[4] John S. Strong localization of photonics in certain disordered dielectric super latticecs[J]. Phys. Rev. Lett. ,1987(58):2486-2489.

[5] 万钧,等. 光子晶体及其应用[J]. 物理,1999,28(7).

[6] 王好伟,等. 适用于下一代显示技术的量子点发光二极管:机遇与挑战[J]. 微纳电子与智能制造,2020,2(2).

[7] 季鑫,等. GIGS叠层太阳能电池的中间层及稳定性的研究进展[J].材料导报,2019,33(12):3195-3920.

[8] 邓大鹏,等. 光纤通信原理[M].北京:人民邮电出版社,2003.

[9] Chow W W, Koch S W. Semiconductor Laser Fundamentals[M]. Berlin:Springer, 1999.

[10] 王培铭. 无机非金属材料学[M]. 上海:同济大学出版社,1999.

[11] Koidl P,Wild C,Worner E,et al. Diamond Windows for Infrared and Multispectral Application[J]. Proc. SPIE 1999(3436):387-394.

[12] 马如璋,蒋民华,徐祖雄. 功能材料学[M]. 北京:冶金工业出版社,1999.

[13] 赵文元,王亦军. 功能高分子材料化学[M]. 北京:化学工业出版社,1996.

[14] 关振铎,张中太,焦金生. 无机材料物理性能[M]. 北京:清华大学出版社,1992.

[15] Jams A Harrington. Crystalline and Hollow Infrared Fiber Optics[J]. Proc. SPIE 1991,1591:2-12.

[16] Musikant S. Optical Materials[M]. New York:Marcel Dekker Inc. , 1985.

[17] Stewart D. Personick,Fiber Optics Technology and Applications[M].[S. l.]:Plenum Press,1985.

第5章 材料的热性能

[1] 蔡方硕,黄荣进,李来风.负热膨胀材料研究进展[J].科技导报,2008,26(12).

[2] 王聪,孙莹,王蕾,等. 反常热膨胀功能材料的研究进展[J].中国材料进展,2015,34(7/8):497-502,543.

[3] 陈骏,邓金侠,于然波,等.热收缩化合物——负热膨胀性及成因[J].物理,2010,39(10).

[4] 曹学强.热障涂层材料[M].北京:科学出版社,2007.
[5] 高继华,谷坤明,谢玲玲.材料物理基础[M].北京:清华大学出版社,2019.
[6] 温泉,李亚忠,马薏文.热障涂层技术发展[J].航空动力,2021(5).
[7] Caliez M,Chaboche J,Feyel F,et al. Numerical simulation of EBPVD thermal barrier coatings spallation [J]. Acta Materialia,2003,51(4):1133-1141.
[8] Goodenegh J B. Co Site Substitution effect on the Thermoelectric Properties in $Na(Co_{1-x}M_x)_2O_4$, International Conference Mass and Charge Transport in Inorganic Materials[J]. Fundamentals to Devices, 2000, 5.28-6.2, Venice-Jesolo Lido-Italy.
[9] 周玉. 陶瓷材料学[M]. 哈尔滨:哈尔滨工业大学出版社,1995.
[10] 王零森. 特种陶瓷[M]. 长沙:中南工业大学出版社,1994.
[11] Pollock, Daniel D. Physical Properties of Materials for Engineers[M]. 2nd ed. Bocaraton: CRC. Press, 1993.
[12] 王润. 金属材料物理性能[M]. 北京:冶金工业出版社,1993.
[13] 关振铎,张中太,焦金生. 无机材料物理性能[M]. 北京:清华大学出版社,1992.
[14] 上村欣一. 热电半导体应用[M].. 东京:日刊工业新闻社,1988.
[15] Daniel D Pollock. Thermoelectricity, Theory, Thermometry, Tool[M]. Philadalphia: ASTM, 1985.
[16] 宋学孟. 金属理性能分析[M]. 北京:机械工业出版社,1981.

第6章 材料的磁性能

[1] 宛德福,马兴隆.磁性物理学[M].成都:电子科技大学出版社,1994.
[2] 钟文定.技术磁学(上下册)[M].北京:科学出版社,2009.
[3] O Gutfleisch, M A Willard,E Brück. Magnetic materials and devices for the 21st century stronger lighter and more energy efficient[J]. Advanced Materials,2 011(23):821-842.
[4] V Abad, J Sagredo. Evolución y Proceso de Fabricación de Imanes "NEO" Aplicados a Motores de Vehículos Eléctricos[J]. Revista de Metalurgia,2018,54(3):127.
[5] 蒋成保,王敬民,徐惠彬.磁性形状记忆合金研究进展[J].材料科学进展,2011(30):42-51.
[6] 孙光飞,强文江.磁功能材料[M].北京:化学工业出版社,2007.
[7] S Zhao,Y Y Wu,Z Y Jiao,et al. Evolution of intrinsic magnetic properties in L10 Mn—Al alloys doped with substitutional atoms and correlated mechanism: experimental and theoretical studies[J]. Physical Review Applied,2019(11):064008.
[8] 董哲,陈国钧,彭伟锋.高温应用软磁材料[J].金属功能材料,2005(30):35-41.
[9] Nicola Spaldin Magnetic Materials Fundamentals and Device Applications[M]. New York: Cambrdge University Press, 2003.
[10] K H J Buschow, F R Dedoer. Physics of Magnetism and Magnetic Materials[M]. New York: Kluwer academic/Plenem publishers, 2003.
[11] 千福熹. 信息材料[J]. 天津:天津大学出版社,2000.
[12] 李国栋. 1997—1998年磁性功能材料进展[J]. 功能材料, 2000(31):1～4.
[13] 益小苏,等. 聚合物基粘结磁体进展[J]. 功能材料,1998,6:561.
[14] Y Kawazoe. Phase Digrams and Physical Propoerties of Nonequilibrium Alloys in Landolt-Bomstein New Series lll Vol. 37A[M]. Berlin: Springer, 1997.
[15] Finn Jorgensen. The Complete Handbook of Magnetic Recording, fourth Edition[M]. New York: TAB Books, 1996.
[16] C Denic Mee, Eric D Daniel. Magnetic Storage Handbook, Second Edition[M]. New York: McGRAW-

Hill, 1996.

[17] Richard Gerber, C D Wright, G Asti. Applied Magnetism[M]. Boston：Kluwer Academic Publishers，1994.

[18] 过壁君. 磁记录材料及应用[M]. 成都:电子科技大学出版社,1991.

[19] 梅文余. 动态磁性测量[M]. 北京:机械工业出版社,1985

第7章　材料弹性与内耗(阻尼)性能

[1] Lakes R. Foam Stucture with a negativ Poisson's ratio[J]. Science,1987, 235(4792):1038-1040.

[2] Gunton D J,Saunders G A. The Young's moddules and Poisson's ratio of arsenic, antimony and bismuth [J]. Jrournal of Materials Science, 1972,7(9):1061-1068.

[3] 于相龙.周济. 力学超材料的构筑与超高性能[M].合肥:中国科学技术大学出版社,2021.

[4] Yu Xianglong, Zhou Ji. Machanical Metamaterials：Archtected Materials and Unexplovic Properties[M]. Beijing：Science Press, 2020.

[5] Milton G. Joural of the Machanics and Physics of Solids [J]. 1992,40(5):1105-1137.

[6] Ashby MF. Materials Selection in Mechnical Design[M]. 4ed. [S. l. :s. n.],2011.

[7] Yu X, Zhou J, Lian H, et al. Machanical metamaterials associated with stiffness, rigidity and cpmpressibility：a brief review [J]. Progress in Materials Science, 2018,94(5):114-173.

[8] 秦苑.拉胀超构材料的设计及相关性质的研究[D].南京:南京大学,2019.

[9] Voig W. Bestimmung der Elasticitätsconstantenvonflussspath pyrit steinsalz sylvin[J]. Annalen. Der. Physik, 1888,271(12):642-661.

[10] 魏荣,吴红枚,李亮,等.高分子材料研究的进展[J].高分子材料科学与工程,2013,29(1):183-185.

[11] Alderson K I,Webber R, SKettle A P, et al. Novel ffabrication route for auextic polyethylene. Part1：Processing and microstructure[J]. Polym. Eng. Sci. , 2005,45(4):568-578.

[12] 高性能人工拉胀材料[EB/OL]. 凤凰新闻蓝海星智库[2019－06－13]22:57.

[13] Xu B,Arias F,Brittain S T,et al. Making negative Poisson's ratio microstructures by soft lithography[J]. Advvvanced materials,1999,11(14):1186-1189.

[14] Ren X, Shen J, Tran P, et al. Auxetic nail：design and experimental study[J]. Composite Structures 2018,184:288-298.

[15] Sanami M, Ravirala N, Alderson K, et al. Auxetic materials for sports application [J]. Procedia Engineering, 2014,72:453-458.

[16] Kuribayashi K, Tsuchiya K, Yo Z,et al. Self-deployable origami stent grafts as a biomedical application of Ni－rech TiNi shape memory foil[J]. Materials Science and Engineering：A,2006,419(1-2):131-137.

[17] Saxxena K K,Das R,Calius E P. Three decates of auxetics reserch－materials with negative Poisson's ratio::areview[J]. Advanced Engineering Materials, 2016,18(11):1847-1870.

[18] Gatt R,Mizzi L, Azzopardiji,. et al. Hierarchical auxetic mechanical metamaterials[J]. Scientific Reports,2015, 5:8395.

[19] Puskar,Anton Internal Friction of Materials Cambridge :UK 2001.

[20] 葛庭燧. 固体内耗理论基础[M]. 北京:科学出版社,2000.

[21] 马德桂,何平笙,徐德,等. 高聚物的结构与性能[M]. 北京:科学出版社,1999.

[22] 陈树川,陈凌冰.材料物理性能[M]. 上海:上海交通大学出版社,1999.

[23] 陈洪苏. 金属的弹性各向异性[M]. 北京:冶金工业出版社,1996.

[24] L B Magalas, S Gorczyca. Internal Friction and Ultrasonic Attenuation in Solids[M]. Switzerland：Trams Tech Publications Ltd. , 1993.

[25] 王润. 金属材料物理性能[M]. 北京:冶金工业出版社,1993.

[26] 冯端,王业宁,丘弟荣. 金属物理(下册)[M]. 北京:科学出版社,1975.

附　录

[1] 马如璋,徐英庭. 穆斯堡尔谱学[M]. 北京:科学出版社,1996.

[2] 倪蕙苓. 正电子湮没在固体物理学中的应用[J]. 物理,1979,8(6):543.

[3] 钱祥康. 核物理方法在金属研究中的应用[M]. 上海:上海科学技术文献出版社,1979.

[4] 何元金,郁伟中. 正电子湮没技术(PAT)在金属及合金材料研究中的应用[J]. 物理,1982(4):241.

[5] E Passaglia. Measureiment of Physical Properties[M]. [S. l.]:Part 2 An Interscience,1973.